生态学研究

云南红豆杉种群生物学

苏建荣　刘万德　缪迎春　李帅锋　郎学东　著

科学出版社

北京

内 容 简 介

本书以云南红豆杉为研究对象，在简要回顾植物种群生物学的发展及其在野生植物保护利用中的地位与作用的基础上，对云南红豆杉种群生物学进行研究。通过对云南红豆杉大量野外调查和取样，阐明云南红豆杉的自然地理分布、分布区气候特点、种群数量特征及种内、种间关系，探索其遗传多样性特征，枝、叶等构件种群的统计特征及紫杉醇的时间、空间变异规律。本书的研究成果发展和完善了云南红豆杉种群生物学的研究内容和领域，为我国濒危植物保护和利用提供了科学依据。

本书可供从事生态学、生物学、林学、植物学等研究的科研人员和管理工作者及高等院校师生参考。

图书在版编目(CIP)数据

云南红豆杉种群生物学/苏建荣等著. —北京：科学出版社，2016.3
（生态学研究）
ISBN 978-7-03-047325-7

Ⅰ.①云… Ⅱ.①苏… Ⅲ.① 红豆杉属–种群–生物学–云南省
Ⅳ.①Q949.66

中国版本图书馆 CIP 数据核字(2016)第 026743 号

责任编辑：张会格　王　好／责任校对：李　影
责任印制：赵　博／封面设计：北京铭轩堂广告设计有限公司

科 学 出 版 社 出版
北京东黄城根北街 16 号
邮政编码：100717
http://www.sciencep.com
固安县铭成印刷有限公司印刷
科学出版社发行　各地新华书店经销

*

2016 年 3 月第 一 版　开本：787×1092 1/16
2025 年 1 月第二次印刷　印张：17 1/4　插页：1
字数：410 000
定价：118.00 元
(如有印装质量问题，我社负责调换)

前　　言

　　红豆杉属(Taxus)起源古老,与罗汉松科(Podocarpaceae)、三尖杉科(Cephalotaxaceae)植物具有共同的祖先。研究表明,云南红豆杉(Taxus yunnanensis)出现于早白垩世,曾称雄北温带。第四纪冰川运动使其分布范围急剧收缩,种群数量锐减,横断山区因特殊的地理环境而成为云南红豆杉的避难所。20世纪中期,云南红豆杉由于起源古老、科学价值高而被国际松杉类专家组(CSG)列为三级渐危种。80年代以来,我国对云南红豆杉的保护越来越重视,保护等级也在不断提升。1986年,云南红豆杉被列为云南省的二级保护植物;1993年,云南红豆杉被林业部确定为我国的二级保护植物;1999年,云南红豆杉被列入国家Ⅰ级重点保护野生植物名录。随后,我国又将云南红豆杉作为重要的保护物种列入《濒危野生动植物种国际贸易公约》(CITES)的附录Ⅱ进行管理。

　　天然抗癌药物紫杉醇的发现与临床应用是红豆杉属植物在全球范围受到高度重视的主要原因之一。1963年,Wani和Wall首次从短叶红豆杉(Taxus brevifolia)树皮中分离出紫杉醇粗提物,开启紫杉醇抗癌药物的研究。1969年,美国国家癌症研究所(NCI)把紫杉醇列为长期研究计划。随后发现,紫杉醇是一种新的有丝分裂抑制剂,使细胞的有丝分裂不能形成正常的纺锤体,从而抑制肿瘤细胞的分裂和增殖。在此基础上,美国国家癌症研究所和百时美施贵宝公司(BMS)合作,开展给药方案研究。1992年12月29日,美国食品药品监督管理局正式批准紫杉醇作为治疗晚期卵巢癌的新抗癌药物。此后,紫杉醇的适应证逐步扩大,作为高效、低毒的广谱抗癌药物在临床上广泛使用。2002年,全球紫杉醇的销售额就已高达23亿美元。在众多的植物资源中,红豆杉属植物所含紫杉醇最为丰富,特殊的资源禀赋使其成为大众瞩目的重要经济植物。

　　多年以来,云南红豆杉被认为是我国红豆杉属植物中紫杉醇含量最高、资源最为丰富的种类。但是,该特点也导致云南红豆杉资源屡遭破坏,大案、要案多次发生。据报道,1994年,云南云龙县志奔山一带9.2万余株云南红豆杉被剥皮,所剥树皮多达1321t。2002年前后,云南红豆杉资源又遭到新一轮的破坏,并被中央电视台焦点访谈节目关注、报道。云南红豆杉的保护和利用成为国内外关注的焦点和全球生物多样性保护的热点问题。云南红豆杉身上交织着濒危物种保护、健康需求、经济发展等,目标定位各异、价值取向相左的重大问题,各种矛盾集于一身,保护、利用的典型性和代表性尤其突出。当然,无论从人类健康、经济发展、科学研究,还是从物种保护、遗传资源利用、濒危植物的保护和开发来看,云南红豆杉的资源和保护研究均显得非常迫切、重要。

　　尽管云南红豆杉的科学价值、经济价值和药用功能都已被高度认同,保护的重要性也备受全球各界关注,但是相关研究工作十分薄弱。具体表现为,全国云南红豆杉的资源分布与数量不清;种群生态学、种群遗传学方面的研究基本没有开展,保护策略缺

注：本书涉及多个少数民族自治县,为方便书写简称县,如木里自治县写为木里县。

乏科学依据和理论指导,怎样进行保护、在什么地方保护、哪些需要重点保护、采取什么技术措施保护等基本问题尚待解决。为此,苏建荣于2003年在导师蒋有绪先生的指导下围绕云南红豆杉保护需要解决的基本生态学问题开始博士学位论文的研究工作。

2004年年底,苏建荣申请的"濒危植物云南红豆杉的资源及保护技术研究"项目(项目编号2004DIB3J104)获得科技部的资助,为较深入地开展相关研究提供可能。随后,苏建荣课题组同仁及研究生在相关项目的支持下长期坚持相关研究工作。本书主要是在科技部公益专项项目"濒危植物云南红豆杉的资源及保护技术研究"(项目编号2004DIB3J104)、中国林业科学研究院资源昆虫研究所基本科研业务费专项资金项目"云南红豆杉保护遗传学研究"(项目编号Riri200703Z)、国家林业局948项目"紫杉醇原料林的枝叶采收及干燥技术引进"(项目编号2011-4-03)、国家自然科学基金项目"濒危植物云南红豆杉的集合种群特性研究"(项目编号31470617)资助下完成。

本书是苏建荣课题组成员和研究生们十余年来积累的部分研究成果,是集体智慧和努力的结晶。全书以云南红豆杉保护中急需解决的基本生态学问题为主线,旨在为云南红豆杉的保护和利用提供基础资料、理论依据及技术支撑。全书分为绪论、云南红豆杉的分类地位与自然分布、云南红豆杉种群生态学、云南红豆杉构件种群统计学、云南红豆杉居群遗传学和云南红豆杉的紫杉醇含量变异6个部分。绪论简要回顾了植物种群生物学的发展及云南红豆杉在野生植物保护利用中的地位与作用,总结了云南红豆杉的研究现状。第二章致力于厘清云南红豆杉的分类历史和争论,为确定其保护地位提供植物学依据;同时通过阐明云南红豆杉的自然地理分布及分布区气候特点,为其保护、遗传资源收集和资源培育奠定基础。第三章旨在掌握云南红豆杉的种群数量特征及种内、种间关系,为开发种群保护及恢复技术提供理论依据。第四章的目的是揭示云南红豆杉的构型、萌枝特征,以及枝、叶等构件种群的统计特征,为其可持续利用提供科学依据。第五章则通过探究云南红豆杉遗传多样性,为原地保护、种质资源收集及迁地保护提供分子生物学依据和理论指导。第六章重点揭示云南红豆杉主要经济性状的时间、空间变异规律,为从资源利用的角度考虑保护单元、收集和保存优异种质资源、良种选育、迁地保护等奠定理论基础。本书的学术思想和写作框架是在苏建荣主持下完成的,全书统稿由苏建荣负责,文字编校和出版事宜由苏建荣和刘万德博士完成,各部分内容的具体分工如下。

绪论部分由苏建荣和刘万德博士负责。云南红豆杉的分类地位与自然分布一章由郎学东博士和苏建荣负责;其中,云南红豆杉的分类地位与形态章节由郎学东博士完成,云南红豆杉的自然地理分布部分由苏建荣完成。云南红豆杉种群生态学章节由苏建荣、李帅锋博士、刘万德博士负责;其中,云南红豆杉种群数量特征、种子形态与种胚休眠特性由苏建荣完成,云南红豆杉群落结构特征与更新特征、空间分布格局由李帅锋博士和刘万德博士共同完成,种内与种间竞争、生态位与种间联结由李帅锋博士完成,实生苗与扦插苗的生长特性由刘万德博士完成。云南红豆杉构件种群统计学章节由刘万德博士完成。云南红豆杉居群遗传学章节由缪迎春博士完成。云南红豆杉紫杉醇含量变异章节由苏建荣完成。书中涉及的植物中文名、拉丁名由郎学东和李帅锋共同审定、校对;图片则由苏建荣、刘万德、李帅锋、郎学东共同提供。

本书的完成得到众多师长、同仁、研究生和单位的大力支持与帮助。在此,感谢我的导师蒋有绪先生在研究选题、项目学术思想等方面的指导与帮助；感谢张志钧高级工程师、邓疆助理工程师、曾觉民教授参与野外调查工作；感谢中国林业科学研究院 2007 级硕士研究生臧传富、2010 级硕士研究生苏磊、2012 级硕士研究生卞方圆，2012 级博士研究生贾呈鑫卓、2013 级博士研究生黄小波在参与本书研究工作中付出的艰辛和努力。感谢加拿大英属哥伦比亚大学(UBC)林学院为完成本书提供了优越的工作条件和学术指导；感谢科技部公益专项办公室、国家林业局 948 办公室、国家自然科学基金委员会、中国林业科学研究院、西藏农牧学院、中国林业科学研究院资源昆虫研究所等单位给予的大力支持和帮助。感谢哀牢山国家级自然保护区新平管理局、景东管理局，高黎贡山自然保护区保山管理局、腾冲管理局、百花岭实验站，以及云南双江县、泸水县、兰坪县、鹤庆县、香格里拉市、宁蒗县、大姚县、马关县，四川木里县、盐源县，西藏林芝县、波密县、察隅县林业局为野外调查研究和开展试验提供方便和支持。在此，要特别感谢那些参与野外调查的汉、藏、彝、傈僳等民族的基层林业技术人员、向导、护林员和林农。虽然我不一定能记住每一位的姓名，但正是在他们的陪伴和帮助下，我们才能顺利穿越茫茫原始林海、跨过皑皑雪域高原寻找到研究对象、收集到第一手原始资料，为完成研究工作奠定坚实的基础。

由于时间和水平有限，书中不可避免地存在不足。敬请各位同仁批评、指正！

苏建荣

2015 年 6 月 17 日

目 录

前言

第一章 绪论 1
  第一节 植物种群生物学的发展 1
    一、种群与种群生物学 1
    二、植物种群生物学发展概况 2
    三、植物种群生物学发展趋势 3
  第二节 云南红豆杉研究现状 4
    一、红豆杉属的研究概况 5
    二、云南红豆杉的研究概况 6
  第三节 研究的问题及意义 8

第二章 云南红豆杉的分类地位与自然分布 10
  第一节 云南红豆杉的分类地位与形态 10
    一、中国红豆杉属植物的分类概况 10
    二、云南红豆杉的分类地位 13
    三、云南红豆杉的形态特征 14
    四、中国红豆杉属植物分类检索表 15
  第二节 云南红豆杉的自然地理分布 16
    一、研究方法 16
    二、云南红豆杉的地理分布 17
    三、云南红豆杉分布与气候特点 19
    四、云南红豆杉分布界限的热量状况 21
    五、水热指标的主成分分析 21
    六、气候区划分 22
    七、小结与讨论 24

第三章 云南红豆杉种群生态学 25
  第一节 云南红豆杉种群数量特征 25
    一、研究区概况 25
    二、研究方法 26
    三、种群密度 29
    四、种群结构 30
    五、种群生命表 32
    六、生存函数分析 35

七、种群数量动态分析	37
八、环境、人为干扰与种群结构、动态	39
九、小结与讨论	40

第二节　云南红豆杉群落结构特征与更新特征 41

一、研究地概况	42
二、研究方法	43
三、物种组成	45
四、物种多样性特征	46
五、大小结构	46
六、云南红豆杉更新特征	48
七、小结与讨论	49

第三节　云南红豆杉空间分布格局 51

一、研究地概况	52
二、研究方法	52
三、种群分布及年龄结构	54
四、云南红豆杉种群空间分布格局	56
五、云南红豆杉种群的点格局分析	58
六、小结与讨论	62

第四节　云南红豆杉种内与种间竞争 65

一、研究地概况	65
二、研究方法	65
三、云南红豆杉的种内竞争	66
四、云南红豆杉种群的种间竞争	68
五、云南红豆杉对象木胸径与竞争强度的关系	68
六、小结与讨论	69

第五节　云南红豆杉的生态位与种间联结 70

一、研究地概况	71
二、研究方法	71
三、重要值及其生态位宽度	73
四、生态位重叠	73
五、种群联结分析	74
六、生态位重叠与联结系数回归分析	75
七、小结与讨论	76

第六节　云南红豆杉种子形态与种胚休眠特性 77

一、材料与方法	78
二、种胚的形态与大小	80
三、种皮透水性	82
四、种子大小对种胚萌发的影响	84
五、胚乳对种胚萌发的影响	85

六、小结与讨论 86
第七节 云南红豆杉实生苗与扦插苗的生长特性 87
一、材料与方法 89
二、营养元素对云南红豆杉生长的影响 92
三、光照对云南红豆杉生长的影响 99
四、营养元素对云南红豆杉光合作用的影响 104
五、光照对云南红豆杉光合作用的影响 109

第四章 云南红豆杉构件种群统计学 113
第一节 云南红豆杉芽数量动态 116
一、材料与方法 117
二、春芽数量动态 119
三、秋芽数量动态 123
四、新芽数量动态 125
五、小结与讨论 127
第二节 云南红豆杉叶数量动态 128
一、材料与方法 128
二、不同采收处理下的老叶落叶量 128
三、不同采收处理下的老叶脱落动态 129
四、不同采收处理下的新叶数量及动态 129
五、不同采收处理下的新叶密度 131
六、不同采收处理下的叶净增加量 133
七、小结与讨论 133
第三节 云南红豆杉枝数量动态 134
一、材料与方法 135
二、不同采收处理下的老枝抽新枝的比率 135
三、不同采收处理下的新枝数量及动态 136
四、不同采收处理下的新枝长度与体积 136
五、小结与讨论 138
第四节 云南红豆杉萌枝特性 139
一、材料与方法 140
二、云南红豆杉种群萌枝结构 140
三、萌枝数量与树高和地径的关系 141
四、萌枝数量与枝叶产出空间分布的关系 142
五、小结与讨论 143
第五节 云南红豆杉的构型与叶构件水分特征 145
一、材料与方法 146
二、不同光环境下云南红豆杉的总体结构 147
三、不同光环境下云南红豆杉的枝系特征 148
四、不同光环境下云南红豆杉各级枝叶片的分布 148

五、不同光环境下云南红豆杉叶片水分特征 ·· 149
　　六、小结与讨论 ·· 150
第五章　云南红豆杉居群遗传学 ·· 151
　第一节　云南红豆杉微卫星引物标记研发 ·· 153
　　一、简并锚定微卫星-PCR 法 ·· 158
　　二、同属不同种间的微卫星引物转移运用法 ·· 165
　　三、跨种数据库法 ·· 165
　　四、小结与讨论 ·· 167
　第二节　云南红豆杉天然居群谱系地理学 ·· 168
　　一、材料和方法 ·· 172
　　二、微卫星位点间连锁平衡检验 ·· 178
　　三、居群内遗传多样性 ·· 178
　　四、居群间遗传结构 ·· 179
　　五、相关性分析 ·· 184
　　六、小结与讨论 ·· 184
　第三节　云南红豆杉天然居群空间遗传结构研究 ·· 190
　　一、材料与方法 ·· 194
　　二、有效微卫星位点 ·· 197
　　三、居群 1 和居群 2 空间遗传结构 ·· 197
　　四、相关分析 ·· 198
　　五、个体聚类树 ·· 198
　　六、小结与讨论 ·· 198
　第四节　云南红豆杉天然居群采样策略研究 ·· 202
　　一、材料和方法 ·· 203
　　二、居群数与等位基因丰富度相关性分析 ·· 203
　　三、居群 1 采样数与等位基因丰富度相关性分析 ·································· 203
　　四、居群 2 采样数与等位基因丰富度相关性分析 ·································· 204
　　五、小结与讨论 ·· 204
　第五节　云南红豆杉天然居群与人工居群遗传多样性差异 ······························ 207
　　一、材料和方法 ·· 210
　　二、人工居群的遗传多样性及居群间的遗传分化 ·································· 212
　　三、人工居群和天然居群间的遗传多样性比较 ······································ 213
　　四、人工居群和天然居群间的遗传结构 ·· 213
　　五、小结与讨论 ·· 217
第六章　云南红豆杉的紫杉醇含量变异 ·· 222
　第一节　云南红豆杉紫杉醇含量变异及其相关的分子标记 ······························ 222
　　一、材料与方法 ·· 223
　　二、云南红豆杉的紫杉醇含量变异 ·· 225
　　三、RAPD 标记与树皮紫杉醇含量的关联分析 ···································· 225

四、与紫杉醇含量相关的特异性 RAPD 标记 ……………………………………… 227
　五、小结与讨论 …………………………………………………………………… 227
　第二节　树龄、种源对云南红豆杉紫杉醇含量的影响 …………………………… 228
　　一、材料及方法 …………………………………………………………………… 228
　　二、不同组织的紫杉醇含量 ……………………………………………………… 231
　　三、不同树龄云南红豆杉的紫杉醇含量 ………………………………………… 231
　　四、不同种源云南红豆杉的紫杉醇含量 ………………………………………… 232
　　五、紫杉醇含量与环境因子的关系 ……………………………………………… 233
　　六、小结与讨论 …………………………………………………………………… 235
参考文献 ……………………………………………………………………………… 236
彩图

第一章 绪 论

第一节 植物种群生物学的发展

一、种群与种群生物学

"种群"译自英文单词population。除此而外，它还被译为"群体"、"群丛"、"聚居群"、"人口"及"繁群"等，对概念理解的差异是导致译名混乱的主要原因。

1930年，Friederichs将种群定义为"某一个特定区域的所有个体的总和"。这一定义至今仍被沿用(王伯荪等，1995)。王伯荪等(1995)认为种群"是指某一个特定区域的所有个体的总和，或者说一个种群就是在某一特定时间中占据某一特定空间的一群同种的有机体"。Molles(2001)也认为"种群是特定区域单一物种个体总和"。Ricklefs(2001)提出"种群是某一特定地区内同一个物种个体的集合"。戈峰(2002)将种群定义为"种群是指生活在一定空间内、同属一个物种的个体的集合"。

随着对种群认识的深入，种群的遗传特性在定义中被突出。1970年，Ernst Mayr认为"种群是指一个规定地区内具有交配可能的个体群，一个局部种群内所有个体组成一个基因库"(江洪，1992；Odum，1983)。周纪纶等(1992)认为"种群是指特定空间里能自由交配繁殖后代的同种个体的集合"。姜汉侨等(2004)认为"种群的一般定义是'同物种个体的集合'，是指某一特定时间内某一特定区域中由同一物种构成的生物群体，它们具有共享同一基因库或存在潜在随机交配能力的独特性质"。

综上所述，可以从以下几个层面来理解种群的概念。

(1) 从抽象意义上理解，种群仅是指个体组合成的集合群，如Odum(1983)划分的生命系统等级层次中所指的概念。

(2) 种群概念也可应用于具体对象。这种情况下，种群的时间与空间界限根据研究的方便而人为划定，其分布的连续性被忽略，不能完全真实地反映种群的结构。例如，实验种群的概念。

(3) 在强调空间特性时，种群概念更容易被理解为"居群"。

(4) 在强调遗传特性时，种群被视为"孟德尔群体"，特指个体间有相互交配的可能，并随着世代进行基因交流的有性繁殖的群体。

总之，种群的定义包含遗传和空间两方面的含义。遗传方面的含义是指个体属于同一物种；空间方面的含义是指个体生活在同一地区。传统上，生态学家理解的种群在遗传上是同质的，而遗传学家很少考虑空间的异质性。但是，无论从遗传上还是从空间上来看，种群都具有异质性。随着生态学和遗传学分支在种群生物学中的整合(Silvertown and Antonovies，2001)，种群的各种含义常常被混合使用(阮成江等，2005)。实际上，现代种群的含义应由"自然种群"、"实验种群"、"理论种群"和"孟德尔群体"四位一体相互补充构成。

在强调种群空间和遗传异质性的前提下，Silvertown 和 Charlesworth(2001)认为可从以下几个方面考虑种群的结构，并定义了种群生物学。

(1) 遗传结构(genetic structure)：基因频率和基因型频率的斑块性(patchiness)。
(2) 空间结构(spatial structure)：种群内密度的变化。
(3) 年龄结构(age structure)：种群内幼体个体和年长个体的相对数量。
(4) 大小结构(size structure)：种群内大个体和小个体的相对数量。

种群生物学试图解释这些不同结构的起源，以及它们如何相互影响，如何且为何随时间变化而发生变化等问题。种群的遗传组成随时间的变化是进化的主题，种群个体数量随时间的变化则是种群动态(population dynamics)的主题。种群生物学的目的是从测定出生率、死亡率、迁入率和迁出率 4 个基本的种群统计参数出发，解释空间结构、年龄结构和大小结构。当这些速率对基因型产生不同影响时，它们可能导致基因位点等位基因频率的进化变化。

二、植物种群生物学发展概况

1874 年，德国植物学家 Nageli 发表了第一篇有影响的植物种群生态学论文(Harper，1977)。英国的 Tansley、苏联的 Suleatschew、美国的 Clements 等学者的开创性工作促进了植物种群生态学的萌芽。20 世纪 70 年代，针对森林和大田作物等涉及种子数目、单作、混作、播种密度、病虫害等与经济产量密切相关问题的应用生态学研究成为植物种群生态学的历史基础(Silvertown 和祝宁，1982)。1977 年，Harper 出版了专著《植物种群生物学》，为植物种群生态学的理论和方法奠定坚实的基础，成为植物生态学形成的划时代标志。从此，它成为国际生态学中最重要的研究热点之一。Solbring(1980)的《植物种群生命统计与进化》、Silvertown 和祝宁(1982)的《植物种群生态学导论》、Merrell(1981)的《生态遗传学》、Dirzo 和 Sarukhan(1984)的《植物种群生态学展望》等专著的出版对植物种群生态学的发展和普及起到巨大的作用。钟章成(2000)把植物种群生态学的研究分为 1970~1980 年的种群统计学研究与 1980 年至现在的生活史、种群与环境、种群遗传生态与进化研究两个阶段，前者以 Solbring 和 Silvertown 撰写的两本专著为代表，后者以 Dirzo 的著作为代表。近 20 年来，分子生物学在基础理论和技术方面迅猛发展，尤其是 PCR 技术的产生和完善，使分子生物学不断向生物学的各个领域渗透，从而促进"分子生态学"的形成。1992 年，英国 Blaewell 科学出版社主办的《分子生态学》创刊标志着分子生态学的诞生。Burke 等(1992)就在《分子生态学》发刊词提出分子生态学是应用分子生物学为生态学和种群生态学各领域提供革新见解。1990 年以来，以 Silvertown 和 Charlesworth(2001)的《简明植物种群生物学》(第 4 版)出版为标志，植物种群生态学进入植物种群生物学时期。

我国植物种群生物学的研究起步较晚。20 世纪 50~60 年代，曲仲湘等(1952)、张宏达等(1955)关于森林树种林木结构分析，殷宏章等(1961)关于稻、麦的群体结构和群体生理的研究，丁颖(1961)关于水稻生态型的研究是我国有关植物种群研究较早的论述。乐天宇(1965)的《植物生态型学》是我国有关植物种群内容最早的专著。70~80 年代，仲崇信和卓荣宗(1985)关于大米草的研究，周纪纶(1982)对植物种群基本特征及种群生物学的研究，阳含熙(1982)的《种群格局》(非正式出版资料)，钟章成(2000)的《植物种群生态学研究进展》，特别是云南大学的《植物生态学》把植物种群生态正式列入教材极大地推动了我国植物种群生物学的教学、研究。

20 世纪 80~90 年代，是我国植物种群生物学的蓬勃发展阶段，本领域许多方面的研究得以展开：林英(1983)、王伯荪和彭少麟(1987b)、王伯荪和马曼杰(1982)、董鸣(1987)、杨允菲和祝廷成(1991)研究了种群的结构和年龄结构；董鸣(1986)、江洪和林鸿荣(1983)、范兆飞等(1992)等研究了种群生命表和生存曲线；陆阳(1987，1986，1982)、杨持等(1984)、杨在中等(1984)、彭少麟等(1989)研究了种群的分布格局；王孝安(1984)、赵学农等(1990)开展了种间竞争的研究；蒋有绪(1982)、王伯荪和彭少麟(1985，1983)、王伯荪和彭少麟(1987a)开展了种间联结的研究；杨允菲和祝廷成(1991)、安树青等(1997)进行了种子散布及土壤种子库研究；崔启武和 Lawson(1982)、董鸣(1986)、王伯荪和彭少麟(1987a)、胡玉佳和王寿松(1988)开展了种群数量动态的研究。此间，《植物种群生态学》(周纪纶等，1992)、《云杉种群生态学》(江洪，1992)、《植物种群学》(王伯荪等，1995)等专著相继出版。

近年来，我国对植物种群生物学的研究在植物种群统计学、植物种群生活史、种群遗传多样性、种群适应性、植物种群动态模型等各个领域均有所突破(王仁忠等，2003)。我国植物种群生物学已经从最初的经典种群统计逐渐向宏观大尺度、微观遗传学，乃至分子生态学领域深入。张文辉(1998)的《裂叶沙参种群生态学研究》、钟章成(2000)的《植物种群生态适应机理研究》、李博等(2003)译的《简明植物种群生物学》(第 4 版)、张大勇(2004)主编的《植物生活史进化与繁殖生态学》、阮成江等(2005)的《植物分子生态学》等专著的出版促进了植物种群生物学研究的纵深发展。

三、植物种群生物学发展趋势

总体上看，在坚持传统种群生态学研究的基础上，不断与分子生物学、遗传学、全球变化等相邻学科的交叉融合，利用相邻学科的成熟理论和方法解释种群生态问题是植物种群生物学发展的大趋势。1982 年以来，Silvertown 一直跟踪植物种群生物的发展。2001 年，他指出"过去二十年中最明显的趋势是，种群生物学的生态学和遗传学分支逐渐整合"(Silvertown and Antonovies，2001)。据此，Silvertown 把经典著作 *Introduction of Plant Population Ecology*(*Second Edition*)大幅修改、补充后更名为 *Introduction to Plant Population Biology*(*Fourth Edition*)出版。钟章成和曾波(2001)也研究得出"当前国内外种群生物学的研究已经开始从宏观研究向微观研究领域渗透，从生活史和分子水平上揭示种群的生态机理已经成为国际种群生物学研究的发展趋势"的结论。

种群统计学的研究为深入理解植物种群数量的时空变化、探讨经济物种和濒危植物的资源量和可持续利用奠定基础。因此，作为植物种群生物学研究基础的种群统计学，尤其是种群的时空动态是本学科研究的重点。种群统计学对理解植物种群的发生、发展和灭绝等自然规律有着极其重要的意义,同时植物种群数量也是人类利用生物资源的最基本单元。可以预见,植物种群统计学的研究会受到一如既往的高度重视。

随着分子生物技术的发展及其在植物种群学中的应用,分子生态学的研究工作在植物种群生物学的各个方面迅速开展。包括种群遗传多样性、种群的分化、有效花粉的传播及其影响、无融合生殖及瓶颈效应与保护生物学、渐渗杂交与物种形成、种群迁移等。其中种群遗传多样性是近年来形成的重要研究热点,特别是随着各种检测手段的不断改善、计算机技术的应用等使种群遗传学的研究得到发展,使从基因或分子水平揭示植物种群发生和发展的规律成为可能。虽然植物种群遗传多样性的研究还没有能够完全与生态学交叉融合,但是已经引起人们的关注。随着该领域的不断深入,会从更深层次上揭示植物进化、适应机制。

生活史的研究是植物种群生物学中最引人注目的部分。对一个植物种群而言成功生存和成功繁衍后代的最适组合才能形成相对的进化优势和发展优势,因而定量研究植物种群生活史并成功预测生活史过程中的各种变化对种群可能的影响就显得十分重要。植物生活史进化与繁殖生态学是当前植物种群生物学的前沿课题之一。

植物构件(module)理论的产生使植物种群生态学的研究对象摆脱了以往的困境,从单一的所有个体集群的种群中划分出群落水平的种群和个体水平的种群(构件种群)两个不同的层次。通过对构件的研究有望将长期以来各自独立发展的植物分类学、形态学、生理学和生态学等学科有机地结合起来,以期能更有效地探讨植物种群的生存、适应对策和进化机制。从构件水平上深入研究植物与环境的相互作用,可望在对植物种群和群落动态发展演化机制的认识上有所突破。此外,构件种群统计还为研究珍稀濒危的和存在繁殖障碍的植物等物种的生理、生态提供了一种切实可行的方法。植物构件种群的研究是植物种群生物学发展中非常重要的一个方向。

植物种群生物学具有坚实的理论基础和切实可行的研究方法,因此也在向相关学科渗透。例如,濒危植物保护生物学的研究就是以种群为单位,采用多学科参与、合作的途径进行,种群生态学、生殖生态学和遗传多样性的研究手段是其核心的研究方法,而种群生态学则是最重要的理论基础(祖元刚等,1999)。

第二节 云南红豆杉研究现状

红豆杉属(*Taxus*)起源古老,与罗汉松科(Podocarpaceae)、三尖杉科(Cephalotaxaceae)植物具有共同的祖先(吴征镒和王荷生,1983),全球约有 11 种。红豆杉属植物所含紫杉醇具有独特的抗癌机制(Ettouati et al., 1991; Schiff et al., 1979),对卵巢癌、乳腺癌等癌症的单药有效率高达 16%~59%,年需求量在 200kg 以上(吴彦等,2002)。随着紫杉醇需求的增加,剥皮、挖根、乱采滥伐等对红豆杉属植物的生存造成空前的压力,濒危程度徒然增加。无论是从开发、利用,还是从保护,或是从科学研究的角度,对红豆杉属植物的研究均具有十分重要的意义。事实上,红豆杉属是全球研究的热点,有关重要研究文献以每年超过 100 篇的速度发展(廖文波等,1996)。

一、红豆杉属的研究概况

1929 年,Hatfield 就发表了红豆杉属的专题研究,而 Wani 和 Wall(1971)首次从 *Taxus brevifolia* 树皮中分离出紫杉醇粗提物,拉开了紫杉醇抗癌药物研究的序幕。1969 年,美国国家癌症研究所(NCI)把紫杉醇列入长期研究计划(Cragg et al.,1993)。1976 年,Chadwick 和 Keen 进行红豆杉属系统学的研究。1992 年 12 月 29 日,美国食品药品监督管理局(FDA)正式批准紫杉醇作为治疗晚期卵巢癌的新抗癌药物。从此,红豆杉属植物的研究更加引人注目。国外有关红豆杉属植物的研究主要以 *Taxus brevifolia*、*T. baccata*、*T. canadenesis* 和 *T. cuspidate* 为对象进行资源利用与保护(Svenning and Magard,1999;Lewandowski et al.,1995;Hansen et al.,1994)、紫杉醇含量的分析测定(ElSohly et al.,1997,1995,1994;Wheeler et al.,1992;Witherup et al.,1990)、种群生态学(DiFazio et al.,1997;Hulme,1996;Busing et al.,1995;Mitchell,1990;Tittensor,1980;Bartkowiak,1978)、遗传多样性(Gugerli et al.,2004;Senneville et al.,2001;Saikia et al.,2000;Chung et al.,1999;Göçmen et al.,1996;Lewandowski et al.,1995;Thoma,1995;Wheeler et al.,1995;El-Kassaby and Yanchuk,1994;Lewandowski et al.,1992)、繁殖生物学(Wilson et al.,1996;Allison,1991,1990a,1990b)、生理生态学(Strobel et al.,1994;Meyer and Tukey,1967;Gouin,1966)等方面的研究。

我国红豆杉属植物的研究也较广泛。郑万钧(1983)主编的《中国树木志》把我国的红豆杉属植物分为我国产 4 种 1 变种,即东北红豆杉(*Taxus cuspidata*)、红豆杉(*T. chinensis*)、南方红豆杉(*T. chinensis* var. *mairei*)、西藏红豆杉(*T. wallichiana*)和云南红豆杉(*T. yunnanensis*)。Fu 等(1999)将我国的红豆杉属植物分为 3 种 3 变种,即东北红豆杉(*Taxus cuspidata*)、密叶红豆杉(*T. fuana*)和须弥红豆杉(*T. wallichiana*)3 种,把云南红豆杉、红豆杉和南方红豆杉分别作为须弥红豆杉的变种,分别定名为 *T. wallichiana* var. *yunnanensis*、*T. wallichiana* var. *chinensis* 和 *T. wallichiana* var. *mairei*。目前,两种系统均在有关的研究文献中使用。

20 世纪 60 年代,我国的红豆杉属植物被国际松杉类专家组(CSG)确定为 3 级渐危种,随后又被列为《濒危野生动植物种国际贸易公约》(CITES)的保护种类。1999 年,我国所有的红豆杉属植物被列为国家Ⅰ级保护植物。我国的红豆杉属植物以东北红豆杉和南方红豆杉的研究较为深入。南方红豆杉的研究包括种子及其萌发的生理、生态特性(黄儒珠等,2002;张志权和陈志明,2000;朱含德和刘蔚秋,1999;周洪英和金平,1998;谭一凡,1991)、种群分布格局及动态(黄玉清和李先琨,2000;陈辉,1998;黄玉清等,1998)、群落结构特征与类型(廖文波等,2002a;李先琨和苏宗明,2001;苏宗明和黄玉清,2000)、繁殖生物学(廖文波等,2002b)、表型多样性及变异(费永俊和龚秀红,2001)、种子育苗、扦插繁殖、组织培养(潘标志,2005;郭祥泉和李玉蕾,2000;陈辉和陈福甫,1999;赵芳和倪良,1999;陈登雄和刘兴添,1998;王喆之等,1997),以及紫杉醇含量及提取技术(郑德勇,2003;苏应娟和史志强,2001;郑德勇和余分明,1998;吴榜华和戚继忠,1995)等。东北红豆杉的研究涉及地理分布研究(吴榜华和戚继忠,1995;吴榜华和张启昌,1995)、资源状况(周志强等,2004;吴榜华等,(1993a,1993b)、生殖生物学(程广有等,2004;程广有和沈熙环,2001;吴榜华和杜凤国,1995;吴啸峰,1985)、种群结构与空间分布型(程广有和沈熙环,2001;吴榜华等,1993a)、群落学与生理生态学(柏广新和吴榜华,2002)、有性与无性繁殖、原料林培育技术(张焕良和曹长青,1997;吴榜华和张启昌,1996;马小军和陈震,1993),以及紫杉醇提取(邱德有和李如玉,1998;张立莹和刘丽萍,1997;阎家麒和刘虹,1994)等。

二、云南红豆杉的研究概况

关于云南红豆杉生物学、生态学及其栽培的研究可以归结为如下几个方面。

(一) 资源分布与数量研究

1998年,云南省林业调查规划设计院完成了云南全省红豆杉资源调查,并提出《云南省红豆杉资源研究》报告。研究指出,云南共有云南红豆杉218 654hm^2,蓄积量706 429m^3,3 507 900株。其中,云南红豆杉成片林地面积64hm^2,蓄积量4004m^3,7610株;散生林地面积218 590hm^2,蓄积量702 425m^3,3 500 290株,枝叶量92 378.3t(郑天水,1999)。

云南省有关单位结合资源调查,开展了云南红豆杉野生分布的研究。调查表明,云南红豆杉分布在滇西至滇西北的横断山区及滇西南地区。东起新平、双柏及大姚县;西至中缅边界;南起永德、双江;北至德钦县的广大地区。分布区涉及27个县(市),但资源集中分布在新平、宁蒗、中甸、云龙、腾冲、兰坪、泸水、丽江和维西9个县(市)。这9个县(市)的资源量分别占该树种面积的77%、蓄积量的82%及株数的83%。云南红豆杉在海拔1600~3600m的地带上有分布,海拔2600~3300m为云南红豆杉的集中分布垂直带(杨彪,2001;杨立新和李莲芳,1999;张清,1998)。杨立新和李莲芳(1999)把云南境内红豆杉属植物的分布区划分为高黎贡山西坡、怒江中上游流域、澜沧江上游流域、金沙江上游流域和滇西南地区5个生态地理区。

(二) 生物学生态学特性研究

云南省林业科学院等通过多年的栽培研究表明,云南红豆杉具有"喜阴、喜湿、喜肥、对温度适应范围较宽"的特性(包晴忠和邹光启,2005;王达明等,2004a;周云等,2003;李莲芳和杨军,2000;杨立新和李莲芳,1999;李宏和余子哈,1998)。

2005年,王达明等以湿度、光照、土壤、温度为指标完成了云南境内的云南红豆杉种植区划。研究提出,怒江与高黎贡山西坡、罗平、滇南雨林山区和沧源、西盟多雨中心、四川盆地滇东北威信县一带是云南境内云南红豆杉的最适种植区;而干燥度大于115的半干旱、干旱气候区,气候炎热的北热带气候区,高于3500m的高寒山区,不适宜种植云南红豆杉。

(三) 栽培技术研究

目前,云南红豆杉的栽培技术研究以扦插育苗技术的开发研究为主。

1. 插床、温棚和阴棚的设置

扦插的适宜条件为，10℃≤月均温<30℃；土壤日均温≥10℃；空气湿度为 74%~100%，初期遮阴度≥75%(包晴忠和邹光启，2005；李守玉，2005；王达明等，2004a；周云等，2003；王达明和杨德军，2002；李莲芳和杨军，2000；李宏和余子哈，1998)。因此，温棚和阴棚是扦插必需的条件。插床应设置于遮光度在 85%以上的林下或阴棚下(李宏和余子哈，1998)。插床基质：未曾使用过的用生石灰或高锰酸钾消过毒的河沙、珍珠岩、土壤，其中以棕壤土作为扦插基质最好，厚度为 15cm 即可(包晴忠和邹光启，2005；李守玉，2005；王达明等，2004a；周云等，2003；王达明和杨德军，2002；李宏和余子哈，1998)。

2. 插穗的采集与插穗的处理

插穗的采集时间分春夏两次。春插在母树尚未萌动时进行，时间在 2 月初至 3 月初；夏插在当年新梢已充分半木质化后进行，时间在初伏至末伏。春插的生根率和生物量均优于秋插，且因培育期缩短而降低苗木成本，因此提倡以春季扦插为主(李莲芳等，1999)。

插穗的采集涉及插穗的年龄、长度、粗度三方面。插穗年龄 1~2 年生，上部保留顶芽和 2~3 个侧枝；插穗的长度为 10~20cm，21~32cm(李宏和余子哈，1998)，15~25cm(李守玉，2005)，15~20cm(李莲芳和杨军，2000)不等；穗粗 0.2~0.4cm(李守玉，2005)。

插穗的处理是指插穗的上切口为平面，下切口为单马耳(斜口)，用手抹除穗长下部 1/3~1/2 的叶片，并进行消毒及生根激素预处理(周云等，2003；李莲芳和杨军，2000；李宏和余子哈，1998)。消毒用多菌灵、高锰酸钾或白菌清进行处理。消毒后的穗条用吲哚丁酸(IBA)或 ABT 2 号生根粉处理。杨小林和周进(2000)研究表明，采用浓度为 $50×10^{-6}\mu L/L$ 的吲哚丁酸浸泡插穗 12h，对于提高插穗的生根率和促进根系发育的效果最好，生根率达 96%，而李守玉(2005)认为穗条药剂处理以 100mg/100g 的 ABT 2 号生根粉速蘸法效果最佳。王达明和杨德军(2002)进行的 4 因素 3 水平短穗扦插育苗正交试验表明，参试的最佳组合条件是 1 年生 5cm 长的穗条，用 500mg/L ABT 3 号生根粉做蘸穗处理，选用森林土作为基质的扦插。

3. 扦插及扦插后管理

扦插前先将插床喷透水(李宏和余子哈，1998)。经过预处理的穗条，以株行距 2cm×4cm、2cm×8cm 或 4cm×5cm 等密度扦插于插床上；插穗地下部分与土壤紧密结合，扦插后立即浇透水。扦插要点：插穗入土深度为穗条长度的 1/3~1/2，才能保证较高的生根率；扦插时制作与扦插行距(如 5cm、6cm)同宽刻有尺度的模板，于扦插时使用，便于按行扦插，以达到整齐化的目的(王达明等，2004a)。

扦插后塑料拱棚内的相对湿度应保持在 70%以上，做好病虫草害的防治，并采取基肥(钙镁磷)和追肥(尿素、草木灰)相结合的施肥措施方能取得良好的扦插效果(李守玉，2005)。

4. 苗木生长情况

扦插后 2 个月左右，大部分插穗产生愈伤组织，3 个月部分生根，4 个月大部分生根，5个月能生根的均已生根。扦插5个月后就可进入炼苗阶段，2周之后可进行移栽(李宏和余子哈，1998)。

(四) 不同构件紫杉醇含量的测定

云南红豆杉紫杉醇主要存在于树皮和枝叶中，对于这两个部位紫杉醇含量的差异有两种不同的观点。1994年，张茂钦等研究表明，树皮的紫杉醇含量(0.020%)是小枝叶紫杉醇含量(0.0026%)的8倍。1996年，项伟和阮德春研究表明：在同株树木中树皮与青叶的紫杉醇含量比较接近；同一产地树径较大的云南红豆杉树皮中紫杉醇含量普遍较树径小的高；不同地理环境中的云南红豆杉树皮中紫杉醇含量也不同。王达明等(2004b)总结多次测试结果表明，云南红豆杉树皮中紫杉醇的含量范围是0.0018%~0.0304%，平均含量0.013%；枝叶中紫杉醇的含量范围是0.0009%~0.0138%，平均含量0.0075%；小枝叶中紫杉醇的含量范围是0.0030%~0.0217%，平均含量0.0102%。由于对年龄、取样部分及环境与云南红豆杉紫杉醇含量关系的认识不足，相关研究缺乏系统的取样设计，可比性差，从而在紫杉醇含量方面存在许多不一致的研究结论。

(五) 遗传多样性

云南红豆杉遗传多样性研究的已有工作在等位酶和同工酶水平展开。陈少瑜等(2001)对分布于澜沧江流域的凤凰山林场、怒江流域的泸水县、金沙江流域的丽江县的3个自然种群及昆明树木园的1个人工林进行了5个等位酶的分析，结果表明，自然种群和人工林种群遗传变异都相对较高，其中3个自然种群多态位点百分率$P=0.75$，等位基因平均数$A=2.025$(Wheeler et al.，1995)，整个群体总的基因多样性(H_T)平均值是0.3812，群体内基因多样性(H_S)平均值是0.3253，群体间基因多样性(D_{ST})平均值是0.0559，群体间基因分化比例(G_{ST})平均值是0.1466。云南红豆杉天然居群的遗传多样性高于短叶红豆杉(*Taxus brevifolia*)(杨一平等，1989)、红松(*Pinus koraiensis*)和红皮云杉(*Picea koraiensis*)(杨一平等，1993)。

吴丽圆等(2001)对分布于金沙江流域的36株天然云南红豆杉进行了8~10种同工酶遗传变异研究，结果表明：天然群体具有明显丰富的遗传变异性，90%以上的变异来源于群体内；多态基因座比率$P=0.933$，等位基因平均数$A=2.90$，平均期望杂合度$H_e=0.290$。

第三节 研究的问题及意义

上述分析表明，关于云南红豆杉的研究严重落后于我国红豆杉属其他种类的研究。与其他珍稀濒危植物相比，云南红豆杉的研究工作也严重滞后。"八五"期间，我国就已对银杉(*Cathaya argyrophylla*)、攀枝花苏铁(*Cycas panzhihuaensis*)、裂叶沙参(*Adenophora lobophylla*)、鹅掌楸(*Liriodendron chinesis*)、矮牡丹(*Paeonia suffruticosa* var. *spontanea*)等10种濒危植物开展研究，对分布区、生境特点、空间分布特征、年龄结构、种子库、无性繁殖、生理生态、种间关系、与动物微生物的关系、种群预测模型、致濒因素分析和保护对策等方面进行了系统、深入的研究(祖元刚，1999)。近年较有代表性的工作是关于裂叶沙参和四合木(*Tetraena mongolica*)的研究,主要内容包括其地理分布、解剖生态学、生殖生物学、生殖生态学、遗传多样性、生理生态学、种群动态、群落特征、分布区景观破碎化的影响及自然保护区建设等(杨持等,2002;祖元刚等,1999)。

总之,云南红豆杉的研究非常薄弱,种群生态学、繁殖生态学、生理生态学及群落学等方面的研究基本没有开展;遗传多样性的研究虽已起步,但取样面窄、样本数少,仅局限于金沙江流域的3个天然居群;致濒因素研究与分析尚无可靠的证据和细致的研究。由此导致云南红豆杉保护、利用中出现一系列问题。

(1) 对云南红豆杉的保护、利用缺乏科学的依据,保护与利用的认识难以统一,产生了屡禁不止、屡遭破坏的局面。

(2) 由于种群空间分布及其与环境关系研究不够深入,资源调查方法不尽合理,实际资源与调查数据不符的现象时有发生,资源的动态监控难以进行。

(3) 由于濒危灭绝机制不清,难以建立切实、有效的保护体系,难以科学评估封禁等主要保护措施,使得政策连续性差,造成自然资源与经济资源的浪费。

因此,无论是加强保护,还是合理利用,都迫切要求加强对云南红豆杉的基础与应用基础研究。

20世纪70年代以来,野生物种的生存危机成为全球性问题。1978年,保护生物学随《自然保护生物学——进化与生态学观点》的出版而宣告诞生。此后,它在理论和应用方面双向发展,物种濒危灭绝机制、小种群生存等一直是较活跃的研究领域(李俊清等,2002;蒋志刚等,1997)。濒危植物保护生物学的研究以种群为单位,采用多学科参与、合作的途径进行,种群生态学、生殖生态学和遗传多样性的研究手段是其核心的研究方法,而种群生物学则是最重要的理论基础(钟章成和曾波,2001)。1977年,Harper的《植物种群生物学》为植物种群生态学的理论和方法奠定了坚实的基础(Silvertown and Charlesworth,2003)。近20年来,该学科最明显的趋势就是种群生物学的生态学和遗传学分支的逐渐整合(邹喻苹等,2001),分子标记等在植物种群学研究中得到广泛应用(杨持,2003;邹喻苹等,2001)。

种群数量锐减、分布区收缩是濒危植物最主要的特征。种群生态学的研究不仅能对数量特征、空间特性、种群的适应性、生长规律、生活史等进行全面的描述,阐明濒危物种种群数量下降的原因,而且还能利用数学模型对其未来的趋势进行预测;遗传多样性的研究则有利于了解物种进化的适应潜力和探讨物种濒危机制,关系到如何采取科学、有效的措施保护物种。紫杉醇等药用成分含量是云南红豆杉经济和药用价值的体现,其变异是遗传多样性的重要组成,所以药用成分含量的经济性状研究也是云南红豆杉研究的重点。鉴于此,本书综合种群生态学、遗传多样性、紫杉醇含量变异等进行云南红豆杉种群生物学的研究。通过野外调查与室内实验相结合,传统方法与现代技术手段结合的方法,首次较全面、系统地进行云南红豆杉的自然地理分布、种群数量特征、种群遗传结构、紫杉醇含量变异等研究,填补这方面研究的空白,为云南红豆杉的保护与开发、利用提供科学依据和理论基础。

第二章 云南红豆杉的分类地位与自然分布

第一节 云南红豆杉的分类地位与形态

一、中国红豆杉属植物的分类概况

中国的红豆杉属植物究竟应该包含多少分类群较为合理，目前仍然存在分歧(郑万钧等，1978；Fu et al.，1999；Spjut，2007)。在中文版的《中国植物志》中，记载了4种1变种(郑万钧等，1978)；在英文版的 *Flora of China* 中，记载了3种2变种(Fu et al.，1999)；在 *Flora of Taiwan* 中记录了1种(Li and Keng，1994)；而Spjut(2007)将全球分布的红豆杉属植物分为24种55变种，其中，中国分布的红豆杉属植物达12种之多。为了便于描述和讨论，现将与中国红豆杉属植物相关的分类群发表的原始文献按时间先后顺序(按分类群中文名-拉丁名-文献出处-发表时间)列于表2-1。

表2-1 与中国红豆杉属植物相关的分类群发表的原始文献

欧洲红豆杉 *Taxus baccata* L.；Sp. Pl. 1040. 1753.

须弥红豆杉 *Taxus wallichiana* Zucc.；Abh. Math.-Phys. Cl. Königl. Bayer. Akad. Wiss. 3：803. 1843.

西喜马拉雅红豆杉 *Taxus contorta* Griffith；Itin. pl. Khasyah mts. 4：28. 1854. '*contortus*?' 另见：Itin. pl. Khasyah mts. 2：351. 1848.(Book III，Chapter II，"Affghanistan Flora，no.116. *Taxus*?")。

南洋红豆杉 *Taxus sumatrana*(Miq.)de Laub.；Kalikasan, Philipp. J. Biol. 7：151. 1978.—*Cephalotaxus sumatrana* Miq., Fl. Ned. Ind. Bat. 2：1076. 1856.

东北红豆杉 *Taxus cuspidate* Sieb. & Zucc.；Abh. Math.-Phys. Cl. Königl. Bayer. Akad. Wiss. 4(3)：232. 1846(or Fl. Jap. Fam. Nat. ii. 108. 1846). nom. nud.，descr. Sieb. & Zucc. Fl. Jap. II. Tab. 128. 1870.

苏拉威西(Celebes)红豆杉 *Taxus celebica*(Warb.)H. L. Li，Woody Fl. Taiwan 34. 1963.—*Cephalotaxus celebica* Warburg, Monsunia. 1：194. 1900.

红豆杉 *Taxus baccata* subsp. *cuspidata*(Sieb. & Zucc.)Pilger **var.** *chinensis* Pilger；in Engler，Pflanzenr. IV. 5(Heft 18)：112. 1903.

南方红豆杉 *Taxus mairei*(Lemée & H. Léveillé)S. Y. Hu ex T. S. Liu；Illustr. Nat. Ind. Lign. Pl. Taiwan 16. f. 11. 1960.—*Tsuga mairei* Lemée & H. Léveillé，Monde Pl. 2(16)：20. 1914.

云南红豆杉 *Taxus yunnanensis* W. C. Cheng & L. K. Fu；in Acta Phytotax. Sin. 13(4)：87. Pl. 52. f. 4-7. 1975.

密叶红豆杉 *Taxus fauna* Nan Li & R. R. Mill；in Novon. 7：263. 1997.

其中，欧洲红豆杉(*Taxus baccata* L.)是与中国其他红豆杉属分类群相关而发表最早的分类群(Linnaeus，1753)，一般认为中国无此种分布；*T. wallichiana* Zucc. 是Siebold和Zuccarini(1843)发表的分类群，其中文名称曾经被称为西南红豆杉(郝景盛，1951；陈嵘，1957)、喜马拉雅红豆杉(郑万钧等，1975)、西藏红豆杉(郑万钧等，1978)和须弥红豆杉(Fu et al.，1999)。为使中文的名称在描述和使用上不至于引起混淆和误解，在此将 *T. wallichiana* Zucc. 的中文名统一称为须弥红豆杉；西喜马拉雅红豆杉(West

Himalayan yew)是 Griffith 等(1848, 1854)根据采自阿富汗的模式标本发表的分类群，其原始形式是"*Taxus contortus*？"。根据国际植物命名法规(McNeill et al., 2006)的相关规定，这一带有问号的分类群是一合法名称，但种加词"*contortus*"是不恰当的加词，其性别和属名的性别不一致。因此，Spjut(2007)将其更正为"*contorta*"，并认为 Li 和 Fu(1997)发表的密叶红豆杉(*T. fuana* Nan Li & R. R. Mill)与 Griffith 等(1854)发表的西喜马拉雅红豆杉(*T. contorta* Griffith)是同种，不承认密叶红豆杉存在；南洋红豆杉[*T. sumatrana*(Miq.)de Laub.]最初被认为是三尖杉属(*Cephalotaxus*)植物(Miquel, 1856)，Laubenfels 将其组合到红豆杉属，特产于台湾(Li and Keng, 1994)；东北红豆杉(*T. cuspidate* Sieb. & Zucc.)的名称早期以裸名形式同期被使用，并于 1870 年在 *Flora Japonica* 中正式发表(Siebold and Zuccarini, 1870)，主要分布于中国东北地区；苏拉威西红豆杉[*T. celebica*(Warb.)H. L. Li]是 Warburg(1900)据采自印度尼西亚苏拉威西岛(Celebes)的标本发表的分类群，最初也被认为是三尖杉属植物。后来 Li(1963)将其组合到红豆杉属。Spjut(2007)认为苏拉威西红豆杉应该是一个独立存在的种，分布于印度尼西亚、尼泊尔、不丹、印度东北、越南南部和中国部分地区(西藏、云南、四川)；红豆杉是 Pilger(1903)发表的分类群，最初是将东北红豆杉作为欧洲红豆杉的亚种，并将红豆杉作为这一亚种的变种发表的，命名关系较复杂，被称为 *T. baccata* L. subsp. *cuspidata*(Sieb. & Zucc.)Pilger var. *chinensis* Pilger；南方红豆杉是 Léveillé(1914)根据采自云南北部地区(可能是东川，未见标本原始记载)的标本发表的分类群，最初被认为是铁杉属(*Tsuga*)植物，即 *Tsuga mairei* Lemée & H. Léveillé。台湾植物学家刘棠瑞替代胡秀英发表，最早将其组合到红豆杉属，即 *T. mairei*(Lemée & H. Léveillé)S. Y. Hu ex T. S. Liu(刘棠瑞和陈建初, 1960)；云南红豆杉(*T. yunnanensis* W. C. Cheng & L. K. Fu)是郑万钧等(1975)发表的新分类群，国内主要分布于云南、西藏和四川部分地区；Li 和 Fu(1997)认为郑万钧等(1978)在《中国植物志》中使用的中文名称和拉丁学名"西藏红豆杉(*T. wallichiana* Zucc.)"不是真正的 Siebold 和 Zuccarini(1843)发表的"*T. wallichiana* Zucc."，属于错误鉴定，并将其发表为新种：密叶红豆杉(*T. fauna* Nan Li & R. R. Mill)，种加词"*fauna*"源于裸子植物分类学家傅立国先生的姓，以纪念他对中国裸子植物分类的杰出贡献。

此外，Spjut(2007)还依据哈佛大学标本馆(A)保存的标本发表了 6 个新种，除 *Taxus suffnessii* Spjut 特产于缅甸外，认为其余 5 个新种在中国有分布，根据原始文献，将这些新分类群整理如下(表 2-2)。至于这些分类群和其他较早发表的分类群之间的关系，可能有待进一步的深入研究和商榷。

总之，除南洋红豆杉[*T. sumatrana*(Miq.)de Laub.]分布于中国台湾以外，一般认为分布于中国大陆地区的红豆杉属植物主要有须弥红豆杉、东北红豆杉、红豆杉、南方红豆杉、云南红豆杉和密叶红豆杉 6 个分类群，或认为云南红豆杉是须弥红豆杉的异名而只有 5 个分类群(郑万钧等, 1978; Li and Fu, 1997; Fu et al., 1999)。但部分分类群的分类地位却存在争议，在不同文献中使用不同的名称。现将这些分类群原始名称及其异名引证如下(表 2-3)。异模式异名引自 *Flora Japonica*(Siebold and Zuccarini, 1870)、《中国植物志》(郑万钧等, 1978)和 *Flora of China*(Fu et al., 1999)。

表2-2 Spjut(2007)发表的红豆杉属部分新分类群

Taxus florinii Spjut—J. Bot. Res. Inst. Texas 1(1)：222-223. 2007；模式：中国云南丽江和维西之间，1939-10-11，*秦仁昌(R. C. Ching)21980*(holotype，A!)。分布：中国特有(新疆、四川和云南)

Taxus obscura Spjut—J. Bot. Res. Inst. Texas 1(1)：235-237. 2007；模式：菲律宾，1978-8-26，*de Laubenfels P668*(holotype，A!)。分布：缅甸、中国(福建、台湾)、菲律宾和印度尼西亚

Taxus phytonii Spjut—J. Bot. Res. Inst. Texas 1(1)：237-239. 2007；模式：中国台湾花莲，1918-11-23，*Wilson 11154*(holotype，A!)。分布：尼泊尔、印度东北、泰国、中国(云南、台湾)和菲律宾

Taxus kingstonii Spjut—J. Bot. Res. Inst. Texas 1(1)：240-243. 2007；模式：中国台湾阿里山，1917-2-2，*Wilson 9738*(holotype，A!)。分布：印度东北、缅甸和中国(西藏、甘肃、陕西、四川、云南和台湾)

Taxus biternata Spjut—J. Bot. Res. Inst. Texas 1(1)：266-267. 2007；模式：韩国，1917-9-15，*Wilson 10688*(holotype，A!)。分布：中国东北、俄罗斯东南、朝鲜、韩国和日本

表2-3 中国的红豆杉属植物原始名称及其异名

须弥红豆杉 *Taxus wallichiana* Zucc., Abh. Math.-Phys. Cl. Königl. Bayer. Akad. Wiss. 3：803. 1843.

    T. baccata Linnaeus subsp. *wallichiana*(Zucc.)Pilger. in Engler, Pflanzenr. IV. 5(Heft 18)：112. 1903.

    T. wallichiana auct. non Zucc.：Cheng et al., Fl. Reip. Pop. Sin. 7：pl. 100. f. 1-3. 439. 1978.

东北红豆杉 *Taxus cuspidata* Sieb. & Zucc., Abh. Math.-Phys. Cl. Königl. Bayer. Akad. Wiss. 4(3)：232. 1846. nom. nud., descr. Sieb. & Zucc. Fl. Jap. II. Tab. 128. 1870.

    T. baccata L. var. *microcarpa* Trautvetter. in Mém. Acad. Sci. St. Petersb. 9：259. 1859.

    T. baccata L. subsp. *cuspidata*(Sieb. & Zucc.)Pilger. in Engler, Pflanzenr. IV. 5(Heft 18)：112. 1903.

    T. baccata L. subsp. *cuspidata*(Sieb. & Zucc.)var. *latifolia* Pilger. in Engler, Pflanzenr. IV. 5(Heft 18)：112. 1903.

    T. cuspidata Sieb. & Zucc. var. *microcarpa*(Trautvetter)Kolesnikov. Bull. Far E. Branch Acad. Sci. 31-47. 1935.

    T. cuspidata(Sieb. & Zucc.)var. *latifolia*(Pilger)Nakai. Chosen Sarin-Kaiho 158：19. 1938.

    T. caespitosa Nakai. in Chosen Senrin-Kaino 158：40.1938.

    T. cuspidata Sieb. & Zucc. var. *microcarpa*(Trautvetter)S. Y. Hu. Taiwania. 10：21. 1964.

红豆杉 *Taxus baccata* subsp. *cuspidata*(Sieb. & Zucc.)Pilger var. *chinensis* Pilger, in Engler, Pflanzenr. IV. 5(Heft 18)：112. 1903.

    T. baccata L.var. *sinensis* Henry. in Elwee and Henry, Trees Gr. Brit. and Irel. 1：100. 1906.

    T. cuspidata Sieb. & Zucc. var. *chinensis*(Pilger)Schneider ex S. Tarouca, Uns. Freil.-Nadelh. 276. 1913.

    T. chinensis(Pilger)Rehder. in Journ. Arn. Arb. 1：51. 1919.

    T. wallichiana Zucc. var. *chinensis*(Pilger)Florin, Acta Hort. Berg. 14(8)：355. 1948.

南方红豆杉 *Tsuga mairei* Lemée & H. Léveillé, Monde Pl. 2(16)：20. 1914.

    T. speciosa Florin. In Acta Hort Berg. 14(8)：382. t. 6. 1948.

    T. mairei(Lemée & H. Léveillé)S. Y. Hu ex T. S. Liu. Illustr. Nat. Ind. Lign. Pl. Taiwan 16. f. 11. 1960.

    T. chinensis(Pilger)Rehder var. *mairei*(Lemée & H. Léveillé)W. C. Cheng & L. K. Fu. in Fl. Reip. Pop. Sin. 7：443. 1978.

    T. wallichiana var. *mairei*(Lemée & H. Léveillé)L. K. Fu & Nan Li, Novon 7：263. 1997.

云南红豆杉 *Taxus yunnanensis* W. C. Cheng & L. K. Fu. in Acta Phytotax. Sin. 13(4)：87. Pl. 52. f. 4-7. 1975.

    T. wallichiana Zucc. var. *yunnanensis*(W. C. Cheng & L. K. Fu)C. T. Kuan, Fl. Sichuan. 2：215. 1983.

    T. chinensis(Pilger)Rehder var. *yunnanensis*(W. C. Cheng & L. K. Fu)L. K. Fu, in Wang Wen-tsai, Vasc. Pl. Hengduan Mount. 1：214. 1993.

密叶红豆杉 *Taxus fuana* Nan Li & R. R. Mill. In Novon 7：263. 1997.

    T. wallichiana Zucc. Cheng et al., Fl. Reip. Pop. Sin. 7：pl. 100. f. 1-3. 439. 1978.

其中，须弥红豆杉和东北红豆杉分别使用 *T. wallichiana* Zucc.和 *T. cuspidata* Sieb. & Zucc.学名普遍被分类学界认可，未见有不同的观点报道。但 *T. baccata* L. var. *microcarpa* Trautvetter(Trautvetter，1859)、*T. cuspidata* Sieb. & Zucc. var. *microcarpa*(Trautvetter) Kolesnikov(Kolesnikov，1935)、*T. cuspidata*(Sieb. & Zucc.)var. *latifolia*(Pilger)Nakai(Nakai，1938)和 *T. cuspidata* Sieb. & Zucc. var. *microcarpa*(Trautvetter)(Hu，1964)被认为是东北红豆杉的异名(Fu et al.，1999)；对红豆杉而言，其学名在中文版的《中国植物志》和英文版的 *Flora of China* 中分别使用 Rehder(1919)发表的 *T. chinensis*(Pilger)Rehder 和 Florin(1948)发表的 *T. wallichiana* Zucc. var. *chinensis*(Pilger)Florin。几乎都赞同 Henry(1906)发表的 *T. baccata* L. var. *sinensis* Henry 和 Tarouca(1913)发表的 *T. cuspidata* Sieb. & Zucc. var. *chinensis*(Pilger)Schneider ex S. Tarouca 是红豆杉的异名；南方红豆杉作为独立的种，红豆杉的变种，或者须弥红豆杉的变种分别使用了 *T. mairei*(Lemée & H. Léveillé)S. Y. Hu ex T. S. Liu(Spjut，2007)、*T. chinensis*(Pilger)Rehder var. *mairei*(Lemée & H. Léveillé)W. C. Cheng & L. K. Fu(郑万钧等，1978)和 *T. wallichiana* var. *mairei*(Lemée & H. Léveillé)L. K. Fu & Nan Li(Fu et al.，1999)3 个不同名称；云南红豆杉作为独立的种，与须弥红豆杉同种，处理为须弥红豆杉的变种或者红豆杉的变种仍有争议；Spjut(2007，2010)认为密叶红豆杉(*T. fuana* Nan Li & R. R. Mill.)是 Griffith 等(1854)发表的西喜马拉雅红豆杉(*T. contorta* Griffith)的异名。

二、云南红豆杉的分类地位

云南红豆杉(*Taxus yunnanensis* W. C. Cheng & L. K. Fu)的名称最早是我国裸子植物分类学家郑万钧先生在 1961 年 9 月出版的《中国树木学》(第一分册)中使用，并附有图版说明和中文的特征描述(郑万钧，1961)。南京林学院树木学教研组(1961)在同年 10 月出版的《树木学》(上)中，以及后来中国科学院植物研究所(1972)在《中国高等植物图鉴》(第一册)中都同样使用了这一名称。然而，根据当时(1972)适用的国际植物命名法规[《西雅图法规》(*Settle Code*)]的相关规定："新分类群名称的合格发表，必须伴有拉丁文的特征描述或特征集要，或伴有对先前有效发表的拉丁文描述或特征集要的引用。"因此，上述云南红豆杉名称(1961 年)中文描述的发表为不合格发表，属不合法名称。但郑万钧等早已注意到这一事实，于 1975 年又重新将"云南红豆杉(*T. yunnanensis* W. C. Cheng & L. K. Fu)"的名称作为新种，补充拉丁文特征描述和特征集要，并指定张经炜于 1973 年 8 月 2 日在西藏察隅县采集的 916 号标本为模式标本[现馆藏于中国科学院植物研究所植物标本馆(PE)]，发表在 1975 年的《植物分类学报》中。至此，云南红豆杉的名称"*T. yunnanensis* W. C. Cheng & L. K. Fu"才真正具有合法地位。此后，在《中国植物志》、《中国树木志》、《西藏植物志》、《云南植物志》、《云南树木志》中继续使用此名称(郑万钧等，1978；郑万钧，1983；中国科学院青藏高原综合科学考察队，1983；中国科学院昆明植物研究所，1986；西南林学院和云南省林业厅，1988)。

管中天(1983)对采自四川西南部地区的标本观察认为，云南红豆杉和须弥红豆杉(*T. wallichiana* Zucc.)形态特征较相似，但也存在差异。以此为依据，将云南红豆杉作为须弥红豆杉的变种 T. wallichiana Zucc. var. yunnanensis(W. C. Cheng & L. K. Fu)C. T. Kuan 发表在《四川植物志》中。傅立国(裸子植物门章节作者)在王文采主编的《横断山区维管植物》(上)中，认为云南红豆杉是红豆杉[T. chinensis(Pilger)Rehder]的变种，即 T. chinensis(Pilger)Rehder var. yunnanensis(W. C. Cheng & L. K. Fu)L. K. Fu(中国科学院青藏高原综合科学考察队，1993)。Li 和 Fu(1997)认为云南红豆杉和须弥红豆杉(T. wallichiana Zucc.)是同种，将云南红豆杉(T. yunnanensis W. C. Cheng & L. K. Fu)归并到须弥红豆杉(T. wallichiana Zucc.)中。傅立国等(Fu et al., 1999)沿用了 Li 和 Fu(1997)的思想，在英文版的 Flora of China 中，将云南红豆杉作为须弥红豆杉(T. wallichiana Zucc.)的异名。然而，国外一些分类学家却赞同管中天(1983)的观点，同意将云南红豆杉处理为须弥红豆杉的变种的主张(Spjut, 2007, 2010)。

综上所述，关于云南红豆杉的分类地位仍然存在争议。目前主要有以下 4 种观点：①云南红豆杉作为一个独立的种存在，即 T. yunnanensis W. C. Cheng & L. K. Fu；②云南红豆杉和须弥红豆杉(T. wallichiana Zucc.)是同种，云南红豆杉是须弥红豆杉的异模式异名或分类学异名；③将云南红豆杉作为须弥红豆杉的变种，即 T. wallichiana Zucc. var. yunnanensis(W. C. Cheng & L. K. Fu)C. T. Kuan；④将云南红豆杉作为红豆杉的变种，即 T. chinensis(Pilger)Rehder var. yunnanensis(W. C. Cheng & L. K. Fu)L. K. Fu。

三、云南红豆杉的形态特征

(一) 云南红豆杉的分类描述

Taxus yunnanensis W. C. Cheng & L. K. Fu(云南红豆杉)，nom. cum deccr，郑万钧，中国树木学(第一分册). 279. pl. 131. fig. 1-3. 1961(9 月)，nom. illeg.，et 南京林学院树木学教研组，树木学(上). 124-125. 1961(10 月)，et 中国科学院植物研究所，中国高等植物图鉴(第一册). 333. fig. 665. 1972；Descr. latin. 郑万钧等，in Acta Phytotax. Sin. 13(4)：87. Pl. 52. f. 4-7. 1975.TYPE：中国西藏：察隅县，1973-8-2，张经纬 916(holytype，PE!)。

T. wallichiana Zucc. var. yunnanensis(W. C. Cheng & L. K. Fu)C. T. Kuan，Fl. Sichuan. 2：215. 1983。

T. chinensis(Pilger)Rehder var. yunnanensis(W. C. Cheng & L. K. Fu)L. K. Fu，in Wang Wen-tsai, Vasc. Pl. Hengduan Mount. 1：214. 1993。

(二) 云南红豆杉的形态特征

常绿乔木，高达 20m，胸径达 1m。树皮灰褐色、灰紫色或淡紫褐色，裂成鳞状薄片脱落。小枝不规则互生，大枝开展，一年生枝绿色，秋后(或干后)呈金黄绿色或黄绿色，二年生枝淡褐色、褐色或黄褐色，三、四年生枝深褐色。冬芽金绿黄色，芽鳞窄而多数，覆瓦状排列；先端渐尖，背部具纵脊，脱落或部分宿存于小枝基部。叶螺旋状排列基部扭转呈 2 列，内无树脂道及树脂细胞，质地薄而柔，条状披针形或披针状条形，常呈弯镰状，排列较疏，长 1.5~4.7cm(通常 2.5~3cm)，宽 2~3mm，边缘向下反卷或反曲(干叶明显)，中上部渐窄，先端渐尖或微急尖，基部楔形，微不对称，偏歪，上面深绿色或绿色,有光泽,下面色较浅,中脉微隆起,下面有两条较边带为宽的淡黄色气孔带,中脉带与气孔带上均密生均匀微小的角质乳头状突起点,叶干后颜色变深,常呈暗绿色。雌雄异株或同株,雌雄球花均单生于叶腋;雄球花淡褐黄色,长 5~6mm,径约 3mm,具 9~11 枚雄蕊,每雄蕊有 5 个花药;雌球花总花轴上部的侧生花轴顶端的苞腋单生 1 枚胚珠,胚珠基部托以圆盘状珠托。种子生于肉质杯状的假种皮中,卵圆形,长约 5mm,径 4mm,微扁,通常上部渐窄,两侧微有钝脊,顶端有小尖头,种脐椭圆形,成熟时假种皮红色;子叶 2 枚,发芽时出土。花期 3~4 月,果期翌年 8~10 月。

产于云南西北部及西部的中甸、维西、宁蒗、丽江、鹤庆、云龙、景东、镇康,四川西南部的木里、盐源、西昌等地,以及西藏察隅、墨脱、波密、亚东等地区。生于海拔 2000~3500m 地带,在沟边杂木林中生长普遍。尼泊尔、印度、不丹及缅甸北部亦有分布。

四、中国红豆杉属植物分类检索表

1. 叶排列较密,不规则 2 列,常呈 "V" 形开展,条形,通常较直或微呈镰状,上下几等宽,先端急尖,基部两侧对称或微歪斜;小枝基部常有宿存芽鳞。
    2. 叶排列成彼此重叠的不规则 2 列,通常直,基部两侧常相对称,下面中脉带上密生均匀细小的圆形角质的乳头状突起点;种子柱状矩圆形,上下等宽或上部较宽,上部两侧微有钝脊,种脐椭圆形 ·· 密叶红豆杉 *T. fuana*
    2. 叶排列成不规则 2 列,微呈镰状,基部两侧微歪斜或近对称,下面中脉带上无角质的乳头状突起点;种子卵圆形或三角状卵圆形,通常上部具 3~4 条钝棱脊,种脐常呈三角状或四方形,间或微扁,稀近圆形或椭圆形,上部具 2 条钝脊(中国东北地区) ··· 东北红豆杉 *T. cuspidata*
1. 叶排列较疏,排成 2 列,常呈条形,披针形或条状披针形,多呈镰形,稀较直,上部通常渐窄或微渐窄,先端渐尖或微急尖,基部两侧歪斜;芽鳞脱落或部分宿存于小枝基部。
    3. 叶质地较薄,披针状条形或条状披针形,常呈弯镰状,中上部渐窄,先端渐尖,干后边缘向下卷曲或微卷曲。
        4. 叶下面中脉带上有密生均匀而微小的圆角形角质乳头状突起,叶片边缘和气孔带之间的乳头状细胞窄长形,常 1.5~4.7(多为 2.5~3)cm,宽 2~3mm,干后通常色泽变深(云南西北部及西部,四川西南部,西藏东南部) ·· 云南红豆杉 *T. yunnanensis*
        4. 叶下面中脉带上有密生均匀而微小的圆角形角质乳头状突起,叶片边缘和气孔带之间的乳头状细胞方形,干后色泽常不变深 ·········· 须弥红豆杉 *T. wallichiana*
    3. 叶质地稍厚,边缘不卷曲。
        5. 叶较短,条形,微呈镰状或较直,通常长 1.5~3.2cm,宽 2~4mm,上部微渐窄,先端具微急尖或急尖头,边缘微卷曲或不卷曲,下面中脉带上密生均匀而微小的圆形角质乳头状突起点,其色泽常与气孔带相同;种子多呈卵圆形(甘肃,陕

西，四川，云南，贵州，湖北，湖南，广西，安徽)············**红豆杉 *T. chinensis***
5. 叶较宽长，披针状条形或条形，常呈弯镰状，通常长 2~3.5cm，宽 3~4.5mm，上部渐窄或微窄，先端通常渐尖，边缘不卷曲，下面中脉带色泽与气孔带不同，其上无角质乳头状突起点，或与气孔带相邻的中脉带两边有 1 至数行或呈片状分布的角质乳头状突起点；种子多呈卵圆形，稀柱状矩圆形(安徽，浙江，台湾，福建，江西，广东，广西，湖南，湖北，河南，陕西，甘肃，四川，贵州，云南)·····························**南方红豆杉 *T. mairei***

第二节　云南红豆杉的自然地理分布

云南红豆杉的自然分布及其与气候的关系是云南红豆杉保护和利用的基础，也是制订迁地保护策略和种植区划的重要依据。植物与气候关系的研究具有重要的理论与实际意义，有关研究已从定性描述发展到定量研究。四川大头茶(*Gordonia acuminata*)、水青冈属植物(*Fagus* spp.)等亚热带常绿阔叶林优势种及常见种、"三北"防护林地区主要树种(方精云等，2002)、红松(*Pinus koraiensis*)、杉木(*Cunninghamia lanceolata*)、马尾松(*Pinus massoniana*)、珙桐(*Davidia involucrata*)、秃杉(*Taiwania flousiana*)等中国主要造林树种和珍稀濒危植物(徐德应等，1997)地理分布与气候关系的定量研究，为本研究在理论、方法方面奠定了基础(孟猛等，2004)。

在 2001~2005 年的 4 次野外调查的基础上，结合相关文献资料，试图较全面、系统地论述我国云南红豆杉的地理分布，并采用国际上比较流行的研究植被-气候相互关系的指标和方法，综合研究云南红豆杉的地理分布与环境水热状况的关系，为深入研究其生态适应机制和濒危灭绝机制，为保护、恢复野生资源和发展人工原料林提供理论依据和基础资料。

一、研究方法

(一) 植物分布资料

采用野外调查与室内文献查阅、整理相结合的方法，尽可能全面查清云南红豆杉的现代分布点。2001~2005 年，对云南新平县、景东县、双江县、腾冲市、隆阳区、泸水县、兰坪县、云龙县、洱源县、鹤庆县、玉龙县、香格里拉市、宁蒗县、大姚县；四川木里县、盐源县、西昌县；西藏林芝县、波密、察隅县 20 个县(市、区)的野生红豆杉分布情况进行调查。同时，通过中国植物志、相关省份的植物志及植被、森林等有关书籍、学术论文、野外调查记录、地方性植被调查报告、地方性植物名录、自然保护区调查报告、珍稀濒危植物专项调查报告与资料等，广泛收集野生云南红豆杉的水平和垂直分布资料。

(二) 气象资料

气象资料来源于国家气象局气象台站 1951~1980 年的记录(北京气象中心资料室，

1984),部分地方按当地气象记录进行了补充。所记录的指标为经度、纬度、海拔、年及各月平均气温、降水量、蒸发量、年相对湿度、日照比例及风速,均包括年及各月平均值或合计值。读取云南红豆杉分布区范围气象台站的记录,依次计算分布区的气象指标。涉及的气象台站共31个。

(三) 气候指标

应用国际上比较流行的研究植被与气候相互关系的指标和方法,包括 Kira(1984)的 Kira 温暖指数、Kira 寒冷指数和徐文铎(1985)的湿度指数,Penman(1956)的可能蒸散、干燥度,Thornthwaite(1948)的可能蒸散和水分指数,Holdridge(1967)的生命地带分类系统指标生物温度和可能蒸散率,以及年平均气温、1月均温、7月均温、极端最高气温、极端最低气温、≥10℃积温、年降水量、相对湿度等单一气象因子。

按文献(徐文铎,1985;Kira,1984)所示方法计算 Kira 温暖指数、Kira 寒冷指数和徐文铎湿度指数。Penman 指数、Thornthwaite 指数和 Holdridge 指数按张新时等(1993)和张新时(1989a,1989b)的方法与程序计算。

(四) 气温直减率

以山地气温直减率为 0.5℃/100m 进行计算。利用山地已知海拔的气候数据,按气温直减率每间隔 100m 高度计算 1 次,并换算成 Kira 温暖指数值和 Kira 寒冷指数值。根据垂直分布资料的上限和下限,确定云南红豆杉垂直分布范围内的 Kira 温暖指数值和 Kira 寒冷指数值及年平均气温值。

(五) 热量指数分布的最适范围

在资料充足、可靠的情况下,树种温度分布曲线的范围可以认为是该树种分布最大的水平或垂直分布范围。考虑计算的误差,在热量指标的频数接近正态分布时,可采用半峰宽(PWH)计算法确定树种热量分布的最适范围(江洪,1992)。半峰宽公式为 $PWH=2.354\times S$,最适范围为 $X\pm 0.5PWH$,式中,S 为树种热量指数的标准差;X 为热量指数的平均值。

(六) 数据处理

采用 SPSS 统计软件进行水热指标的主成分分析和分布区的聚类分析,研究影响云南红豆杉分布的主要水热因子和分布区划分。

二、云南红豆杉的地理分布

(一) 水平分布

云南红豆杉水平分布范围是 23°28′~30°19′N,89°10′~102°16′E,跨越了中亚热带、北亚热带、暖温带和寒温带 4 个热量带,主要分布在滇西、滇西北、滇西南、滇中、川西、藏东南等地区。云南红豆杉的分布以横断山区为中心,在高黎贡山、怒江上游、澜沧江上游和金沙江上游地区呈连续分布;向北间断分布于喜马拉雅山和雅鲁藏布江中下游地区；向南延伸至哀牢山、永德大雪山、滇西南地区、滇中地区一带呈间断分布。它的自然分布还从云南、西藏向西延伸到缅甸北部、不丹、尼泊尔一带。如图2-1所示，云南红豆杉分布于我国的13个地(州、市)40个县(区)。

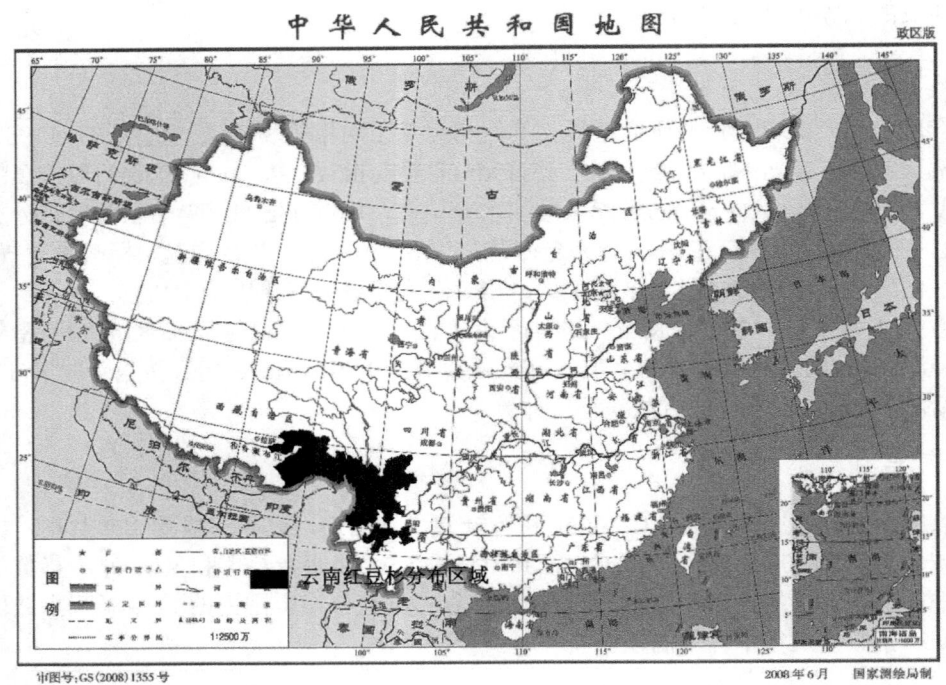

图2-1　云南红豆杉分布示意图

在云南境内，云南红豆杉分布于丽江市的宁蒗县、古城区、玉龙县、永胜县；大理州的云龙县、鹤庆县、剑川县、漾濞县、洱源县、祥云县、永平县、弥渡县、宾川县；怒江州的泸水县、福贡县、贡山县、兰坪县；迪庆州的香格里拉市、德钦县、维西县；保山市的隆阳区、腾冲市；普洱市的景东县；临沧市的临翔区、凤庆县、云县、永德县、双江县；楚雄州的双柏县、大姚县；玉溪市的新平县9州(市)31县。在四川境内，云南红豆杉分布于凉山州的木里县、盐源县、西昌市；甘孜州的九龙县2州4县。在西藏境内，云南红豆杉分布于林芝地区的察隅县、波密县、墨脱县、林芝县；日喀则市的亚东县2地5县。

(二) 垂直分布

云南红豆杉的垂直分布范围为1400~4300m，上限与下限之间相差2900m，集中分布地带的海拔为2600~3300m。由于云南红豆杉分布区的地形、地貌复杂，气候多变，不同分布点的垂直分布情况差异很大，即使是同一山体两侧的情况也大不一样。野外调查表明，云南红豆杉在高黎贡山西坡的垂直分布范围仅是2800~3100m；在东坡的垂直分布范围则在1900~3600m。

相关分析表明(表2-4)，云南红豆杉垂直分布的上限、下限与纬度相关不显著；下限与经度线性相关也不显著，上限与经度在0.05水平上显著线性相关，从而呈现出垂直分布的上限海拔随着经度的增大而升高的趋势。

表2-4 云南红豆杉分布上限、下限与纬度、经度的相关系数

	纬度	下限	经度	上限
纬度	1.000			
下限	−0.218NS	1.000		
经度	−0.290NS	0.081NS	1.000	
上限	0.159NS	−0.299NS	0.348*	1.000

*. 显著相关($P<0.05$), NS. 相关不显著, $N=34$。

怒江州的泸水县、福贡县、贡山县一带,云南红豆杉分布的最低海拔分别是1400m、1400m和1600m,为我国云南红豆杉垂直分布的下限。丽江市的宁蒗县、玉龙县和怒江州兰坪县一带,云南红豆杉分布的最高海拔分别是4300m、4000m和4000m,为我国云南红豆杉垂直分布的上限。

(三) 分布生境

云南红豆杉主要分布在温凉、潮湿、多雾的高山、亚高山缓坡、沟谷、溪流两岸及阴坡、半阴坡立地,多在亚高山暗针叶林、中山针阔叶混交林、常绿阔叶林内散生或群状生长,常成为下木第Ⅱ林层。常见的伴生树种有云杉(*Picea asperata*)、冷杉(*Abies fabri*)、云南铁杉(*Tsuga dumosa*)、高山松(*Pinus densata*)、华山松(*P. armandii*)、黄背栎(*Quercus pannosa*)、川滇高山栎(*Q. aquifolioides*)、槲栎(*Q. aliena*)、箭竹(*Fargesia spathacea*)、川滇小檗(*Berberis jamesiana*)、槭树(*Acer* spp.)、杜鹃(*Rhododendron* spp.)等。

云南红豆杉对土壤的适应性较强,在山地红壤、沟谷冲积土、森林棕壤、灰棕壤、高山沟谷冲积土、溪流两侧冲积土均能生长。此外,也有少量云南红豆杉在石灰岩石砾土上生长。

三、云南红豆杉分布与气候特点

通过计算得出云南红豆杉分布的各种气候指标如表2-5所示。从表可知,云南红豆杉分布区的年平均气温在6.756~11.881℃,最适范围为7.834~11.244℃,平均值为9.539℃;Kira温暖指数在39.989~82.872℃/月,最适范围为47.301~75.272℃/月,平均值为61.287℃/月;Kira寒冷指数在−19.123~0.000℃/月,平均值为−7.021℃/月;Holdridge可能蒸散平均值为562.064mm,生物温度平均值为9.538℃;结合其他指标如徐文铎湿润指数平均值为16.622、Penman干燥度平均值为0.693、Holdridge可能蒸散率平均值为0.583、Thornthwaite水分指数平均值为57.672、≥10℃ 30年积温平均值为4324.634℃、年相对湿度平均值为70.594%、年日照时数平均值为2186.375 h等来看,分布区内的水热指标均反映出湿润温凉、光照充足的共同特点。

野外调查发现,云南红豆杉常分布在阴坡、半阴坡、沟谷、溪流两岸等湿度较高的地方。在光照充足的林窗或林分边缘,云南红豆杉生长良好,发育成干形好、高大的乔木,雌株结实量和自然更新的幼苗较多;而在光照不足、湿度较高的冷杉-箭竹群落中,

表2-5 云南红豆杉分布的气候指标

指标	平均值	标准差	最小值	最大值	最适范围 下限	最适范围 上限
1月均温/℃	2.242	2.024	−1.520	6.281	−0.140	4.624
7月均温/℃	15.061	1.021	13.089	17.805	13.859	16.262
极端最高气温/℃	30.547	4.018	16.238	36.937		
极端最低气温/℃	−13.595	4.312	−27.020	−5.069		
年均气温/℃	9.539	1.449	6.756	11.881	7.834	11.244
≥10℃ 30年积温/℃	4324.634	1529.032	686.700	7108.500	2524.964	6124.305
Kira温暖指数/(℃/月)	61.287	11.882	39.989	82.872	47.301	75.272
Kira寒冷指数/(℃/月)	−7.021	5.916	−19.123	0.000		
徐文铎湿润指数	16.622	4.078	11.488	29.570		
年降水量/mm	997.741	234.011	624.800	1667.600		
年相对湿度/%	70.594	5.684	57.000	80.000		
Penman潜在可能蒸散/mm	424.393	91.924	236.496	575.023	316.199	−186.432
Penman干燥度	0.693	0.223	0.169	1.157	0.430	0.956
Thornthwaite可能蒸散/mm	630.546	50.793	557.604	728.551	570.762	690.329
Thornthwaite热量系数/cm	63.055	5.079	55.760	72.855	57.076	69.033
Thornthwaite水分指数	57.672	31.151	1.559	146.408		
Holdridge生物温度/℃	9.538	1.422	6.880	11.906	7.864	11.211
Holdridge可能蒸散/mm	562.064	83.783	405.414	701.621	463.452	660.677
Holdridge可能蒸散率	0.583	0.117	0.338	0.753		
年日照时数/h	2186.375	309.767	1322.900	2622.100		
温湿度系数	7.583	1.330	5.661	10.536	6.017	9.148

雌株结实量和自然更新的幼苗较少。这些现象从侧面说明了云南红豆杉喜湿、喜光的生态习性。

张新时(1989a，1989b)曾按 Penman 潜在可能蒸散与干燥度对我国的植被带进行划分，云南红豆杉的潜在可能蒸散与干燥度分别为 424.393mm 和 0.693，属于冷温带针阔混交林带树种。按 Thornthwaite 气候系统(Thornthwaite，1948)，云南红豆杉的水分指数是 57.672，热量系数为 63.055cm，它的分布区气候属于 B2B1′型，即为中温湿润型。按 Holdridge 生命地带分类系统(Holdridge，1967)，云南红豆杉分布区的生物温度为 9.538℃，年降水量为 997.741mm，可能蒸散率为 0.583，属于冷温带湿润森林生命地带类型中的树种。

从表 2-5 还可看出，云南红豆杉分布区的 Thornthwaite 水分指数、Holdridge 可能蒸散率、年降水量的全范围与最适范围都不宽，而且它们的平均值也不低，表明云南红豆杉对水、湿条件的要求很高；热量指标也呈现同样的规律性，由此反映出云南红豆杉分布相对狭窄，生态幅狭小，生态适应性差的特点。这可能是导致云南红豆杉趋于濒危灭绝的原因之一。

四、云南红豆杉分布界限的热量状况

如前所述,泸水县、福贡县、贡山县一线是我国云南红豆杉的垂直分布下限;宁蒗县、玉龙、兰坪县一线是垂直分布的上限;九龙县、察隅县、波密县一线是水平分布的北界;双江县、临沧县、永德县一线是水平分布的南界。表2-6列出云南红豆杉垂直分布上限、下限,以及水平分布北界的年平均气温、Kira 温暖指数和 Kira 寒冷指数值,研究所用气象站点数各为 3 个,共 9 个。

表2-6 云南红豆杉分布界限的热量指标

指 标	上限		下限		北界	
	平均值	标准差	平均值	标准差	平均值	标准差
年均温/℃	8.531	0.272	10.829	0.401	8.850	1.286
Kira 温暖指数	53.120	1.592	72.074	4.086	56.432	10.148
Kira 寒冷指数	−10.648	3.503	−2.099	1.845	−10.601	5.310

Kira 寒冷指数是影响森林向上和向北分布最显著的因子。云南红豆杉上限和北界的 Kira 寒冷指数值较低为−10.648 和−10.601,Kira 温暖指数值也较低为 53.120 和 56.432;下限 Kira 温暖指数值仅为 72.074,Kira 寒冷指数值为−2.099,限制它向上、向北和向下的分布,从而集中生长在海拔较高、纬度偏北地区,加之喜湿、喜光的生态习性,使它局限分布于横断山区及其周边。表 2-6 还表明,云南红豆杉上限的 Kira 温暖指数值为 53.120,要比北界的 56.432 低,Kira 寒冷指数也呈同样的规律。这也与研究中国水青冈属(张新时等,1993)等阔叶树种所发现的规律相同。其原因是温度垂直向上递减率比向北快,而且山地气候温差小,湿度有效性大,同时随海拔的升高湿度增大。一般而言,年平均气温、Kira 温暖指数、Kira 寒冷指数与树种的地理分布越相关,它们的标准差就越低,用植物生长季节长度修正标准差后可直接用来比较(徐文铎,1985)。因此,可进一步通过比较云南红豆杉与其主要伴生树种热量指数的标准差,深入研究它的生态适应性与濒危灭绝机制。

五、水热指标的主成分分析

采用 SPSS 统计软件对 1 月均温、7 月均温、≥10℃的年均积温、Kira 温暖指数、Kira 寒冷指数、年降水量、相对湿度、年日照时数这 8 个水热指标进行主成分分析(PCA),得出各主成分的负荷量、特征值及信息量(表 2-7)。

从表 2-7 可以看出,8 项水热指标中,第 1、第 2、第 3、第 4、第 5 主成分的信息量分别占总信息量的 39.475%、14.401%、13.492%、12.716%和 11.907%。它们的积累信息量已经占总信息量的 90%以上,已能反映各因子影响云南红豆杉分布的主要信息,所以选用前 5 个主成分进行分析。第 1 主成分中,1 月均温和 Kira 寒冷指数的负荷值较大,且两者的差异不大,故第 1 主成分反映低温期的热量条件,定义为"低温条件";第 2 主成分以相对湿度的负荷量最大,其他指标的负荷量较小,定义为"湿度因子";第 3 主成分以高温期的热量条件为主,定义为"高温条件";第 4 主成分以日照时数为主,定义为"光照因子";第5主成分以年降水量为主,定义为"降水因子"。由此可见,前4个主成分对云南红豆杉地理分布的影响最大,按影响大小的排列次序是:低温条件、湿度因子、高温条件、光照因子。

表2-7 气候水热指标中前5个主成分的负荷量

水热指标	主成分				
	1	2	3	4	5
1月均温	0.967	0.039	0.126	0.034	0.162
7月均温	0.369	−0.037	0.884	−0.279	−0.004
年均积温(≥ 10℃)	0.585	0.321	−0.076	0.157	0.240
Kira温暖指数	0.870	0.081	0.414	−0.039	0.056
Kira寒冷指数	0.941	−0.003	0.165	0.054	0.192
年均降水量	0.303	0.290	0.002	−0.288	0.850
相对湿度	0.042	0.944	−0.019	−0.215	0.211
年日照时数	0.096	−0.254	−0.277	0.883	−0.249
特征值	4.068	1.784	1.331	0.452	0.174
信息量/%	39.475	14.401	13.492	12.716	11.907
积累信息量/%	39.475	53.875	67.367	80.083	91.990

六、气候区划分

通过SPSS统计软件对31个气象台站的经度、纬度、海拔、年平均气温、1月均温、7月均温、极端最高气温、极端最低气温、≥10℃积温、年降水量、相对湿度、Kira温暖指数、Kira寒冷指数、徐文铎湿度指数、Penman可能蒸散和干燥度,Thornthwaite可能蒸散和水分指数,Holdridge生物温度和可能蒸散率等指标聚类分析进行云南红豆杉气候区划的研究。选用欧氏距离平方用Ward法进行聚类,结果如图2-2所示。

据图2-2可将云南红豆杉自然分布区分为中部、北部、西部、中南部和南部5个小区,中部和北部小区聚为北区,西部、中南部和南部小区聚为南区。中部包括永胜县、鹤庆县、洱源县、宁蒗县、丽江县、盐源县、剑川县、维西县、兰坪县和木里县;北部包括九龙县、察隅县、德钦县和香格里拉市;西部包括贡山县和福贡县;中南部包括漾濞县、西昌市、新平县、凤庆县、泸水县、腾冲市、大姚县、隆阳区、祥云县和双柏县;南部包括临沧市的临翔区、永德县、景东县、云县、双江县。

云南红豆杉各分布区气候特点如表2-8所示。从北部、中部、西部、中南部至南部呈热量和日照增加趋势。西部的年降水量和年相对湿度最高,其他区域的年降水量和年相对湿度从北部、中部、中南部和南部呈递增趋势。与水热条件相适应,云南红豆杉形成了不同的生态型。在福贡县、贡山县一带分布的云南红豆杉多为高大乔木;云龙、兰坪、丽江、永胜、维西等县分布的多呈小乔木型;而香格里拉市、德钦县等地则以灌木型云南红豆杉为多。

全国约有云南红豆杉526万株,其中云南、四川、西藏分别有350.79万株、58万株、117万株,分别占全国总数的64%、12%和24%(陈振峰等,2002)。云南的永胜县、

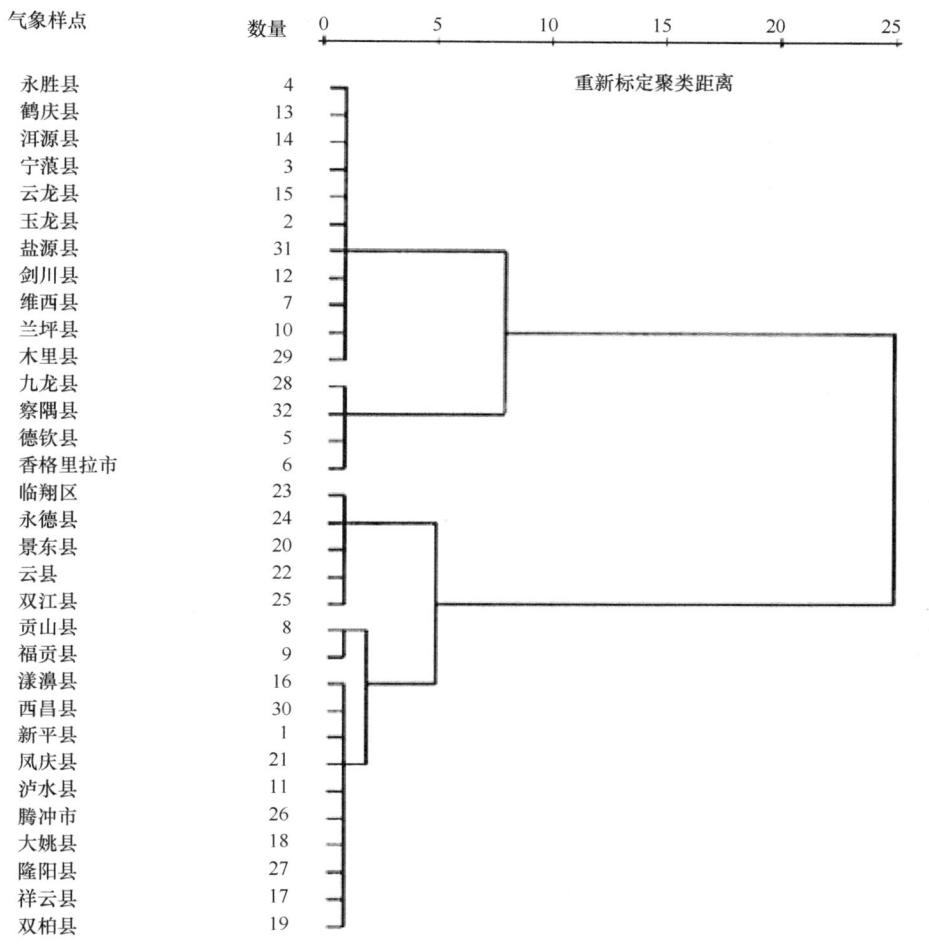

图2-2 气象样点聚类图

表2-8 云南红豆杉气候区特征

指标	北部	中部	西部	中南部	南部
1月均温/℃	−1.5~1.6	−1.1~2.8	3.3~3.7	1.1~5.3	2.1~6.3
7月均温/℃	14.4~16.3	13.4~15.6	17~17.8	13.1~15.9	14.4~16.0
极端最高气温/℃	16.2~36.9	22.6~35.4	35.7~36.1	24.7~33.8	28.2~32.3
极端最低气温/℃	−27~8.9	−20.6~−12.3	−13.3~−11	−14.2~−8.5	−12.1~−5.1
年均温/℃	7.4~9.7	6.8~10.1	10.4~11.2	8.4~11.7	9.5~11.9
≥10℃积温/℃	686.7~1960.4	3092.4~4107.8	4329.2~5454	4483.1~5722.8	6080.7~7108.5
年日照时数/h	1615.6~2203.1	1837.7~2602.7	1322.9~1402.5	2049.9~2622.1	2108~2254.9
年降水量/mm	624.8~892.8	776.1~1025	1401.9~1667.6	796.3~1451.9	923.7~1295.8
年相对湿度/%	61~71	57~74	78~80	61~79	70~78

鹤庆县、洱源县、宁蒗县、丽江县、盐源县、剑川县、维西县、兰坪县的云南红豆杉占云南全资源总量的78%(张清，1998)。木里县拥有云南红豆杉20余万株。可见，云南红

豆杉分布区中部的云南红豆杉约占全国的54%。该区水热条件与分布区最适水热条件最接近,说明研究提出的最适范围水热指标较适宜。野外调查表明,仅在永胜、丽江、宁蒗、兰坪、木里等中部小区有云南红豆杉林分布。其中,永胜县大安乡培元行政村的云南红豆杉林最典型。该林分以云南红豆杉为优势树种,占乔木总数的60%以上,郁闭度为0.5~0.6,树干通直、大枝开展、枝叶繁茂、生长旺盛。因此,无论是从资源量,还是从气候条件方面来看,云南红豆杉分布的中部区即永胜县、鹤庆县、洱源县、宁蒗县、丽江县、盐源县、剑川县、维西县、兰坪县和木里县等应为云南红豆杉的核心分布区,其他区域为边缘分布区。核心分布区云南红豆杉分布集中、资源量大,气候条件较一致;边缘分布区的资源量小,覆盖区域较大,气候差异较大。

七、小结与讨论

(1) 云南红豆杉起源古老,药用价值很高,系国家Ⅰ级保护植物。它分布在滇西、滇西北、滇西南、滇中、川西、藏东南的13个地(州、市)的40个县(区)。水平分布以横断山区为中心,连续分布在高黎贡山、怒江上游、澜沧江上游和金沙江上游;向北间断分布在喜马拉雅山、雅鲁藏布江中下游;向南间断分布在哀牢山、永德大雪山、滇西南和滇中地区;向西延伸至缅甸北部、不丹和尼泊尔一带。垂直分布范围为1400~4300m,集中分布地带的海拔在2600~3300m。

(2) 云南红豆杉分布区湿润温凉,光照充足。分布区的年平均气温在6.756~11.881℃,最适范围为7.834~11.244℃,平均值为9.539℃;Kira温暖指数在39.989~82.872℃/月,平均值为61.287℃/月;Kira寒冷指数在−19.123~0.000℃/月,平均值为−7.021℃/月;年均相对湿度在57%~80%,平均值为70.594%;年日照时数在1322.9~2622.1h,平均值为2186.375h。按Penman指数,云南红豆杉属于冷温带针阔混交林带树种;在Holdridge分类系统中,它属于冷温带湿润森林生命地带类型树种;在Thornthwaite系统中,云南红豆杉分布区的气候属中温湿润型气候。

(3) 云南红豆杉上限、下限和北界的Kira寒冷指数值分别为−10.648、−2.099和−10.601,Kira温暖指数值分别为53.120、72.074和56.432,呈现出上限的Kira温暖指数值和Kira寒冷指数值均比北界的Kira温暖指数值和Kira寒冷指数值低的规律,而且不同分布点的垂直分布情况差异很大。

(4) 主成分分析(PCA)表明,4个因子对云南红豆杉地理分布起主导作用,按作用大小的排序是:低温条件>湿度因子>高温条件>光照因子。

(5) 云南红豆杉自然分布区可分为中部、北部、西部、中南部和南部5小区。中部的永胜县、鹤庆县、洱源县、宁蒗县、丽江县、盐源县、剑川县、维西县、兰坪县和木里县等地气候适宜、资源量大,是云南红豆杉的核心分布区。为适应不同的水热条件,云南红豆杉形成了高大乔、小乔林和灌木等生态型。

第三章　云南红豆杉种群生态学

第一节　云南红豆杉种群数量特征

由于云南红豆杉的生境特殊，分布区内沟谷纵横、交通不便，所以研究者取样调查非常困难。目前，关于云南红豆杉生态学的研究依然十分薄弱。迄今，尚未见云南红豆杉种群生态学方面的研究报道。然而，种群生态学是濒危植物保护研究最重要的理论基础(祖元刚等，1999)。这方面研究的空白，限制了对云南红豆杉的全面认识和有效保护。

为此，在大量野外实地调查的基础上，采用特定年龄生命表技术、生存函数分析法、种群动态量化分析和谱分析方法进行云南红豆杉种群的结构、动态及生存状况分析，为探究云南红豆杉的濒危机制积累基础资料，也为云南红豆杉资源的保护、管理及扩大种群数量提供参考。

一、研究区概况

(一) 四川木里藏族自治县

木里县的地理位置在 100°03′~101°40′E，27°40′~29°10′N，海拔 1470~5958m。木里县地处青藏高原东南缘，横断山脉中段东侧，为深切割残余高原，是典型的高山峡谷区，山地面积占全县总面积的 99.5%。属北亚热带气候区，年平均气温 11.5~12.6℃，1月均气温 4.2℃，7月平均气温 17.4℃，≥10℃年积温 3177℃。年日照时数 2300h，无霜期 150~210 天。年降水量 818.8mm；年平均蒸发量 519.8mm；年平均相对湿度 57%。土壤种类主要有红壤、黄棕壤、黄壤、暗棕壤、亚高山草甸土、亚高山寒漠土等。植物种类丰富，主要森林树种有云杉、冷杉、铁杉(*Tsuga chinensis*)、高山松、红松、黄背栎等。

(二) 云南宁蒗彝族自治县

宁蒗县地跨 100°22′~101°16′E，26°35′~27°56′N，海拔 1370~4510m。宁蒗县地处青藏高原东南缘的滇西北高原，山地面积占全县总面积的 89%。属低纬度高原季风气候区暖温带季风气候，年平均气温 8~12℃，1月平均气温 4.2℃，7月平均气温 19.3℃，≥10℃年积温 3782℃。年日照时数 2300h。年降水量 923.3mm；年平均蒸发量 536.0mm；年平均相对湿度 69%。土壤种类主要有红壤、黄棕壤、黄壤、暗棕壤、亚高山草甸土、亚高山寒漠土等。森林覆盖率 63.14%。植物种类繁多，主要森林树种有高山松、冷杉、云杉、红松、铁杉、楸木(*Catalpa bungei*)等。

(三) 西藏察隅县

察隅县竹瓦根乡贡木沟和扎嘎沟流域，地理坐标 96°22′48.06″~97°38′12.66″E，27°11′23.16″~ 28°36′4.2″N，海拔 2300~2700m。该区气候主要受西南季风和地形地貌的影响，气候温暖湿润，热量丰富，雨水充沛。年平均气温 11.8℃，极端最高温和极端最低温分别为 31.9℃和–5.5℃；年无霜期 300 天以上；年日照时数 1615.6h；年降水量 793.9mm，降水集中于 4~9 月；年相对湿度 68%。土壤主要类型为山地棕壤，原生植被是以铁杉为主的暖温带针阔混交林。该区云南红豆杉的主要伴生树种有云南铁杉、长穗桦(*Betula cylindrostachya*)、糙皮桦(*B. utilis*)、巴东栎(*Quercus engleriana*)、察隅冷杉(*Abies chayuensis*)、接骨木(*Sambucus williamsii*)、槭树、华丽杜鹃(*Rhododendron eudoxum*)等。

(四) 西藏波密县

波密县气候主要受西南季风和地形地貌的影响，气候温暖湿润，热量丰富，雨水充沛。年平均气温 8.5℃，极端最高温和极端最低温分别为 31.0℃和–20.3℃；年无霜期 280 天以上；年日照时数 1534.7h；年降水量 876.9mm，降水集中于 4~9 月；年相对湿度 71%。土壤主要类型为山地棕壤，原生植被是以铁杉为主的暖温带针阔混交林。该区云南红豆杉的主要伴生树种有云南铁杉、长穗桦、糙皮桦、巴东栎、察隅冷杉、接骨木、槭树、华丽杜鹃等。

二、研究方法

(一) 野外调查方法

在研究区内有代表性的天然云南红豆杉所在群落中设立 20m×20m 的样方 51 个，样地总面积 20 400m²。在样地内进行每木调查，详细记录高度≥3m 的乔木种类、高度、枝下高、冠幅、胸径，灌草层分物种调查盖度、高度；对乔木的幼树进行详细调查；对高度<3m 的云南红豆杉幼树进行每木调查。同时记录相关的环境条件和干扰情况。根据群落生境所受干扰将种群分为重度人为干扰和无人为干扰种群。前者是指选择性采伐和放牧，受干扰群落的上层乔木虽已遭破坏，但尚余主要上层乔木，保持原有生境特点。具体见表 3-1。

(二) 龄级与大小级的划分方法

云南红豆杉种群数量少，濒危程度高。为避免危害植株，采用云南省林业调查规划设计院建立的胸径与年龄回归方程(邹光启等. 1998. 云南省红豆杉资源研究. 云南省林业调查规划设计院：53，未发表资料)计算植株年龄。该回归方程：

$$Y=1.02116X^{0.69857}(r=0.931)$$

式中，X 为年龄(a)；Y 为胸径(cm)；r 为相关系数。$N=119$，且 $X<300$ 年。

将调查所得的云南红豆杉胸径数据代入回归方程后计算出个体年龄。然后，再根据云南红豆杉种群的生物学特性，采用 100 年生以内的每 10 年为一个龄级，超过 100 年生的每30年为一个龄级的划分标准,把它分为15个龄级。

表3-1 云南红豆杉种群调查样地基本情况

地点	海拔/m	样地面积/m²	个体数量/株	干扰
阿比甸林场	3 400	2 000	43	重度干扰
落水村狗砝洞	3 300	1 200	31	重度干扰
石门村	3 250	800	36	重度干扰
中华村	3 000	4 800	79	重度干扰
桃博	3 140	1 600	79	无人为干扰
贡木沟	2 600	3 200	74	无人为干扰
扎嘎沟	2 280	5 200	131	无人为干扰
足如沟	2 400	1 600	42	无人为干扰
重度干扰种群	/	8 800	189	重度干扰
无人为干扰种群	/	11 600	326	无人为干扰
总体	/	20 400	515	/

根据所有个体的胸径和年龄求出云南红豆杉的平均胸径生长量为0.19cm/年。据此,并参照其他树种年龄级和大小级划分的方法(黄玉清和李先琨,2000;黄玉清等,1998)按胸径大小对云南红豆杉分级,前10个大小级以2cm为一个径阶,此后以6cm为一个径阶,共分成15个大小级与龄级对应。相应地,高度级按前10级以1m为级阶,高于10m的以2m为级阶,共分15个高度级。

(三) 生命表编制

参照文献(袁志忠等,2004;黄玉清等,1998)编制特定年龄生命表。该表所包含的栏目有:x为龄级中值;Δx为龄级宽度;a_x为x龄级内出现的实际个体数;l_x为x龄级开始时的标准化存活个体数;d_x是从x到$x+1$龄级间隔期内的标准化死亡数;q_x是从x到$x+1$龄级间隔期间的个体死亡率;L_x是从x到$x+1$龄级间隔期间的平均存活个体数;T_x是从x龄级到超过x龄级的个体总数;e_x为进入x龄级个体的生命期望寿命;S_x为存活率;K_x为消失率。

生命表中的各项指标可以通过实测得到的a_x或d_x值,按下述公式求出:

$$l_x=a_x/a_0\times1000;\ d_x=l_x-l_{x+1};\ q_x=d_x/l_x;$$

$$L_x=(l_x+l_{x+1})/2;\ T_x=\sum_{x}^{\infty}L_x;\ e_x=T_x/l_x;$$

$$K_x=\ln l_x-\ln l_{x+1};\ S_x=l_{x+1}/l_x$$

根据在某一特定时间获得的种群各龄级的个体数编制而成的生命表称为特定时间生命表(time-specific life table)或静态生命表。由于种群各龄级个体经历了不同环境条件,特定时间生命表虽然复合了出生率和死亡率,但不能揭示这些速率过去的年变化。尽管如此,特定时间生命表还是提供了一个种群出生率和各龄级死亡率的一般轮廓,尤其是当动态生命表不能产生时,它更具有特殊价值。特定时间生命表适用于长命木本植物的种群统计(王伯荪等,1995)。特定时间生命表要求满足以下3个条件(周纪纶等,1992)。

(1) 在特定时间内密度不变,即种群数量是静态的。

(2) 种群年龄分布稳定的,即与时间无关,各龄级的数量比例不变。

(3) 种群无迁动变化,即迁入与迁出平衡。

由于调查对象云南红豆杉种群为天然种群,存在"空间推时间"、"横向导纵向"及抽样等系统误差,调查所得数据并不完全满足以上3个条件,用它们编制的生命表会出现死亡率为负的情况。因此,采用编制特定时间生命表常用的匀滑技术(毕晓丽等,2002;吴承祯和吴继林,2000;江洪,1992)对 a_x 进行匀滑修正后所得的 a_x^* 值编制云南红豆杉种群特定时间生命表。

(四) 生存分析

生存分析采用种群生存率函数 $S_{(i)}$;累计死亡率函数 $F_{(i)}$;死亡密度函数 $f_{(t_i)}$ 和危险率函数 $\lambda_{(t_i)}$ 及生存曲线(袁志忠等,2004;毕晓丽等,2002;吴承祯和吴继林,2000;江洪,1992)。计算公式如下:

$$S_{(i)}=S_1 \times S_2 \times S_3 \cdots S_i; \quad F_{(i)}=1-S_{(i)};$$

$$f_{(t_i)}=(S_{i-1}-S_i)/h_i (h_i 为龄级宽度); \quad \lambda_{(t_i)}=2(1-S_i)/[h_i(1+S_i)]$$

根据上述4个生存函数估算值绘制生存率曲线、累计死亡率曲线、死亡密度曲线和危险率曲线。

(五) 种群动态的量化分析方法

采用陈晓德(1998)的量化方法定量描述云南红豆杉的种群动态,结合 Leak(1975)的划分理论划分云南红豆杉的种群结构类型。种群结构动态的量化方法如下:

$$V_{pi} = \frac{1}{\sum_{n=1}^{k-1} S_n} \times \sum_{n=1}^{k-1}(S_n \times V_n)$$

$$V_n = \frac{S_n - S_{n+1}}{\max(S_n, S_{n+1})} \times 100\%$$

式中,V_n 表示种群从 n 到 $n+1$ 级的个体数量变化动态;V_{pi} 表示整个种群结构数量变化动态指数;S_n、S_{n+1} 分别表示第 n 与第 $n+1$ 年龄种群个体数,考虑未来的外部干扰时:

$$V'_{pi} = \frac{\sum_{n=1}^{k-1}(S_n \times V_n)}{K \times \min(S_1, S_2, S_3, \cdots, S_k) \times \sum_{n=1}^{k-1} S_n}$$

式中,K 为种群年龄级数量;V_{pi} 与 V_n 取正、负、零值的意义分别反映种群或相邻年龄级个体数量的增长、衰退、稳定的动态关系。

(六) 种群动态的谱分析方法

天然更新过程是不同林分或同一林分内不同年龄林木的更替过程。谱分析则是探讨这种分布的波动性和年龄更替过程的周期性的数学工具(丁岩钦，1994)。伍业钢和韩进轩(1988)首次将其应用于阔叶红松林的演替与天然更新的研究。伍业钢和韩进轩(1988)证明过复杂的周期现象可以由不同振幅和相应的谐波组成，写成正弦波形式：

$$X_t = A_0 + \sum_{i=1}^{p} A_k \sin(w_k t + \theta_k) = \alpha_0 + \sum_{i=1}^{p}(a_k \cos w_k t + b_k \sin w_k t)$$

式中，A_0 为周期变化的平均；A_k($k=1,2,3,\cdots,p$)为各谐波的振幅；a_0、a_k、b_k 分别为正弦波形式中的参数；w_k 及 θ_k 分别为谐波频率及相角；X_t 为 t 时刻种群大小(吴明作和刘玉萃，2000)。

将种群各年龄个体分布视为一个时间系列 t，以 X_t 表示 t 年龄序时个体数；n 为系列总长度；$p=n/2$ 为谐波的总个体数，已知 T 为正弦波的基本周期即时间系列 t 的最长周期，即资料的总长度，这里 $T=n$ 是已知的。则可以利用下式来估计 Fourier 分解中的各个参数，即

$$A_0 = \frac{1}{n}\sum_{t=1}^{n} X_t \ ; \quad A_k^2 = a_k^2 + b_k^2 \ ; \quad w_k = 2\pi k / T \ ; \quad \theta_k = \arctan(a_k / b_k) \ ;$$

$$a_k = \frac{2}{n}\sum_{t=1}^{n} X_t \cos\frac{2\pi k(t-1)}{n} \ ; \quad b_k = \frac{2}{n}\sum_{t=1}^{n} X_t \sin\frac{2\pi k(t-1)}{n}$$

如 Δx 为龄级宽度，数据长度 n 即为所分龄级数，实际时间长度则为 $n \times \Delta x$，亦即基波的基本周期年限，总波序 $K=n/2=p$。因各龄级个体数量相差很大的情况，计算前对 X_t 进行对数化，令 $X'_t = \ln(X_t + 1)$ 替代 X_t。A_k($k=1,2,3,\cdots,p$)为各个波序 K 对应的振幅值。A_1 为基波，$A_2 \sim A_p$ 为各个谐波，每个谐波的周期分别是基本周期的 1/2，1/3，$\cdots$，1/p。振幅值 A_k 的大小差异反映了各周期作用大小的差别(刘金福和洪伟，2004)。

将云南红豆杉重度人为干扰种群、无人为干扰种群和总体种群的年龄结构数据按 15 年为一个间隔期分龄级统计，即云南红豆杉种群每 15 年为一龄级的株数分布，数据长度 n 即为所分龄级数，实际时间长度 $n \times 15$ 年亦即基波的基本周期年限。具体计算通过自编 Matlab 程序实现。

三、种群密度

不同样地内云南红豆杉的种群密度如图 3-1 所示。

云南红豆杉种群的平均密度为 252 株/hm^2，最大和最小密度分别为 494 株/hm^2 和 165 株/hm^2。重度人为干扰种群和无人为干扰种群的平均密度分别为 215 株/hm^2 和 281 株/hm^2。种群密度具有如下几个特点。

(1) 平均密度较低，种群规模较小。

(2) 人为干扰对种群密度的影响较大，能大幅降低种群的密度。例如，木里县桃博林场无人为干扰种群的密度是阿比甸林场受人为干扰严重种群密度的 2.3 倍。

(3) 核心分布区的种群密度高于边缘分布区。即使在人为干扰较严重的情况下，核心分布区种群的平均密度(258 株/hm^2)也高于边缘分布区种群的平均密度(247 株/hm^2)。

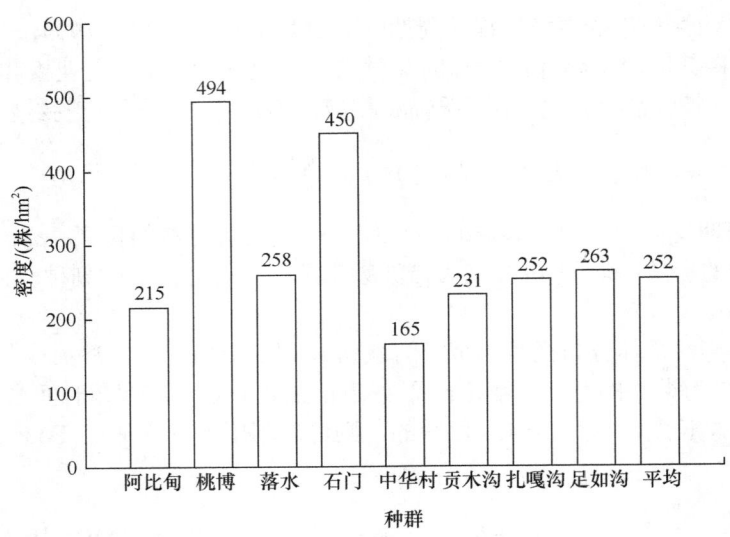

图3-1　云南红豆杉种群密度

四、种群结构

(一) 年龄结构

总体上看，云南红豆杉种群的年龄结构大体呈金字塔形，种群年龄结构处于中、幼龄林阶段，绝大多数个体还没有进入生理衰老年龄(图 3-2)。树龄小于 10 年的幼苗和小树占总体个体数的 55.34%。树龄≥100 年的植株占总体的 6.97%；寿命最长个体的年龄达 252 年。

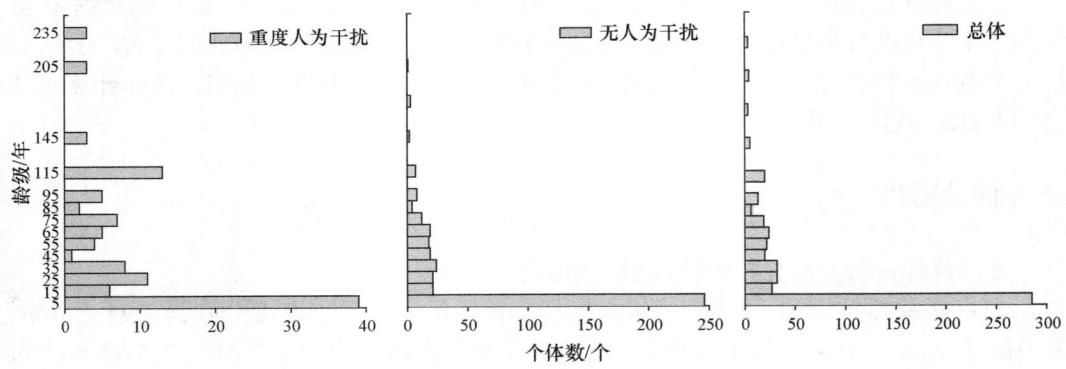

图3-2　云南红豆杉种群年龄结构

人为干扰条件下，云南红豆杉种群的年龄结构有所不同。最突出的特点是幼苗和小树所占的比例差异明显。在重度人为干扰的种群中，树龄＜10 年的个体仅占整个种群的 35.45%，而在无人为干扰的种群中它们的比例就占 60.74%。此外，其他各龄级个体数量的分布情况基本一致。所以，人为干扰严重影响种群的幼芽和幼树的补充数量。

(二) 大小级结构

云南红豆杉种群的大小级分布情况如图 3-3 所示。从总体看，大小级结构图与年龄结构图的形状相近，亦呈金字塔形。云南红豆杉胸径的分布频率以中、小径级个体居多。胸径≤20cm 和胸径＞20cm 的个体数分别为 454 株和 61 株，分别占整个种群的 88.15% 和 11.85%。径级为 0~2cm 的个体共 261 个，占整个种群的 50.86%；径级≥32cm 的个体共 16 个，占整个种群 3.11%；胸径最大达 50.0cm。

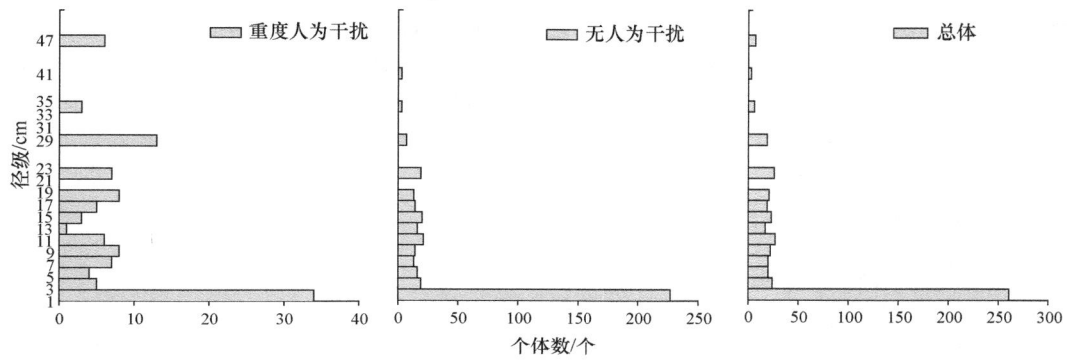

图3-3　云南红豆杉种群径级结构

人为干扰对云南红豆杉种群径级结构的影响与其对龄级结构的影响类似，即小径级所占的比例差异明显。在重度人为干扰的种群中，径级＜2cm 的植株仅占整个种群的 30.91%，而在无人为干扰的种群中它们的比例高达 56.05%。此外，其他各径级个体数量的分布情况基本一致。

(三) 高度级结构

云南红豆杉的高度级结构分布如图 3-4 所示。总体上，云南红豆杉高度级分布与径级分布类似，以高度＜1m 的植株居多。高度＜1m 的植株共 264 株，占总体的 51.26%。高度＜10m 的植株 217 株、高度≥10m 的植株 34 株，分别占总体的 42.14% 和 6.60%。植株最高达 20m。

重度人为干扰种群中高度＜1m 的植株占 30.91%，无人为干扰种群中对应高度级的

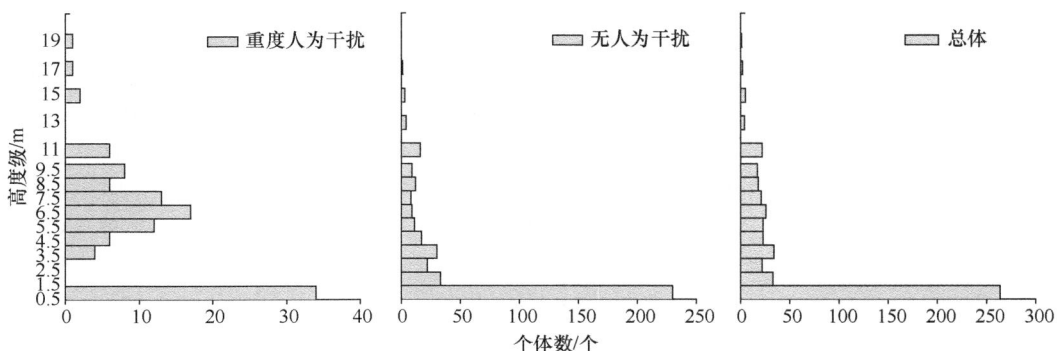

图3-4　云南红豆杉种群高度级结构

个体数比例则高达 56.79%。重度人为干扰种群高度级的另外一突出特点是没有 1~3m 高度的植株。此外，两者其他的高度分布情况基本一致。

(四) 年龄结构与大小结构的关系

木本植物年龄结构分析中常用胸径、高度等表现结构作为相对年龄的研究方法(王伯荪等，1995；姜汉侨等，2004)。本研究表明，云南红豆杉的年龄结构与大小级结构差异较大，大小级结构与相对应的年龄结构并不一致，数量差别最大可达 5 倍之多。例如，径级在 16~18cm 对应的 80~90 年龄级；径级在 18~20cm 对应的 90~100 年龄级；径级在 26~32cm 对应的 130~160 年龄级；径级在 44~50cm 对应的 220~252 年龄级等。岷江柏(*Cupressus chengiana*)种群结构的研究中也有这种现象(吴志忠等，2004)出现。因此，对云南红豆杉等生长缓慢的树种进行种群结构分析研究时，应慎重地使用表现结构替代龄级的方法。

五、种群生命表

(一) 特定时间种群生命表

根据样方受到的人为干扰情况将样方资料分为重度人为干扰和无人为干扰两类汇总，以探讨人为干扰对种群的影响，而不考虑地区内小生境气候、土壤等因子。为了解云南红豆杉种群的总体情况，不考虑种群地理分布区内小生境的气候、土壤、人为干扰等因子，汇总各样方的资料进行分析。

重度人为干扰下的云南红豆杉种群、无人为干扰下的云南红豆杉种群及总体云南红豆杉种群的特定时间生命表如表 3-2~表 3-4 所示。

表3-2　重度人为干扰云南红豆杉种群生命表

龄级中值 X	龄级宽度 ΔX	实际存活数 a_x	平滑存活数 a_x^*	标准化存活数 l_x	标准化存活数对数 $\ln l_x$	标准化死亡数 d_x	死亡率 q_x	平均存活数 L_x	个体总数 T_x	生命期望 e_x	存活率 S_x	消失率 K_x
5	10	39	39	1000.000	6.908	692.308	0.692	653.846	2910.256	2.910	0.308	1.179
15	10	6	12	307.692	5.729	25.641	0.083	294.872	2256.410	7.333	0.917	0.087
25	10	11	11	282.051	5.642	25.641	0.091	269.231	1961.538	6.955	0.909	0.095
35	10	8	10	256.410	5.547	25.641	0.100	243.590	1692.308	6.600	0.900	0.105
45	10	1	9	230.769	5.441	0.000	0.000	230.769	1448.718	6.278	1.000	0.000
55	10	4	9	230.769	5.441	25.641	0.111	217.949	1217.949	5.278	0.889	0.118
65	10	5	8	205.128	5.324	0.000	0.000	205.128	1000.000	4.875	1.000	0.000
75	10	7	8	205.128	5.324	25.641	0.125	192.308	794.872	3.875	0.875	0.134
85	10	2	7	179.487	5.190	0.000	0.000	179.487	602.564	3.357	1.000	0.000
95	20	5	7	179.487	5.190	25.641	0.143	166.667	423.077	2.357	0.857	0.154
115	30	13	6	153.846	5.036	76.923	0.500	115.385	256.410	1.667	0.500	0.693
145	30	3	3	76.923	4.343	25.641	0.333	64.103	141.026	1.833	0.667	0.405
175	30	0	2	51.282	3.937	25.641	0.500	38.462	76.923	1.500	0.500	0.693
205	30	3	1	25.641	3.244	0.000	0.000	25.641	38.462	1.500	1.000	0.000
235	30	3	1	25.641	3.244	25.641	1.000	12.821	12.821	0.500	0.000	3.244

表3-3　无人为干扰云南红豆杉种群生命表

龄级中值 X	龄级宽度 ΔX	实际存活数 a_x	平滑存活数 a_x^*	标准化存活数 l_x	标准化存活数对数 $\ln l_x$	标准死亡数 d_x	死亡率 q_x	平均存活数 L_x	个体总数 T_x	生命期望 e_x	存活率 S_x	消失率 K_x
5	10	246	246	1000.000	6.908	899.391	0.899	550.304	1146.667	1.147	0.101	2.297
15	10	21	25	100.609	4.611	8.711	0.087	96.253	596.362	5.928	0.913	0.091
25	10	21	23	91.898	4.521	8.711	0.095	87.542	500.109	5.442	0.905	0.100
35	10	24	20	83.186	4.421	8.711	0.105	78.830	412.567	4.960	0.895	0.111
45	10	19	18	74.475	4.310	8.711	0.117	70.119	333.737	4.481	0.883	0.124
55	10	18	16	65.763	4.186	8.711	0.132	61.408	263.617	4.009	0.868	0.142
65	10	19	14	57.052	4.044	8.711	0.153	52.696	202.210	3.544	0.847	0.166
75	10	12	12	48.341	3.878	11.755	0.243	42.463	149.513	3.093	0.757	0.279
85	10	4	9	36.585	3.600	4.065	0.111	34.553	107.050	2.926	0.889	0.118
95	20	8	8	32.520	3.482	4.065	0.125	30.488	72.498	2.229	0.875	0.134
115	30	7	7	28.455	3.348	10.861	0.382	23.025	42.010	1.476	0.618	0.481
145	30	2	4	17.594	2.868	9.464	0.538	12.862	18.985	1.079	0.462	0.772
175	30	3	2	8.130	2.096	6.072	0.747	5.094	6.123	0.753	0.253	1.374
205	30	1	1	2.058	0.722	2.058	1.000	1.029	1.029	0.500	0.000	0.722

表3-4　云南红豆杉种群生命表

龄级中值 X	龄级宽度 ΔX	实际存活数 a_x	平滑存活数 a_x^*	标准化存活数 l_x	标准化存活数对数 $\ln l_x$	标准死亡数 d_x	死亡率 q_x	平均存活数 L_x	个体总数 T_x	生命期望 e_x	存活率 S_x	消失率 K_x
5	10	285	285	1000.000	6.908	880.702	0.881	559.649	1345.685	1.346	0.119	2.126
15	10	27	34	119.298	4.782	7.018	0.059	115.789	786.036	6.589	0.941	0.061
25	10	32	32	112.281	4.721	3.509	0.031	110.526	670.247	5.969	0.969	0.032
35	10	32	31	108.772	4.689	24.561	0.226	96.491	559.721	5.146	0.774	0.256
45	10	20	24	84.211	4.433	7.018	0.083	80.702	463.229	5.501	0.917	0.087
55	10	22	22	77.193	4.346	3.509	0.045	75.439	382.528	4.955	0.955	0.047
65	10	24	21	73.684	4.300	7.018	0.095	70.175	307.089	4.168	0.905	0.100
75	10	19	19	66.667	4.200	11.835	0.178	60.749	236.914	3.554	0.822	0.195
85	10	6	16	54.832	4.004	2.788	0.051	53.438	176.164	3.213	0.949	0.052
95	20	13	15	52.044	3.952	4.462	0.086	49.813	122.726	2.358	0.914	0.090
115	30	20	14	47.582	3.862	30.038	0.631	32.563	72.914	1.532	0.369	0.998
145	30	5	5	17.544	2.865	3.509	0.200	15.789	40.351	2.300	0.800	0.223
175	30	3	4	14.035	2.642	3.509	0.250	12.281	24.561	1.750	0.750	0.288
205	30	4	3	10.526	2.354	3.509	0.333	8.772	12.281	1.167	0.667	0.405
235	30	3	2	7.018	1.948	7.018	1.000	3.509	3.509	0.500	0.000	1.948

(二) 种群存活曲线、死亡率及消失率曲线

以云南红豆杉特定时间种群生命表为基础，龄级中值为 x 轴，分别以 l_x、q_x、K_x 为 y 轴绘制存活曲线、死亡率曲线和消失率曲线如图3-5和图3-6所示。

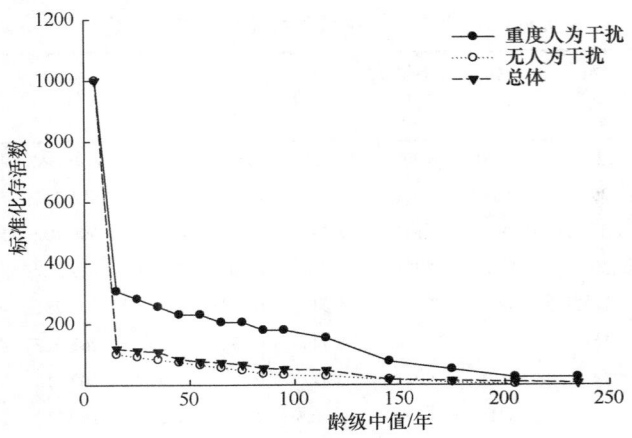

图3-5 云南红豆杉种群存活曲线

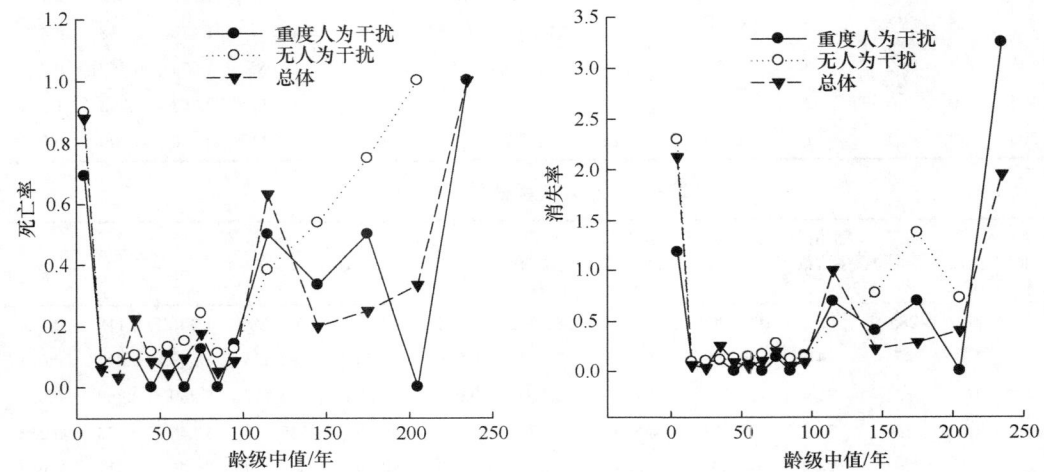

图3-6 云南红豆杉种群死亡率和消失率曲线

Deevey把存活曲线分为3种类型。Deevey-Ⅰ型是凸曲线,该型种群绝大多数都能实现它的平均生理寿命,早期死亡率较低,但到其固有寿命时,短期内几乎全部死亡;Deevey-Ⅱ型呈对角直线,表示该型种群各年龄具有相同的死亡率;Deevey-Ⅲ型是凹曲线,早期死亡率高,一旦生长到某一年龄后,死亡率就较低(孙儒泳等,1993)。从图3-5可知,无论人为干扰存在与否,云南红豆杉种群的存活曲线都属于Deevey-Ⅲ曲线。

重度人为干扰、无人为干扰和总体云南红豆杉种群的存活曲线形状非常相似。无论人为干扰存在与否,10年生以下幼树和幼苗所占比例都很大,且能进入下一龄级的个体都很少。其次,20年以上个体数量的变化较平缓,其生命期望(e_x)随着年龄的增长而呈现不断下降的趋势,种群生存能力随着年龄增加而逐级下降。生命期望值在龄级中值为15年时最高,中值在25~55年时比较稳定,说明幼苗、幼树只要成长起来就有最高的生命期望,并能在其后40年内稳定生长。值得注意的是,10年生个体标准化存活数在重度人为干扰种群和无人为干扰种群差异明显,呈现出前者明显高于后者的现象。

重度人为干扰、无人为干扰和总体云南红豆杉种群的死亡率曲线与相应的消失率曲线的变化趋势基本一致(图 3-6)。除幼苗、幼树阶段(0~10 年)外,在超过树龄 110 年后出现两个死亡率和消失率峰值。在重度人为干扰情况下,第一个峰值出现在 100~130 年龄级阶段,第二个峰值出现在 220~250 年龄级阶段。无人为干扰种群的相应峰值比重度人为干扰种群的峰值较早出现,第一个峰值发生在 70~80 年龄级阶段,第二个峰值出现在 190~210 年龄级阶段。总体云南红豆杉种群的死亡率和消失率曲线的变化与重度人为干扰种群同步。

六、生存函数分析

云南红豆杉生存函数估算值如表 3-4 和表 3-5 所示。以龄级中值为 x 轴,生存函数估算值为 y 轴绘制的生存函数曲线如图 3-7 所示。4 个生存函数曲线表明,云南红豆杉种群具有先期锐减、中期稳定波动、后期衰退的特点。这与种群存活曲线、死亡率曲线和消失率曲线分析结果一致。

表3-5 生存函数估算值

龄级中值 X	龄级宽度 ΔX	生存率 $S_{(i)}$			累计死亡率 $F_{(i)}$			死亡密度 $f_{(t_i)}$			危险率 $\lambda_{(t_i)}$		
		重度人为干扰种群	无人为干扰种群	总体	重度人为干扰种群	无人为干扰种群	总体	重度人为干扰种群	无人为干扰种群	总体	重度人为干扰种群	无人为干扰种群	总体
5	10	0.308	0.101	0.119	0.692	0.899	0.881	0.069	0.090	0.088	0.106	0.163	0.157
15	10	0.282	0.092	0.112	0.718	0.908	0.888	0.003	0.001	0.001	0.009	0.009	0.006
25	10	0.256	0.083	0.109	0.744	0.917	0.891	0.003	0.001	0.000	0.010	0.010	0.003
35	10	0.231	0.074	0.084	0.769	0.926	0.916	0.003	0.001	0.002	0.011	0.011	0.025
45	10	0.231	0.066	0.077	0.769	0.934	0.923	0.000	0.001	0.001	0.000	0.012	0.009
55	10	0.205	0.057	0.074	0.795	0.943	0.926	0.003	0.001	0.000	0.012	0.014	0.005
65	10	0.205	0.048	0.067	0.795	0.952	0.933	0.000	0.001	0.001	0.000	0.017	0.010
75	10	0.179	0.037	0.055	0.821	0.963	0.945	0.003	0.001	0.001	0.013	0.028	0.019
85	10	0.179	0.033	0.052	0.821	0.967	0.948	0.000	0.000	0.000	0.000	0.012	0.005
95	20	0.154	0.028	0.048	0.846	0.972	0.952	0.001	0.000	0.000	0.008	0.007	0.004
115	30	0.077	0.018	0.018	0.923	0.982	0.982	0.004	0.001	0.002	0.022	0.016	0.031
145	30	0.051	0.008	0.014	0.949	0.992	0.986	0.001	0.000	0.000	0.013	0.025	0.007
175	30	0.026	0.002	0.011	0.974	0.998	0.989	0.001	0.000	0.000	0.022	0.040	0.010
205	30	0.026	0.000	0.007	0.974	1.000	0.993	0.000	/	0.000	0.000	/	0.013
235	30	0.000	/	0.000	1.000	/	1.000	0.001	/	0.000	0.067	/	0.067

(一) 生存率函数与累计死亡率函数曲线

生存率函数以种群个体的生存期大于 t 的概率来描述种群的生存规律,曲线单调递减。累计死亡率是表述一个种群在存活期内总体死亡状况的函数。累计死亡率为单调递增函数。生存率函数和累计死亡率函数从两个不同方面描述种群的生存规律,两者互补,累计死亡率函数曲线的凹点与生存率函数曲线的凸点对应。

图 3-7 表明,重度人为干扰云南红豆杉种群的生存率函数值明显高于无人为干扰的种群,累计死亡率函数则相反。无人为干扰种群累计死亡率函数值的起始点较高,约 90%,其增长速率缓慢。重度人为干扰种群的累计死亡率函数值的起始点较低,约 70%,其增长速率较快。重度人为干扰种群在 160~190 年龄级以后,种群的生存率小于 5%,累计死亡率大于 95%;而无人为干扰种群早在 70~80 年龄级后种群的生存率就小于 5%,累计死亡率大于 95%。

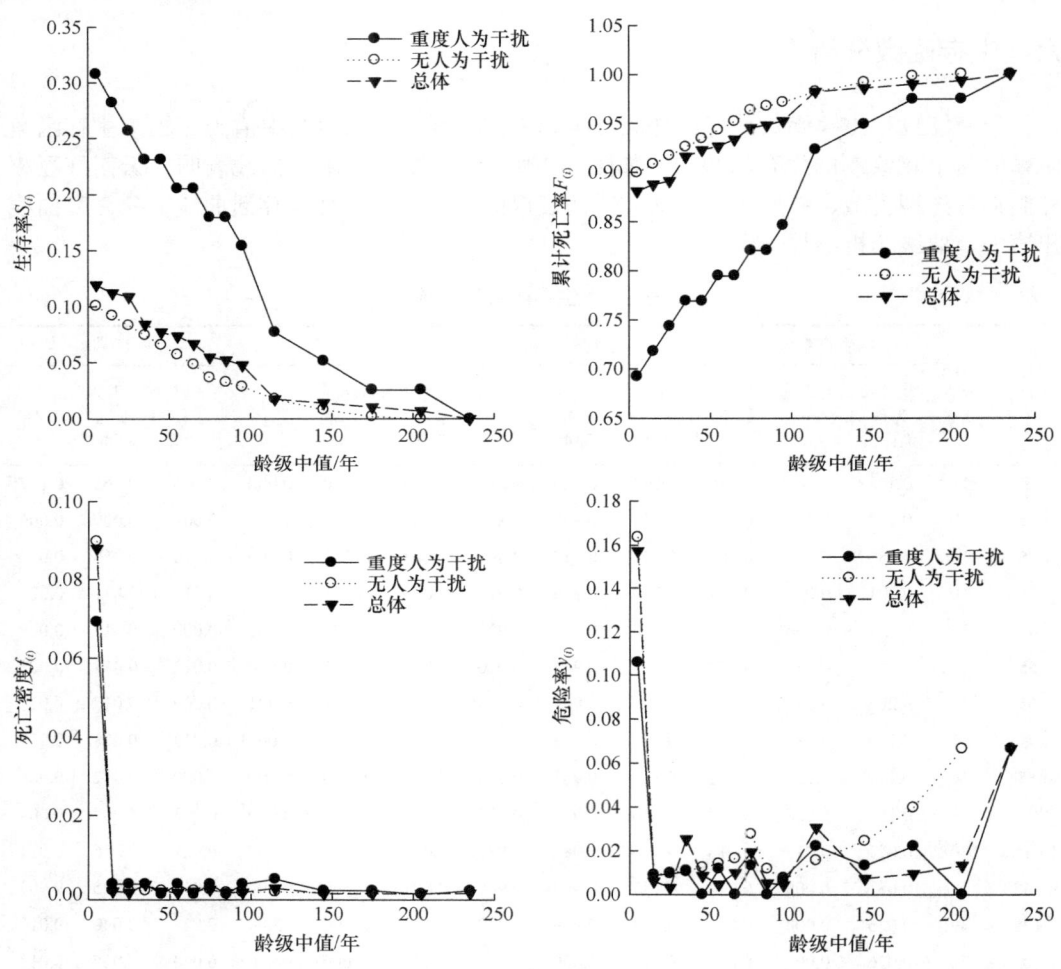

图 3-7 云南红豆杉种群生存函数曲线

(二) 死亡密度函数与危险率函数曲线分析

死亡密度函数是表征种群个体在特定时段内的死亡概率,能直观反映种群个体的死亡情况。危险率函数表征种群个体的生存期达到 t 时的瞬时死亡率。

从图 3-7 可以看出,危险率函数曲线在 5 年、15 年、25 年对应的龄级阶段单调递减,5~15 年龄级时斜率较大。此后,各龄级危险率函数值随龄级增加或波动,呈上升趋势。危险率函数曲线明显表现出前期变化较大,后期变幅较小的特点。它亦说明云南红豆杉幼苗、幼树死亡率较大,长成成树后,死亡率维持较低水平。重度人为干扰种群中危险率函数曲线位置比无人为干扰种群的低,而且在 35 年龄级后出现明显波动,而且波峰趋于越来越大,于 115 年和 235 年龄级处出现峰值。无人为干扰种群中,15~65 年龄级对应的危险率函数值单调平稳上升,随后在 75 年龄级处出现波峰,接着下降,95 年龄级以后单调上升至 205 年龄级处达到峰值。死亡密度函数曲线与危险率动态基本相似,只是危险率变化幅度相对较大。

七、种群数量动态分析

(一) 种群动态的量化分析

种群年龄结构动态是指数量化分析方法克服了植物种群结构动态比较评价中粗放的等级归类划分的缺陷。云南红豆杉种群各龄级个体数量变动动态指数及其年龄结构数量变化动态指数如表 3-6 和表 3-7 所示。

表3-6 云南红豆杉种群各龄级个体数量变化动态指数(V_n)

龄级中值	重度人为干扰种群	无人为干扰种群	总体
5	84.615	91.463	90.526
15	−45.455	0.000	−15.625
25	27.273	−12.500	0.000
35	87.500	20.833	37.500
45	−75.000	5.263	−9.091
55	−20.000	−5.263	−8.333
65	−28.571	36.842	20.833
75	71.429	66.667	68.421
85	−60.000	−50.000	−53.846
95	−61.538	12.500	−35.000
115	76.923	71.429	75.000
145	100.000	−33.333	40.000
175	−100.000	66.667	−25.000
205	0.000	/	25.000

由表 3-6 可知,云南红豆杉种群各龄级的个体数量具有明显的波动过程。与种群生存函数曲线和死亡率、消失率曲线分析结果一致,重度人为干扰种群中的波动比无人为干扰种群的波动明显、频繁,且幅度较大。云南红豆杉种群 V_n 值的另外一个特点是,无论人为干扰存在与否,幼苗、幼树对应的 V_n 值均比后一阶段高很多,反映出云南红豆杉种群前期变化剧烈、稳定性极差的特点。

表 3-7 表明,云南红豆杉种群的 V_{pi} 和 V'_{pi} 值分别在范围 0.477~0.613 和 0.013~0.044

变动。重度人为干扰和无人为干扰云南红豆杉种群的年龄结构数量变化动态指标都为正值。所以，云南红豆杉种群结构虽然有波动变化的过程，但目前仍然表现为稳定增长型种群。重度人为干扰种群的 V_{pi} 和 V'_{pi} 值分别为 0.477 和 0.032，均小于无人为干扰种群的 V_{pi} 值和 V'_{pi} 值(0.613 和 0.044)，后者的增长性和稳定性都优于前者。

表3-7　云南红豆杉种群年龄结构数量变化动态指数(V_p)

指数	重度人为干扰种群	无人为干扰种群	总体
V_{pi}	0.477	0.613	0.566
V'_{pi}	0.032	0.044	0.013

(二) 种群数量动态的谱分析

以 15 年为一龄级划分，重度人为干扰、无人为干扰和总体云南红豆杉种群的数据长度分别为 15、14 和 15，它们相应的基本周期年限分别为 225 年、210 年和 225 年，总波序均为 7。各波序对应的振幅值 A_k 如图 3-8 所示。

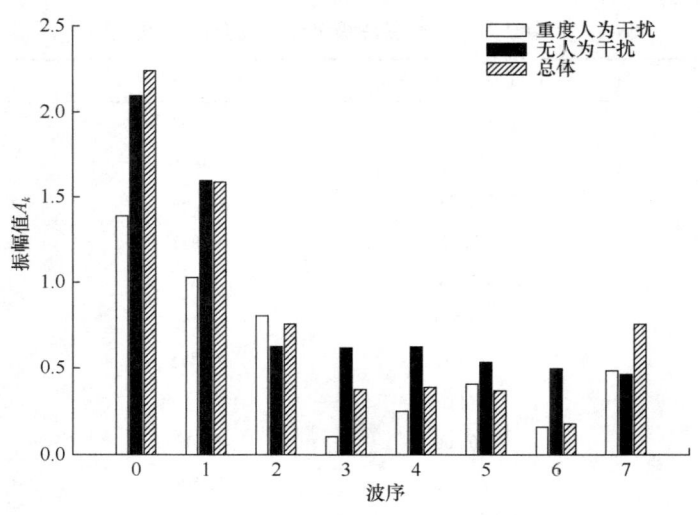

图3-8　云南红豆杉种群动态谱分析振幅值

从图 3-8 可知，云南红豆杉种群数量动态存在周期性，即使在重度人为干扰时也如此。在重度人为干扰和总体种群中，A_1 和 A_2 分别反映 225 年和 113 年的周期。无人为干扰种群中 A_1 和 A_2 分别反映 210 年和 105 年的周期，此外 A_3 反映的 70 年周期也非常明显。云南红豆杉种群动态谱分析得出的明显周期的长度与重度人为干扰和无人为干扰种群的死亡率、消失率的峰值或拐点一一对应。可以认为，云南红豆杉各世代形成的时间间隔的规律性就是种群数量动态周期性的反映。云南红豆杉种群数量的波动过程就是一个周期集中分布的群体替代另一个周期集中分布的群体向前发展的过程。这种周期更新过程使云南红豆杉种群得以延续。

基波表现基本周期的波动，其周期长度为种群本身所固有，由种群波动特性决定。重度人为干扰因改变了种群的生境特点而延长了基本周期，消除了中小周期波动，其成因将随后进行讨论。可见，人为干扰影响云南红豆杉的种群数量，即影响种群的天然更新过程，从而影响种群的稳定性。

八、环境、人为干扰与种群结构、动态

野外调查表明，在光照充足的林窗或林分边缘，云南红豆杉生长良好，发育成干形好、高大的乔木，雌株结实量和自然更新的幼苗较多；而在光照不足、湿度较高的冷杉-箭竹等群落中，雌株结实量和自然更新的幼苗较少。这些现象表明，云南红豆杉虽然具有耐阴、喜湿的生态习性，但充足的光照仍然是其正常生长、发育的必要条件。云南红豆杉主要分布在温凉、潮湿、多雾的高山、亚高山缓坡、沟谷、溪流两岸及阴坡、半阴坡立地，多在亚高山暗针叶林、中山针阔叶混交林、常绿阔叶林内散生或群状生长，常成为下木第Ⅱ林层，很少有云南红豆杉分布在上层乔木未被干扰、破坏群落的Ⅰ层。

野外调查发现，无人为干扰的云南红豆杉群落内光照严重不足、枯枝落叶层较厚。因此，成熟种子落入土壤萌发成苗后就要在光照不足的条件下与铁杉、云杉、冷杉的幼苗、幼树及其他地表草木、灌木竞争。"环境筛"的作用使大量的幼苗、幼树(0~10年龄级个体)向下一龄级发育过程中大量死亡，选择留下了少量生长健壮、适应能力和竞争能力较强或竞争强度较小立地上的个体。在种群生命表，表现为5年龄级中值对应的个体数量多，而下一龄级个体数剧减，死亡率和消失率很大的特点。幼树成长起来后，由于群落环境相对稳定、通过前阶段竞争获得的有利生态位为其平稳发育提供了保障，死亡个体较少，死亡密度和危险率均较低且增长缓慢。随着群落的演替发育，云南红豆杉及其伴生树种不断长大，植物对营养及空间的需求不断增加，中上层乔木间的生态位重叠幅度加大，林内的养分、光照、水分等资源的争夺日益剧烈。云南红豆杉个体树龄达70~80年时，云南红豆杉的树高达到8~10m，林内的养分、光照、水分等资源基本不能满足它的生长要求，自疏与他疏作用增强，大批个体被淘，死亡率很高，从而出现了除幼苗、幼树阶段外的第一个死亡峰值和较高的危险率，并且种群数量变化动态表现出70年的周期长度。竞争优胜者进入群落上层后，在短期内获得较好的生存条件，死亡率、消失率、死亡密度、危险率趋于下降。随着上层树种的生长，云南红豆杉与它们对光照、养分、水分乃至空间的竞争再一次加剧，平均高生长速率从100年内的12cm/年下降到7 cm/年左右，生长不良部分植株梢开始死亡，植株逐渐进入生理死亡年龄，种群进入衰退阶段。这现象一直持续到200年左右。因此，龄级中值在95年以后种群的死亡率、消失率和危险率、死亡密度均不断上升，至205年龄级中值处达到峰值，从而表现出105年的种群数量变化周期和210年的基本周期长度。

本研究中，重度人为干扰主要是选择性采伐和放牧，受干扰群落的上层乔木虽已遭破坏，但上层主要乔木尚存，依然保持了原有主要生境特点。因此，重度人为干扰减轻了资源供给和植株种间竞争的压力，云南红豆杉的生长发育所需的光照、养分、水分和空间比较充足。另一方面，样地距离村庄较近，群落受经常性放牧干扰，牛、羊侵入频繁。野外调查发现，牛、羊等牲畜喜食云南红豆杉的枝、叶。在牛、羊取食的影响下，云南红豆杉的幼苗和幼树数量大幅减少，从而表现出苗木补充数量比无人

为干扰种群的少，相应径级和高度级个体数量亦随之减少的现象。因此，在重度人为干扰下，云南红豆杉种群的幼苗和幼树仍然遭受放牧产生的压力。云南红豆杉分布在山地面积多、人口较少(如木里县境内的人口密度约 10 人/km²)、偏远、闭塞，农产品难以商业化的山区，放牧的频率和强度长期维持在较低水平。所以，云南红豆杉种群幼苗和幼树仍然有机会生存、发育。由于生境质量提高减小的选择压力大于放牧产生的压力，幼苗、幼树向下一龄级过渡的死亡率和消失率就比无人为干扰时的死亡率和消失率低，使前者的存活曲线位置高于后者。幼苗、幼树长成以后，放牧的影响越来越小，生境质量改善的效应突出，种间竞争趋于平缓，光照、养分、水分和空间充足，"环境筛"产生的选择作用弱化，种群数量变化动态的中小周期消失，死亡率、消失率和死亡密度、危险率均比同期无人为干扰种群的低。由于尚余群落主要上层乔木树种，随着云南红豆杉的发育种间竞争逐渐加强。重度人为干扰云南红豆杉种群中，100 年生植株平均高达 10~12m，从而开始进入上层空间，生态位激剧重叠，适应性和竞争能力较差的个体逐渐死亡，从而出现了继幼苗、幼树阶段后的第一个死亡峰值，危险率较高，种群数量变化上呈现出 113 年的周期长度。此后，幸存植株得以平稳生长，生境和供养、水分、光照供给的改善延长了个体寿命，使它们的生理死亡年龄较无人为干扰种群的更长，220 年左右树龄的植株开始大量出现枯梢死亡，死亡率、消失率和危险率、死亡密度在 205 年中值处达到峰值，从而表现出 225 年的基本周期长度。在重度人为干扰下，云南红豆杉伴生群落的环境随着群落结构的变化而被剧烈改变，容易受气候、风等生态因子的影响，从而使种群的死亡率、消失率、死亡密度、危险率和累计死亡率的颤动频繁，表现为曲线的上下波动。因此，重度人为干扰种群的 V_{pi} 和 V'_{pi} 值均小于无人为干扰种群的，无人为干扰种群的增长性和稳定性都优于重度人为干扰种群。

综上所述，云南红豆杉种群的结构与动态特点主要受其生物学生态习性和环境的影响。

九、小结与讨论

(1) 云南红豆杉种群的平均密度较低，种群规模较小。平均密度为 252 株/hm²，最大密度为 494 株/hm²，最小密度为 165 株/hm²。重度人为干扰种群和无人为干扰种群的平均密度分别为 215 株/hm² 和 281 株/hm²。

(2) 云南红豆杉种群的年龄结构大体呈金字塔形，种群年龄结构处于中、幼龄林阶段。人为干扰严重影响种群的幼芽和幼树的补充数量，减小了小径级和高度小于 1m 的个体数。

(3) 木本植物年龄结构分析中常用胸径、高度等表现结构作为相对年龄的研究方法(姜汉侨等，2004；王伯荪等，1995)。云南红豆杉的年龄结构与大小级结构差异较大，部分相互对应的大小级与龄级的数量相差竟高达 3~7 倍。岷江柏(*Cupressus chenggiana*)种群结构的研究中也有这种现象(袁志忠等，2004)出现。因此，对云南红豆杉等生长缓慢的树种进行种群结构分析研究时，应慎重地使用表现结构替代龄级的方法。

(4) 云南红豆杉的存活曲线呈凹曲线，属于 Deevey-III 型。种群的死亡率与消失率曲线大致重合,变化趋势基本一致。无论人为干扰存在与否,10 年生幼苗和幼树所占比例都很大,且能进入下一龄级的个体都很少;20 年以上个体数量的变化较平缓。除幼苗、幼树阶段外,在超过树龄 110 年后出现两个死亡率和消失率峰值。在重度人为干扰下,第一个峰值出现在 100~130 年龄级阶段,第二个峰值出现在 220~250 年龄级阶段。无人为干扰种群的相应峰值比重度人为干扰种群的峰值较早出现,第一个峰值和第二个峰值分别出现 70~80 年和 190~210 年龄级阶段。

(5) 云南红豆杉种群结构虽然有波动变化的过程,但目前仍然表现为稳定增长型种群。重度人为干扰种群的 V_{pi} 和 V'_{pi} 值分别为 0.477 和 0.032,均小于无人为干扰种群的 V_{pi} 和 V'_{pi} 值(0.613 和 0.044),后者的增长性和稳定性都优于前者。

(6) 云南红豆杉种群动态具有明显的周期性。它的周期长度与重度人为干扰和无人为干扰种群的死亡率、消失率的峰值或拐点对应,各世代形成的时间间隔的规律性就是种群数量动态周期性的反映。重度人为干扰影响种群的天然更新过程,改变了云南红豆杉种群的生境特点,延长了它的基本周期,而且消除了中小周期波动。

第二节 云南红豆杉群落结构特征与更新特征

植物群落是一定地段内不同植物在长期的历史过程中逐渐形成的生态复合体(Jernvall and Fortelius,2004)。植物群落结构与截留降水、改善群落小环境、促进林木生长、增强群落的稳定性(Sullivan et al., 2007; Potvin and Gotell, 2008; Rendon-Carmona et al., 2009; Filotas et al., 2010)等群落功能特征关系密切。群落的组成与结构是生态系统功能和过程的基础,对群落组成与结构的分析可以为进一步揭示物种共存规律及其形成机制提供重要信息(Loreau et al., 2001)。不同植物群落在结构和功能上存在很大差异,这种差异主要受控于组成物种不同的生态、生物学特性及它们的构成方式。不同物种组成的群落具有不同的群落结构特征,反过来不同的群落结构特征也影响生存其中的物种(Balvanera et al., 2006)。例如,群落的大小结构对群落内物种更新产生重要影响(Condit et al., 2000b; King et al., 2006),进而影响群落中的物种种类。因此,群落结构是物种生活的载体,而对群落结构的研究则是对物种研究的基础,特别是对一些特有、濒危物种种群。

植物的天然更新是物种自我维持的重要机制,是种群延续和群落稳定的重要保证,并影响着群落的物种组成、结构和动态变化,是种群得以增殖、扩散、延续和维持群落稳定的一个重要生态过程(李小双等,2009)。天然更新包括两种方式,即实生苗更新和萌生更新。两种更新方式各有优劣,实生苗更新在不同环境的适应能力方面存在优越性,能提高或维持种群的遗传多样性,对种群进化十分重要;而萌生更新在选择上有优势,因有庞大的母株根系支持,更能有效地利用土壤中水分和养分资源,形成的枝条健壮且生长较快,对环境具有更强的适应能力,对群落的维持及稳定性有着极其重要的意义(Vieira and Scariot,2006)。而在天然更新过程中具体采用何种更新策略则主要是由物种的遗传特性和外界环境压力决定。尽管国内外学者对天然更新规律进行了大量的研究,形成了不少更新机制和理论,但由于森林的天然更新所涉及的因素非常复杂,再加上不同的学者研究的树种、群落和区域不同,在很多方面仍然存在着争议(汤景明和翟明普,

2005)。因此，对特定地区、特定群落，尤其是某些特定物种，如一些特有、濒危物种种群更新研究仍然具有重大的现实和理论意义。

云南红豆杉为第三纪孑遗物种，是红豆杉属植物中紫杉醇含量最高的树种，主要分布于我国的滇西、滇西北、滇西南、滇中、川西、藏东南等地的13个地(州、市)(苏建荣等，2005b)，而云南省分布的资源(350.79 万株)占全国总量(526 万株)的66.7%。水热条件适宜的滇西北永胜县、鹤庆县、洱源县、剑川县、维西县、宁蒗县、丽江县、兰坪县等地的云南红豆杉占云南全省资源总量的78%，可见，滇西北是云南红豆杉的核心分布区。由于云南红豆杉种群竞争力弱、天然更新缓慢和地理分布局限，以及追逐紫杉醇巨额商业利益所导致的对云南红豆杉掠夺式的生产经营活动，致使天然资源遭到严重破坏，局部地区资源已濒临枯竭，加剧了其濒危程度，于1999年被列为我国的一级保护植物(王卫斌等，2006)。尽管国内大量学者对云南红豆杉进行了大量研究，但多数集中于云南红豆杉的地理分布(苏建荣等，2005b)、传粉生物学(王兵益等，2009)、遗传学(苏建荣等，2009)、紫杉醇含量(苏建荣等，2005a)及提取方法(李海峰等，2008)、人工林生物量(李芸等，2010)及繁殖方法(周云等，2008；臧传富等，2010；杨玲等，2011)等方面，而对于云南红豆杉的群落特征及其天然更新方式研究极少。通过对云南红豆杉群落特征及天然更新方式的研究，可以揭示云南红豆杉生存环境特征及其更新机制，为制订天然云南红豆杉的保护策略提供科学依据。

一、研究地概况

研究区选择云南西北部怒江傈僳族自治州兰坪白族普米族自治县(26°06′~27°04′N，98°38′~98°58′E)、迪庆藏族自治州香格里拉市(26°52′~28°52′N，99°21′~100°19′E)和丽江地区宁蒗彝族自治县(26°35′~27°56′N，100°21′~101°16′E)，研究地位置见图3-9。兰坪县气候属低纬度山地季风气候，在海拔2400m以上属高原坝区暖湿气候，年平均气温在 10.7~11.3℃，年降水量在 980~1010mm。香格里拉市海拔在1503~5545m，气候属山地寒温带季风气候，气温偏低，年平均气温6.3℃，≥10℃年积温 1529.80℃，年平均降水量 618.4mm，年平均蒸发量 1643.6mm，年日照时数2180.3h，土壤以寒温性气候土壤类型为主，植被以山地寒温性针叶林为其区域性植被类型。宁蒗县海拔为1370~4150m，地处青藏高原东南缘的滇西北高原，山地面积占全县总面积的89%；属低纬度高原季风气候区暖温带季风气候，年平均气温8~12℃，≥10℃年积温 3782℃，年日照时数 2300h；年平均降水量 923.3mm，年平均蒸发量 536mm；土壤种类有红壤、黄棕壤、黄壤、暗黄壤等。植被以山地寒温性针叶林为主。

滇西北云南红豆杉主要分布在温凉、潮湿、多雾的高山、亚高山缓坡、沟谷、溪流两岸及阴坡、半阴坡立地，多在亚高山暗针叶林散生或群状生长，集中分布在海拔 2600~3300m。根据野外调查，云南红豆杉群落的乔木层主要优势种有丽江铁杉(*Tsuga forrestii*)、红桦(*Betula albosinensis*)、川滇高山栎、西南花楸(*Sorbus rehderiana*)和亮叶杜鹃(*Rhododendron vernicosum*)等；灌木树种主要有昆明实心竹(*Fargesia yunnanensis*)、羽脉野扇花(*Sarcococca hookeriana*)和冰川茶藨子(*Ribes glaciale*)等；林下常见的草本植物有淡黄香薷(*Elsholtzia luteola*)、异叶楼梯草(*Elatostema monandrum*)和云南兔儿风(*Ainsliaea yunnanensis*)等，林中出现的藤本植物有金银忍冬(*Lonicera maackii*)、甘川铁线莲(*Clematis akebioides*)等。

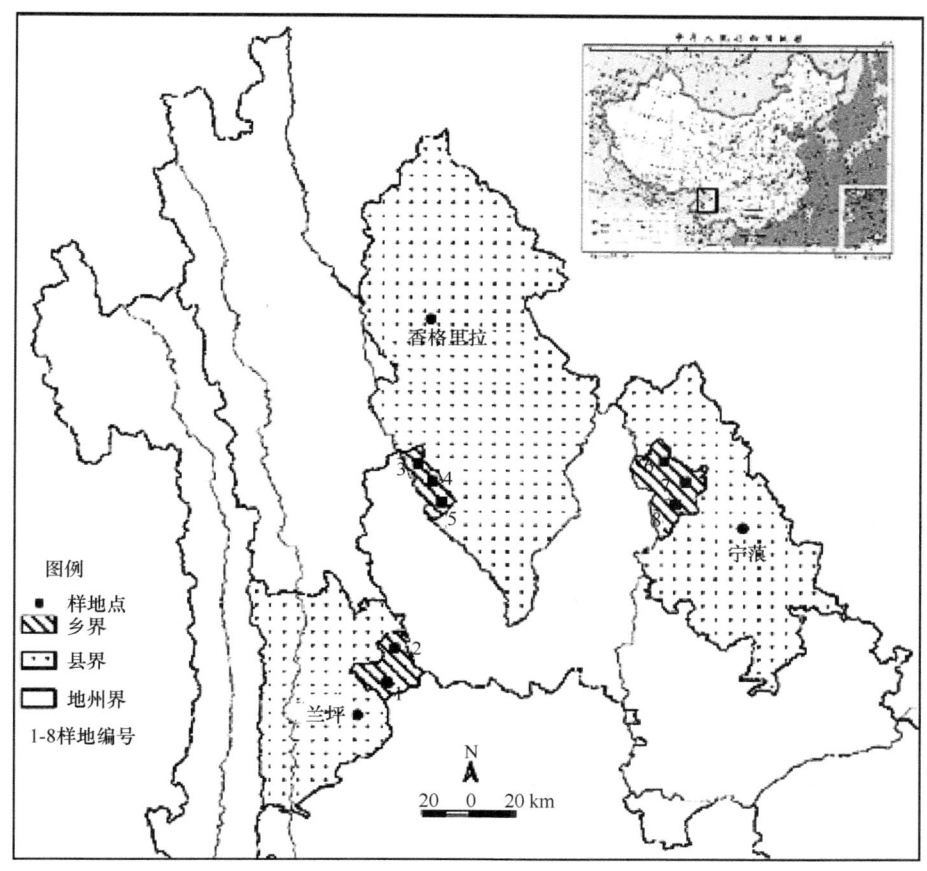

图3-9 研究区位置

二、研究方法

(一) 数据收集

野外调查选择在云南红豆杉分布的集中区域。采用典型取样法设置样地，每个样地面积为20m×20m，共计样地数量8个，每个样地设置4个10m×10m的小样方对所有树高(H)＞1.3m的植物进行每株调查，记录乔木、灌木与竹类物种的名称、高度、胸径，群落内的竹类植物为丛生植物，记录每丛竹类的平均胸径与株数，同时记录每个样地的乔木层盖度、灌木层盖度、草本层盖度、海拔、坡度、坡向、土壤厚度、凋落物厚度等环境因子(表3-8)；本次调查也对其他物种幼苗及草本进行了记录。方法为在每个小样方中心设置1m×1m的草本及幼苗调查样方，乔木及灌木幼苗记录物种名称、高度、地径，草本则记录物种名称、平均高、相对多度及盖度。

表3-8 云南红豆杉群落样地环境因子

样地	地点	海拔/m	坡度/(°)	坡向	凋落物厚度/cm	土壤厚度/cm	群落类型
1	兰坪县通甸乡	2900	32	北	2	100	丽江铁杉、玉山竹林
2	兰坪县通甸乡	2860	15	西	2	80	丽江铁杉、云南红豆杉、玉山竹林
3	香格里拉市上江乡	2830	35	北	3	50	丽江铁杉、昆明实心竹林
4	香格里拉市上江乡	2815	12	北	4	60	云南红豆杉、昆明实心竹林
5	香格里拉市上江乡	2840	18	北	6	40	丽江铁杉、昆明实心竹林
6	宁蒗县翠玉乡	2960	35	西	8	70	丽江铁杉、云南红豆杉林
7	宁蒗县翠玉乡	2970	38	东	7	80	丽江铁杉、云南红豆杉林
8	宁蒗县翠玉乡	3010	41	西	7	70	丽江铁杉、云南红豆杉林

在云南红豆杉物种调查过程中，区分植株为实生或萌生。茎干出自于残体(伐桩、残根)或有与茎干大小极不相称的干基即为萌生，多干基株每个茎干视为一个个体，不存在此类现象则为实生。对于萌生植株，增加记录其萌生类型、萌生枝条数量等内容。同时，在每个小样方内全面调查云南红豆杉幼苗，记录其高度和地径。

(二) 数据分析

根据野外调查数据，按乔木、灌木、藤本等不同生长型和科、属、物种等分别统计3个调查地点物种组成情况，利用公式重要值=(相对多度+相对频度+相对显著度)/3计算物种的重要值，相对多度利用物种个体多度进行计算，相对频度则利用物种出现的样方数计算，相对显著度则利用物种胸径计算。分别统计乔木、灌木和藤本等不同生长型及科、属、种的物种丰富度，并利用 EstimateS 软件(Version 8.0，R. K. Colwell，http：//purl.oclc.org/estimates)计算 Fisher 多样性指数和 Shannon-Wiener 多样性指数，绘制物种-相对多度曲线。

径级结构按上限排外法共划分6级：Ⅰ($DBH<1cm$)、Ⅱ($1cm \leq DBH<5cm$)、Ⅲ($5cm \leq DBH<10cm$)、Ⅳ($10cm \leq DBH<20cm$)、Ⅴ($20cm \leq DBH<40cm$)和Ⅵ($DBH \geq 40cm$)，分别统计每个样地各径级树木个体多度及物种数，计算不同径级物种丰富度和个体多度。根据野外观测，本节高度级结构按上限排外法共划分4级：Ⅰ($H<5m$)、Ⅱ($5cm \leq H<10m$)、Ⅲ($10cm \leq H<20m$)和Ⅳ($H \geq 20m$)。分别统计各样地不同高度级内植物个体数及物种数，计算不同高度级物种丰富度和个体多度。

云南红豆杉更新分为实生苗更新和萌生更新两种方式。根据野外云南红豆杉实生苗调查数据，分析实生苗更新情况。根据 Bellingham 和 Sparrow(2000)的划分方法并结合野外调查实际情况，本节将物种萌生类型划分为干基萌生和干萌生两类。分别计算3个地点不同萌生类型中萌生个体多度、萌生比例、萌枝数量、萌枝平均胸径和平均高等。

利用 EstimateS800 计算 Shannon-Wiener 及 Simpson 多样性指数。文中所有数据均利用 SPSS17.0 进行统计分析。数据首先进行 Kolmogorov-Smirnov 检验，非正态分布数据

进行 $\log_{10}$ 转换。运用 ANOVA 方差分析进行大小比较，差异显著性采用 LSD 进行检测，显著性水平为 $P<0.05$。

三、物种组成

在云南红豆杉生境地群落中，共调查到物种 64 种，分属 31 科 51 属，其中，乔木 23 种，分属 7 科 18 属，灌木 30 种，分属 18 科 24 属，藤本 11 种，分属 6 科 9 属。

对不同地点样地调查数据统计，兰坪县云南红豆杉生境地群落中共发现物种 32 种，分属 21 科 29 属，其中，乔木 15 种，灌木 14 种，藤本 3 种；宁蒗县云南红豆杉生境地群落中共发现物种 25 种，分属 13 科 22 属，其中，乔木 11 种，灌木 11 种，藤本 3 种；香格里拉市云南红豆杉生境地群落中共发现物种 36 种，分属 24 科 32 属，其中，乔木 12 种，灌木 17 种，藤本 7 种。

就云南红豆杉生境地群落中物种重要值来说，兰坪县物种重要值前 3 位的物种分别是玉山竹(0.233)、云南铁杉(0.184)和云南红豆杉(0.098)，宁蒗县则为云南铁杉(0.260)、云南红豆杉(0.223)和红桦(0.107)，香格里拉市为昆明实心竹(0.225)、云南铁杉(0.138)和云南红豆杉(0.097)(表 3-9)。共有物种均为云南铁杉，同时，云南红豆杉物种重要值均排前三位。

表3-9 不同地点优势物种重要值

地点	物种	重要值
兰坪县	玉山竹 Yushania niitakayamensis	0.233
	云南铁杉 Tsuga dumosa	0.184
	云南红豆杉 Taxus yunnanensis	0.098
	灰背杨 Populus glauca	0.063
	红泡刺藤 Rubus niveus	0.047
	川杨 Populus szechuanica	0.047
	云南杜鹃 Rhododendron yunnanense	0.045
	白叶莓 Rubus innominatus	0.029
	三角枫 Acer buergerianum	0.027
	西南花楸 Sorbus rehderiana	0.025
宁蒗县	云南铁杉 Tsuga dumosa	0.260
	云南红豆杉 Taxus yunnanensis	0.223
	红桦 Betula albosinensis	0.107
	青荚叶 Helwingia japonica	0.045
	西南花楸 Sorbus rehderiana	0.034
	灰叶花楸 Sorbus pallescens	0.031
	云南杜鹃 Rhododendron yunnanense	0.031
	大白杜鹃 Rhododendron mucronatum	0.028
	红花高盆樱桃 Cerasus cerasoides var. rubea	0.027
	川杨 Populus szechuanica	0.023
香格里拉市	昆明实心竹 Fargesia yunnanensis	0.225
	云南铁杉 Tsuga dumosa	0.138

续表

地点	物种	重要值
香格里拉市	云南红豆杉 *Taxus yunnanensis*	0.097
	川滇高山栎 *Quercus aquifolioides*	0.096
	亮叶杜鹃 *Rhododendron vernicosum*	0.058
	冰川茶藨子 *Ribes glaciale*	0.051
	青荚叶 *Helwingia japonica*	0.040
	三角枫 *Acer buergerianum*	0.031
	红泡刺藤 *Rubus niveus*	0.027
	管花木犀 *Osmanthus delavayi*	0.024

四、物种多样性特征

香格里拉市科、属、灌木物种丰富度均高于宁蒗县，但乔木、藤本及总物种丰富度在 3 个地点之间无显著差异(表 3-10)。宁蒗县云南红豆杉生境地群落 Shannon-Wiener 多样性指数显著高于兰坪县，而与香格里拉市无显著差异；宁蒗县云南红豆杉生境地群落 Simpson 多样性指数显著高于兰坪县和香格里拉市，而后两者之间无显著差异(表 3-10)。

表3-10 不同地点群落物种多样性

物种多样性	分类	兰坪县	宁蒗县	香格里拉市
物种丰富度	科	12.3±2.3ab	9.1±1.1b	16.7±1.5a
	属	15.0±3.0ab	11.7±1.7b	20.3±2.3a
	总物种	17.0±3.1a	12.3±2.3a	21.0±2.1a
	乔木	8.7±1.3a	6.0±0.6a	7.7±1.2a
	灌木	7.0±1.5ab	5.3±0.9b	10.3±1.2a
	藤本	1.3±0.9a	1.0±1.0a	3.0±0.6a
Shannon-Wiener 指数		1.50±0.01a	1.97±0.09b	1.70±0.12ab
Simpson 指数		2.77±0.24a	5.50±0.31b	3.03±0.39a

注：表中不同字母代表具有显著性差异，$P<0.05$。

在物种-相对多度曲线中，兰坪县和香格里拉市均具有明显优势的物种(分别为玉山竹和昆明实心竹)，宁蒗县则表现出相对优势(云南红豆杉和丽江铁杉)。3 个地点群落内物种数量由多到少依次为香格里拉市＞兰坪县＞宁蒗县。3 个地点云南红豆杉生境地群落中均有大量低密度物种(图 3-10)。

五、大小结构

不同径级物种丰富度上，香格里拉市表现出随径级的增大物种丰富度逐渐降低的趋势；而兰坪县和宁蒗县则在第Ⅱ径级物种丰富度最高，之后随径级的增大而减小(图 3-11)。在相同径级的比较中，第Ⅰ径级物种丰富度由高到低依次为香格里拉市＞兰坪县＞宁蒗县，第Ⅵ径级宁蒗县物种丰富度最高，而在其他径级中 3 个地点物种丰富度无显著差异(图 3-11)。

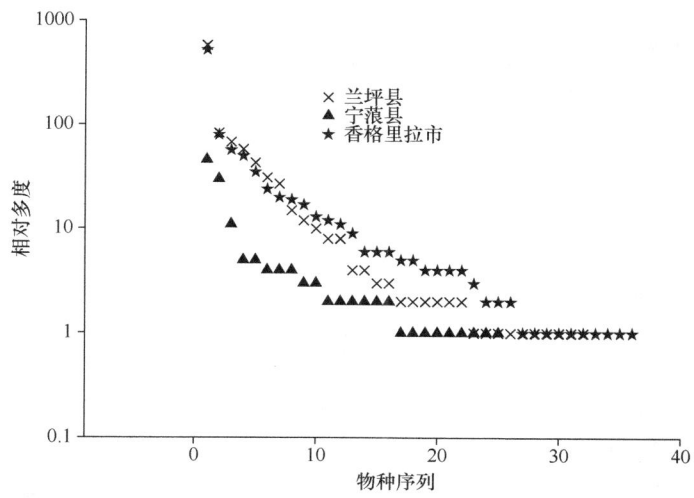

图3-10 物种-相对多度曲线

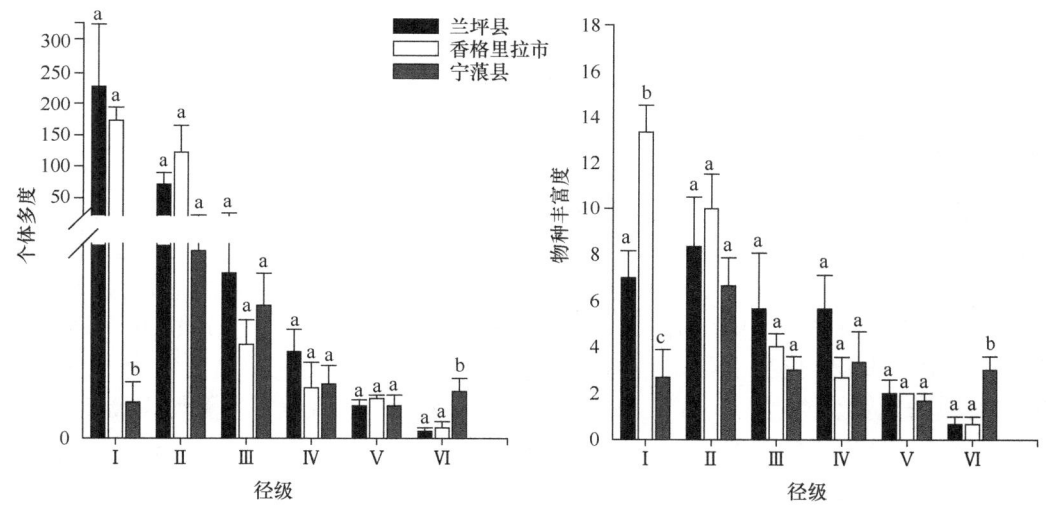

图3-11 不同径级物种丰富度及个体多度

图中不同字母代表具有显著性差异($P<0.05$)，本章余同

不同径级个体多度上，兰坪县和香格里拉市表现出随径级的增大个体多度逐渐降低的趋势；而宁蒗县则在第Ⅱ径级个体多度最高，之后随径级的增大而减小(图 3-11)。在相同径级的比较中，第Ⅰ径级兰坪县和香格里拉市个体多度显著高于宁蒗县，第Ⅵ径级宁蒗县个体多度最高，而在其他径级中 3 个地点个体多度无显著差异(图 3-11)。

不同高度级物种丰富度上，3 个地点均表现出随高度级的增大物种丰富度逐渐降低的趋势(图 3-12)。在相同高度级的比较中，第Ⅰ高度级物种丰富度香格里拉市最高，宁蒗县最低，第Ⅳ高度级宁蒗县物种丰富度最高，而在其他高度级中 3 个地点物种丰富度无显著差异(图 3-12)。

不同高度级个体多度上，兰坪县和香格里拉市群落均表现出随高度级的增大个体多度逐渐降低的趋势；而宁蒗县则在第Ⅱ高度级中个体多度最高(图3-12)。在相同高度级的比较中，第Ⅰ和第Ⅲ高度级兰坪县个体多度显著高于宁蒗县，第Ⅳ高度级中宁蒗县个体多度最高，而在第Ⅱ高度级中3个地点个体多度无显著差异(图3-12)。

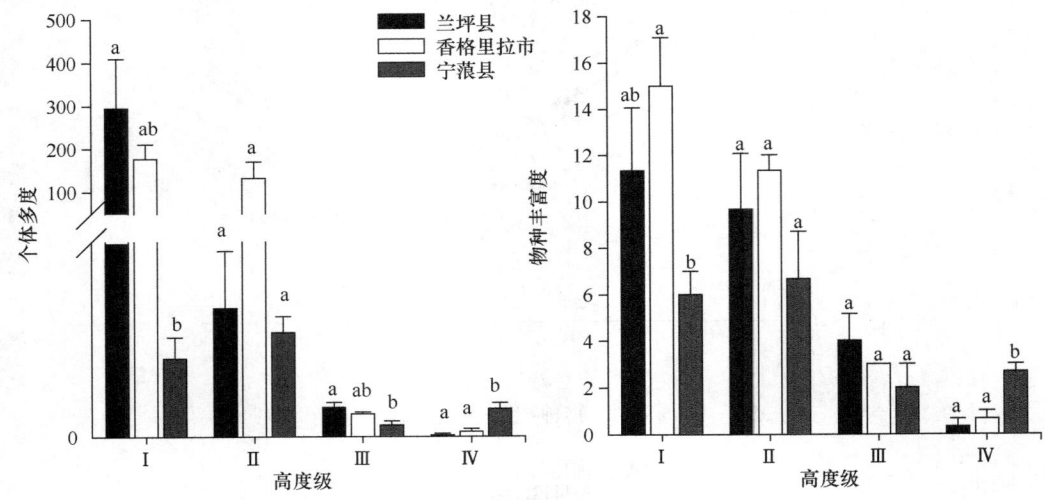

图3-12　不同高度级物种丰富度及个体多度

六、云南红豆杉更新特征

更新是群落演替或物种自我维持的重要途径。更新包括实生苗更新和萌生更新(Calvo et al.，2002)。在云南红豆杉生境地群落调查过程中，3个地点9个样地中仅发现红豆杉实生苗1株，株高5cm，地径0.8cm。说明云南红豆杉实生苗更新较为困难。

在对云南红豆杉萌生特征统计中发现，3个地点萌生总个体多度为46株，萌生个体多度与实生个体多度比为1.314，说明现存野生云南红豆杉种群主要为萌生个体。3个地点云南红豆杉萌生特征上，宁蒗县萌生个体多度、萌生比例及萌枝数量均为最高，但3个地点萌生植株平均胸径和平均高无显著差异(表3-11)。在萌生方式上，3个地点云南红豆杉萌生方式仅有2种，即干基萌生和干萌生。其中宁蒗县主要为干基萌生，而兰坪县干萌生相对较多(表3-11)。

表3-11　云南红豆杉萌生特征

分类	兰坪县	宁蒗县	香格里拉市
个体多度	2.3±2.3a	11.7±3.7b	1.3±0.7a
萌生比例/%	10.0±10.0a	23.9±3.9b	9.7±5.8a
干基萌生	0.3±0.3a	11.7±3.7b	1.3±0.7a
干萌生	2.0±2.0a	0.0±0.0a	0.0±0.0a
萌枝数量	0.8±0.8a	3.1±0.5b	1.3±0.7a
平均胸径/cm	3.5±3.5a	8.5±2.0a	7.9±4.0a
平均高/m	2.8±2.8a	5.6±0.4a	3.7±1.9a

注：表中不同字母代表具有显著性差异，$P<0.05$。

七、小结与讨论

(一) 云南红豆杉群落物种组成

研究发现，云南红豆杉生境地群落乔木上层物种主要以云南铁杉为主，部分地点伴生红桦、川滇高山栎等物种，乔木下层则被云南红豆杉所占据，而灌木层优势种主要为竹类，如玉山竹和昆明实心竹等。群落的物种组成受多种非生物环境因素影响(Gilbert and Lechowicz，2004；Kneitel and Chase，2004)，如温度、水分、养分等，而海拔是温度和水分等多种因子的综合。在云南红豆杉生境地群落中，物种组成与其所处海拔范围密切相关。云南红豆杉主要分布于云南、四川和西藏等地区的中山、亚高山针叶林、针阔混交林和常绿阔叶林内。天然分布的海拔范围为1285~3500m(王卫斌等，2006)，集中分布于2600~3300m(苏建荣等，2005b)。在调查样地的海拔范围(2815~3010m)内，云南西北部各林区主要的植被类型为寒温性针叶林，而云南铁杉林是该植被类型中最具代表性的群系之一，分布在海拔2400~3300m，而在海拔2700~3300m是云南铁杉、箭竹群落分布区域(吴征镒等，1987)，因而，在云南红豆杉生境地中云南铁杉是乔木上层的主要物种，云南箭竹为灌木层的主要物种。这也与以往对云南红豆杉资源调查时发现的结果相一致(王崇云等，2006；王卫斌等，2006；景跃波，2007)。

研究结果显示，云南红豆杉并非群落的上层物种，其主要生存于亚冠层中。云南红豆杉属于耐阴性物种，其对生境要求较高。云南红豆杉幼苗对直射光敏感，强光及绝对荫蔽下生长不良，而在半荫蔽条件下生长量大、成活率高(王卫斌等，2006)。此外，其所分布的生境要求具有较好的水分条件，水分不足则会使其生长缓慢，植株矮小，分布数量减少(苏建荣等，2005b)。而在滇西北地区，由于温度较低，降水相对较少，林分郁闭度高导致林内光照不足，云南红豆杉高生长不旺盛，一般平均高为7~8m(调查中平均高为9.2m)，因此，云南红豆杉在该地区的生态型主要为小乔木型(王卫斌等，2006)，从而导致云南红豆杉不能进入林冠层，而主要生存于亚冠层中。

(二) 云南红豆杉群落物种多样性

研究同时也发现，相比于滇西北相似海拔范围其他群落类型，如天然侧柏林(孙鸿雁等，2006)和黄背栎、大白杜鹃群落(张劲峰等，2008)，云南红豆杉群落内物种丰富度较低。群落内物种丰富度大小是多种非生物因素共同作用的结果。首先，温度是非生物因素中重要的组成部分，温度的高低直接影响物种的定植、生长、衰老与死亡。温度过高或过低都不利于物种的定植与生长。云南红豆杉主要分布于海拔2600~3300m，温度成为该区域物种分布的主要限制因素之一(Sánchez-González and López-Mata，2005；Beck and Chey，2008)，一些喜温物种无法定居。同时，温度低也影响到土壤中有效养分的利用。较低的温度降低了土壤中微生物的活性，减缓了凋落物分解速度，缩小了养分回归土壤的数量，使得土壤养分供应紧张(Plotkin and Muller-Laudau，2002)。同样，较低的温度也降低了水分的传导性(Sánchez-González and López-Mata，2005)，而水流控制着养分从土壤到根部的运动，因此，低温降低了植物所需养分的供应，阻碍了一些喜肥植物的定植，减小了物种丰富度。其次，云南红豆杉多生长在温凉、潮湿、多雾的高山、亚高山沟谷、溪流两岸及阴坡、半阴坡立地(苏建荣等，2005b)，其所要求生境以弱光、高湿为主。这样的生境一般适宜耐阴性、喜湿物种生长，这在一定程度上也限制了某些物种的分布，影响了物种丰富度大小。再次，地形特征也是引起该群落物种丰富度较低的原因之一。生境异质性(如坡度、坡向和坡位)是不可避免的自然因素。一些生境(如山脊、陡坡、岩石区域)由于土壤限制，总是有较低的生物多样性(Zhao et al.，2005)。研究区域群落内坡度均在20°以上，这样的坡度既不利于土壤的存留，也不利于植物种子的存留，影响物种定居。此外，地形特征的不同也会导致土壤水分空间的变化，形成一些局部旱区，影响了物种的生存，改变了物种的分布。总之，生境的特殊化是导致云南红豆杉生境地群落内物种丰富度较低的主要原因。

(三) 云南红豆杉更新机制

更新是物种自我维持的重要机制。更新的主要方式包括实生苗更新和萌生更新。实生苗更新就是通过种子萌发产生幼苗成长到成树的过程。云南红豆杉林下实生幼苗极其稀少，在所有样地中仅发现一株。说明在所调查的地点中，实生苗更新并非云南红豆杉主要的更新方式。实生苗稀少首先与种子产量有关。云南红豆杉天然结实率很低。云南红豆杉属雌雄异株植物，天然分布的红豆杉雄株多、雌株少，雌株约是雄株的1/3，因此结实植株较少(陈少瑜等，2001)。同时，云南红豆杉单株结实量与光照有很大关系，一般位于林缘、林间空地或四旁植株结实较多，而在林下受上层荫蔽光照不足，结果稀少。此外，人为活动也是影响云南红豆杉种子产量的重要原因。20世纪对抗癌药物紫杉醇的开发，引发了对云南红豆杉天然资源的掠夺性破坏，致使天然资源遭到严重破坏，资源枯竭严重，现存野生资源极其稀少，能够开花结种的更少。云南红豆杉被掠夺的同时，其生境也发生了一定程度的改变，这也影响了幸存植株的开花、结种及结种量。在野外调查过程中发现，样地内存在少量植株结种，但种子数量均极少。种子产量的降低必然会导致实生苗数量的减少，影响云南红豆杉的实生苗更新。同时，云南红豆杉种子具有较长的休眠期，在自然条件下需要两冬一夏才能萌发，大量的种子在漫长的休眠期内往往会丧失生命力，这也进一步加剧了云南红豆杉实生苗数量的减少。

萌生是植物，尤其是木本被子植物中十分普遍的现象，是维持种群延续与稳定的重要机制之一(Bond and Midgley，2001)。萌生植株可通过原有根系获取更多的土壤养分资源，其生长比实生植株更快，能迅速占据生境、快速恢复有性繁殖(Vieira and Scariot，2006)。在更新过程中，萌生植株的竞争优势明显，萌生不仅能够降低种群的周转率和对种子更新的依赖程度，而且能减弱干扰对种群的影响，使其成为常常因为干扰而损坏地上部分植物的重要特性(Bond and Midgley，2001)。云南红豆杉种群具有较强的萌生能力，萌生个体多度是实生个体多度的1.314倍，说明现存野生云南红豆杉种群主要为萌生个体。萌枝数量的多少是物种萌生能力的重要特征之一。王卫斌等(2006)在云龙漕涧发现，云南红豆杉每个伐桩萌生植株1~40株不等。在对昆明树木园10年生云南红豆杉幼树伐去主干后发现，当年有90%的伐桩萌生出新条，萌条数在3~20株不等(王卫斌等，2006)。而在本研究中，宁蒗县平均萌枝数量达到3.1，也进一步说明了云南红豆杉具有较强的萌生能力。本研究也发现，云南红豆杉萌生方式主要为干基萌生和干萌生。通常情况下，树木的萌生存在着位置效应，不同高度萌生枝条数量存在一定差异(Kauffman，

1991)。芽或其他分生组织数量分布位置影响树种萌生位置。而本研究结果可能与云南红豆杉树干基部和树干上具有较多芽或其他分生组织有关。此外，干基萌生的数量最多也可能与萌枝的养分吸收有关，越接近根部的位置，萌枝越能够充分吸收根部养分。

萌生是一个极其复杂的生理生态学过程，云南红豆杉萌生更新生理生态机制的研究对于云南红豆杉种群延续、天然资源的恢复和人工药用原料林的有效利用具有重要意义(Weiher et al.，1999；Bond et al.，2003)。随着对紫杉醇需求的不断增大，现有云南红豆杉药用原料林产量不能满足的情况下，利用其萌生特性，加强对药用原料林的科学管理，就能够加大紫杉醇的产量。因此，进一步加强云南红豆杉萌生机制方面的研究具有重要的科学和现实意义。

第三节 云南红豆杉空间分布格局

种群是构成群落的基本单位，其结构不仅对群落结构有直接影响，并能客观体现群落的发展、演变趋势(范繁荣等，2008)。种群的空间分布是指组成种群的个体在其生活空间中的位置状态或布局(李立等，2010)，植物种群空间格局分析是研究种群生物学特性、种内和种间关系，以及种群与环境的重要方法，对揭示种群的形成和维持机制有着重要的理论意义，一直是植物生态学中的研究热点(Wiegand and Moloney，2004；张金屯和孟东平，2004；Getzin et al.，2008；郝朝运等，2008)。植物种群分布格局能在很大程度上反映该种群与生境的关系，以及在群落中的作用和地位，其分布格局不但因物种不同而异，而且同一物种在不同发育阶段、不同生境条件下也有明显差异(He et al.，1997；李文良等，2009)。种群的空间分布格局通常可以分为随机分布、集群分布和均匀分布3种类型(张金屯和孟东平，2004)，不同的格局类型可以反映种群利用环境资源的状况、揭示种群生殖生物学内涵，是其在群落中地位与综合生存能力的外在表现。种群的空间分布格局是影响群体发展的主要因素之一，它决定了群体的结构特性。分析种群的空间分布格局有助于认识其潜在的生态学过程(如种子扩散、种内和种间竞争、干扰等)、种群的生物学特性(如生活史策略、喜光、耐阴等)及其与环境因子之间的相互关系(如小生境、植物与生长环境之适合度、环境异质性等)(He et al.，1997；Druckenbrod et al.，2005；Nathan，2006)。物种的空间分布格局对物种的生长、繁殖、死亡、再生、资源利用及林窗的形成等具有显著的影响(He et al.，1997；Condit et al.，2000a；Druckenbrod et al.，2005)。

由于受研究尺度和分析方法的限制，目前对植物种群空间格局的认识还不够清晰，植物种群分布格局存在着尺度依赖性(Condit et al.，2000a)，一个种在小尺度下可能常呈聚集分布，而在大尺度下可能为随机分布或均匀分布(张金屯和孟东平，2004)，利用Ripley于1977年提出的点格局分析的方法作为研究种群空间分布的新方法(王磊等，2010)。目前大尺度空间分布的研究多集中在群落的优势物种上，而受分布区域及物种空间数据获得限制困难，对小种群的珍稀濒危植物关注较少，点格局技术成为研究小种群濒危物种种群生态的新途径(袁春明等，2012)。研究种群空间分布格局，特别是濒危物种的空间分布格局，既可阐明种群及群落的动态特征，也可阐明种群与环境互作过程(张文辉等，2005)，揭示种群濒危机制，对濒危物种种群保护具有重要意义(郝朝运等，2008)。目前，国内已有学者对南方红豆杉(王磊等，2010)、水青冈(*Fagus longipetiolata*)、南方铁杉(*Tsuga chinensis* var. *tchekiangensis*)(李林等，2012)、连香树(*Cercidiphyllum japonicum*)(李文良等，2009)、青檀(*Pteroceltis tatarinowii*)(张莉等，2012)和长蕊木兰(*Alcimandra cathcartii*)(袁春明等，2012)等珍稀濒危植物进行点格局的研究。

近年来，受过度资源利用和云南红豆杉自身生物学特性的双重影响，野生云南红豆杉资源迅速减少，趋于濒危状态。云南红豆杉的濒危状况已引起广泛关注，国内外学者对云南红豆杉开展大量的研究，主要集中在化学成分分析(苏建荣等，2005a)、人工林培育(王达明等，2004a)、种群生态学(苏建荣等，2005b，2005c)及生物学特征(王卫斌等，2006)等方面，而对云南红豆杉天然种群的空间分布格局还未见报道。研究利用点格局法来分析云南红豆杉种群的年龄结构、空间分布格局及其种内不同生长阶段间的关联性，分析其种群分布格局类型，从空间格局的角度了解小种群珍稀濒危植物的生物生态学特性，从而为进一步研究其濒危机制及以后的保护与合理利用提供理论依据。

一、研究地概况

见第三章第二节。

二、研究方法

(一) 样地设置

1. 小样方空间格局样地设置

见第三章第二节数据收集中的样地设置。

2. 点格局空间分布样地设置

云南红豆杉天然种群数量较少且间距较大，单位密度较小，分布区域狭窄，因而选择样地时尽量选择种群集中分布的区域，并最大限度调查到每一株个体。在兰坪县云南红豆杉天然种群分布的集中区域，共设置4块样地，其中70m×70m的样地2个、80m×80m的样地1块和100m×140m的样地1块，样地概况如表3-12所示，分别编号为种群1、种群2、种群3和种群4。测定样地的坡度、坡向、经纬度、海拔等立地因子，对样地中的全部云南红豆杉进行调查，记录物种的高度、胸径、坐标等指标，云南红豆杉萌生能力较强，当树桩上有多个分株时，仅记录其中最大的一株。

(二) 龄级划分

根据云南红豆杉生活史，按高度(H)和胸径(DBH)大小，将云南红豆杉划分5个不同生长阶段，即Ⅰ：幼苗，$H<1.3m$；Ⅱ：小树，$2.5cm \leqslant DBH < 7.5cm$；Ⅲ：中树，$7.5cm \leqslant DBH < 22.5cm$；Ⅳ：大树，$22.5cm \leqslant DBH < 47.5cm$；Ⅴ：老树，$47.5cm \leqslant DBH$，在此基础上进行空间分布格局分析。

表3-12 研究地概况

种群	地点	地理坐标	样地面积/m²	海拔/m	坡向	坡位	坡度/(°)	土壤类型
1	通甸镇	26°35′40″N 99°29′35″E	4 900	3 100	西北	上	32	棕壤
2	通甸镇	26°39′10″N 99°36′07″E	4 900	2 850	东	中	35	棕壤
3	通甸镇	26°39′15″N 99°35′52″E	6 400	2 800	东北	中	30	棕壤
4	拉井镇	26°27′18″N 99°14′27″E	14 000	3 000	西南	上	25	棕壤

种群结构通过云南红豆杉的径级大小分为12级，第Ⅰ级级距为2.5cm，第Ⅱ级级距为5cm，第Ⅲ级级距为10m，为与生长阶段划分一致，第Ⅳ和第Ⅴ级级距为5m，其后每级级距为10m：Ⅰ，$DBH<2.5$cm；Ⅱ，$2.5\text{cm}\leqslant DBH<7.5$cm；Ⅲ，$7.5\text{cm}\leqslant DBH<17.5$cm；Ⅳ，$17.5\text{cm}\leqslant DBH<22.5$cm；Ⅴ，$22.5\text{cm}\leqslant DBH<27.5$cm；Ⅵ，$27.5\text{cm}\leqslant DBH<37.5$cm；Ⅶ，$37.5\text{cm}\leqslant DBH<47.5$cm；Ⅷ，$47.5\text{cm}\leqslant DBH<57.5$cm；Ⅸ，$57.5\text{cm}\leqslant DBH<67.5$cm；Ⅹ，$67.5\text{cm}\leqslant DBH<77.5$cm；Ⅺ，$77.5\text{cm}\leqslant DBH<87.5$cm；Ⅻ，$87.5\text{cm}\leqslant DBH<97.5$cm。

(三) 传统空间格局分析方法

以样地内云南红豆杉个体定位数据为依据，应用相邻格子法，分5m×5m、5m×10m、10m×10m的样方格子分别进行统计分析。

测定种群空间分布格局的方法很多(Kershaw，1970；洪伟等，1992；张文辉等，2005；魏新增等，2008)，本节采用聚集度指标进行测定。聚集度指标是度量一个种群空间分布的聚集程度(随机、均匀或聚集)，它克服了频次比较法出现种群同时属于多种分布的混乱矛盾的解释状态。具体指标计算如下所述。

(1) 扩散系数C：

$$C=\frac{S^2}{\bar{X}}$$

扩散系数是检验种群扩散是否为随机型的一个系数，当$C<1$时，为均匀分布；$C=1$时，为随机分布；$C>1$时，为聚集分布。

(2) 聚集度指数I：

$$I=\frac{S^2}{\bar{X}}-1$$

当$I>0$时，为聚集分布；当$I=0$时，为随机分布；当$I<0$时，为均匀分布。

(3) 平均拥挤度系数M^*：

$$M^*=\bar{X}+\frac{S^2}{\bar{X}}-1$$

平均拥挤度表示生物个体在一个样方中的邻居数，它反映了样方内生物个体的拥挤程度。当$M^*>\bar{X}$时，为聚集分布；当$M^*=\bar{X}$时，为随机分布；当$M^*<\bar{X}$时，为均匀分布。

(4) 聚块性指数 PAI：

$$PAI = \frac{M^*}{\overline{X}}$$

聚块性指数可用于聚集程度的度量，以客观反映格局强度，由于它考虑了空间格局本身的性质，并不涉及密度，其值越大，聚集性越强。$PAI=1$，则个体分布为随机分布；$PAI>1$，则为集群分布；$PAI<1$，则为均匀分布。

(5) 聚集指数 C_a：

$$C_a = \frac{I}{\overline{X}}$$

当 $C_a>0$ 时，为聚集分布；当 $C_a=0$ 时，为随机分布；当 $C_a<0$ 时，为均匀分布。

(6) 负二项分布指数 K：

$$K = \frac{\overline{X}^2}{S^2 - \overline{X}}$$

当 $K>0$ 时，为聚集分布；当 $K>8$ 时，为随机分布；当 $K<0$ 时，为均匀分布。以上各式中，S^2 为样本方差，$\overline{X}$ 为样本均值。

(四) 点格局分析

采用 Ripley 的 L 函数进行空间点格局分析。Ripley 的 L 函数由 Ripley 的 K 函数改进而来。Ripley 的 K 函数是以植物个体坐标为基础分析种群空间格局的工具，该分析方法能够分析任意尺度下的空间分布格局，是目前分析种群空间分布格局最常用的方法（张金屯和孟东平，2004；李文良等，2009；袁春明等，2012）。用 Monte-Carlo 拟合检验计算上、下包迹线，即置信区间，并以空间尺度 r 为横坐标，上下包迹线为纵坐标绘图。单变量分析中，种群实际分布数据计算得到的不同尺度下的函数值在包迹线内，则符合随机分布；若在包迹线上，则为集群分布；若在包迹线下，则为均匀分布。在双变量分析中，种群实际分布数据计算得到的不同尺度下的函数值高于上包迹线表示两类格局为显著正相关，在上下包迹线间为无关联，低于下包迹线为显著负相关。点格局和不同龄级间空间关联分析通过生态学软件包 ADE-4 完成，空间尺度为样地最短边长的一半即 35m、40m 和 50cm，步长取 1.0m，Monte-Carlo 随机模拟 1000 次，得到由上下两条包迹线围成的 99% 置信区间。

三、种群分布及年龄结构

(一) 小样方云南红豆杉种群的龄级结构

根据云南红豆杉种群生长缓慢的特点，将云南红豆杉胸径小于 7.5cm 以下（Ⅰ和Ⅱ龄级）的树木划分为幼龄树，将胸径 7.5~42.5cm（Ⅲ、Ⅳ、Ⅴ龄级）的树木划分为中龄期树木，而将胸径大于 42.5cm（Ⅵ和Ⅶ龄级）的树木划分为老龄树。图 3-13 为滇西北地区及云南红豆杉不同种群的龄级结构图。从图 3-13 可以看出，3 个种群与整个滇西北地区种群特征基本一致。种群 A 个体主要集中于Ⅲ、Ⅳ龄级，占总个体的 81.8%，缺少胸径小于 2.5cm 以下的幼龄树(Ⅰ和Ⅱ龄级)和胸径大于 42.5cm 的老龄树(Ⅵ级以上)。种群 B 则与种群 A 类似,个体主要集中于Ⅲ、Ⅳ、Ⅴ龄级,缺少胸径小于 7.5cm 以下的幼龄树(Ⅰ和Ⅱ龄级)和胸径大于 32.5cm 的大树(Ⅴ龄级以上)。种群 C 和滇西北地区种群的大小级结构类似,个体主要集中于Ⅲ、Ⅳ龄级,占总个体的 78.3%(滇西北地区占 76.9%),但胸径小于 7.5cm 以下的幼龄树(Ⅰ和Ⅱ龄级)和胸径大于 42.5cm 的老龄树(Ⅶ龄级)均有分布(尽管比例较低)。

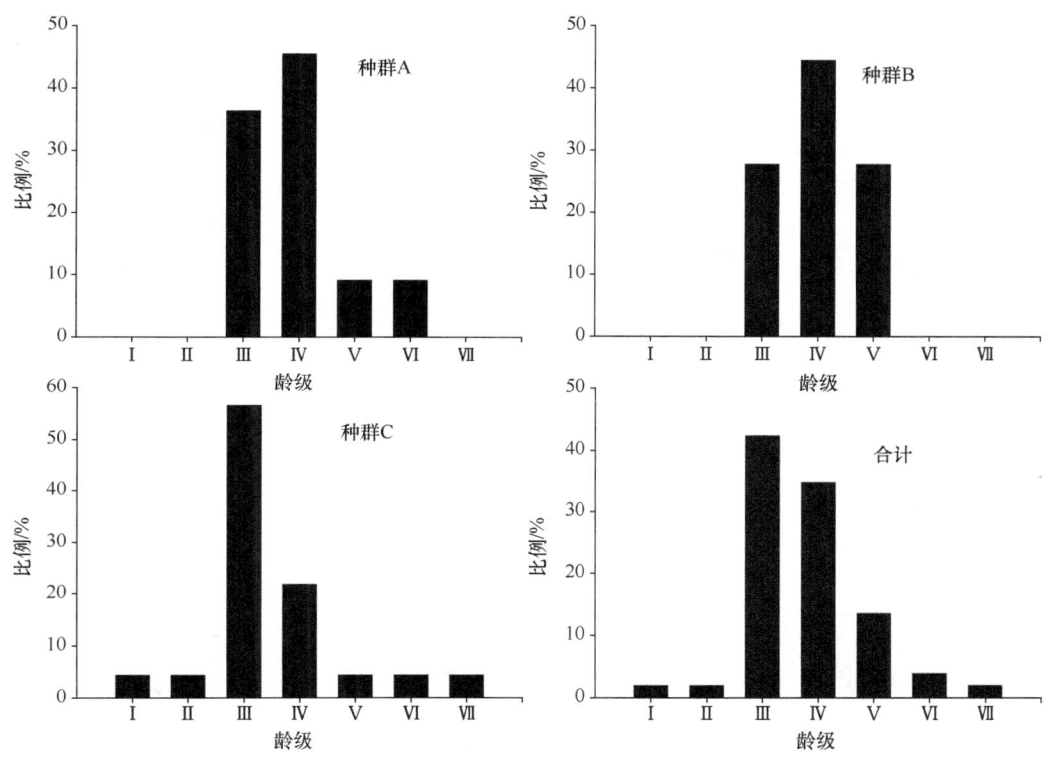

图3-13　云南红豆杉种群的龄级结构

图 3-13 中充分显示出,滇西北地区及 3 个云南红豆杉种群个体均主要集中于Ⅲ、Ⅳ龄级,胸径小于 2.5cm 的幼龄树(Ⅰ和Ⅱ龄级)缺少或占较低的比例。表明云南红豆杉幼苗严重缺乏。因此,纵观滇西北云南红豆杉各种群的大小级结构,均呈现中龄树比例最大,幼龄树和老龄树比例较小或缺乏的纺锤形结构,说明滇西北地区云南红豆杉种群属于衰退型种群。

(二) 点格局云南红豆杉种群龄级结构

兰坪县通甸镇与拉井镇 4 个云南红豆杉种群个体分布点如图 3-14 所示,它直观表现了云南红豆杉种群在样地内的空间分布状态。种群 1、种群 2、种群 3 和种群 4 中云南红豆杉个体分别有 27 株、79 株、27 株和 56 株,种群 1 中树有 2 株,大树有 20 株,老树有 5 株;种群 2 幼苗有 4 株,小树 21 株,中树 49 株,大树 5 株;种群 3 小树 8 株,中树 16 株,大树 3 株;种群 4 中树 5 株,大树 24 株,老树 27 株。云南红豆杉的种群结构可以通过胸径的大小标准进行划分,如图 3-15 所示,4 个种群中云南红豆杉种群个体在龄级构成上有较大差异,从样地中种群结构来看,种群 1 与种群 4 属于衰退型,种群 2 群落内风倒木较多,出现较大林窗,种群结构属于进展型,种群 3 群落内有较小的人为干扰,出现较小林窗,种群结构属于稳定性,4 个种群径级结构均有不同程度的中断。

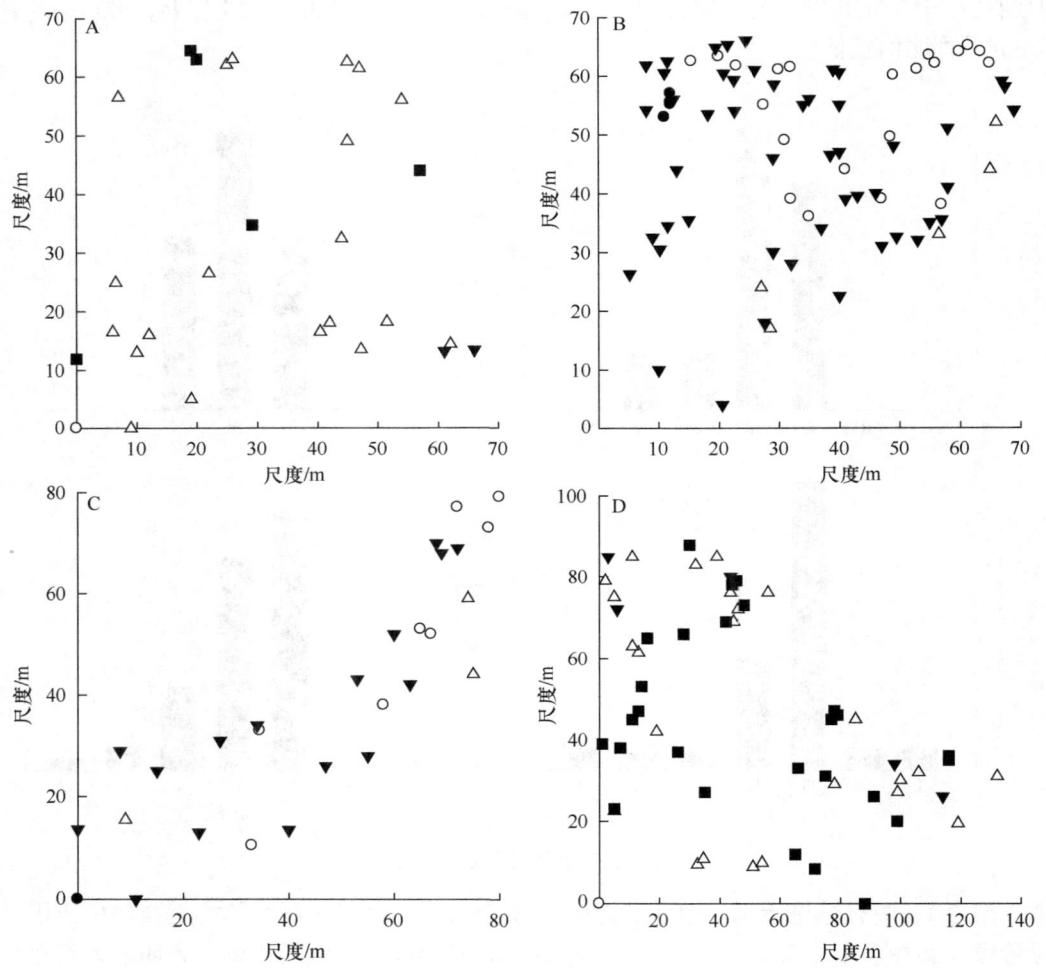

图3-14 4个云南红豆杉种群不同生长阶段个体的分布点

●. 幼苗;○. 小树;▼. 中树;△. 大树;■. 老树;A. 种群 1;B. 种群 2;C. 种群 3;D. 种群 4;下同

四、云南红豆杉种群空间分布格局

(一) 云南红豆杉不同尺度下的空间分布格局

依据样地调查所得云南红豆杉坐标绘制成个体分布散点图,得到云南红豆杉种群在样地内的实际分布状态(图 3-16)。种群 1 的 3 个样地中,云南红豆杉个体均较少,而种群 2 和种群 3 均有一个样地(样地 4 和样地 8)云南红豆杉个体相对较多,并且近似集中分布于样地中间偏左或偏右。从 3 个种群样地内云南红豆杉个体的实际分布状态可以看出，云南红豆杉个体在样地中数量均相对较少，说明了云南红豆杉野生种群濒危程度较高。

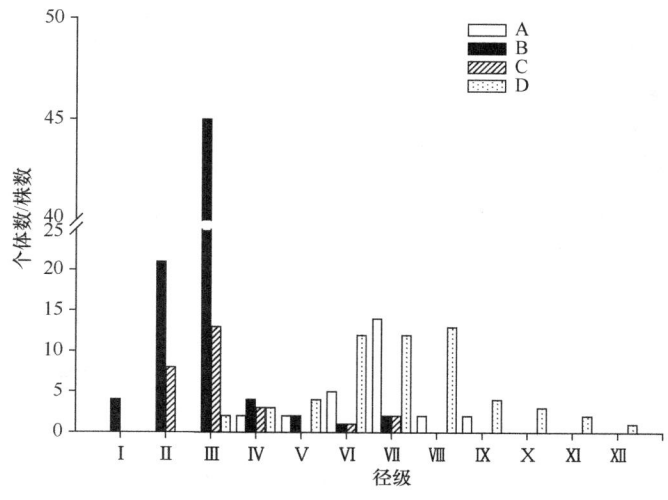

图3-15 径级分布

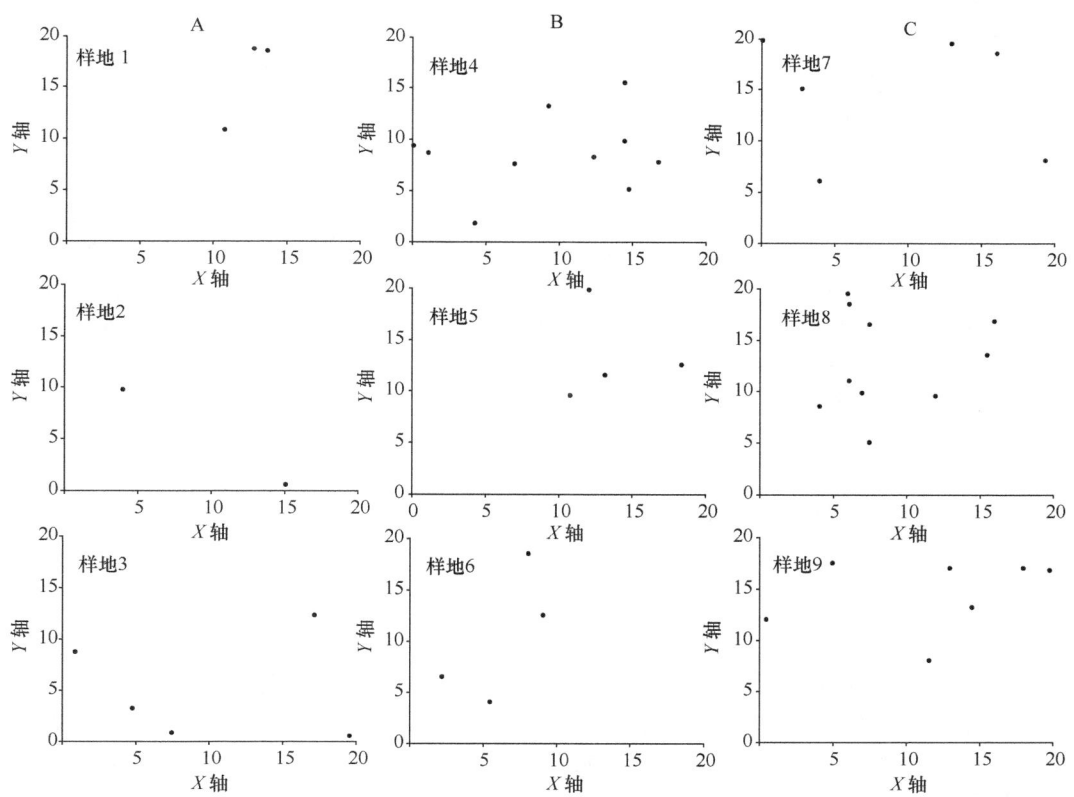

图3-16 云南红豆杉种群的实际分布状态

种群分布格局与取样大小有关,只有通过不同尺度上的取样才能最后判定其真实属性(张文辉等,2005)。本节利用可变尺度相邻格子样方法对云南红豆杉种群空间分布格局进行小尺度上的理论拟合和格局强度判定。表 3-13 为在 5m×5m、5m×10m 和 10m×10m 取样面积上云南红豆杉种群的聚集强度和分布型。从表 3-13 可以看出,在 3 种取样面积上,云南红豆杉 3 个种群都属于聚集分布,说明聚集分布是滇西北云南红豆杉种群空间分布的基本属性。随着取样尺度的增大,除负二项分布指数外,其他 5 个指标数值均随尺度的增大而增加,说明在所选的 3 个尺度中,云南红豆杉种群在 10m×10m 的取样尺度上分布更集中。

表3-13 不同取样面积云南红豆杉种群分布格局比较

样方/(m×m)	种群	$\bar{X}$	扩散系数 C	聚集度指数 I	平均拥挤度系数 M^*	聚块性指数 PAI	聚集指数 C_a	负二项分布指数 K	分布型
5×5	A	0.229	1.159	0.159	0.388	1.692	0.692	1.445	c
	B	0.375	1.092	0.092	0.467	1.246	0.246	4.067	c
	C	0.479	1.226	0.226	0.706	1.472	0.472	2.117	c
5×10	A	0.458	1.514	0.514	0.972	2.121	1.121	0.892	c
	B	0.750	1.188	0.188	0.938	1.251	0.251	3.981	c
	C	0.958	1.132	0.132	1.091	1.138	0.138	7.242	c
10×10	A	0.917	1.876	0.876	1.793	1.956	0.95	1.046	c
	B	0.833	1.273	0.273	1.106	1.327	0.327	3.056	c
	C	0.932	1.341	0.341	1.273	1.366	0.366	2.729	c

注:c 为聚集分布,下同。

(二) 不同发育阶段的空间分布格局

分析种群在不同发育阶段的空间格局变化可以推断种群新生个体的产生、成年个体的死亡及种群遭受人为干扰的概况。根据野外调查数据,本节将云南红豆杉种群划分为 7 个龄级,但由于在Ⅰ、Ⅱ、Ⅶ龄级中云南红豆杉个体数量极其稀少,因此,本节仅对Ⅲ、Ⅳ、Ⅴ、Ⅵ龄级进行不同尺度下云南红豆杉种群的空间分布格局动态变化规律分析。从表 3-14 中可以看出,云南红豆杉种群在各发育阶段、在不同取样尺度上均呈聚集分布,并且随着龄级的增大,聚集程度有减弱趋势。

五、云南红豆杉种群的点格局分析

(一) 云南红豆杉种群的空间分布格局

兰坪县 4 个云南红豆杉种群的点格局分析结果见图 3-17。种群 1 中云南红豆杉种群在各尺度下均表现为聚集分布,且聚集强度开始随空间尺度的增大而逐渐增强;种群 2 云南红豆杉种群在 1~3m 的尺度下表现为聚集分布,在 3~35m 的空间尺度下主要表现为随机分布;种群 3 云南红豆杉种群在<8m 的尺度下表现为聚集分布,在 9~35m 的尺度下表现为随机分布,在 36~40m 的尺度下又表现为聚集分布;种群 4 云南红豆杉种群在 1~2m 的尺度下表现为聚集分布,在 3~50m 的空间尺度下主要表现为随机分布。

表3-14 不同取样面积和发育阶段云南红豆杉种群的空间分布格局

样方/(m×m)	龄级	$\bar{X}$	扩散系数 C	聚集度指数 I	平均拥挤度系数 M^*	聚块性指数 PAI	聚集指数 C_a	负二项分布指数 K	分布型
5×5	III	0.153	1.036	0.036	0.189	1.237	0.237	4.216	c
	IV	0.124	1.088	0.088	0.212	1.706	0.706	1.417	c
	V	0.047	1.044	0.044	0.090	1.940	0.940	1.063	c
	VI	0.014	1.007	0.007	0.021	1.511	0.511	1.958	c
5×10	III	0.250	1.211	0.211	0.461	1.845	0.845	1.183	c
	IV	0.246	1.420	0.420	0.666	2.704	1.704	0.587	c
	V	0.089	1.092	0.092	0.181	2.037	1.037	0.964	c
	VI	0.027	1.014	0.014	0.042	1.522	0.522	1.917	c
10×10	III	0.444	1.214	0.214	0.659	1.482	0.482	2.074	c
	IV	0.371	1.346	0.346	0.718	1.932	0.932	1.073	c
	V	0.194	1.122	0.122	0.317	1.630	0.630	1.588	c
	VI	0.054	1.029	0.029	0.083	1.545	0.545	1.835	c

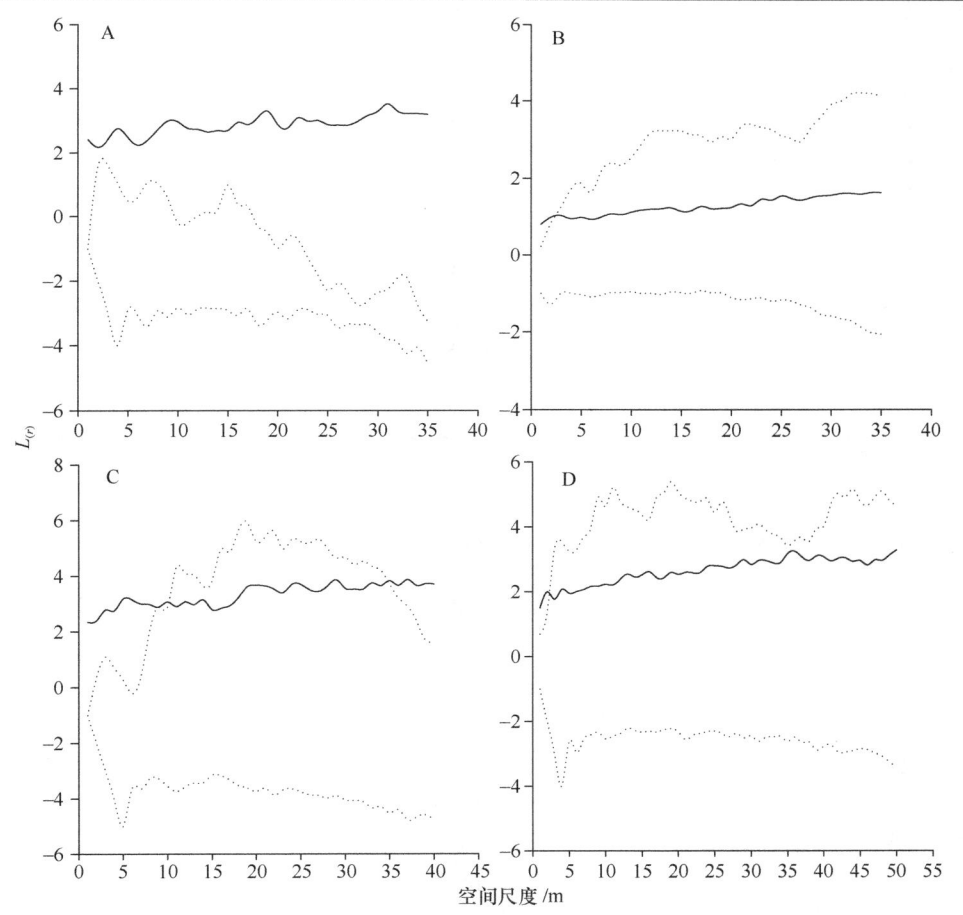

图3-17 云南红豆杉种群的空间分布格局

$L_{(r)}$表示 Ripley's K 函数值；图中实线为 $L_{(r)}$值，表示实际数据计算所得值；
虚线为包迹线，表示所模拟的99%置信区间

(二) 云南红豆杉种群各生长阶段空间分布

4 个云南红豆杉种群不同发育阶段个体的空间分布格局如表 3-15 所示，种群 1 不同龄级均呈聚集分布。种群 2 中大树在 1~35m 的尺度上皆呈聚集分布；种群 2 的幼苗在 1~17m、小树在 1~3m 和中树在 1~6m 的空间尺度下呈聚集分布，在其他空间尺度下呈随机分布。种群 3 中小树主要呈聚集分布，但在 8~13m、26~28m 和 31~32m 的空间尺度下呈随机分布；中树和大树在不同尺度下均呈聚集分布。种群 4 中树和大树在不同尺度下均呈聚集分布；老树在 3m、4m、8m、23m、24m、26~28m、31m 和 34m 的空间尺度呈不同强度的随机分布，而在其他尺度下均表现为聚集分布。

表3-15　云南红豆杉种群不同生长阶段的空间分布格局

种群	生长阶段	1	2	3	4	5	6	7	8	9~13	14~17	18~22	23	24	25	26	27	28	29	30	31	32	33	34	35	36~40	41~50
A	中树	a	a	a	a	a	a	a	a	a	a	a	a	a	a	a	a	a	a	a	a	a	a	a	a	—	—
	大树	a	a	a	a	a	a	a	a	a	a	a	a	a	a	a	a	a	a	a	a	a	a	a	a	—	—
	老树	a	a	a	a	a	a	a	a	a	a	a	a	a	a	a	a	a	a	a	a	a	a	a	a	—	—
B	幼苗	a	a	a	a	a	a	a	a	a	a	r	r	r	r	r	r	r	r	r	r	r	r	r	r	—	—
	小树	a	a	a	r	r	r	r	r	r	r	r	r	r	r	r	r	r	r	r	r	r	r	r	r	—	—
	中树	a	a	a	a	a	r	r	r	r	r	r	r	r	r	r	r	r	r	r	r	r	r	r	r	—	—
	大树	a	a	a	a	a	a	a	a	a	a	a	a	a	a	a	a	a	a	a	a	a	a	a	a	—	—
C	小树	a	a	a	a	a	a	a	r	r	a	a	a	a	r	r	r	a	a	r	r	a	a	a	a	a	a
	中树	a	a	a	a	a	a	a	a	a	a	a	a	a	a	a	a	a	a	a	a	a	a	a	a	a	a
	大树	a	a	a	a	a	a	a	a	a	a	a	a	a	a	a	a	a	a	a	a	a	a	a	a	a	a
D	中树	a	a	a	a	a	a	a	a	a	a	a	a	a	a	a	a	a	a	a	a	a	a	a	a	a	a
	大树	a	a	a	a	a	a	a	a	a	a	a	a	a	a	a	a	a	a	a	a	a	a	a	a	a	a
	老树	a	a	r	r	a	a	a	r	a	a	a	r	r	a	r	r	r	a	a	r	a	a	r	a	a	a

注：a 为聚集分布；r 为随机分布。

(三) 云南红豆杉种群不同生长阶段的空间关联

对 4 个云南红豆杉种群的不同生长阶段间进行相关性分析(图 3-18)。由图 3-18 可以看出，种群 1 在 1~35m 尺度内，中树与大树、中树与老树和大树与老树在整个空间尺度上均呈显著的正相关，中树与老树在 1m 的尺度接近显著负相关。种群 2 在整个尺度上，幼苗与小树、幼苗与中树、幼苗与大树、小树与中树、小树与大树和中树与大树之间均呈显著正相关。种群 3 的小树与中树整体上呈显著正相关，在 16~19m 和 22m 的尺度下表现为无显著相关；小树与大树在 25m、31~32m 和 34~40m 的尺度下呈无相关，其他尺度表现为显著正相关；中树与大树在整个尺度上呈显著正相关，在 27m 的尺度下呈无相关。种群 4 中树与大树在 9m、11~18m 的尺度下表现为无相关，其他尺度下为显著正相关；中树与老树在整个尺度下表现为显著正相关；大树与老树在 9m、11m、17~20m 和 48~50m 的尺度下表现为无相关，其他尺度下表现为显著正相关。

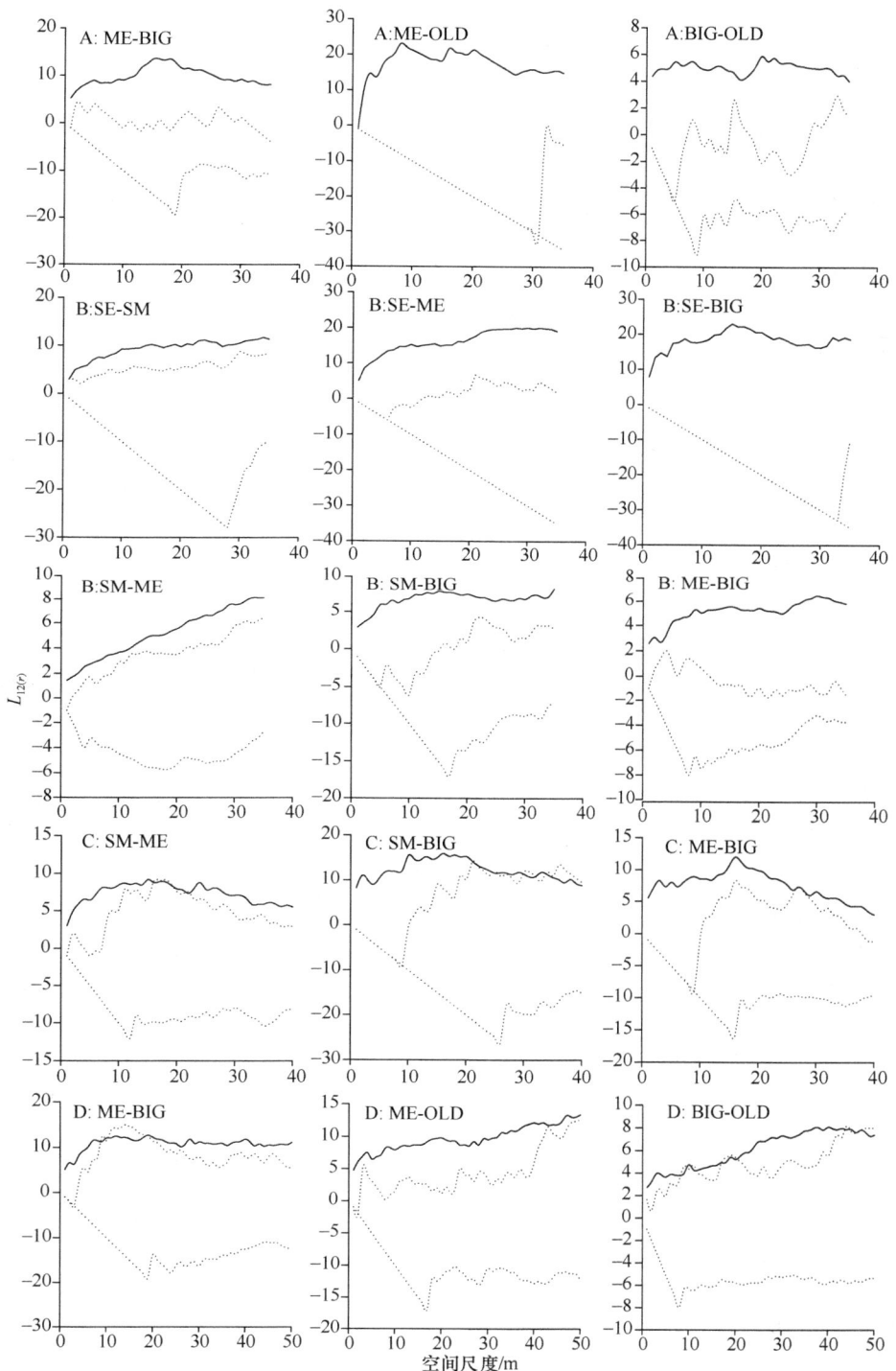

图3-18 云南红豆杉不同生长阶段之间的空间相关

$L_{12(r)}$表示空间关联的函数值。SE-SM 表示幼苗-小树；SE-ME 表示幼苗-中树；SE-BIG 表示幼苗-大树；SM-ME 表示小树-中树；SM-BIG 表示小树-大树；ME-BIG 表示中树-大树；ME-OLD 表示中树-老树；BIG-OLD 表示大树-老树

六、小结与讨论

(一) 影响云南红豆杉种群的大小级结构的因素

云南红豆杉是兰坪县丽江铁杉林的一个重要伴生树种,种群数量相对较少。种群的年龄结构可以反映种群的动态变化和群落的发展趋势(李文良等,2009)。种群的龄级分布与云南红豆杉生态学习性及受干扰程度有关,可以分为进展型、稳定型与衰退型3个类型。龄级呈进展型的种群中群落表现为群落结构完整,未受人为干扰,有风倒木和较大林窗,林内光照条件好,幼苗定居依靠于林窗,因此种群1中云南红豆杉小径级的个体较多,龄级结构较为合理,能在长期条件下保持稳定。龄级呈稳定型种群的群落表现为结构完整,有小林窗出现,幼苗能成功定居存活长成小树。龄级呈衰退型的有两种情况,一是群落结构完整,未受人为干扰,没有林窗,这样的林内缺少云南红豆杉幼树和小树,种群逐渐趋于衰退型;二是由于云南红豆杉种群的分布距村庄与农田较近,由于受到较大的人为干扰,如割草和放牧等,造成种群的幼苗和幼树定居与成活的概率降低,种群年龄结构呈衰退型,龄级结构不合理,种群更新困难。群落缺少林窗与较大的人为干扰是云南红豆杉种群衰退的原因,目前种群的更新方式主要依靠其较强的萌生能力(李莲芳等,2005),这是目前很多珍稀濒危植物种群得以维持的重要方式(魏新增等,2008)。云南红豆杉种群趋于濒危状态,还与云南红豆杉的生物学特性和环境因素紧密相关(李莲芳等,2005)。天然生长的云南红豆杉结实率低、雌株数量少,其种子需要两冬一夏才能萌发,种子深度休眠限制其实生繁殖(王卫斌等,2006);低温是导致云南红豆杉幼苗更新缓慢的重要原因,兰坪县的云南红豆杉多分布在海拔2800~3100m,而种子成熟期在10月下旬到11月下旬,冬春的低温及早晚温差大难以满足种子萌发的温度数值,而林下较大的枯枝落叶层和林下的光照不足阻碍种子萌发,因此云南红豆杉自身的繁殖特性与较大的人为干扰可能是导致种群衰退的根本原因之一。

对小样方云南红豆杉种群的大小级分析可以得知,幼龄期个体缺乏,中龄期个体相对丰富,老龄期个体数量稀少。纺锤形的大小级结构表明云南红豆杉种群属于衰退型。在野外调查过程中发现,云南红豆杉幼苗极其缺乏。实生苗稀少首先与种子产量有关。20世纪对抗癌药物紫杉醇的开发,引发了对云南红豆杉天然资源的掠夺性破坏,致使天然资源遭到严重破坏,资源枯竭严重,现存野生资源极其稀少,能够开花结种的更少。此外,云南红豆杉被掠夺的同时,其生境也发生了一定程度的改变,这也影响了幸存植株的开花、结种及结种量。在野外调查过程中就发现,样地内存在少量植株结种,但种子数量均极少。种子产量的降低必然会导致实生苗数量的减少,影响云南红豆杉的实生苗更新。同时,云南红豆杉种子具有较长的休眠期,在自然条件下需要两冬一夏才能萌发,大量的种子在漫长的休眠期内往往会丧失生命力,这也进一步加剧了云南红豆杉实生苗数量的减少。而老龄期个体稀少则与人为干扰有关。对紫杉醇高额经济利益的追逐导致20世纪云南红豆杉遭到毁灭性的破坏,大量树木被采伐或扒皮,使得云南红豆杉野生资源急剧枯竭,仅在一些人难以或无法到达的地方保留了少量个体。因此,云南红豆杉种群的这种大小级结构是其自身的生物学特性及人为干扰共同导致的结果。

尽管云南红豆杉幼苗缺乏，但是一旦长成幼树，其存活率就有所提高，同时，云南红豆杉的萌蘖率比较高(王卫斌等，2006)。而萌蘖是植物，尤其是木本被子植物中十分普遍的现象，是维持种群延续与稳定的重要机制之一(Bond and Midgley, 2001)。萌蘖植株可通过原有根系获取更多的土壤养分资源，其生长比实生植株更快，能迅速占据生境、快速恢复有性繁殖(Vieira and Scariot, 2006)。在更新过程中，萌蘖植株的竞争优势明显，萌蘖不仅能够降低种群的周转率和对种子更新的依赖程度，而且能减弱干扰对种群的影响，使其成为常因干扰而损坏地上部分植物的重要特性(Bond and Midgley, 2001)。由此可见，虽然云南红豆杉种群实生苗更新困难，但是幼树的存活率增长和较高的萌蘖率能使其种群在相当长的时期内得以维持。这也是目前很多珍稀濒危植物种群得以维持的重要方式(Kubo et al., 2005；康华靖等，2007)。

(二) 传统方法下影响云南红豆杉种群的空间分布格局的因素

种群是物种的生存形式，其分布格局可侧面反映种群的发展动态。群落中植物物种的水平空间分布格局是物种与环境长期相互适应、相互作用的结果，它不仅取决于物种自身的形态结构、生理生态特性，同时也与自然生境条件及其所处群落中其他种群的竞争排斥等生态效应密切相关(郝朝运等，2008)。云南红豆杉种群不同取样尺度下空间分布格局均呈聚集分布，同时，在不同龄级下种群空间分布格局也呈现聚集分布，说明聚集分布格局是滇西北云南红豆杉种群空间分布的基本属性。

以往大量的研究已经表明，濒危物种多以集群分布为主(张文辉等，2002；郝朝运等，2008；魏新增等，2008)，这在本研究结果中也得到了证实。云南红豆杉的聚集分布格局是其自身的生物学特性、人为干扰及生境等多种因素综合作用的结果。云南红豆杉起源古老，在第四纪冰川的作用下，其分布范围急剧收缩，种群数量锐减。同时，云南红豆杉又是抗癌药物紫杉醇产量最高的原料之一，巨额的经济利益导致其种群大量个体被破坏，种群数量急剧减少。气候因素及人为干扰共同导致云南红豆杉在分布区域内呈现零星分布(景跃波，2007)。同时，云南红豆杉具有喜湿、喜肥的特性，并且分布的海拔范围相对较窄(主要分布于 2600~3300m)(苏建荣等，2005b)，加之幼年避强光、成年需强光的特殊光照需求，共同导致云南红豆杉适宜生存的生境极少，物种只能集中分布于这种较少的生境之中。此外，虽然种子的初始分布格局对其萌发幼苗的分布并不一定存在密切相关(范繁荣等，2008)，但由群落本身产生的种子分布由于重力作用较多地趋向于聚集分布，也影响幼苗分布格局，进而影响了成年树木分布格局。作为云南红豆杉的主要更新方式，萌蘖也使得云南红豆杉种群很难扩大分布区，这也是其聚集分布的一个重要原因。而云南红豆杉种群随着龄级的增大聚集程度有减弱趋势则可能与种间、种内竞争及大径级个体数量少有关。总之，云南红豆杉种群在本节所选取的 3 个尺度下、在其自身的生物学特性、人为干扰及生境等多种因素综合作用下呈现出聚集分布属性。

(三) 点格局分析中影响云南红豆杉种群空间分布的因素

植物种群的空间分布格局常常是物种的种子扩散限制、环境异质性及种内种间竞争等生物因素与非生物因素综合作用的结果(Getzin et al., 2008；王磊等，2010；Lin et al.,

2011)。4个云南红豆杉天然种群整体上在小尺度上皆呈显著的聚集分布,以往的研究表明小种群珍稀濒危植物在小尺度上常表现为聚集分布,个体数越少的物种聚集程度越明显高于个体数多的种,研究表明偶见种比优势种在空间分布上表现得更加聚集(Li et al., 2008; Li et al., 2009a, 2009b),这与物种种子扩散方式关系紧密。种子扩散限制常常影响植物种群的空间分布(Seidler et al., 2006),扩散方式通过决定植物种群的更新与建立来影响其分布,种子产量较低,重力传播是其主要扩散方式,种子多散布在母树周围,其幼苗与幼树阶段常表现在成年树周围为聚集分布;云南红豆杉千粒重为79~109g,单粒种子长5~6mm,假种皮颜色鲜艳,有甜味,森林中的鸟类和鼠类也是其种子扩散的方式之一(李莲芳等,2005),动物扩散的物种常常更趋向于聚集分布(Seidler and Plotkin, 2006)。在更大的尺度上,人为干扰和自然环境通过影响种群个体数量和密度而改变种群的分布格局。年龄结构呈衰退型的种群随着尺度的增加空间分布格局呈现出两种情况,一种是群落结构完整,较少受到干扰,空间分布在较大的尺度上及不同生长阶段表现为聚集分布,这与多数珍稀濒危植物研究的结论一致(魏新增等,2008),这是由云南红豆杉的萌生特性及一定程度的生境异质性造成的,如水肥条件能够影响森林中树种的空间分布格局,聚集分布更有利于种群的维持与保持,同时云南红豆杉的不同生长阶段的个体常分布在乔木下层,一般而言,物种在较低的林层中呈明显的聚集分布,聚集度也随林层增高而降低(Condit et al., 2000a);而经过较大人为干扰林内个体数量减少的种群则随着尺度的增加由聚集分布转换为随机分布。进展型种群整体及小树与中树的分布类型随着尺度的增加转换为随机分布,稳定型种群亦有所表现,这与林窗所造成的环境异质性紧密相关,林窗的大小影响到种群幼树与小树的定居与存活,由于幼苗阶段存在密度制约机制,种内竞争较强,因而聚集度降低,在大的尺度上表现为随机分布,同时研究表明高海拔的温度降低也易造成幼龄期的个体呈随机分布(魏新增等,2008)。未受人为干扰的3个种群的大龄级个体在空间尺度上呈聚集分布,而萌生是云南红豆杉种群大龄级个体更新的主要方式,萌生也使得云南红豆杉种群很难扩大分布区域,聚集分布更有利于种群的维持。4个云南红豆杉种群的不同发育阶段之间均呈显著正相关或接近显著正相关,说明同一树种的个体生物学特性一致,不同龄级个体在空间是交错分布,这样有利于个体对土壤养分和空间资源的充分利用,个体之间存在较弱的资源利用性竞争,从而达到种内共存。在自然资源的限制下,小树、中树与大树之间不存在激烈竞争,有利于新个体的迁入,可以在林冠下很好地存活和生长。

(四) 空间格局分析对保护云南红豆杉的意义

珍稀濒危植物是生物多样性的重要组成部分,也是植物保护的重要目标,云南红豆杉具有很高的科研与经济价值,分布虽然广泛,但数量少且分散,因此亟待加强云南红豆杉天然种群的保护与管理,遵循云南红豆杉天然种群分布格局规律和种内联结关系,维持种群稳定和种群发展。云南红豆杉天然种群的保护与资源管理应注意以下几个方面。首先,小种群珍稀濒危植物的保护,关键是对其所处森林生态系统的保护(袁春明等,2012),重点保护野生种群中的母株,对母株周围的生境应进行必要的人为抚育管理,如清除林下的灌木以减小对云南红豆杉的竞争压力,同时开辟林窗、及时疏伐以增加林下透光率,以适应种子的萌发与生长,让低龄级的个体尽快生长发育,促进种群的稳定增长，更应该对其伴生树种和原始生境进行有效保护。其次要减少人为干扰，杜绝乱砍滥伐和采摘种子的行为，努力保存现有种群数量。最后，大力推广云南红豆杉人工林的推广，扩大种群数量。天然种群的减少与对资源需求的增加，必然导致其种群的发展受到限制，因此，云南红豆杉人工林的培育是扩大其种群的延续与发展的重要方式，发展人工辅助繁育技术是保护珍稀濒危保护植物的重要措施之一，目前培育人工林是满足紫杉醇日益增长需求的主要途径，因此应加强云南红豆杉良种选育、培育及人工林定向培育的经营模式的研究。

第四节　云南红豆杉种内与种间竞争

植物种内与种间竞争是目前植物生态学研究的核心问题之一(Weigelt and Jolliffe，2003；Filipescu and Comeau，2007；Cortini and Comeau，2008)。竞争现象是自然群落中普遍存在的，植物的竞争是由于对有限资源的共同需求而引起邻近个体的相互作用，从而阻碍竞争双方正常生长和发育的现象，是植物种内和种间关系的主要表现形式(孙嘉男等，2010)。同时影响着植物的个体生长、形态结构及存活状况，也影响着其种群的空间分布格局、组成结构、动态变化及群落的物种多样性程度(Weiner，1990；Graff et al.，2007)。近年来，植物种内与种间竞争在濒危植物中开展了大量的研究，已报道的濒危植物有宝华玉兰(*Magnolia zenii*)(蒋国梅等，2010)、珙桐(李尤等，2006)、翠柏(*Calocedrus macrolepis*)(刘方炎等，2010)、东北红豆杉(刘彤等，2007；周志强等，2007)和长苞铁杉(*Tsuga longibracteata*)(吴承祯等，2000)等物种，这些物种在幼树阶段受到强烈的种内与种间竞争压力，竞争中更新能力与生长能力较弱的物种，始终处于竞争劣势地位，不易于在群落中生存，研究结论为合理保护我国濒危保护植物提供了理论依据。

野外调查发现，云南红豆杉成年植物个体数量不多，林下幼苗较少，自然更新能力差(李莲芳等，2005)，云南红豆杉的野生种群之间由于对空间及资源利用的差异存在竞争现象(苏建荣等，2005c)，究其原因，与其自身或其他物种的竞争有关，还是由于植物种群自身的繁殖存在一定的障碍尚不清楚。采用 Hegyi 的单木竞争指数模型研究云南红豆杉种内和种间竞争，目的是探讨云南红豆杉种群和伴生树种的竞争关系，揭示种群的生态适应机制，探索云南红豆杉植株数量减少以致濒危的原因，从而为云南红豆杉天然种群的有效保护与合理管理及药用原料林的大面积培育提供有益的参考。

一、研究地概况

见第三章第二节。

二、研究方法

(一) 数据采集

样地设置与数据采集见第三章第二节。以对象木为中心，测量半径为 8m 的样圆内所有乔木($H>1.3m$)的胸径、树高、坐标,根据对象木与竞争木的坐标计算两者之间的距离。竞争木的确定方法是以树冠接触和遮阴状况作为确定邻体干扰范围的依据(刘方炎等,2010)。

(二) 数据处理

1. 径级分布

径级结构按上限排外法共划分 8 级,其中径级为 $35cm \leqslant DBH < 40cm$ 没有云南红豆杉个体:Ⅰ($DBH<5cm$)、Ⅱ($5cm \leqslant DBH < 10cm$)、Ⅲ($10cm \leqslant DBH < 15cm$)、Ⅳ($15cm \leqslant DBH < 20cm$)、Ⅴ($20cm \leqslant DBH < 25cm$)、Ⅵ($25cm \leqslant DBH < 30cm$)、Ⅶ($30cm \leqslant DBH < 35cm$)与Ⅷ($40cm \leqslant DBH < 45cm$)。

2. 竞争指数

竞争指数被广泛应用并被证明可以很好地解释植物竞争的强度、作用和竞争结果。Hegyi 的单木竞争指数在形式上反映的是林木个体生长与生存空间的关系,实质反映了林木对环境质量的需求与现实生境下林木对环境资源占有量之间的关系,且野外调查方法相对简单易行,获得的数据准确。由于云南红豆杉有较强的萌生能力,其天然种群萌生现象较多(王卫斌等,2006),而竞争指数主要是与对象木和竞争木胸径的大小及二者之间的距离有关,因而将同一基株上的各无性系分株按照胸高断面面积求和,然后再换算为一株胸高断面面积与之相等的植株进行统计(蒋国梅等,2010)。多数研究采用 Hegyi 提出的单木竞争指数(Weigelt and Jolliffe,2003;金则新等,2004;刘彤等,2007),计算方法见参考文献。

3. 数据分析

将群落中对象木胸径与对应的林分竞争指数进行相关分析,并得出回归分析。文中数据处理在 Excel 2007 和 SPSS17.0 中完成,显著度水平为 $P<0.05$。

三、云南红豆杉的种内竞争

本研究中选择对象木 45 株,其中胸径最小为 3cm,最大为 43cm,平均胸径为 14.27cm。将所调查植株按径级分组(表 3-16),对象木的胸径大小呈"偏峰曲线",径级 5~10cm 的个体数量最多,占对象木的 37.78%,反映出野生云南红豆杉种群呈稳定现状,林木没有出现幼苗,幼树较少,反映其幼苗更新存在障碍。竞争木共24种205株(表 3-17),物种包括丽江铁杉、亮叶杜鹃、红桦、川杨(*Populus szechuanica*)、川滇高山栎、少毛云南楤木(*Aralia thomsonii* var. *glabrescens*)、灰叶花楸(*Sorbus pallescens*)、灰背杨(*Populus glauca*)等。

云南红豆杉种群的径级分布不均匀,80%的个体的胸径在 20cm 以内,种内竞争强度为 76.88,占总竞争强度的 36.52%,要小于种间竞争强度(133.61),反映出云南红豆杉种间竞争的压力要大于种内竞争。这与该物种在自然状态下种群数量小且个体散生的生物学特性相适应。云南红豆杉在 5~10cm 的径级时,种内竞争强度最大,可达 35.33,然后逐渐减少，显示出单木竞争强度总体上呈现随着径级的增加而减少的趋势(表 3-16)。

表3-16 云南红豆杉的胸径分布和竞争指数

径级	株数	比例/%	竞争强度	平均竞争强度
I	4	8.89	8.88	2.22±1.03
II	17	37.78	35.33	2.08±0.73
III	6	13.33	19.86	3.31±2.78
IV	9	20.00	10.18	1.13±0.5
V	3	6.67	1.21	0.4±0.05
VI	3	6.67	0.99	0.33±0.17
VII	1	2.22	0.03	0.03
VIII	2	4.44	0.41	0.2±0.01
合计	45	100	76.88	—

表3-17 竞争木的种类组成和竞争指数

物种	株数	比例/%	胸径/cm	竞争指数	平均竞争指数
丽江铁杉 *Tsuga forrestii*	31	15.12	24.21±4.59	64.19	2.21±0.75
亮叶杜鹃 *Rhododendron vernicosum*	35	17.07	4.02±0.62	9.63	0.57±0.18
红桦 *Betula albosinensis*	2	0.98	30.65±9.65	9.00	0.9±0.38
川杨 *Populus szechuanica*	17	8.29	5.65±2.69	7.37	0.82±0.31
川滇高山栎 *Quercus aquifolioides*	2	0.98	53.75±42.25	7.03	1.17±0.47
少毛云南楤木 *Aralia thomsonii* var. *glabrescens*	2	0.98	16±1	5.27	0.66±0.16
灰叶花楸 *Sorbus pallescens*	1	0.49	60	4.56	2.28
灰背杨 *Populus glauca*	37	18.05	2.06±0.25	4.02	0.57±0.4
丽江云杉 *Picea likiangensis*	3	1.46	10.43±4.11	3.65	0.46±0.1
银木荷 *Schima argentea*	1	0.49	31.2	2.75	0.92±0.31
西南花楸 *Sorbus rehderiana*	9	4.39	4.51±0.87	2.27	0.28±0.14
红果树 *Stranvaesia davidiana*	4	1.95	7.03±2.46	2.20	0.44±0.17
青荚叶 *Helwingia japonica*	21	10.24	1.16±0.15	1.96	0.09±0.02
三桠乌药 *Lindera obtusiloba*	3	1.46	9±1.15	1.79	0.45±0.11
泡花树 *Meliosma cuneifolia*	3	1.46	6.87±0.75	1.77	0.3±0.11
三角槭 *Acer buergerianum*	7	3.41	10.77±4.67	1.57	0.11±0.04
华山松 *Pinus armandi*	3	1.46	12.17±8.54	1.07	0.27±0.1
球花荚蒾 *Viburnum glomeratum*	10	4.88	1.03±0.2	1.06	0.07±0.02
凉生梾木 *Swida alsophila*	1	0.49	10.6	1.00	1
水红木 *Viburnum cylindricum*	2	0.98	3.05±0.35	0.53	0.18±0.01
滇木姜子 *Litsea rubescens* var. *yunnanensis*	2	0.98	3.35±2.75	0.37	0.05±0.02
白背叶楤木 *Aralia chinensis* var. *nuda*	3	1.46	2.97±1.87	0.28	0.05±0.01
乌敛莓五加 *Acanthopanax cissifolius*	4	1.95	1.05±0.43	0.22	0.02±0.01
红花高盆樱桃 *Cerasus cerasoides* var. *rubea*	2	0.98	27.5±26.5	0.04	0.01±0.003
合计	205	100		133.61	

四、云南红豆杉种群的种间竞争

云南红豆杉种群种间的竞争指数为 133.61，占总竞争强度的 63.48%(表 3-17)。云南红豆杉在生长过程中，与其他树种植株之间产生种间竞争，种间竞争因植物种类的不同有很大的差异，其中竞争指数最大的是丽江铁杉，为 64.19，其平均竞争指数也较大，它是云南红豆杉群落内的优势种，个体数量较多，占竞争木个体数量总和的 15.12%，对云南红豆杉的竞争压力最大；其次为亮叶杜鹃和红桦，二者竞争指数相差不大，分别为 9.63 和 9.00，为群落的主要组成物种，其中亮叶杜鹃在竞争木种类中的数量仅次于灰背杨，但林木不高，萌生性较强，而红桦数量较小，林木高大。川杨和川滇高山栎的竞争指数分别为 7.37 和 7.03，川杨等先锋树种在群落乔木采伐后的更新过程中，由于生长迅速，很快进入乔木层，其单木竞争强度较高。云南红豆杉种间竞争强度的大小顺序为云南红豆杉种内＞丽江铁杉＞亮叶杜鹃＞红桦＞川杨＞川滇高山栎＞少毛云南楤木＞灰叶花楸＞灰背杨＞丽江云杉(*Picea likiangensis*)＞银木荷(*Schima argentea*)＞西南花楸(*Sorbus rehderiana*)＞红果树(*Stranvaesia davidiana*)＞青荚叶(*Helwingia japonica*)＞三桠乌药(*Lindera obtusiloba*)＞泡花树(*Meliosma cuneifolia*)＞三角槭(*Acer buergerianum*)＞华山松＞球花荚蒾(*Viburnum glomeratum*)＞凉生梾木(*Swida alsophila*)＞水红木(*Viburnum cylindricum*)＞滇木姜子(*Litsea rubescens* var. *yunnanensis*)＞白背叶楤木(*Aralia chinensis* var. *nuda*)＞乌敛莓五加(*Acanthopanax cissifolius*)＞红花高盆樱桃(*Cerasus cerasoides* var. *rubea*)。

五、云南红豆杉对象木胸径与竞争强度的关系

林木的竞争能力受指数大小、生长速度、发育阶段等多种生物的和非生物因素的制约，生物因素中林木个体胸径的大小对竞争能力影响很大。以对象木胸径为自变量，竞争指数为因变量，对竞争指数与对象木的胸径进行回归拟合，结果表明(表 3-18)，整个林分和伴生树种的竞争指数与对象木的胸径之间存在显著负相关关系，同时，整个林分与伴生树种对对象木的竞争强度与对象木的胸径大小近似服从幂函数关系，即 $CI=AD^B$，其中，CI 为竞争指数，D 为对象木胸径，A、B 分别为模型参数，其拟合方程分别为 $CI=74.593D^{-1.348}$ 和 $CI=37.763D^{-1.364}$(图 3-19)。经检验，相关系数(R)均达到显著水平，可以预测其种间的竞争强度；而云南红豆杉个体之间的竞争指数与对象木胸径间的相关性却并不明显，这与样本数量偏少有关。通过对 45 株云南红豆杉对象木胸径与所受到的种内、伴生树种及整个林分的竞争压力之间的关系研究发现(表 3-19)，随着对象木胸径增大，竞争压力逐渐减少，当对象木胸径达到 25cm 后，竞争强度逐渐趋于稳定。

表3-18 竞争强度与对象木胸径的模型参数

类型	A	B	R	R^2	显著性
云南红豆杉种内	7.329	−0.976	−0.247	0.355	$P=0.106$
云南红豆杉与伴生树种	37.763	−1.364	−0.487	0.306	$P<0.01$
云南红豆杉与整个林分	74.593	−1.348	−0.573	0.509	$P<0.01$

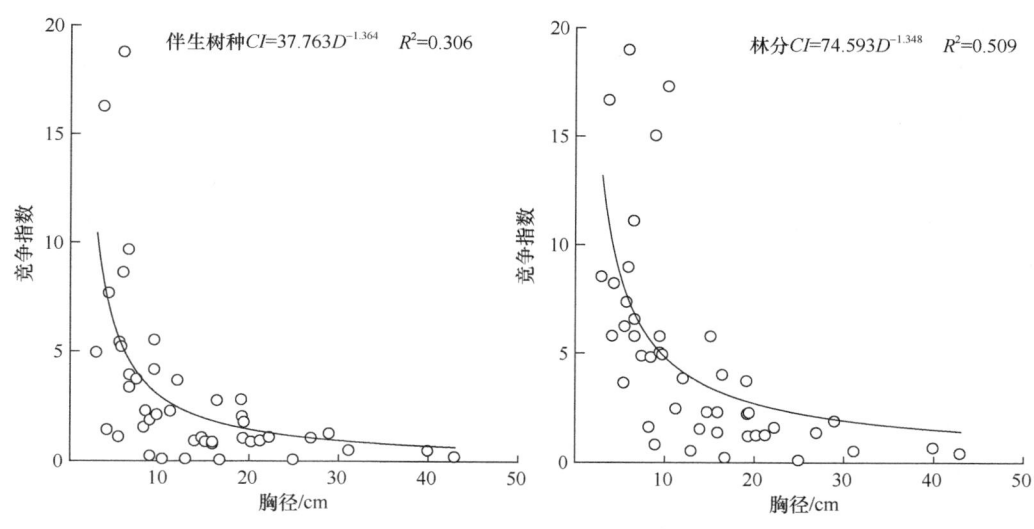

图3-19 云南红豆杉竞争指数与对象木的胸径幂指数回归曲线

表3-19 云南红豆杉竞争强度与对象木胸径的模型预测

径级	云南红豆杉与整个林分	云南红豆杉与伴生树种
I	21.691	10.821
II	4.933	2.418
III	2.478	1.205
IV	1.574	0.761
V	1.122	0.540
VI	0.856	0.411
VII	0.683	0.327
VIII	0.476	0.227

六、小结与讨论

Hegyi 单木竞争指数可以间接反映植物个体对可利用资源和环境的现实分配,是个体间竞争的适合量度(李尤等,2006)。研究结果表明,在云南红豆杉天然林群落中,竞争压力主要来自种间,在其种群动态的影响中,他疏作用要大于自疏作用。竞争指数与对象木的大小存在极显著的负相关关系,对象木胸径大的个体,其所受的竞争强度小,反之则大,在竞争中被淘汰的可能性就大,这与珙桐、宝华玉兰、东北红豆杉的研究结果一致(李尤等,2006;刘彤等,2007;蒋国梅等,2010),这是由于云南红豆杉的个体生长动态中,为充分利用资源和争夺生存空间,必然与种内及伴生树种产生激烈竞争。云南红豆杉为阴生植物,对生境地的要求较为严格,分布相对狭窄(苏建荣等,2005b),种子成熟后靠重力扩散,分布在母树周围,因而云南红豆杉的分布较为集中,这也是云南红豆杉的种内竞争指数是所有竞争木中最大的原因;同时,从自然稀疏原理的推论,云南红豆杉种群在发育的初期就经历了较强的环境筛选,大量幼苗和幼树死亡,只有极少数幼树能成长为大树,由于鸟鼠和真菌的作用损失大部分种子,荫蔽的环境下种子也难以萌发,群落缺少幼苗,在云南红豆杉的幼树阶段也产生较强的种内竞争,种内竞争强度随着径级的增大而降低,大树进入主林层后,与其他物种之间形成了资源利用性竞争,形成稳定的生态位,因而竞争强度也在降低。

树种的竞争主要是由生态习性和生态幅度决定,生态习性越相近,生态位重叠幅度越大的树种之间的竞争越强烈;反之则竞争较弱(孙澜等,2008)。丽江铁杉是云南红豆杉种群中重要的伴生树种,同样也是竞争强度最大的物种,两个物种都属于阴生树种,在林木个体发育阶段,不可避免地产生较为强烈的种间竞争,同时,与云南红豆杉竞争激烈的树种还有亮叶杜鹃、红桦、川杨、川滇高山栎、少毛云南樒木等,而与其他伴生树种的竞争强度较弱。通过对象木胸径与整个林分的竞争强度的拟合方程可以看出,随着对象木胸径的增加,云南红豆杉所受到的竞争压力就越小,与东北红豆杉一样,在林木幼龄阶段,个体小,处于被压状态,虽然具备耐阴特性,但周围的竞争对空间等其他资源产生激烈竞争,云南红豆杉大树则逐渐占据一定的资源空间,进入主林层,获得较多的光和空间,与周围的竞争木有一定的适应,个体竞争能力增强,受到周围个体的竞争压力逐渐减弱(刘彤等,2007)。

根据竞争关系及云南红豆杉种群结构的不合理现状,如天然种群中缺乏幼苗幼树,因此应对云南红豆杉的天然种群进行必要的抚育管理。云南红豆杉的幼苗阶段对环境的适应性差,喜湿喜光,其天然种群在光照充足的林窗或林缘更新良好,幼树、小树出现的频率也较高(苏建荣等,2005b),而在保存良好的原生森林存在更新障碍,研究表明在5cm以下的云南红豆杉林木个体中其种内竞争强度并不大,可采取人工促进天然更新的措施,补充森林中的幼苗与幼树,在不增加其种内竞争压力的前提下加速原生地天然种群的延续和扩大。在云南红豆杉的幼树阶段受到林分强烈的竞争强度,因此对云南红豆杉有负面作用的物种应给予适当的人为干扰,从竞争关系出发,应在云南红豆杉胸径达25cm前,对其生长的群落进行必要的抚育管理,如清除一些竞争力较强的伴生树种,使其获得更多的生存空间,更好地保存其种质资源。较强的种内与种间竞争,仅依赖于天然种群的保护与发展,云南红豆杉种群的发展将难以为继,天然种群的减少,直接威胁到其种质资源和基因资源的持续发展,因而对云南红豆杉采取人工培育的方式可以更好促进其天然资源的保护。

第五节 云南红豆杉的生态位与种间联结

生态位与种间联结是种群生态研究的核心问题,其中,生态位是物种对环境的影响和环境对物种的影响两方面及其相互作用规律(王祥福等,2008),能够反映物种对资源的竞争(Parrish and Bazzaz,1982),物种之间稳定共存的关系需要竞争者在生态位之间的分化(Levine and HilleRisLambers,2009)。种间联结可以反映群落中各物种在不同生境中相互影响、相互作用所形成的有机关系(郭泉水等,2008),有助于理解物种间的关系与环境差异对植物分布的影响(胡理乐等,2003),对特定物种保护有比较重要的作用(史作民等,2001)。近年来,珍稀濒危植物群落的种群生态位与种间联结研究日益受到重视,王祥福等(2008)对崖柏(*Thuja sutchuenensis*)群落的研究发现不同树种与崖柏之间的生态位重叠可以作为参考对群落进行必要的人工干预措施,拯救濒危物种;李先琨等

(1999)对南方红豆杉(*Taxus chinensis* var. *mairei*)群落的研究发现优势物种的种间联结对人工林的营造管理有指导作用;张志勇等(2003)通过种间联结研究发现五针白皮松(*Pinus squamata*)的濒危状况可能是长期植被演化过程中被阔叶树种排挤造成的,这些研究为濒危种群的保护提供重要的科学依据。

云南红豆杉有极高的药用价值与经济价值,野生资源遭到大量破坏,且对生境要求特殊,目前野生云南红豆杉多分布在沟谷纵横、交通不便的山区,因而对云南红豆杉种群生态学的研究较少,已知的有对云南红豆杉的种群结构与生命表进行研究(苏建荣等,2005c),而对其群落种群间生态位与种间联结的研究还未见报道。本节通过滇西北云南红豆杉群落中物种的生态位与种间联结研究分析,揭示云南红豆杉种群在群落中的功能地位、与其他种群的相互作用、生态适应性及各种群对资源的利用状况,从而为云南红豆杉的保护与资源合理利用提供有益的参考。

一、研究地概况

见第三章第二节。

二、研究方法

(一) 样地设置

见第三章第二节数据收集中的样地设置。

(二) 数据处理

根据野外调查的原始资料,建立以"样方-种类"组成的二维数据库。以 8 个面积 400m^2 的样方作为群落综合环境梯度,用于生态位和种间联结分析(赵则海等,2003)。

1. 重要值

重要值是以综合数值来表示群落中的不同植物的相对重要性,本研究将群落中高度大于1.3m 的乔木、灌木与竹类植物合并一起计算重要值,其计算公式:(刘春生等,2009;铁军等,2009)

$$重要值(IV)=(相对多度+相对优势度+相对频度)/3$$

2. 生态位测度方法

本研究采用 Levins 指数和 Shannon-Wiener 指数测定种群的生态位宽度(Feinsinger et al., 1981;铁军等,2009)。

Levins 生态位宽度:

$$B_{(L)i} = \frac{1}{r\sum_{j=1}^{r} P_{ij}^2}$$

Shannon-Wiener 指数:

$$B_{(SW)i} = -\sum_{j=1}^{r} P_{ij}\text{Log}_{10}P_{ij}$$

式中，$B_{(L)i}$ 为种群 i 的生态位宽度；P_{ij} 为种群 i 利用资源状态 j 的数量占其利用资源总数的比例；r 为资源位数，即样地数；$B_{(SW)i}$ 表示种群 i 在 r 个资源下的生态位宽度。

采用 Schoener 指数与 Pianka 指数测度优势种群间的生态位重叠(张金屯，1995；康冰等，2006；铁军等，2009)。

Schoener 指数：

$$O_{ik} = 1 - \frac{1}{2}\sum_{j=1}^{r}|P_{ij} - P_{kj}|$$

Pianka 重叠指数：

$$NO = \sum_{j=1}^{r} P_{ij}P_{kj} \bigg/ \sqrt{(\sum_{j=1}^{r} P_{ij})^2(\sum_{j=1}^{r} P_{kj})^2}$$

式中，O_{ik} 为 Schoener 指数，表示物种 i 与物种 k 的相似程度；NO 为 Pianka 指数；P_{ij} 和 P_{kj} 分别表示物种 i 和物种 k 对第 j 个资源的利用占全体种群对第 j 个资源利用的频度；r 为资源位数，即样地数。Schoener 指数与 Pianka 指数的值都介于 0 和 1。

3. 种间联结测度方法

1) χ^2 检验

由于取样为非连续性取样，原始数据为时间存在与否的二元数据，因此非连续性数据的 χ^2 值用 Yates 的连续性校正公式计算(张金屯，1995)：

$$\chi^2 = \frac{N[|ad-bc|-\frac{1}{2}N]^2}{(a+b)(c+d)(a+c)(b+d)}$$

式中，N 为样方总数；a 为物种 A 和物种 B 同时出现的样方数；b 为物种 A 出现而物种 B 不出现的样方数；c 为物种 A 不出现而物种 B 出现的样方数；d 为物种 A 和物种 B 都不出现的样方数。

种间联结强弱由 χ^2 决定，若 $\chi^2 \geq 3.841(0.01 < P \leq 0.05)$，表示种间联结显著；$\chi^2 \geq 6.635(P \leq 0.01)$，表示种间联结极显著；$\chi^2 < 3.841(P > 0.05)$ 时，认为两个物种独立分布，即中性联结。当 $ad > bc$ 时为正联结，$ad < bc$ 时则为负联结。

2) 联结系数

联结系数(AC)的测定，通常把取样数据排成 2×2 连列表(王乃江等，2010)：

$AC=(ad–bc)/(a+b)(b+d)$　　$ad \geq bc$
$AC=(ad–bc)/(a+b)(a+c)$　　$bc > ad$，$d \geq a$
$AC=(ad–bc)/(d+b)(d+c)$　　$bc > ad$，$d < a$

AC 值域为[–1，1]，AC 越接近 1 物种间正关联越强；反之，越接近–1 物种间负关联越强，AC 为 0 表明物种间完全独立。

4. 数据分析

将群落中物种的联结系数与生态位重叠进行相关分析，并得出回归分析。文中数据处理在 Excel 2007 和 SPSS17.0 中完成，显著度水平为 $P<0.05$。

三、重要值及其生态位宽度

云南红豆杉群落样地中树高大于 1.3m 的乔木与灌木共有 48 种，其主要种群重要值计算结果如表 3-20 所示，生态位宽度特征的计算结果如表 3-21 所示，丽江铁杉、昆明实心竹与云南红豆杉的重要值分别为 15.94%、10.99% 和 9.62%，丽江铁杉是群落中优势物种与建群物种，云南红豆杉种群群落为亚高山针叶林。云南红豆杉是群落中生态位宽度最大的物种，Levins 指数与 Shannon-Wiener 指数分别为 8 与 2.0794，其次是丽江铁杉、西南花楸与青荚叶。Levins 指数与 Shannon-Wiener 指数的生态位宽度的排列顺序是一致的。群落中物种的重要值与生态位宽度之间存在极显著正相关($P<0.001$，$R=0.573$)。

表3-20　云南红豆杉群落主要种群重要值

种群编号	样地号							
	1	2	3	4	5	6	7	8
1	9	26.28	11.21	26.19	7.41	18.82	33.01	20.12
2	32.3	0.56	3.26	0	40.38	25.65	17.73	47.14
3	0	0	31.28	24.64	29.42	0	0	0
4	1.01	2.37	0.12	19.66	0	0	0	0
5	0	0	6.1	7.62	2.13	0	0	0
6	5.3	11.22	0	0	0	0	0	0
7	0	3.47	0	0.78	2.36	7.26	1.41	0
8	25.11	29.48	0	0	0	0	0	0
9	0	0	5.88	4.79	0	4.77	5.1	1.39
10	0	14.88	0	0	0	0	0	0
11	0	2.98	30.04	1.14	0	0	0	0
12	0	0	0.12	0	0	0	0	8.66
13	0	0	0	0	31.5	0	2.91	0
14	0	0	0	0	0	17.65	0	0

注：1. 云南红豆杉 *Taxus yunnanensis*；2. 丽江铁杉 *Tsuga forrestii*；3. 昆明实心竹 *Fargesia yunnanensis*；4. 三角槭 *Acer buergerianum*；5. 亮叶杜鹃 *Rhododendron vernicosum*；6. 灰背杨 *Populus glauca*；7. 西南花楸 *Sorbus rehderiana*；8. 玉山竹 *Yushania* sp.；9. 青荚叶 *Helwingia japonica*；10. 云南杜鹃 *Rhododendron yunnanense*；11. 川滇高山栎 *Quercus aquifolioides*；12. 红花高盆樱桃 *Cerasus cerasoides* var. *rubea*；13. 红桦 *Betula albosinensis*；14. 灰叶花楸 *Sorbus pallescens*。

四、生态位重叠

当两个物种利用同一资源或共同占有某一资源因素(如营养成分、空间等)时就会出现生态位重叠现象，生态位重叠值较大的物种常常就有相近的生态习性或有互补性要求。Schoener 指数与 Pianka 指数两个生态位重叠值为 0 的种对占总种对数的

表3-21　云南红豆杉群落物种生态位宽度

物种名	Levins 指数	Shannon-Wiener 指数
云南红豆杉 *Taxus yunnanensis*	8	2.0794
丽江铁杉 *Tsuga forrestii*	7	1.9459
西南花楸 *Sorbus rehderiana*	6	1.7918
青荚叶 *Helwingia japonica*	6	1.7918
白叶莓 *Rubus innominatus*	4	1.3863
球花荚蒾 *Viburnum glomeratum*	4	1.3863
三角槭 *Acer buergerianum*	4	1.3863
铁仔 *Myrsine africana*	4	1.3863
冰川茶藨子 *Ribes glaciale*	4	1.3863
野丁香 *Leptodermis potanini*	4	1.3863
川杨 *Populus szechuanica*	3	1.0986
红泡刺藤 *Rubus niveus*	3	1.0986
华山松 *Pinus armandii*	3	1.0986
红花高盆樱桃 *Cerasus cerasoides* var. *rubea*	3	1.0986
红桦 *Betula albosinensis*	3	1.0986
川滇高山栎 *Quercus aquifolioides*	3	1.0986
泡花树 *Meliosma cuneifolia*	3	1.0986
昆明实心竹 *Fargesia yunnanensis*	3	1.0986
紫萼山梅花 *Philadelphus purpurascens*	3	1.0986
亮叶杜鹃 *Rhododendron vernicosum*	3	1.0986
乌蔹莓五加 *Acanthopanax cissifolius*	3	1.0986
杜鹃 *Rhododendron* sp.	3	1.0986
玉山竹 *Yushania* sp.	2	0.6931
灰背杨 *Populus glauca*	2	0.6931
其他	—	—

48.09%(表 3-22)。生态位宽度较大的物种与其他种群间的生态位重叠也较大，群落中 Schoener 指数大于 0.8 的种对有 29 个，如灰背杨-玉山竹(*Yushania* sp.)；但也不意味着生态位宽度较小的物种之间生态位重叠就一定小，群落中 Pianka 指数大于 0.8 的有 17 个，如红果树-风吹萧、川滇小檗-风吹萧等、风吹萧-丽江柃(*Eurya handel-mazzettii*)、银木荷-白背叶楤木与银木荷-猫儿屎(*Decaisnea insignis*)。云南红豆杉与其他物种的 Schoener 指数在 0.125~0.875，云南红豆杉-丽江铁杉的 Schoener 指数为 0.875，其中 Pianka 指数在 0.6~0.8 没有种对。

五、种群联结分析

经 χ^2 统计量矩阵分析(图 3-20A)，群落 1225 个种对中，中性联结的种对有 49 个，占总种对的 4%；显著负联结的种对有 541 个，占总种对数的 44.16%，显著正联结的种对有 635 个，占总种对数的 51.84%，群落显示较多的正联结。云南红豆杉与其他种群的种间联结值都为中性联结。

表3-22 云南红豆杉群落生态位重叠值

类型		生态位重叠值范围					
		0	0<O≤0.2	0.2<O≤0.4	0.4<O≤0.6	0.6<O≤0.8	0.8<O≤1
Schoener 指数	种对数	541	70	342	182	61	29
	比例/%	48.09	6.22	30.40	16.18	5.42	2.58
Pianka 指数	种对数	541	371	225	71	0	17
	比例/%	48.09	32.98	20	6.31	0	1.51

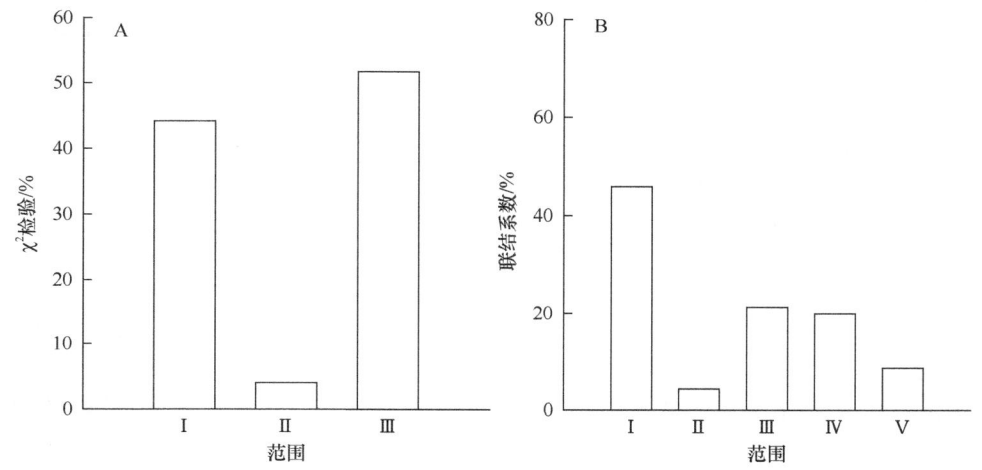

图3-20 云南红豆杉群落种间联结χ^2检验与联结系数

A：Ⅰ.$-6.635<\chi^2\leq-3.841$；Ⅱ.$-3.841<\chi^2<3.841$；Ⅲ.$3.841\leq\chi^2<6.635$。B：Ⅰ.$AC\leq-0.6$；Ⅱ.$-0.6<AC\leq-0.2$；Ⅲ.$-0.2<AC<0.2$；Ⅳ.$0.2\leq AC<0.6$；Ⅴ.$AC\geq0.6$

χ^2统计量可以比较客观准确地判断种对联结的显著性，联结系数则可以体现χ^2检验不显著种对的联结性及大小。经过AC值分析可以看出(图3-21B)，群落中正联结分别是491对(40.08%)，相应的负联结为643对(52.49%)，无联结的种对有91对，正负联结系数种对的比例分别为0.76，表现为较强的负联结。极显著正联结的种对占总对数的8.57%，如丽江铁杉-川杨、西南花楸-灰背杨等；极显著负联结的种对占总对数的45.88%，如丽江铁杉-球花荚蒾、丽江铁杉-川滇高山栎等；群落中无联结或少联结($-0.2<AC<0.2$)的种对占总对数的21.31%。云南红豆杉与其他种群之间都为无联结，与χ^2检验一致。

六、生态位重叠与联结系数回归分析

滇西北云南红豆杉群落物种联结系数与对应的生态位重叠值均具有极显著的正相关性，并且可以用回归分析Cubic指数表达(图3-21)。其中，联结系数与Schoener指数为$y=0.3041+0.4657x+0.0106x^2-0.1652x^3$(A：$R^2=0.759$，$n=1224$，$P<0.001$)；联结系数与Pianka指数为$y=0.1563+0.4241x+0.0604x^2-0.2113x^3$(B：$R^2=0.697$，$n=1224$，$P<0.001$)。

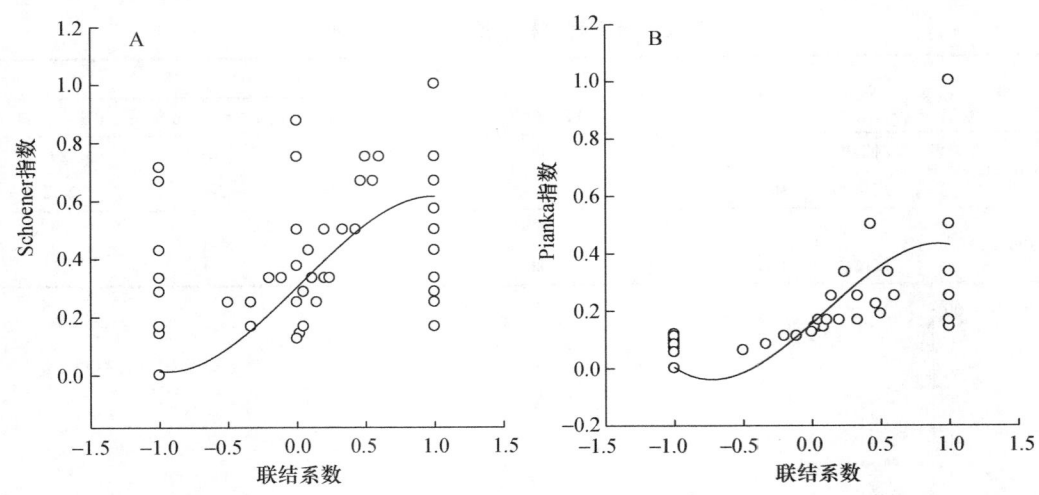

图3-21 云南红豆杉群落种间联结与生态位重叠回归分析

七、小结与讨论

生态位宽度是衡量植物种群对资源环境利用状况的尺度(王祥福等,2008),一般来说,生态位宽度越大表明物种对环境的适应能力越强,对各种资源的利用越充分(张金屯,1995),同时也表明该物种的特化程度越小,倾向于泛化种,而且这些物种在群落中往往处于优势地位(康冰等,2006),反之,则为竞争力明显较弱的特化种(李菁等,2011)。丽江铁杉为群落中的优势种,该群落是当地山地垂直分布的重要植被类型,数量较多且多为分布于乔木上层的高大乔木,具有较强的生态适应性,因而生态位宽度较大;西南花楸与青荚叶是群落重要伴生物种,为群落中的泛化种,较大的生态位宽度显示出其对环境较强的适应能力;云南红豆杉种群的特化程度较大,对生境地的要求较为严格,分布相对狭窄(苏建荣等,2005b),常常在山谷溪边两侧的温凉性针叶林下,在整个植被类型背景下生态幅较小,而在群落中数量较多,因而在云南红豆杉聚集分布的样地中常常有较大的生态位宽度。研究表明,大多数耐阴树种具有较大的生态位宽度(苏志尧等,2003),生态位宽度前 2 位的物种云南红豆杉和丽江铁杉为群落中的耐阴树种,具有较大的生态位宽度;白叶莓(*Rubus innominatus*)、三角槭、川杨与冰川茶藨子等落叶树种在群落中也具有较大的生态位宽度,这些物种喜光、速生、竞争力强,在受破坏的森林的林窗易迅速生长,这与遭到破坏有关。凉生椴木、水红木、灰叶花楸与银木荷等物种在群落中较少出现,仅出现在少数资源位,分布过于集中,具有较小的生态位宽度,反映出它们在资源中的生态适应范围较窄,对环境资源的利用能力较弱。

生态位重叠被认为是群落物种多样性与群落结构的决定因素之一(李菁等,2011),生态位宽度能较好地反映出植物种群的竞争重叠状况。群落中大多数种群间的生态位重叠较小,有 48.09%的种对之间不存在生态位重叠,说明群落保持着一定的稳定性。较大的生态位重叠表明种群间对环境资源具有相似的生态需求,就有可能产生资源利用性竞争,种间竞争激烈(胡正华等,2009),如灰背杨-玉山竹种对与云南箭竹-冰川茶藨子种对;Pianka 指数显示生态位宽度较小的物种之间也可能有较大生态位重叠,这与生态位较小的种群对环境的适应力与资源需求存在较大差别及立地条件有关(李菁等,2011),本研究群落内部有较多的岩石裸露,坡度较大,地形较为复杂,造成物种分布的斑块性与环境资源较高的空间异质性,常常使物种有较高的聚集度,导致有较小生态位宽度的物种出现生态位重叠较高的现象(高俊香等,2010)。云南红豆杉与群落中其他物种的生态位重叠值相对较低,反映出云南红豆杉在群落中与其他物种之间存在较小资源利用性竞争,在群落中保持一定的稳定性,其中与丽江铁杉的生态位重叠值最大,其次是云南箭竹,前者由于是群落乔木层的优势物种,后者则为灌木层的优势物种,生态位宽度与物种间生态位重叠具有密切关系(苏志尧等,2003),生态位宽度较大的树种之间的生态位重叠机会也较大。

群落中正值的联结系数反映出两个物种对环境差异有相似的反应,负值则反映物种间对所需的环境条件不同或是一个种存在对另一个种不利而产生排斥,成熟群落中物种间应存在较强的正关联,从而物种间可以稳定地共存(胡理乐等,2003),而群落中负联结的种对要多于正联结的种对,这主要是由于生境地遭到一定的破坏,群落中出现了许多喜光物种,从而与群落中的优势种产生资源性竞争,在异质环境中,负的联结可以反映不同种群对环境条件不同部分的适应和反映(康冰等,2006)。云南红豆杉与其他种群之间表现出无联结,说明其天然种群与其他植物种群之间存在较小的资源利用竞争,这与生态位重叠的研究结果较为相似。种间联结性分析与生态位分析结果基本一致,生态位重叠值较大的物种之间有较高的正联结,群落主要种群之间的联结系数与之对应的生态位重叠有显著的正相关,总体表现为种间正联结性越强,其生态位重叠越大,种间负联结性越强,其生态位重叠值越小,这一观点在其他研究中也得到论证(史作民等,1999;2001;李帅锋等,2011)。

针对云南红豆杉群落物种的生态位与种间联结进行研究,结果表明,两种方法的研究结论有较大的相似性,同时互为补充,从种间关系上为云南红豆杉野生资源保护与人工种植伴生树种的选择提供借鉴。首先,在加强对云南红豆杉个体保护的同时,对群落及其生境的保护同样重要,尤其是群落中的优势物种,群落生境受到人为干扰或其他干扰时,容易改变群落内的水热条件,从而使群落结构与物种组成发生变化,改变物种之间的相互关系。其次,为促进云南红豆杉天然更新,应对群落进行适度干扰,前期研究表明云南红豆杉种群数量的维持,需对群落进行适度干扰(苏建荣等,2005c),云南红豆杉幼苗幼树阶段喜湿喜光,在光照充足的林窗或林缘生长良好(苏建荣等,2005b),对云南红豆杉有负面作用的物种应给予适当人为干扰,如昆明实心竹是群落下层的主要灌木物种,常呈聚集状成片在群落中生长,造成林下光照不足,与云南红豆杉有较大的生态位重叠,有此类现象的物种还有冰川茶藨子、玉山竹与红泡刺藤等,尤其是红泡刺藤群落遭受一定干扰后在林窗内成片生长,易与云南红豆杉存在共同的资源利用性竞争,这些物种常常阻碍云南红豆杉的天然更新。

第六节 云南红豆杉种子形态与种胚休眠特性

云南红豆杉又名紫金杉、紫杉,被国际松杉类专家组(CSG)确定为 3 级渐危种,也是国家一级保护植物(苏建荣等,2005b)。云南红豆杉还是一种重要的药用植物,富含天然抗癌药物紫杉醇(taxol)(Cragg et al., 1993)，被广泛用于云南、四川、重庆、西藏等地的药用原料林基地建设(苏建荣等，2009；2005a)。红豆杉植物种子在自然条件下需两冬一夏才能萌发，萌发率很低(程广有等，2004；黄儒珠等，2002；张志权和陈志明，2000；美国农业部林务局，1984)。为缩短种子萌发时间，提高萌发率，规模化培育原料林和保育所需优质实生苗，国内外学者围绕红豆杉种子生物学、生理生态学、种苗培育方面开展了大量的研究，但在种皮透水性的强弱是否为萌发的主要障碍(张艳杰等，2010；王卫斌和王达明，2006；张志权和陈志明，2000；赵盛军，1996)；胚乳对种胚萌发是抑制作用还是促进作用(臧新等，2006；赵沛基等，2003)；新采收种子离体胚培养的萌发率是高(82%)还是低(8.5%)(杨玲等，2011；王兵益等，2009；赵沛基等，2003)这3个关键问题上仍未形成一致的观点和结论。

种子休眠(seed dormancy)是指在一定的时间内，具有活力的种子在任何正常的物理环境因子组合下不能萌发的现象(Finch-Savage and Leubner-Metzger, 2006；Baskin and Baskin, 2004)。Baskin 和 Baskin(2004, 2008)依据物种的成熟新鲜种子在持续4周的最佳萌发条件下萌发与否作为划分种子休眠与否的时间界限，并结合种子的其他特性划分出生理休眠(physiological dormancy, PD)、形态休眠(morphological dormancy, MD)、形态生理休眠(morphophysiological dormancy, MPD)、物理休眠(physical dormancy, PY)和复合休眠(combinational dormancy, PY+PD)5种类型。PD广泛存在于裸子植物和大多数被子植物的种子中，主要以离体胚能否正常生长，萌发是否需要释放休眠的预处理确定并划分亚类；MD种子的胚已分化，但种胚小、发育不完全，胚生长至足够体积后就能萌发；MPD的种子具有未发育完全和生理休眠的胚；PY则是由种皮或者果皮的不透水引起；PY+PD的种皮(果皮)不透水，而且胚具有生理休眠(付婷婷等，2009)。红豆杉种子的休眠机制迄今仍不清楚，快速解除休眠的技术也尚未发现(张雪梅等，2012；程广有等，2004)，而澄清种胚的萌发特性、种皮透水性等争议较大的问题是深入研究种子休眠类型与机制，以及开发休眠解除技术提高发芽率的重要基础。

本研究以新采收的云南红豆杉种子为对象，通过对种子的形态特征、种胚大小与萌发的关系、种皮透水性及离体胚萌发特性等方面的研究，探讨种皮的透水特性、胚乳对离体胚萌发的影响及离体胚培养萌发率变异巨大的成因，为揭示云南红豆杉的休眠机制及休眠解除机制累积基础数据，同时为推动种群恢复和实生苗的规模化培育提供科学依据。

一、材料与方法

(一) 材料

试验所用云南红豆杉种子采自中国林业科学研究院资源昆虫研究所景东试验站栽培的同一种源。采样地海拔1200m，位于100°18′ E、23°52′ N。该区属亚热带季风气候，年平均气温(18.3±0.5)℃，极端最高温(37±1.5)℃，极端最低温(−2±1)℃；年平均降水量(1100±50)mm，多集中于7~8月；年平均日照天数(205±5)天；年均太阳辐射总量(131.7±2.5)kcal[①]/cm^2。2013年12月5日采摘假种皮变红的种子用于试验。

---

① 1cal=4.19J，下同。

采种后带回实验室立即用水浸泡并搓洗除去假种皮,将洗净的种子阴干后备用。经国家标准《林木种子检验规程》(GB 2772—1999)(国家标准总局,2000)TTC 法测定,种子生活力为 78%。

(二) 方法

1. 试验种子抽样方法

各试验均采用《林木种子检验规程》(GB 2772—1999)(国家标准总局,2000)四分法按所需用量从 2000 粒左右种子中随机抽取各项试验种子。

2. 种子和种胚的形态与大小

观察种子与胚的形态,测量种子大小、千粒重、胚大小,称量种皮、种仁、胚质量。种子大小以长轴、横径和纵径表示,随机抽取 30 粒种子,3 次重复,用精确到 0.01mm 的游标卡尺测量。云南红豆杉种子外观近似椭球体,因此根据椭球体的计算公式计算种子体积。胚形态用 VHX-1000 超景深三维显微镜观察与测量,随机抽取 30 粒种子,3 次重复。由于种胚形状呈酒瓶形,上半部近似圆锥体,下半部近似圆柱体,采用圆锥和圆柱体积公式计算种胚的体积。种子千粒重按《林木种子检验规程》(GB 2772—1999)(国家标准总局,2000)测定。种皮、种仁、胚的质量为鲜重,随机取 30 粒种子,3 次重复,用解剖刀将种子分离成种皮和种仁(包括胚乳、胚)两部分,再分别用电子天平称量;用解剖刀沿种仁中线切除部分胚乳后用解剖针挑出完整的种胚,取 10 粒种胚用电子天平称量,重复 20 次。

3. 种子的含水量

由于红豆杉种子较坚硬,所以先将种皮夹破,再置于(103±2)℃的恒温干燥箱中烘 17h,然后取出在干燥器中冷却至室温。每次取约 3g 种子,3 次重复。用烘干前后的质量差值除以干重计算种子含水量(宋松泉等,2005)。

4. 种子透水性的测定

实验设完整种子、夹破种子、酸蚀 40min 种子、酸蚀 20min 种子 4 个处理,其中夹破处理为切去约 1/10 的种皮,酸蚀所用试剂为 98%的浓硫酸。取完整种子、夹破种子各 30 粒分别称质量,然后放入烧杯中,加蒸馏水浸泡,在室温条件下吸胀。另取酸蚀 20min 种子和酸蚀 40min 种子各 30 粒分别称质量,先流水冲洗 24h,再继续浸泡水中。流水冲洗每 2h 称量 1 次,24h 之后每 6h 称量 1 次,36h 后每 12h 称量 1 次,直至恒重(尚旭岚等,2011)。4 个处理,每个处理 3 次重复,以浸种前后的质量差除以浸种前质量计算种子吸水率。

5. 不同大小种子的离体胚培养

随机抽取 150 粒种子,用 0.01mm 的游标卡尺测量种子的长轴、横径和纵径,计算体积。作频率分布图,对种子大小进行分组。然后进行萌发试验,每组随机取 40 颗,重复 3 次,去外种皮,经 70%乙醇和 0.1%氯化汞常规表面消毒后,在无菌条件下切除种皮和部分胚乳后接种于 MS 基本培养基上。培养基的 pH 为 5.8，添加 3%蔗糖、0.8%琼脂。培养温度控制在(25±1)℃，每天光照 16h，光照度为 2000lx(赵沛基等，2003)。接种时间为 2013 年 12 月 19 日。离体胚萌发是指具有子叶和胚轴的胚，每天观察记录种子的萌发情况，作动态曲线图。发芽率(G_p)为发芽总数除以培养总数，发芽指数(G_i)为在时间 t 日的发芽数除以相应的发芽日数的总和。

6. 带全胚乳和带部分胚乳胚的培养

用带全胚乳及带 1/3、1/2、2/3 胚乳和不带胚乳的胚进行离体培养，每组处理 40 颗，重复 3 次。去外种皮，经 70%乙醇和 0.1%氯化汞常规表面消毒后，在无菌条件下切除种皮和 1/3、1/2、2/3、全部胚乳。将 5 个处理的种子分别接种于 MS 培养基上。培养方法同上，接种时间是 2013 年 12 月 24 日。按前述离体胚萌发标准，记录种子萌发日进程，绘制动态曲线。计算发芽率(G_p)和发芽指数(G_i)。

7. 数据统计与分析

采用 SPSS 18.0 处理数据，计算种子与种胚各性状之间的相关系数；用单因素方差分析，检验不同的种皮处理对种子吸水的差异性和不同种胚大小的萌发率、发芽指数间的差异性，并进行 LSD 多重比较。

二、种胚的形态与大小

(一) 种胚的主要性状特征

云南红豆杉种子倒卵形，少数三棱形(图 3-22)，种子有鲜红色杯状肉质假种皮包于种子下半部，顶端有小突尖，基部圆形。种子由种皮、胚及胚乳三部分组成(图 3-23)。种皮坚硬，褐色，平滑，在高倍显微镜下可见密布排列整齐的小椭圆形突起，包括外、中、内种皮。胚呈酒瓶形，白色，光滑(图 3-24)。胚乳淡黄色，油质。

倒卵形正面　　　　倒卵形俯视　　　　三棱形正面　　　　三棱形俯视

图3-22　云南红豆杉种子形态

云南红豆杉种子特征数据见表 3-23。种子平均千粒重为 72.934g、平均含水率为 32.000%；种子的长轴长、横径长和纵径长分别是 6.905mm、4.876mm 和 4.403mm；平均每粒种子的种皮重、种仁重和种胚重为 0.045g、0.036g 和 0.008g，分别占单粒种子质量的 50.56%、40.45%和 8.99%。

(二) 种胚性状的相关性分析

云南红豆杉种胚性状之间的相关分析(表 3-24)表明，种子的千粒重与种皮重、种

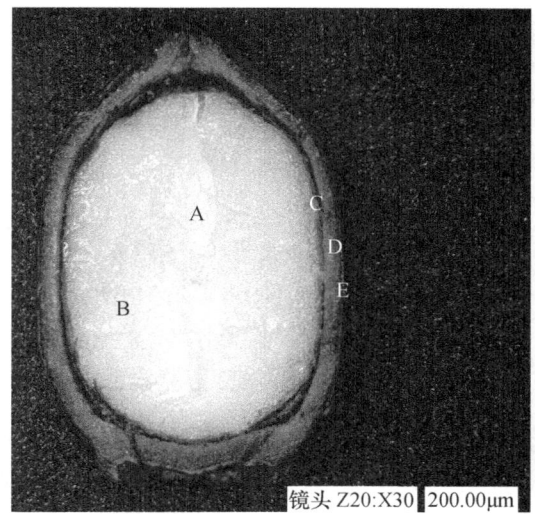 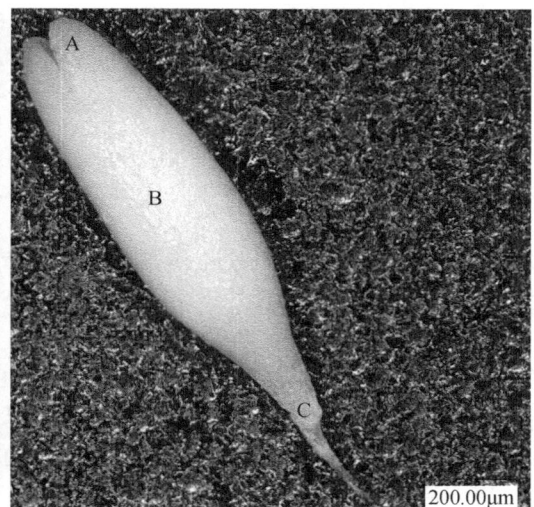

图3-23 云南红豆杉种子纵切面 　　　　　图3-24 云南红豆杉种胚形态
A. 胚；B. 胚乳；C. 内种皮；D. 中种皮；E. 外种皮　　　A. 子叶；B. 胚轴；C. 胚根

表3-23 云南红豆杉种胚性状

指标	平均值±标准差	最小值	最大值
千粒重/g	72.934±1.429	—	—
种皮重/g	0.045±0.008	0.026	0.057
种仁重/g	0.036±0.006	0.024	0.049
种胚重/g	0.008±0.002	0.005	0.011
种子长轴/mm	6.905±0.436	6.02	7.92
种子横径/mm	4.876±0.240	4.27	5.46
种子纵径/mm	4.403±0.332	3.78	5.25
种胚长/mm	2.437±0.238	1.817	3.233
含水量/%	32.000±1.250	—	—

注：种皮、种仁为单个质量，种胚为10个质量。

表3-24 云南红豆杉种胚性状相关性分析

指标	千粒重	种皮重	种仁重	种胚重	种子长轴	种子横径	种子纵径	种胚长	含水量
千粒重	1.000								
种皮重	0.859*	1.000							
种仁重	0.709	0.236*	1.000						
种胚重	0.701	0.202	0.404	1.000					
种子长轴	0.619	0.092	0.202	0.304	1.000				
种子横径	0.150	0.168	0.114	0.174	0.631**	1.000			
种子纵径	0.645	0.279	0.296*	0.190	0.773**	0.681**	1.000		
种胚长	0.769*	0.085	0.262	0.174	0.865**	0.546**	0.725**	1.000	
含水量	0.450	0.483	0.178	0.102	0.575	0.902	0.925	0.296	1.000

*. $P<0.05$；**. $P<0.01$。

胚长，种皮重与种仁重，种仁重与种子纵径长之间存在显著的相关性($P<0.05$)；种子的长轴长分别与种子的横径长、种子纵径长和种胚长存在极显著正相关($P<0.01$)；种子的横径长与种子纵径长和种胚长也呈极显著正相关($P<0.01$)；种子纵径长与种胚长的相关性也达到极显著($P<0.01$)。

(三) 种胚的大小分布

云南红豆杉种子和种胚体积大小呈明显的正态分布(图 3-25)。种子的体积大小为 $51.658\sim109.649mm^3$，全距 57.991，以 11.598 为组距可将种子分成特小、小、中等、大、特大 5 个组，对应的体积范围分别为 $51.658\sim63.256mm^3$、$63.257\sim74.854mm^3$、$74.855\sim86.452mm^3$、$86.453\sim98.050mm^3$ 和 $98.051\sim109.649mm^3$。云南红豆杉种胚的体积分布范围为 $0.156\sim1.012mm^3$，按体积大小可分为特小、小、中等、大、特大 5 个组，体积范围分别为 $0.156\sim0.327mm^3$、$0.328\sim0.498mm^3$、$0.499\sim0.669mm^3$、$0.670\sim0.840mm^3$ 和 $0.841\sim1.012mm^3$。

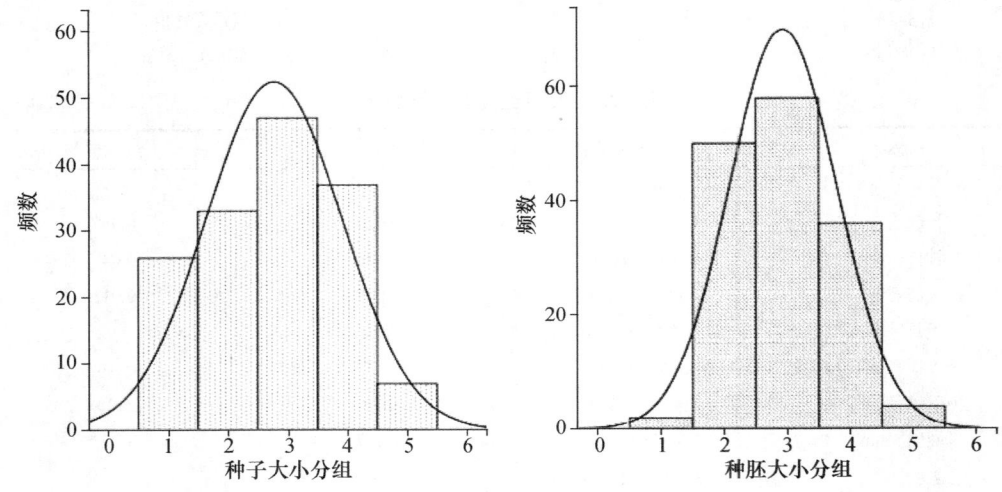

图3-25　种子与种胚大小的频数分布图

散点图(图 3-26)显示种子与种胚的体积之间存在明显的线性相关关系。进一步分析表明，云南红豆杉种胚的体积与种子的体积之间的回归方程为 $y=0.0972+0.063x$ ($r^2=0.657$，$P<0.001$)。种胚体积大小变异的 65.7%可用种子体积的大小来解释，因此生产上可用种子的大小来判断种胚的大小。云南红豆杉种胚与种子体积大小的比值($E:S$)为 0.074。

三、种皮透水性

在整个实验过程中，完整种子的吸水率明显低于破裂种皮、酸蚀 40min、酸蚀 20min 的处理种子的吸水率，但随着浸泡时间的增加吸水率的差异逐渐缩小(图 3-27)。

从吸水速度看，完整种子的吸水速度最慢；而破裂种子与酸蚀种子吸水速度在 18h 内基本一致，快速吸水，18h 后酸蚀 20min 种子的吸水速度稍慢于破裂种子和酸蚀 40min

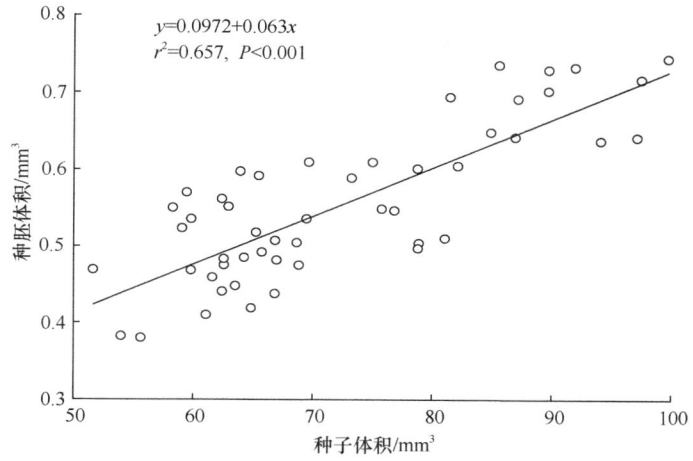

图3-26 种子-种胚体积散点图

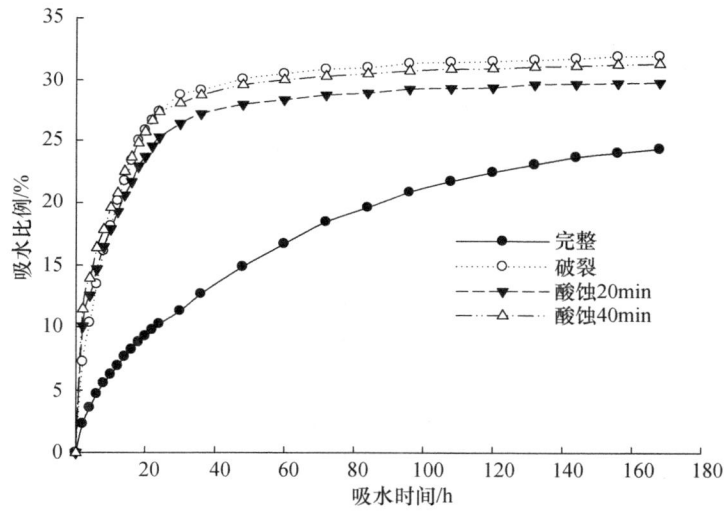

图3-27 不同处理云南红豆杉种子的吸水动态

种子。酸蚀40min种子率先达到20%的吸水率,只需10h,其次破裂种子需12h,酸蚀20min种子需14h,而完整种子最慢,达到20%吸水率需要87h。到第30h时,破裂种子的吸水率为28.7%,酸蚀20min为26.3%,酸蚀40min为28.0%,之后破裂种子与酸蚀种子的吸水量逐渐趋于饱和,而完整种子仍保持较快的吸水趋势。破裂种子与酸蚀种子在48h后达到饱和含水量,吸水率在28%左右;完整种子含水量达到饱和需要144h,吸水率为23.7%。

方差分析表明,不同的时间处理($P<0.001$)与种皮处理($P<0.001$)对云南红豆杉种子的吸水率都有极显著影响。对不同种皮处理间的LSD多重比较表明,完整种子的含水率与破裂种子、酸蚀40min、酸蚀20min处理种子的含水率差异达极显著水平($P<0.001$);而后三者种子含水率的差异则不显著。所以,在培育实生苗过程中可采用98%的浓硫酸处理种子20min,以增加种皮的透水性和种子含水量,提高种子萌发率。

四、种子大小对种胚萌发的影响

试验将不同大小的种子接种在 MS 培养上,培养 12 天左右可以明显观察到部分种胚生长出 2 片绿色子叶,同时胚轴伸长(图3-28)。

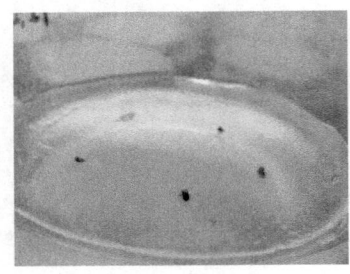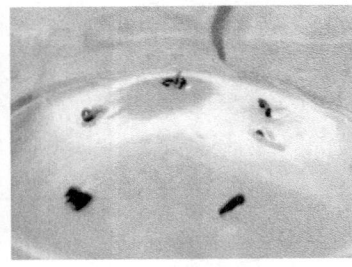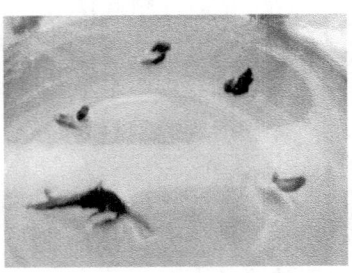

图3-28 云南红豆杉种子的离体培养

云南红豆杉离体胚培养的萌发进程(图 3-29)表明,不同大小种子的萌发趋势较为一致,初期萌发率有随时间增加快速增长的特点。特大、大和中等大小种子的离体胚最先开始萌发,小种子和特小种子开始萌发的时间稍晚。离体培养到12~18 天,大量种胚同时萌发,萌发率较高,萌发率增长速度较快。随时间的推移,每天种胚的新增萌发量减少,萌发速度开始减慢。在接种之后的 23 天左右就观测不到种子萌发现象,种胚萌发基本停止,萌发率也不再增加。

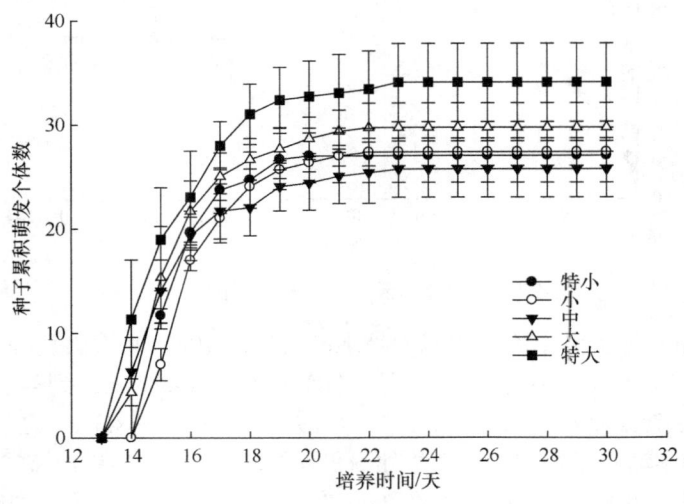

图3-29 不同大小种子萌发动态

云南红豆杉离体胚的平均萌发率和发芽指数随种子体积的增大而增加(图 3-30)。离体胚的萌发率为 54%~75.1%,特大种子的萌发率为 75.1%,大、中、小和特小种子的萌发率分别为 68%、61%、58.83%和 54%。方差分析表明,不同大小种子离体胚的萌发率(G_p)和发芽指数(G_i)的差异均达到显著水平(F_{G_p} = 4.194>$F_{0.05}$=3.480;F_{G_i} = 4.260>$F_{0.05}$=3.480)。LSD 检验表明:特大种子的萌发率显著高于特小种子($P<0.001$),

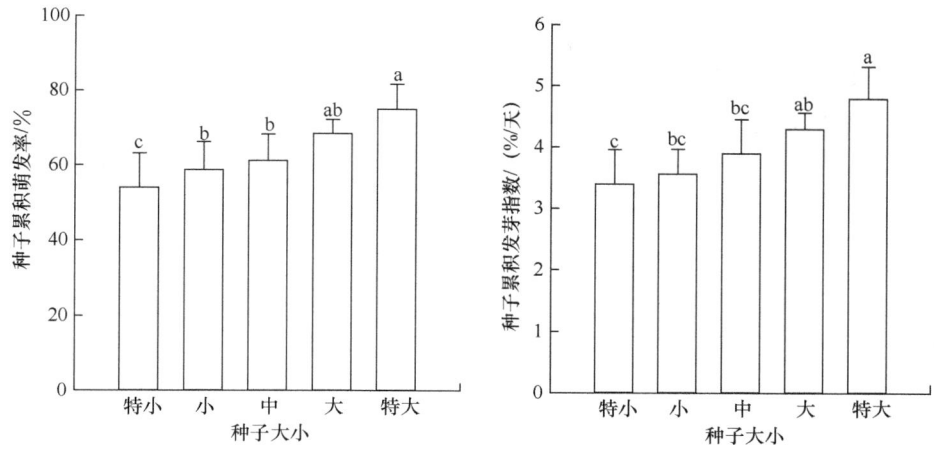

图3-30 不同大小种子萌发率与发芽指数

显著高于小种子和中种子($P<0.05$);大种子的萌发率显著高于特小种子($P<0.05$);其余种子之间差异不显著。可见,在离体胚培养过程中,选择个大、饱满的种子,尤其是选用体积在 $98mm^3$ 以上的特大种子可显著提高胚的萌发率。该结果也说明,在实生苗培育的制种环节中应考虑对种子进行分级,以提高种子的萌发率,降低育苗成本。

五、胚乳对种胚萌发的影响

在云南红豆杉离体胚培养中,种胚所带胚乳的多少对胚萌发率的影响十分明显(图3-31 和图 3-32),带全胚乳和带 1/3、1/2、2/3 胚乳、不带胚乳胚的萌发进程均不理想,每个处理的初始萌发时间差别很大,较早(不带胚乳)于 18 天开始萌发,较晚(全胚乳)甚至没有萌发的迹象,由于本研究仅观察到 35 天,故不排除 35 天后仍有种子再萌发的情况。

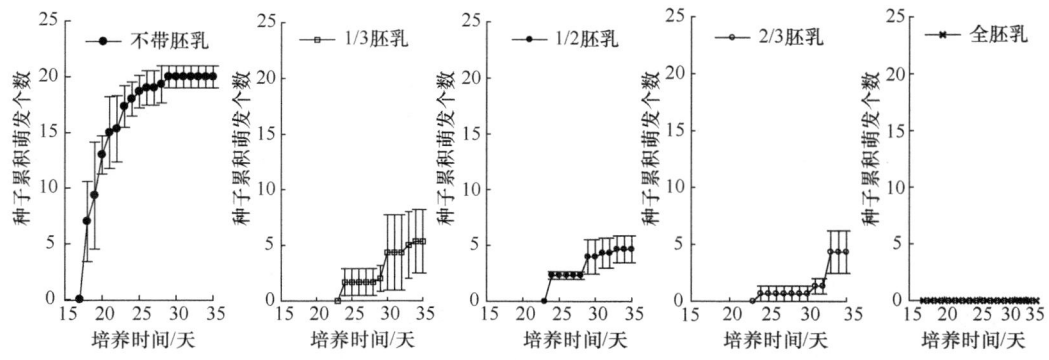

图3-31 种胚带不同大小胚乳萌发动态

在研究期限内,不带胚乳胚的萌发率(41.3%)最高,带部分胚乳的萌发率在 9.7%~13.3%,全胚乳胚萌发率最低为 0%。方差分析表明,离体胚培养过程中,胚带胚乳的多少对萌发率(G_p)和发芽指数(G_i)的影响达极显著水平(F_{G_p}=16.629＞$F_{0.01}$=5.99，P＜0.01；F_{G_i}=32.397＞$F_{0.01}$=5.99，P＜0.01)。LSD 多重比较(图 3-32)进一步表明，不带胚乳胚的萌发率高于带 1/3 胚乳胚、带 1/2 胚乳胚、带 2/3 胚乳胚和全胚乳胚，且萌发率和萌发指数的差异达极显著水平；带 1/3 胚乳胚显著高于全胚乳胚；其余种子之间差异不显著。

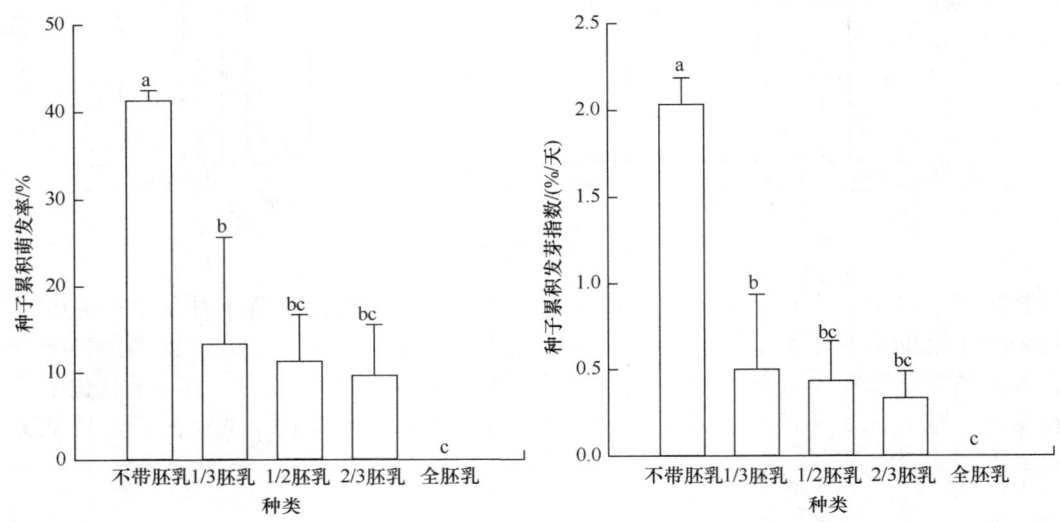

图3-32　种胚带不同大小胚乳萌发率与发芽指数

六、小结与讨论

(一) 云南红豆杉离体胚萌发率的影响因素

云南红豆杉的离体胚培养采用 MS 培养基时，种胚萌发率的差异很大，赵沛基等(2003)测定的萌发率高达 82%，王兵益等(2009)测定的萌发率为 70%，而杨玲等(2011)测定的萌发率仅有 8.5%。这些研究均以新鲜、成熟(以假种皮变红为标志)的种子为试验材料，培养方法基本一致。种子和胚的体积大小很可能是其离体胚培养萌发率差异较大的成因之一。云南红豆杉新采收种子和种胚的体积分别在 51.658~109.649mm³ 和 0.156~1.012mm³，变异幅度较大。种子大小对离体胚的萌发率影响显著，特大种子(体积 98.051~109.649 mm³)的萌发率高达 80%，而特小种子(体积 51.658~63.256mm³)的萌发率仅有 44%。云南红豆杉种子的体积与种胚的体积之间存在显著的正相关，可以认为胚的大小也是影响离体胚萌发率的因素。以往的研究，忽视了种子、胚的大小对离体胚萌发率的影响，这可能是导致云南红豆杉离体胚培养种胚萌发率差异巨大的重要因素。在今后的研究中，应加强种子的大小对萌发率影响及其与种子成熟度关系的探索，并在实生苗木培育过程中对种子进行分级处理。

本研究所用云南红豆杉种子采于 2013 年 12 月 5 日，同月 19 日接种第一批离体胚，24 日接种第二批离体胚。第一批接种的带部分胚乳离体胚的萌发率为 44%~80%，而第二批带部分胚乳离体胚的萌发率仅为 9.7%~13.3%。结果显示，用新采收云南红豆杉种子进行离体胚培养时，接种时间的早晚对种胚萌发率也有较大的影响，有研究报道鲜种在采后一周发芽率可达 90%(王卫斌和王达明，2006)。然而，先前的研究尚未认识到离体胚或种子的新鲜程度(种子采集后到接种或播种的时间长短)对种胚萌发率的影响。可见，种胚的新鲜程度也是导致云南红豆杉离体胚萌发率波动的重要因素。关于云南红豆杉的离体胚培养、种子萌发及休眠机制的研究，既要注意培育条件的相同，又要重视试验材料的一致性，深入探讨试验材料的差异性在揭示红豆杉休眠机制和突破红豆杉快速解除休眠技术方面具有重要的价值，应给予充分重视。

(二) 云南红豆杉的休眠类型及其成因

如前所述，Baskin 和 Baskin(2004，2008)将种子休眠分为生理休眠(PD)、形态休眠(MD)、形态生理休眠(MPD)、物理休眠(PY)和复合休眠(PY+PD)5 种类型。本研究中，带全胚乳的种胚在 35 天试验期的萌发率为 0%，按照 Baskin 和 Baskin(2004，2008)的标准，该物种具有休眠特性。解剖发现，试验用种都已分化完全，可明显观察到种皮、胚乳及胚的胚根、胚轴、子叶等组织，且云南红豆杉新采收种子的离体胚在12~18 天能够正常生长，其他研究也未发现种子储藏过程中胚结构的明显变化(王兵益等，2009)，因此云南红豆杉种子的休眠不属于形态休眠类型。完整种子的吸水率虽然比破裂种子、酸蚀 40min、酸蚀 20min 处理种子的吸水率低，但浸泡 144h 后，前者的吸水率仅比后三类的处理低 5%左右。这与赵盛军(1996)认为云南红豆杉种皮透水性较好的结论一致，所以云南红豆杉种子的休眠也不属于物理休眠。对比有胚乳和没有胚乳的离体胚的萌发结果发现，胚乳是影响离体胚萌发的重要因素，可推断，云南红豆杉种子的休眠属于 Baskin 休眠分类体系(Baskin and Baskin，2008)中的中度生理休眠类型。

导致生理休眠的原因很多，但是离体胚培养中种胚带胚乳的多少和种子的新鲜程度对云南红豆杉离体胚萌发的影响值得深入研究。不带胚乳离体胚的萌发率显著高于带胚乳离体胚的萌发率，这与赵沛基等(2003)的研究结论相反。产生这一矛盾的原因可能是试验用种新鲜程度的影响。以往研究都假定种子采集到接种的时间不影响种子的萌发率，均未注明种子的采集时间和胚的接种时间。但研究结果表明，离体胚培养过程中所用种子的新鲜程度严重影响胚的萌发率。目前，普遍认为种子中的抑制物是导致红豆杉休眠的主要原因(张雪梅等，2012；张艳杰等，2007；黄儒珠等，2006；张志权和陈志明，2000；朱含德和刘蔚秋，1999；高红兵和吴榜华，1998；Le Page-Degivry，1977)。通过研究云南红豆杉种子中抑制物含量与种子新鲜程度的关系，胚乳中抑制物含量对萌发率的影响，可以解释产生上述矛盾的成因，这是今后云南红豆杉休眠研究的重点和方向。

第七节　云南红豆杉实生苗与扦插苗的生长特性

在植物的干物质组成中，各种元素超过了 60 种，其中最为常见且量较大的有 10 多种，主要包括 N、P、Mg、K、S 等。N 是蛋白质的主要成分，细胞中和各种酶大多都以 N 为主体。此外，核酸、磷酸和叶绿素中也含有。所以，N 在植物生命中占有重要地位，是植物的生命元素。P 是细胞质和细胞核的组成成分，P 是糖生成磷酸酯的必需成分，光合作用和呼吸作用的代谢都涉及糖的磷酸酯。此外，核苷酸的衍生物：ATP、ADP 等是各种代谢必不可少的。所以，没有 P，植物的全部代谢活动都不能正常进行。K 可促进蛋白质、碳水化合物的合成，K 也促进碳水化合物的运输，K 可使原生质的水合程度增加，细胞保水能力增加。由于植物对 N、P、K 的需要量大，且土壤中通常缺乏这 3 种元素，所以在农业生产中需要经常补充这 3 种元素。因此，N、P、K 被称为肥料三要素，一般的化肥也要标明这 3 种元素的含量。近年来，关于 N、P、K 对植物的生长和代谢的研究较多。李乃伟等(2008)通过施肥对曼地亚红豆杉的影响研究发现，不同的 N、P、K 施用水平对曼地亚红豆杉盆栽苗和田间栽培苗的生长量、枝叶产量和紫杉醇含量均有显著影响，影响效应从大至小依次为 N、P、K；而且同等施肥条件下，田间生长的曼地亚红豆杉的生长量、枝叶产量和紫杉醇含量显著高于盆栽生长。Johnson 等(2001)通过研究 N 对热带牧草草料产量的影响发现，增施一定量的氮肥可以增加草料的产量，但超过一定量之后产量将不再增加。同时，Loeppky 和 Coulman(2002)对氮肥对牧场雀麦草种子的影响研究发现，使用足够的氮肥(不小于 100 kg/hm^2)可以显著增加其种子的产量。李枫等(2009)通过研究龙须菜的施肥配比发现，低氮高磷和高氮低磷均比低氮低磷更能促进龙须菜的生长，这也说明了生态因子的部分补偿性的特征；但相对于前三者对龙须菜生长的促进而言，高氮高磷对其生长和生物量的促进作用更大。Seguin 等(2001)研究发现高浓度的氮肥可以显著促进库那河三叶草的生长和生物量的积累，同时也可以促进其根瘤菌的嫁接活性。邢军会(2003)研究发现，喜树株高的相对生长率与供氮水平呈显著正相关，其地径的相对生长率随着供氮水平的增加而增长。Puri 和 Swamy(2001)通过研究 N、P 和水分对印楝生长和生物量的影响发现，N 可以显著促进其生物量的增加，但施用 P 对其生物量的增长作用不大；而且营养元素对印楝的效用会随着营养元素供给的增加而下降。AbdelGadir 等(2003)对不同 K 梯度下马铃薯的生长品质进行了研究，结果表明，在大多数情况下对马铃薯施肥量及所含 N、P、K 都没有精确的测度，对其所使用的钾肥的量大多都超过其需求，进而影响到其品质。施用不同梯度的 N 会对长春花、红景天和喜树的次生代谢产生不同的影响，N 过多或过少都会影响到其次生代谢物的积累量(孙世芹，2005；王洋等，2003；邢军会，2003)。同时，不同的氮元素形态也会对植物次生代谢物的含量产生不同的影响(李霞等，2005)。

目前看来，红豆杉的次生代谢物可能是作为一种防御机制而存在，但更确切的结论目前还没有相关报道。所以有必要对红豆杉与各种生态因子间的关系做一些细致的研究。张宗勤等(2006)对中国红豆杉叶面施肥的研究表明：叶面施肥对枝条长度、分枝数变化有显著影响。李延群(2005)对南方红豆杉 1 年生实生苗进行根外追肥，试验结果表明：根外追肥对苗木的高、径生长均有明显的促进作用，根外施肥不但能促进红豆杉速生丰产，而且可以缓解红豆杉苗 6~7 月的生长暂停状态。金国庆等(2007)对 2 年生红豆杉幼林生长的影响研究表明，在土壤肥力中下，N、P 及有机质含量稍低的情况下，N、P、K 适当配比施肥能显著促进南方红豆杉生长，但过量施肥，则会抑制其生长。郭祥泉等(2000)通过南方红豆杉当年生实生容器苗不同生长期和施肥措施下生物量和养分含量分析表明，苗木生长后期施肥能较大程度地提高生物量和根冠比，能明显促进 N、Ca 的积累，并促进微量元素在全株中的积累。李乃伟等(2008)做了不同浓度梯度的 N、P、K 水平下曼地亚红豆杉幼苗生物量和紫杉醇含量指标变化的研究。结果发现，在 N、P、K 施用量分别为 400mg/L、66mg/L 和 200mg/L 时，最有利于其生物量的增加；在 N、P、K 施用量分别为 200mg/L、66mg/L 和 133mg/L 时，最有利于紫杉醇含量的增加。

除了营养元素外，光照也是影响植物生长的重要环境因素。近年来，由于臭氧层衰减，导致投射到地球表面紫外辐射中的 UV-B 辐射增强，UV-B 对植物的生长、发育、生理生态效应及次生代谢产物的影响已引起广泛关注。Brzezińska 等(2006)研究了欧洲红豆杉(*Taxus bacatta* Ericoides)对 UV-B 辐射的光合响应。李双明等(2007)通过紫外辐射对东北红豆杉紫杉醇及三尖杉宁碱的影响的研究表明，254nm、365nm 两种波长的紫外线都能使紫杉醇及三尖杉宁碱的含量增加，其中，365nm 的辐射对其促进作用更大。芦站根等(2003)从光强对膜代谢和保护方面的研究表明，一层遮阴(50%)提高了曼地亚红豆杉消除活性氧的能力，并确定了它在研究区种植的最适光环境。孙佳音等(2007)做了遮阴对南方红豆杉光合作用及生活史影响的研究。杨逢建等(2007)就光强对南方红豆杉影响的研究发现，随着光胁迫时间的增加，其紫杉醇含量出现先减少后增加的趋势。

光环境的不同会为不同种类的植物利用光能提供不同的条件，也会带来不同的胁迫效应，进而会影响其生长和生理活动。李霞等(2005)研究发现，轻度遮阴比全光照更有利于黄檗生物量的积累，但是过度遮阴也会影响到其幼苗的生长。张瑞华和徐坤(2008)研究发现，光质对生姜的生长有显著影响，红光和绿光比白光和蓝光更有利于促进生姜株高的增长；蓝光较其他处理更有利于茎粗的增加；而白光和红光更有利于干生物量的积累。沈红香等(2007)通过不同光质对郁金香生长和开花影响的研究发现，蓝光比其他光质处理对株高的促进作用大，但是光质处理后的地径却明显低于全光照处理后的地径。

一、材料与方法

(一) 试验地概况

研究在中国林业科学研究院资源昆虫研究所景东试验站完成。景东试验站海拔 1200m，位于 100°21′~101°15′E，23°56′~24°50′N，无量山、哀牢山两山环绕。该区属于亚热带季风气候，年平均气温(18.3±0.5)℃，极端最高温(37±1.5)℃，极端最低温(−2±1)℃；年平均降水量(1100±50)mm，多集中于 7~8 月；年平均日照天数(205±5)天；年均太阳辐射总量(131.7±2.5)kcal/cm^2。

(二) 试验材料与方法

1. 营养元素处理

供试苗木为同一种源的 2 年生云南红豆杉种子苗，苗木来源为云南省林业科学院苗圃基地。试验在中国林业科学研究院资源昆虫研究所景东试验站的大棚内进行,采用盆栽沙培方法进行 N、P、K 营养处理。2008 年 11 月 15 日选取大小、生长状况基本一致、根系健全且生长表现健康的苗木,将苗木栽于高 27cm,上口直径 24cm,下口直径 22cm,且底部密封(为防止营养液的流失)的塑料桶中,每盆装入河沙 15kg,盆上沿空出 2cm,以便浇水和营养液,每桶栽入苗木一株。栽培基质为河沙,装入前先用 1%的高锰酸钾溶液浸泡 24h 进行消毒,然后再将河沙冲洗干净。栽培前先将苗木底部根系的泥沙处理干净,保留幼苗的 2/3 以上的根系。栽好苗木后用喷壶将苗木根部河沙喷湿,有利于苗木的存活。缓苗 3 天后开始浇施营养液,营养液在上午的 9:00~11:00,下午的 4:00~5:00 浇施。每次每桶浇营养液 300mL,每 10 天浇一次,浇水量根据季节的变化及苗木的实际情况灵活掌握,不主张定时定量。大棚内冬季最低温度 4℃,相对湿度 85%以上,夏季最高温度 41℃,相对湿度 80%以上,光量子密度 300~700μmol/($m^2·s$),平均每天日照时间不低于 11h。在处理 120 天后开始测量光合指标。

为了控制较精确的养分密度,本试验苗木养分来自营养液,营养液根据 MS 营养液和改良的霍格兰氏营养液配方及结合本试验实际改进而来,营养液配方如下:KNO_3,5mmol/L;NH_4NO_3,1mmol/L;KH_2PO_4,1mmol/L;$MgSO_4·7H_2O$,1.55mmol/L;$CaCl_2·2H_2O$,3mmol/L;H_3BO_3,0.1mmol/L;$MnSO_4·4H_2O$,0.1mmol/L;$ZnSO_4·7H_2O$,0.03mmol/L;$Na_2·EDTA$,0.1mmol/L;$FeSO_4·7H_2O$,0.1mmol/L。全营养液 pH 为 6.8。

不同的 N 浓度处理,分 5 个梯度:2mmol/L、4mmol/L、8mmol/L、16mmol/L、32mmol/L;各个处理除 N 浓度不同外,其他元素都相同。不同的 P 浓度处理,分 5 个梯度:0.5mmol/L、0.75mmol/L、1mmol/L、1.25mmol/L、1.5mmol/L;各个处理除 P 浓度不同外,其他元素也都相同。不同的 K 浓度处理,分 5 个梯度:1.5mmol/L、3mmol/L、4.5mmol/L、6mmol/L、7.5mmol/L;各个处理除 K 浓度不同外,其他元素都相同。各个处理通过调整 KCl、NH_4NO_3 和 KH_2PO_4 以形成浓度梯度。P 1mmol/L 和 K 6mmol/L 即为全营养液,形成各个梯度后营养液的 pH 在 6.4~7.2。

2. 光照处理

供试苗木为同一种源的 2 年生云南红豆杉种子苗,苗木来源为云南省林业科学研究院苗圃基地。试验开始于 2008 年 11 月 11 日,结束时间为 2009 年 11 月 15 日。2008 年 11 月 15 日选取大小、生长状况基本一致、根系健全且生长表现健康的苗木,将苗木栽于高 23.5cm,直径 21.5cm,底部有 4 个直径为 1cm 洞的塑料盆中。栽培所用基质比例:河沙:深层无菌土:森林腐殖土=2:5:3,栽培时每盆放入 30g 复合肥,肥料大量元素比例:氮 46.3%,磷 14.2%,钾 7.8%。栽培前先用 50%的多菌灵喷雾和敌克松粉末对栽培基质进行消毒,然后再用绿地丛清对放置苗木的试验地面进行喷洒杀虫。待苗木稳定生长 7 天后,进行光照处理,光质处理采用滤光膜处理,分别遮以黄色、红色和蓝色的滤光膜,用 Li-6400 便携式光合系统仪配置的光量子探头测定其光膜下光量子密度,测量从早上 8:00~下午 7:00,每隔 1 个小时测量 1 次,持续测量 3 天,最后换算出其光强。其相对光强分别为全光照的(55.36±5.82)%、(28.41±4.63)%和(5.10±2.17)%。苗木上部分别用红色、蓝色和黄色滤光膜进行三面遮盖,将完全背光的一面敞开,以便保证试验环境条件与外界保持基本一致,并根据季节调整滤光膜的角度,以确保每天苗木所受的光照时间不低于10h，同时设置全光照的苗木进行对比比较。

光强试验从2009年3月开始进行，在2010年3月结束。光强处理采用遮阴网和渔网处理，分别设置33.4%、54.6%、74.9%、90.1% 4个遮阴度梯度，同时设置全光照进行对比。33.4%遮阴度的设置用网眼直径为2cm的双层渔网折叠来实现，其余的遮阴梯度均采用市场上出售的遮阴网来设置。遮阴度的测定采用与确定滤光膜光强完全相同的方法，最后通过换算得出确切的遮阴度。遮阴也采用三面遮盖，将完全背光的一面敞开，以便保证试验的环境条件与外界保持基本一致，并根据季节调整遮阴网的角度，以确保每天苗木所受的光照时间不低于10 h。

3. 指标测定方法

随机选取实生苗和扦插苗各5株，测量株高、地径、冠幅、枝条总体分枝和根、茎、叶器官的生物量干重及根冠比、相对生长率。株高、地径和冠幅每30天测定一次，枝条总数及分枝率、生物量和根冠比每60天测定一次，相对生长率计算年际的相对生长率。试验共进行360天。

用卷尺测量株高，用游标卡尺测量距基质2.5cm处幼苗主干的直径作为地径，用卷尺分别测定树冠的长轴和短轴，用椭圆面积公式计算树冠冠幅(陈波等，2002)。

按Strahler法(Thomas，1976)确定枝序，即由外及内，外第一层的第一小枝为第一级枝，两个第一级枝相遇即为第二级枝，以此类推。统计各级小枝数，用 $R_b=(N_T-N_S)/(N_T-N_1)$ 计算总体分枝率(R_b)(式中，N_T 为所有枝级中枝条的总数，N_1 为最高枝级的枝条数，N_S 为第一级的枝条总数)。

试验开始后随机从每个处理中分别抽取5个植株样本测定株高、地径、冠幅和进行生物量烘干称量，最后将所得数据代入公式：RGR =$(\ln W_2-\ln W_1)(t_2-t_1)$ (式中，RGR 为相对生长速率；W_1 为植株在 t_1 天的数值；W_2 为植株在 t_2 天的数值；t_2-t_1 为两次测量植株质量的间隔天数)，计算所得即为植株从种植日(2008年11月15日)到采样日(2009年11月15日)的相对生长速率。光强处理从2009年3月到采样日2010年3月。

4. 光合测定

光合测量在2009年6月初进行，分别确定各个处理及对照标准株3~5株。测定用叶片选取植株中上部的功能叶，每次测量时均放入4个叶片，每次测定5组。用坐标纸测量叶面积。光响应曲线在上午9：00~11：00时测定。用红蓝光源叶室测量 2000μmol/(m²·s)、1500μmol/(m²·s)、1200μmol/(m²·s)、1000μmol/(m²·s)、800μmol/(m²·s)、600μmol/(m²·s)、400μmol/(m²·s)、300μmol/(m²·s)、200μmol/(m²·s)、150μmol/(m²·s)、100μmol/(m²·s)、50μmol/(m²·s) 和 0μmol/(m²·s) 光强下的光合指标。测量前，在1500μmol/(m²·s)光强下诱导15min。测定采用设定光强梯度后自动测量的方法，每个值的稳定时间为2min。测定时，空气流速400mmol/s，设定叶温20℃，平均温度(24.5±2)℃，外界 CO_2 浓度(C_a)(394±14)μmol/mol。

5. 数据处理与分析

采用非直角双曲线模型(Thornley，1976)拟合扦插苗和实生苗的光响应曲线：

$$K \times P^2 - P(AQY + P_{max}) + AQY \times P_{max} \times PAR = 0 \quad (3\text{-}1)$$

式中，K 为双曲线的曲率 $(0 \leqslant K \leqslant 1)$；$P$ 为光合速率 $[\mu mol/(m^2 \cdot s)]$；AQY 为表观量子效率；PAR 为光合有效辐射 $[\mu mol/(m^2 \cdot s)]$；P_{max} 为最大净光合速率 $[\mu mol/(m^2 \cdot s)]$。

$$P_n = AQY \times PAR - R_d \quad (3\text{-}2)$$

式中，P_n 为净光合速率 $[\mu mol/(m^2 \cdot s)]$；R_d 为暗呼吸速率 $[\mu mol/(m^2 \cdot s)]$。当 $P_n = 0$ 时，所得值为光合作用的光补偿点 $[LCP, \mu mol/(m^2 \cdot s)]$。

由式(3-1)和式(3-2)得到光响应曲线的理论模型：

$$P_n = \frac{AQYPAR + P_{max} - \sqrt{(AQYPAR + P_{max})^2 - 4kAQYPAR + P_{max}}}{2k} - R_d \quad (3\text{-}3)$$

用式(3-3)拟合测定数据，并求出实生苗、扦插苗光响应曲线的特征参数。用 $200\mu mol/(m^2 \cdot s)$ 以下的线性方程[式(3-2)]与直线 $Y = P_{max}$ (P_{max} 由非直角双曲线模型计算得出)交点对应的 x 轴上的数值即为近光饱和点 $[LSP, \mu mol/(m^2 \cdot s)]$。

数据分析和作图采用 SPSS 16.0 统计分析软件和 Excel 2007 完成。

二、营养元素对云南红豆杉生长的影响

(一) 营养元素对云南红豆杉生长及树形的影响

1. 氮元素对云南红豆杉生长及树形的影响

从图 3-33 可以看出，在前 120 天中各个处理的株高除 N2(2mmol/L N 浓度)处理外，无显著差异。而且在处理的前 120 天内各个处理的生长速度较慢。这主要是这段期间(11 月到翌年的 3 月)，试验地的光照、温度和水分条件不适合云南红豆杉的生长。同时也可以看出，各个处理均在 150 天的时候出现了拐点，各个处理主要也是在 150 天后生长出现了显著差异。150 天时是 4 月前后，这时期不论是外界的环境因子还是植物本身的生理生长周期，都有利于其株高的增长，所以在这个时期各个处理的生长开始出现差异。除 N16 处理外，其他处理在 240 天的时候株高出现了交叉变化，在这个时期

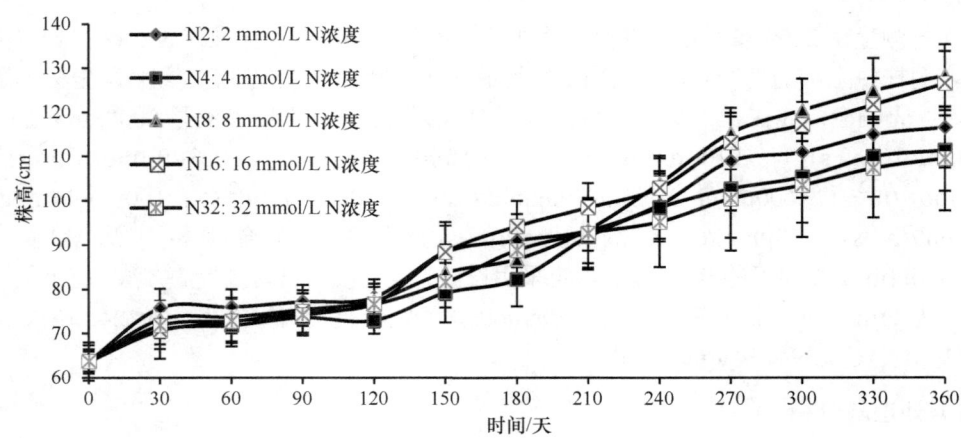

图3-33 氮元素对云南红豆杉株高的影响

N32 株高的增长率开始低于其他处理，其株高的增长曲线也开始处于所有处理的最下方。240 天时是 7 月前后，这个时期的外界环境因子非常有利于植物生长，所以在这个时期各个处理株高的生长出现明显的分化。同时，从这个时期开始，N8 处理的株高增长率开始显著高于其他处理，并且在 270 天的时候超过了 N16 处理，处于所有处理曲线的最上方。240~270 天正处于试验地的雨季，这时候的外界环境特点是湿度非常大，光照强度大，温度也很高。所以，由此可以看出，N8 处理对雨季的适应能力要强于其他几个 N 处理。综合来看，在 360 天之后，各个处理株高的排序为 N8>N16>N2>N4>N32。

从图 3-34 可以看出，N4 处理在开始阶段地径的增长在所有处理中最快。但是在 30 天之后其增长速度开始趋于平缓。这说明 N4 处理云南红豆杉对前期环境的变化而适应改变的能力较强。在 180 天的时候，N8 和 N16 的增长速度开始变快，并且在 210 天之后其曲线处于所有处理的最上方。180~240 天是 5~7 月，试验地进入雨季，所以外界环境变化开始变得相对稳定。所以可以看出，N8 和 N16 处理地径的生长对雨季的适应能力较强。总体看来，各个处理在前 210 天增长速度有明显差异，但在 240 天之后差异开始变小，尤其在 330~360 天，N32 处理和 N2 处理的地径无显著差异。纵观所有处理地径 360 天的变化可以看出，在 360 天之后，地径最大的是 N8 处理，最小的是 N32 和 N2 处理。

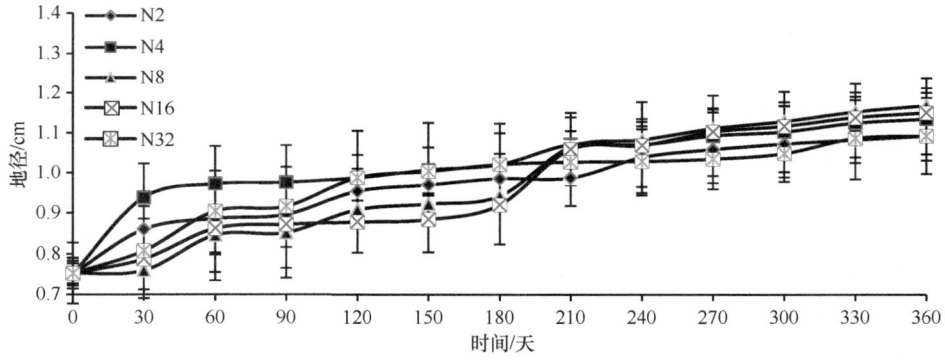

图3-34 氮元素对云南红豆杉地径的影响

从图 3-35 可以看出，各个处理在 90 天之内冠幅的增长速度无显著差异，但在 90 天之后各个处理冠幅的增长速度开始出现显著差异。这是由于这个时期是 11 月到翌年的 1 月中旬，正好处于冬季，外界环境并不适合云南红豆杉冠幅的生长。N8 处理在 90~180 天其冠幅在所有处理中达到最大。这时期基本处于春季，这说明 N8 处理冠幅生长的活力较强。同时，不同的处理分别在 180 天和 210 天出现拐点，在 180 天之后，N16 处理成为所有处理中冠幅最大的；在 210 天后 N16 和 N8 处理成为冠幅增长速度最快的两个处理。这说明，各个处理在 5 月和 6 月的时候冠幅的生长速度开始变快，这也基本符合云南红豆杉生长的物候节律。可见，N 处理并不能改变云南红豆杉的物候节律，使用氮肥只能促进或延缓云南红豆杉生长的物候节律。纵观各个处理冠幅全年的变化可以看出，N16 处理和 N8 处理的冠幅显著大于其他处理，N4 处理的冠幅显著小于其他处理，N32 和 N2 处理之间无显著差异。

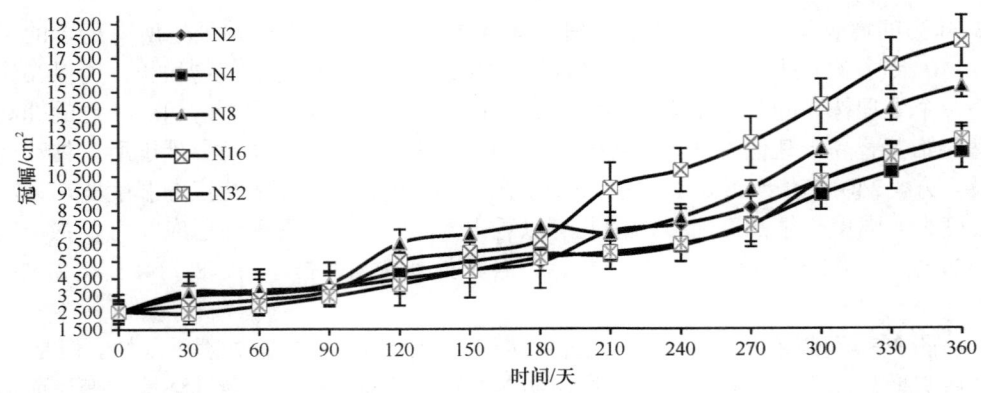

图3-35　氮元素对云南红豆杉冠幅的影响

2. 磷元素对云南红豆杉生长及树形的影响

从图 3-36 可以反映出，在处理的前 120 天内，各个处理株高的增长速度都比较慢。这主要是这期间是 11 月到翌年 3 月，试验地的光照、温度和水分条件不适合云南红豆杉的生长。但在 120 天后，大多数处理的生长速度开始变快。这是由于春季的来临使得云南红豆杉的细胞活力和分生组织的活力开始变得活跃，其生长速度也开始变快。同时，在 P 处理的前 150 天内，各个处理之间株高的增长速度并没有显著差异。这个时期是 11 月中旬到翌年的 4 月中旬，是试验地的冬季到春季，冬季并不适合云南红豆杉的生长，所以其生长速度较慢，在 3~4 月，物候节律使得各个处理的生长速度均开始变快，所以各个处理间生长仍无显著差异。真正的拐点出现在 210 天前后，在这个时期各个处理株高的增长速度出现了明显差异，同时，在这个时期一直处于株高最大值的 P1.25 处理开始被超越。P0.5 处理从此时一直到试验结束成为株高增长最快的处理。这可能是由于不同的处理对不同时期的环境因子的需求和适应的不同导致差异的不同。在 360 天试验结束时，各个 P 处理株高大小顺序为 P0.5＞P1＞P1.25＞P0.75＞P1.5。

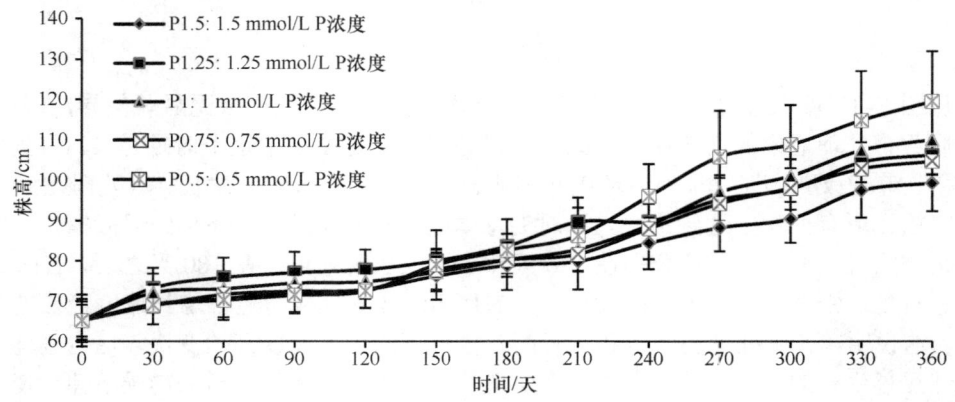

图3-36　磷元素对云南红豆杉株高的影响

从图 3-37 可以看出，各个处理之间地径的增长基本存在显著差异。在各个处理中，P1 处理地径的波动范围最大。P0.75 处理地径的增长从一开就保持领先，除了在 120~180

天被 P1 超越外，直到试验结束时，其仍然是地径最大的处理。120~180 天是 3~5 月，这说明这期间 P1 处理的云南红豆杉对这段时期的物候环境适应能力较强。综合看来，通过 360 天的 P 处理可以发现，P0.75 的地径生长情况最好，其次是 P0.5，地径生长最低的是 P1.5 处理。

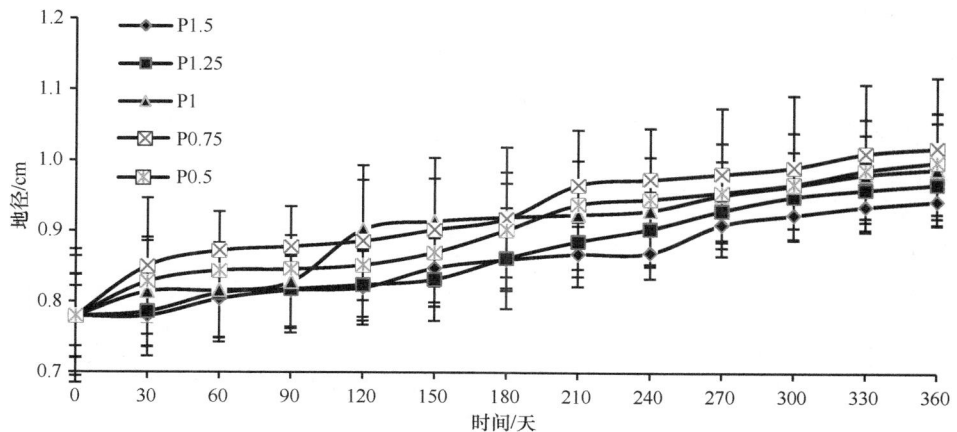

图3-37　磷元素对云南红豆杉地径的影响

从图 3-38 可以看出，大约在 100 天之前，P1 处理的冠幅在各个处理中是最大的，但在 100 天一直到试验结束，P0.5 处理的冠幅最大。100 天前后是 11 月中旬到翌年的 2 月下旬，这段时间理论上并不是云南红豆杉的最佳生长阶段。这说明 P1 处理的云南红豆杉冠幅的生长对相对恶劣环境的适应较强。同时，在 180 天以后，除 P0.5 处理外，各个处理的冠幅的增长速度没有显著差异。

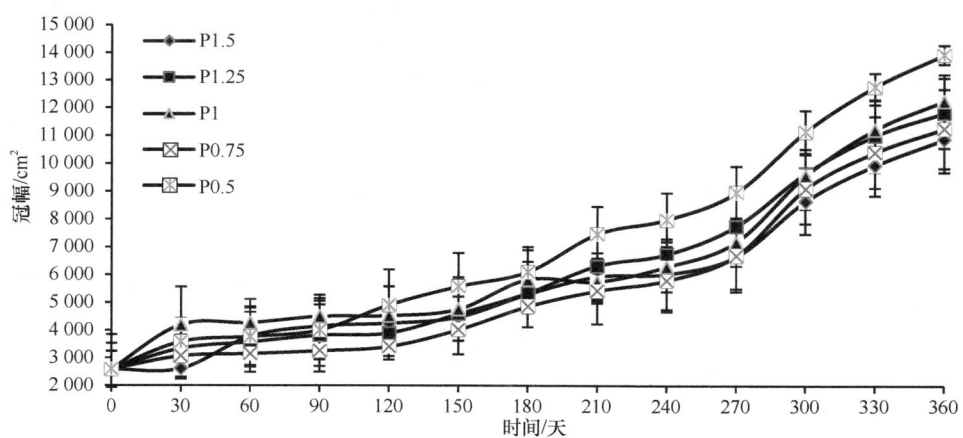

图3-38　磷元素对云南红豆杉冠幅的影响

3. 钾元素对云南红豆杉生长及树形的影响

从图 3-39 可以看出，在 K 处理的 120 天内，各个处理的生长速度非常慢，而且各个处理之间没有显著差异。这主要是该期间是 11 月到翌年的 3 月，试验地的光照、温度和水分条件不适合云南红豆杉的生长。120天出现第一个拐点,这是由于春季的来临使得云南红豆杉的细胞活力和分生组织的活力开始变得活跃,其生长速度也开始变快。但在这期间各个处理之间株高的增长并没有显著差异,这主要是由于所有处理在这个时期都处于一个高速生长的时期。另一个拐点出现在180天前后,在180天之后,各个处理株高的生长出现显著差异。其中,K6处理和K3处理的株高生长最快,其值也最大。这是由于除了持续施K的作用外,180天时是5月前后,这期间正好是试验地的干季向雨季的过渡阶段,外界的温度较高,湿度变化较大,光照变化也较大。所以这时外界的各种环境因子会对不同处理产生不同的影响。因此,反映在株高的生长方面会出现不同的差异。

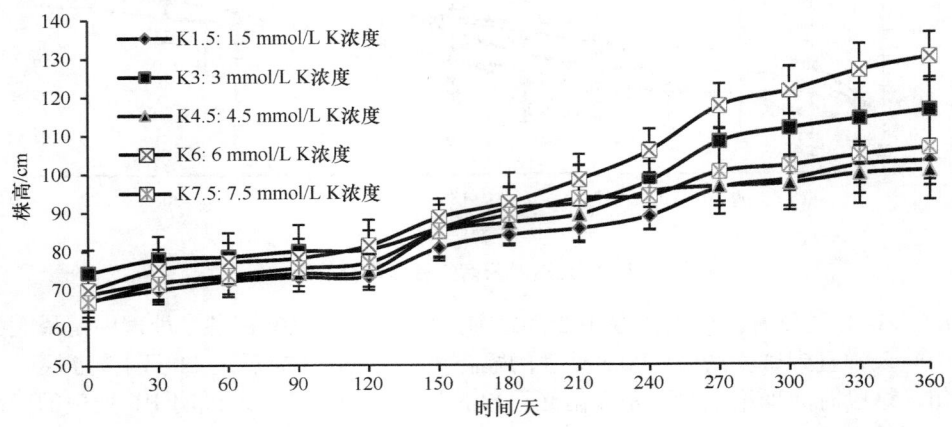

图3-39 钾元素对云南红豆杉株高的影响

从图3-40可以看出,除K6处理外其他的K处理30~60天后地径生长速度开始显著加快。这说明K对植株茎枝生长的促进作用比较快。但总体来看,K处理下的各个梯度处理的地径生长速度曲线比较平缓,各个处理之间的差异较小,210天后K1.5处理和K3处理之间无显著差异。比较各个梯度可以看出,在试验结束时地径最大的是K4.5,最小的是K6。

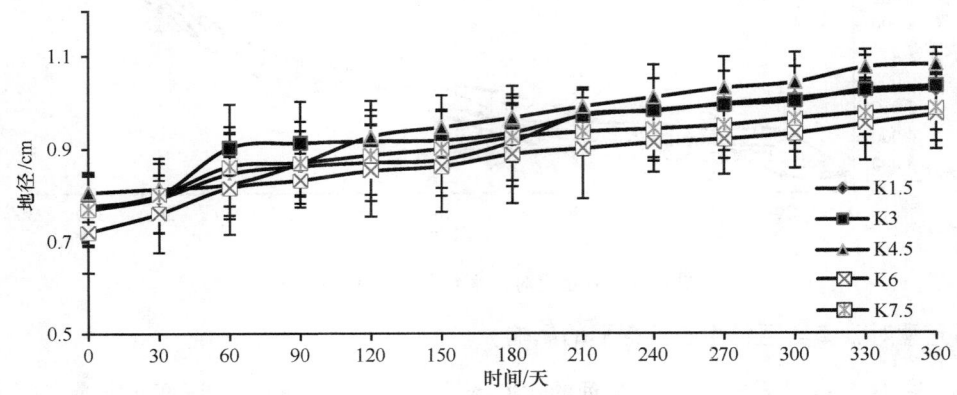

图3-40 钾元素对云南红豆杉地径的影响

从图 3-41 可以看出，各个 K 处理之间冠幅的生长在 210 天之内无显著差异。拐点出现在 210 天前后，210 天时即试验地的 7 月，也是当地的雨季。这个时候的光、水、热条件比较适合植物的生长。在处理 210 天之后各个梯度的冠幅的生长基本开始出现明显差异。冠幅生长速度也开始明显加快。综合比较看来，在试验结束时，K3 处理和 K1.5 处理之间无显著差异；冠幅最大的是 K6 处理，最小的是 K4.5 处理。

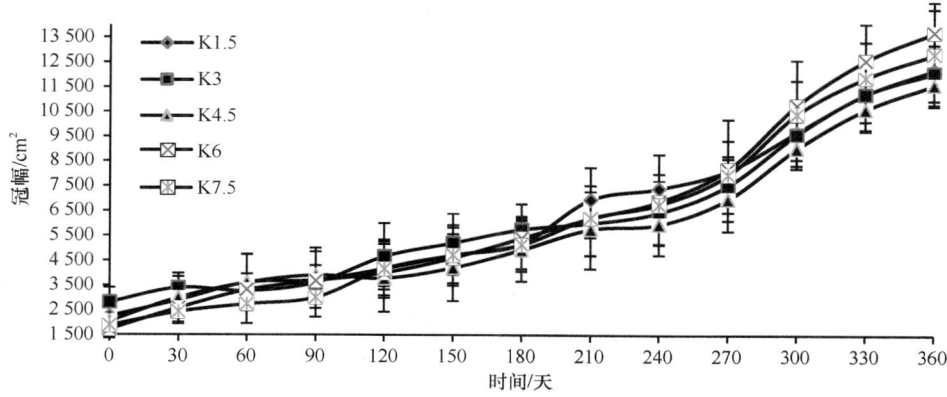

图3-41　钾元素对云南红豆杉冠幅的影响

(二) 营养元素对云南红豆杉生长率的影响

从表 3-25 可以看出，各个 N 处理的枝条总数的相对生长率以 N8 处理的最大，但是 N8 处理和 N4、N16 处理之间无显著差异，说明这 3 个处理的枝条总数生长相互之间差

表3-25　不同营养处理的相对生长率

指标	枝条总数/个	总生物量/g	株高/cm	地径/mm	冠幅/mm
N2	479.43±161.57a	418.68±55.33a	196.02±16.05a	121.50±41.75a	558.80±79.31a
N4	563.78±159.96b	497.11±35.62b	203.75±28.07a	123.16±21.25a	523.55±84.89a
N8	576.92±138.33b	528.33±15.57b	256.54±32.47b	174.08±10.45b	654.15±166.96b
N16	557.54±164.77b	441.75±127.92a	259.22±21.08b	172.99±35.86b	755.19±129.73c
N32	503.36±126.13c	389.20±76.60a	193.02±43.68a	139.80±24.05a	693.71±70.77b
P0.5	438.08±214.35c	420.73±97.64c	235.92±71.12b	79.98±17.83a	605.06±94.90a
P0.75	500.95±112.53a	365.36±73.34a	180.09±27.48a	75.66±54.70a	581.26±108.49c
P1	518.00±103.63b	399.73±74.13a	169.44±32.44a	80.01±18.56a	464.29±142.42b
P1.25	494.93±100.09a	293.08±95.37b	163.57±33.09a	100.11±42.62b	611.21±110.20a
P1.5	465.51±117.20a	347.00±48.86a	157.26±51.57a	89.25±23.76a	657.63±151.53a
K1.5	454.01±118.59a	269.11±99.01a	152.63±15.59a	104.92±28.73a	638.40±115.01a
K3	444..12±147.74a	376.13±80.93b	160.18±27.05a	103.29±26.30a	533.76±68.43b
K4.5	420.01±147.13a	334.74±46.46c	136.88±22.64a	105.95±16.66a	647.90±131.86a
K6	551.66±105.69b	399.73±74.13b	223.08±39.16b	110.89±34.37a	749.67±52.79c
K7.5	445.93±187.27a	359.62±48.51b	165.88±53.12a	90.47±44.44b	695.71±75.08d

注：所有数值为平均值±标准差(n=5)。同列具有相同字母标记表示无显著差异($P>0.05$)。

异较小,但是却显著大于 N2 处理和 N32 处理。从 N2 到 N32 的 5 个处理来看,枝条总数的相对增长率呈现出随着 N 浓度的增加而先增加后减少的趋势。同样的趋势也出现在 5 个梯度 N 处理的总生物量上,但与枝条总数不同的是,5 个梯度中 N4 和 N8 处理总生物量的相对生长率显著大于其他处理。这说明 N8 处理对云南红豆杉总生物量的促进作用最大。从株高的相对生长率来看,最大的是 N16 处理,其次是 N8 处理,这两个处理株高的相对生长率显著大于其他 N 处理,但二者之间无显著差异。不同 N 处理地径的相对生长率也出现同样的结果。从冠幅来看,相对生长率最大的是 N16 处理,且显著大于其他处理,其次是 N32 和 N8 处理。综合来看,各个指标相对生长率最好的是 N8 处理,其次是 N16 处理,所以这可以为以后云南红豆杉的施肥提供一点理论参考。

从表 3-25 可以看出,各个 P 处理枝条总数和总生物量相对生长率最大的是 P1 处理,即全营养液处理。而且枝条总数和总生物量相对生长率也出现随着 P 浓度的增加而出现先增加后减少的趋势。从株高来看,相对生长率最大的是 P0.5 处理,最小的是 P1.5 处理,这可能是高浓度的 P 对云南红豆杉的株高有一定的抑制作用。从地径来看,相对生长率最大的是 P1.25 处理,其次是 P1.5 处理,这说明高浓度的 P 对云南红豆杉的地径生长有促进作用。从冠幅的相对生长率来看,P0.5、P1.25 和 P1.5 3 个处理显著大于其他处理,且这 3 个处理间无显著差异。

从表 3-25 可以看出,各个 K 处理各个指标的相对生长率最大的均是 K6 处理,这说明低浓度的 K 或者高浓度的 K 对云南红豆杉的生长均会产生不良的影响。同时,也可以看出,地径的相对生长率除了 K7.5 处理外,其他处理之间无显著差异,但 K7.5 处理显著低于其他处理。这说明高浓度的 K 会抑制云南红豆杉地径的生长。K6 处理的株高和冠幅的相对生长率显著大于其他处理,但地径并没有显著大于其他处理,这可以推断出 K6 处理的云南红豆杉的抗倒伏性较差。

(三) 营养元素对云南红豆杉分枝变化的影响

从图 3-42A 可以看出,不同 N 处理的云南红豆杉的分枝率出现交替变化的趋势,但是在 300~360 天都开始变得平缓,这个时间刚好处于 2009 年 9~11 月。这是由于雨季的提前结束,使得试验地的空气湿度降低,温度升高,而且光照也相对加强,因此外界条件变得并不太适合云南红豆杉枝条的生长。同时,在不同 N 处理 60 天之后,所有的 N 处理幼苗均出现分枝率上升的趋势,这是由于营养条件的突然改善,使得一级枝的数量开始突增。与前面(表 3-25)枝条总数的相对增长率相似,在试验结束时分枝率最大的 N 处理是 N8 和 N16 处理,但这二者之间无显著差异。

从图 3-42B 可以看出,与 N 处理一样,不同 P 处理的云南红豆杉幼苗的分枝率也出现在 P 处理 60 天后上升的趋势,其原因可能和不同 N 处理的原因相似。同时也可以看出,P 处理分枝率变化的相对稳定时期比 N 处理提前了 60 天,这可以推断 N 可能会使云南红豆杉幼苗的枝条生长周期延长。

从图 3-42C 可以看出,除 K6 处理外,大部分不同的 K 处理在处理 60 天后分枝率出现先增加后下降的趋势。这与 N 处理和 P 处理相似。K6 处理是全营养液处理,其分枝率一开始就出现了与其他处理不同显著增长的趋势,这说明本次试验选用营养液的配方达到了试验目的。与 P 处理相同,K 处理在 240 天之后分枝率的变化开始变得平缓,这说明 K 和 P 对云南红豆杉枝条生长的促进作用相似。

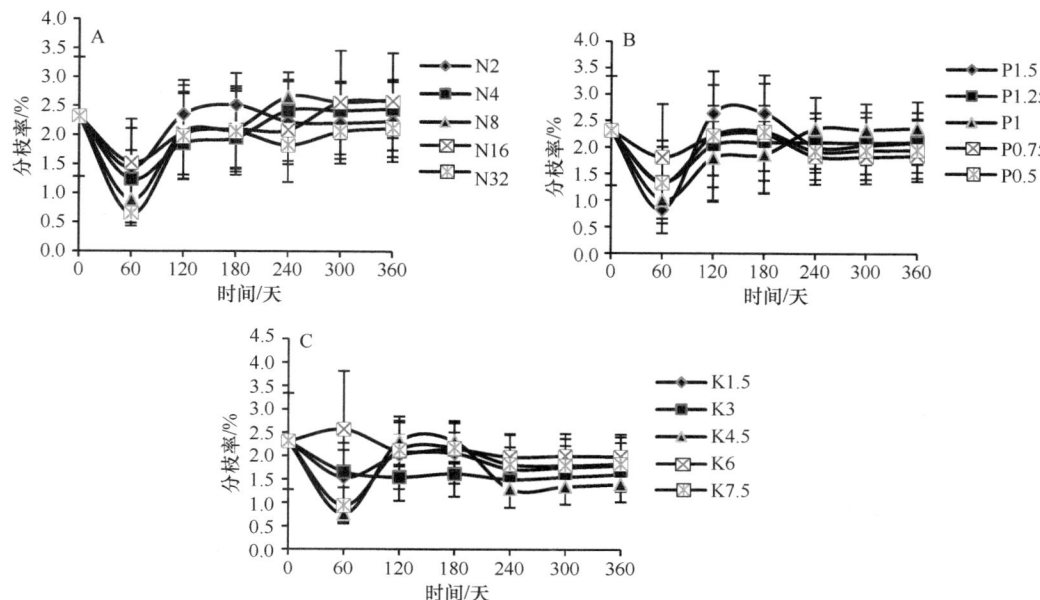

图3-42 不同梯度营养元素对云南红豆杉分枝率的影响

总体来看,大多数的营养元素处理在 120~180 天分枝率有一个显著增加的阶段,这段时间刚好是 3~5 月。在这个时期的云南红豆杉的分蘖现象比较普遍,所以其枝条生长速度和数量也较多,所以导致其分枝率上升。通过本试验也说明施加营养液并不能改变云南红豆杉本身生长的规律性,其作用只会促进或抑制其生长规律性的大小。

三、光照对云南红豆杉生长的影响

(一) 光照对云南红豆杉生长及树形的影响

1. 光质对云南红豆杉生长及树形的影响

从图 3-43 可以看出,各个光质处理下的云南红豆杉幼苗在处理 150 天内株高的生长没有显著变化,曲线总体比较平缓。在 150 天后,即从 4 月开始,各个光质株高的生长速度开始加快。在 180 天后,即 5 月后,各个光质处理的株高出现显著差异。这主要是由于试验地 5 月开始逐渐进入雨季,这时的光、水、温度条件比较有利于植物的生长。综合看来,在试验结束时蓝光处理的株高显著大于其他处理,其次是红光;黄光和自然光处理的株高在试验结束时无显著差异。

从图 3-44 可以看出,蓝光处理的地径在整个试验期间生长速度比较均衡,其地径的生长曲线也比较平缓。同时,自然光和红光处理的地径的生长变化幅度较大,其生长曲线也波动较大。但总体来看,各个处理在 180 天前后,即 5 月,地径的生长速度开始明显加快。其中,红光处理的生长速度最快,其也在 270 天后,及 8 月之后开始成为地径最大的处理,并且显著大于其他处理。黄光和自然光处理之间的地径生长无显著差异。

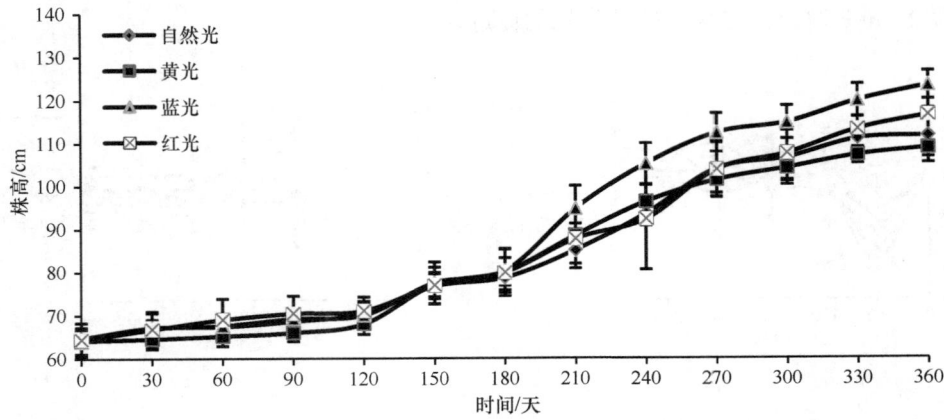

图3-43　光质对云南红豆杉株高的影响

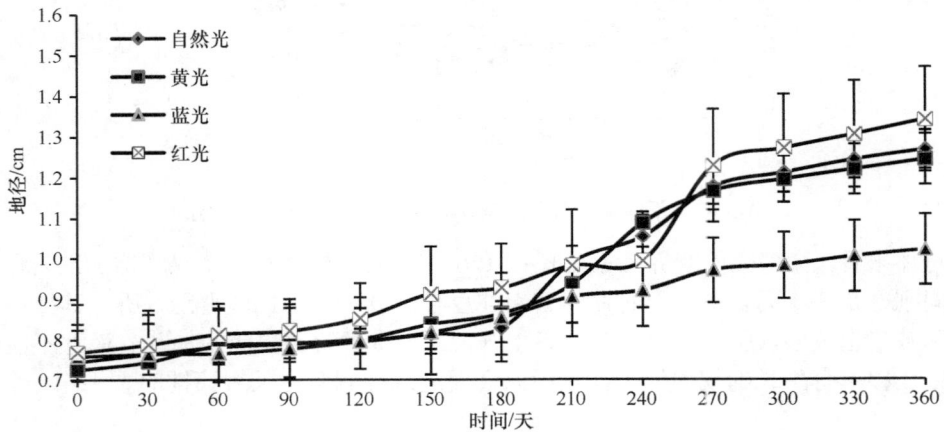

图3-44　光质对云南红豆杉地径的影响

由图 3-45 可以看出，在光质处理的 210 天内，各个处理的冠幅生长速度较慢，但各个处理间存在显著差异。但在 210 天后，即 6 月以后，各个处理冠幅的生长开始加快，并

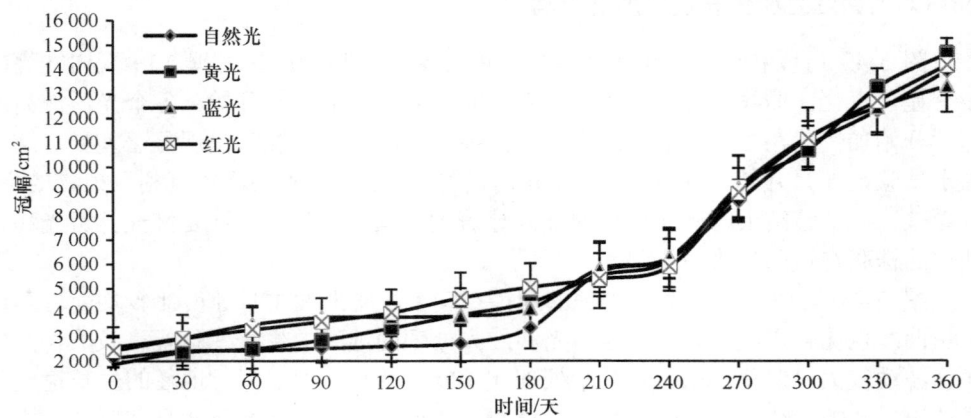

图3-45　光质对云南红豆杉冠幅的影响

且在240天后,即7月以后冠幅的生长开始显著加快。而且在生长加快的同时,各个处理之间冠幅的大小无显著差异。在试验结束时,冠幅最大的处理是黄光,最小的是蓝光。

2. 光强对云南红豆杉生长及树形的影响

从图3-46可以看出,在不同的光强处理的150天内,各个处理株高的生长速度都比较快。但是在150天后,即8月之后各个处理株高的生长速度开始变慢,其增长曲线也开始变得平缓。这主要是由于试验地雨季的提前结束导致光、水和温度条件开始变得相对不适合云南红豆杉株高的生长。同时,在240天开始,即11月开始,90.1%遮阴处理的株高生长速度开始变快,并且在260天前后成为所有光强处理中株高最大的处理。这主要是由于试验地受到云南旱灾的影响,各个处理下的水分条件开始变得并不太适合红豆杉株高的增长,但是90.1%的遮阴度有利于水分的保持和温度的保持,所以比其他处理更有利于株高的生长。同时也可以发现,各个处理的株高均在270天时,即12月的时候生长速度开始变慢,其曲线也开始变得更为平缓。这是由于一方面12月的光照和温度条件并不适合红豆杉株高的生长,另一方面是云南旱灾的开始,使得试验地的水分条件和空气湿度变得不适合云南红豆杉株高的生长。综合来看,各个处理中90.1%和74.9%的遮阴度处理更有利于云南红豆杉株高的生长,33.4%和自然光处理下的云南红豆杉的株高最小,且二者之间无显著差异。因此可以说明,中度遮阴有利于云南红豆杉幼苗株高的生长,自然光和强度遮阴对云南红豆杉株高的生长不利。

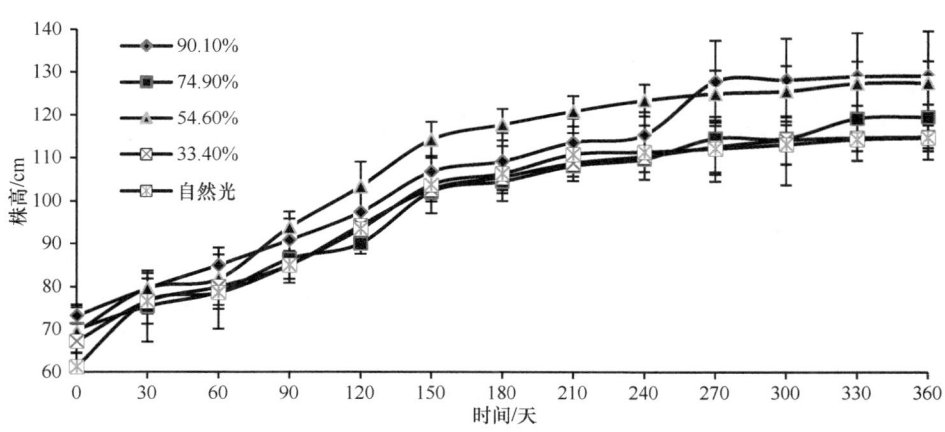

图3-46 光强对云南红豆杉株高的影响

从图3-47可以看出,在不同梯度光强处理的前60天,各个处理地径的生长速度较慢,各个处理间的差异较小。各个处理基本上从60天,即从5月开始地径的生长明显变快,而且在光强处理的130天左右各个处理地径出现明显差异。同时,也可以看出,与光强处理的株高一样,各个处理的地径从150天以后,即8月生长速度开始明显变缓。但是从270天开始,54.6%和74.9%处理生长速度开始变快,并且在试验结束时成为地径显著大于其他处理的两个处理。这可能是由于中度遮阴在干旱条件下更有利于云南红豆杉地径的生长。但总体来看,各个处理在330~360天这段时间内,即2010年2~3月的地径基本停止了生长,这说明各个处理还是受到试验地旱灾的影响。

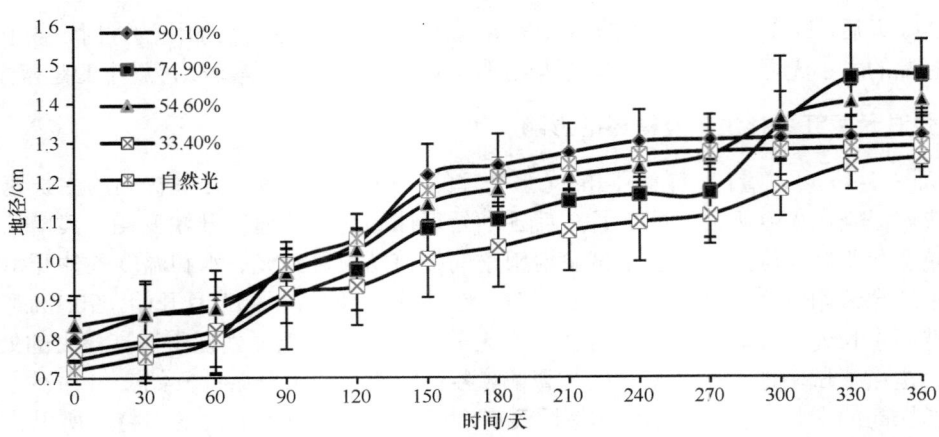

图3-47　光强对云南红豆杉地径的影响

从图3-48可以看出，在不同梯度光强处理的120天内，即3~7月，各个处理冠幅的生长速度较慢，曲线也比较平缓。这主要是由于这段时间是试验地春季到雨季来临的时间，这段时间的外界环境特征是温度较高、湿度较小，所以这段时间并不太适合云南红豆杉冠幅的生长。但从120天之后，即7月之后，各个处理的冠幅生长明显变快。这是由于7月雨季的来临更有利于云南红豆杉冠幅的生长。同时，与株高和地径一样，干旱也使得冠幅的生长在240天的时候变得缓慢。甚至在330~360天这段时间内有部分处理的冠幅开始减小，这是由于旱灾使得试验苗木的部分茎枝干枯，从而使得其冠幅减小。总体来看，在试验期间冠幅最大的处理是90.1%，最小的是33.4%。这是由于90.1%处理对水分的保持能力较其他处理强，有利于对旱灾的抵御。

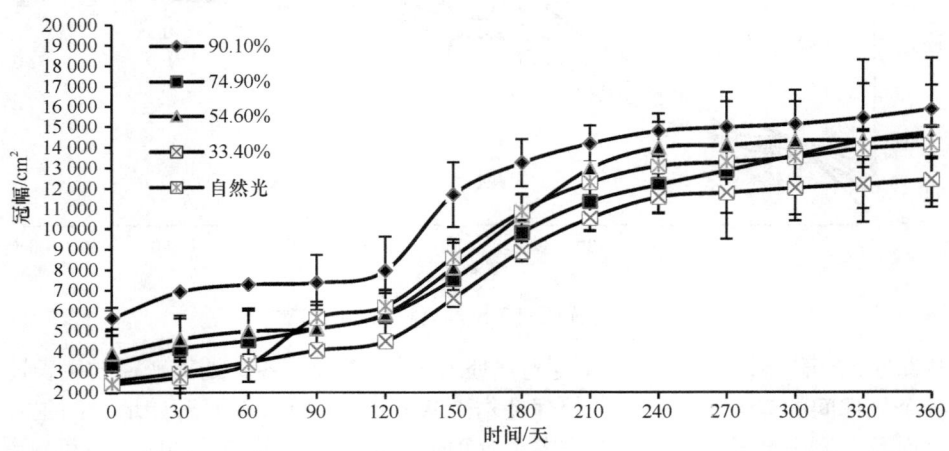

图3-48　光强对云南红豆杉冠幅的影响

(二) 光照对云南红豆杉生长率的影响

从表3-26可以看出，黄光处理枝条总数的相对生长率显著大于其他处理，其他几个光质处理之间无显著差异。从总生物量的相对生长率来看，自然光处理的显著大于其他处理，这说明不同颜色的光质处理会对云南红豆杉生物量的增长有一定的抑制作用。

蓝光处理的株高的相对生长率显著大于其他处理,但蓝光的地径的相对生长率显著小于其他处理,因此可以推断蓝光处理的抗倒伏性较差。从冠幅的相对生长率来看,黄光处理显著大于其他处理。

表3-26 不同光照处理的相对生长率

指标	枝条总数/个	总生物量/g	株高/cm	地径/mm	冠幅/mm
自然光(光质)	612.21±100.75a	551.81±50.1a	194.51±25.19a	191.47±16.02a	709.72±164.13a
红光	610.04±150.67a	497.98±93.96b	212.65±30.37a	201.38±20.58a	648.23±95.70b
蓝光	594.80±114.59a	430.35±97.44c	235.67±23.17b	110.59±65.54b	611.27±96.88b
黄光	638.64±104.18b	469.16±38.42c	189.58±10.65a	198.30±44.48a	756.25±72.50c
自然光(光强)	395.05±95.21b	432.61±76.90c	227.03±18.04a	213.46±59.29a	659.78±131.63b
33.4%	295.68±86.12a	470.57±36.17a	196.991±60.05a	179.58±38.23a	595.41±108.98a
54.6%	405.54±83.01b	586.57±38.77b	219.89±11.38a	189.18±21.25a	486.60±94.39b
74.9%	187.44±144.92c	488.26±36.80a	193.84±38.353a	246.91±67.37b	561.70±129.89a
90.1%	222.28±122.38c	376.70±77.72c	203.97±19.68a	180.37±23.62a	373.65±53.81c

注:所有数值为平均值±标准差($n=5$)。同列具有相同字母标记的数字间经 F 检验无显著差异($P>0.05$)。

从表3-26可以看出,从枝条总数和总生物量的相对生长率来看,54.6%遮阴处理显著大于其他处理。同时可以看出,总生物量的相对生长率会随着遮阴度的增加出现先增加后减少的趋势;拐点出现在54.6%遮阴处理,这说明54.6%遮阴处理对云南红豆杉总生物量的增长有显著的促进作用。从株高的相对生长率来看,自然光和54.6%遮阴处理显著高于其他处理,这说明轻度遮阴和重度遮阴均不利于云南红豆杉株高的生长。从地径的相对生长率来看,74.9%遮阴处理的地径显著大于其他处理;而冠幅相对生长率最大的是自然光处理。

(三)光照对云南红豆杉分枝变化的影响

从图3-49可以看出,除黄光处理外,其他处理均在处理60天后分枝率出现上升。同时,各个处理的不同时期的分枝率变化较大,其中变化最大的是自然光处理。所有处理均在300天之后分枝率变化变得平缓,其原因与营养元素处理基本相同。自然光处理在试验结束时分枝率最大,红光最小,这说明自然光有利于云南红豆杉一级枝的生长,而红光有利于其二级枝的生长。而蓝光和黄光处理的分枝率之间无显著差异。

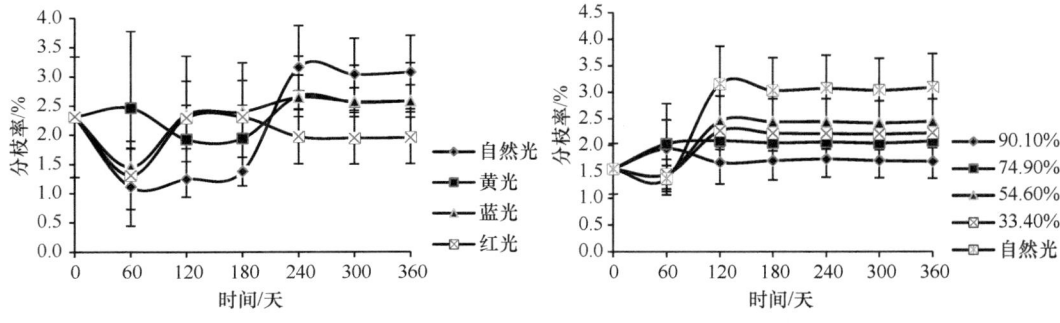

图3-49 不同光照对云南红豆杉分枝率的影响

所有光强处理在60天后分枝率均发生显著变化,其中90.1%和74.9%处理分枝率开始降低,而其他3个处理分枝率开始增加(图3-49)。同时,除74.9%处理外,其他光强处理均在120天后出现拐点,此后其分枝率变化变得非常平缓,这一方面是由于光强试验的120天正好是7月前后,此时云南红豆杉枝条的生长周期将近结束;另一方面是由于旱灾的影响,试验的结果受到了一定影响。

总体来看,不论是光质试验还是光强试验,分枝率最大的均是自然光处理,这说明自然光有利于云南红豆杉枝条的分蘖,但是同时也不利于其株高的生长。另外也可以发现,光强处理试验中,云南红豆杉的分枝率出现了随着遮阴度的增加而先增加后减少的趋势,这说明适度遮阴有利于云南红豆杉枝条的生长,但是如果遮阴过度也会抑制其枝条的生长。自然光处理的分枝率最大,并不能说明其枝条总数最大,只能说明其枝条的生长结构有利于其分枝率的提高。结合表3-26可以知道,只有适度遮阴才会使得云南红豆杉枝条及生物量的生长率达到最大。因此,通过本试验可以为云南红豆杉的生长实践提供一些参考,为云南红豆杉枝条的利用和生物量的提高提供相应的技术支持。

四、营养元素对云南红豆杉光合作用的影响

(一) 氮元素对云南红豆杉幼苗光合作用的影响

1. 光响应曲线特征

由图3-50可以看出,在光强0~400μmol/(m²·s)时,P_n上升速度最快。在光强超过400μmol/(m²·s)时,P_n上升速度开始减慢,并逐渐趋于平缓。在一定的光强范围内,不同N处理下的云南红豆杉幼苗的净光合速率(P_n)均随着光强(PAR)的增强而增加。然后,除N32处理外,其他处理均在800~1000μmol/(m²·s)光强范围内出现"光抑制",净光合速率(P_n)随着光强(PAR)的增强而减少。同时,在相同范围的光强(PAR)条件下,各个N处理的P_n值的大小依次为N8>N32>N4>N2>N16。据图3-50计算,在0~2000μmol/(m²·s)光强范围内,N2处理的P_n均值为(2.98±1.08)μmol/(m²·s),N4处理的P_n均值为(2.96±1.15)μmol/(m²·s),N8处理的P_n均值为(4.00±1.48)μmol/(m²·s),N16处理的P_n均值为(2.18±1.11)μmol/(m²·s),N32处理的P_n均值为(3.39±1.55)μmol/(m²·s)。同时,从图3-50可以看出,除N32处理外,其他处理在0~2000μmol/(m²·s)

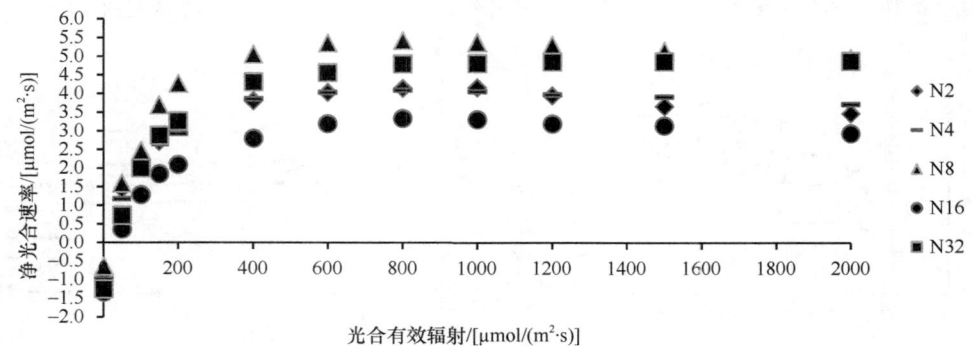

图3-50 不同N处理云南红豆杉幼苗的光响应曲线

光强范围内均达到完全饱和,这说明 N32 处理下的幼苗比其他处理下的幼苗具有更高的耐高强光辐射的能力。从图 3-51 可以看出,在 0~200μmol/(m²·s) 低光强下各个光质处理的 P_n 值的大小依次仍然为 N8>N32>N4>N2>N16。结合图 3-50 和图 3-51 可以看出,不论是在高光强还是低光强下,N8 处理的 P_n 值最大,其次是 N32、N4、N2,N16 处理最低。

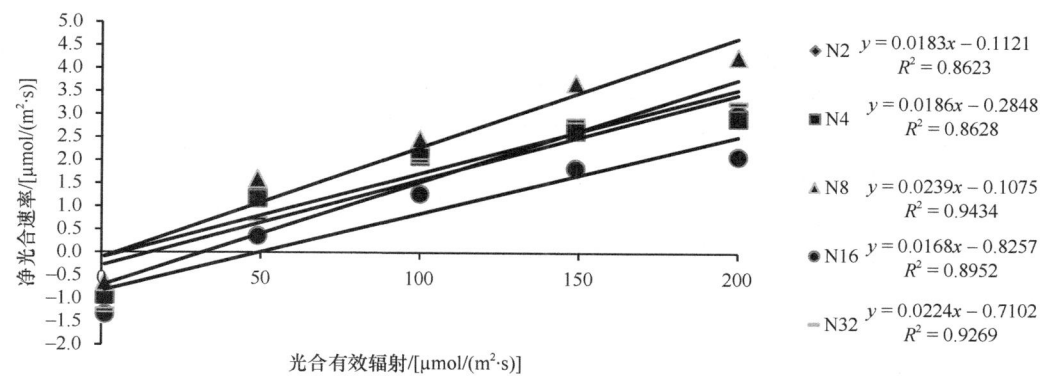

图3-51 不同N处理云南红豆杉幼苗的低光强光响应曲线

2. 光合参数特征

由表 3-27 可知,式(3-3)和式(3-2)拟合程度均达到显著水平,这说明拟合结果还可以如实反映实际情况。从表 3-27 可以看出,N4、N8、N32 处理的最大净光合速率(P_{max})相互之间的差异不显著,N2 和 N16 处理与其他处理的 P_{max} 差异均显著。表观量子效率(AOY)方面,N2 处理和 N8 处理差异不显著,但与其他处理差异显著,N16 和 N32 也类似,但是 N4 处理与所有其他处理差异均显著。从暗呼吸速率来看,N2、N4、N8 差异不显著,N16 和 N32 差异也不显著,但这两组之间差异显著。总体来说,N4 和 N8 的 P_{max} 和暗呼吸速率的差值最大,一般可认为这两个处理的光合产物积累要多于其他处理。同时,由表 3-27 可以看出,各个处理的光饱和点 N4 处理最大,光补偿点 N8 处理最低,这说明 N8 处理云南红豆杉对弱光的利用能力较强。

表3-27 不同N处理光响应特征参数

指标	N2	N4	N8	N16	N32
最大净光合速率/[μmol/(m²·s)]	5.08±0.38a	6.51±0.34b	6.45±0.37b	4.73±0.24c	6.41±0.10b
表观量子效率	0.064±0.03a	0.102±0.044b	0.051±0.012a	0.04±0.010c	0.047±0.003c
暗呼吸速率/[μmol/(m²·s)]	1.00±0.32a	1.00±0.28a	1.00±0.30a	1.35±0.19b	1.28±0.07b
光饱和点/[μmol/(m²·s)]	283.72±7.52a	365.31±8.31b	274.37±4.37a	330.70±4.42c	317.87±9.34c
光补偿点/[μmol/(m²·s)]	6.13±2.17a	15.31±3.32b	4.50±0.79a	49.15±6.65c	31.71±7.37d

注:所有数值为平均值±标准差(n=5)。同行具有相同字母标记的数字间经 F 检验无显著差异($P>0.05$)。

(二) 磷元素对云南红豆杉幼苗光合作用的影响

1. 光响应曲线特征

由图 3-52 可以看出,在光强 0~400μmol/(m²·s) 时,P_n 上升速度最快。在光强超过

400μmol/(m²·s)时，除 P1.5 处理外，P_n 上升速度开始减慢，并逐渐趋于平缓。在一定的光强范围内，不同 P 处理下的云南红豆杉幼苗的净光合速率(P_n)均随着光强(PAR)的增强而增加。而且，所有 P 处理均在 800~1200μmol/(m²·s)光强范围内出现"光抑制"，净光合速率(P_n)随着光强(PAR)的增强而减少。同时，在相同范围的光强(PAR)条件下，各个 P 处理的 P_n 值的大小依次为 P1.5＞P0.75＞P0.5＞P1＞P1.25。据图 3-53 计算，在 0~2000μmol/(m²·s)光强范围内，P1.5 处理的 P_n 均值为(3.08±1.07)μmol/(m²·s)，P1.25 处理的 P_n 均值为(1.67±0.57)μmol/(m²·s)，P1 处理的 P_n 均值为(2.22±0.96)μmol/(m²·s)，P0.75 处理的 P_n 均值为(2.52±0.86)μmol/(m²·s)，P0.5 处理的 P_n 均值为(2.31±0.82)μmol/(m²·s)。同时，从图 3-53 可以看出，在 0~200μmol/(m²·s)低光强下各个光质处理的 P_n 值的大小依次仍然为 P1.5＞P0.75＞P0.5＞P1＞P1.25。结合图 3-52 和图 3-53 可以看出，不论是在高光强还是低光强下，P1.5 处理的 P_n 值最大，其次是 P0.75、P0.5、P1，P1.25 处理最低。综合来看，P_n 值随着 P 供给出现先增加后减少而后再增加的趋势。

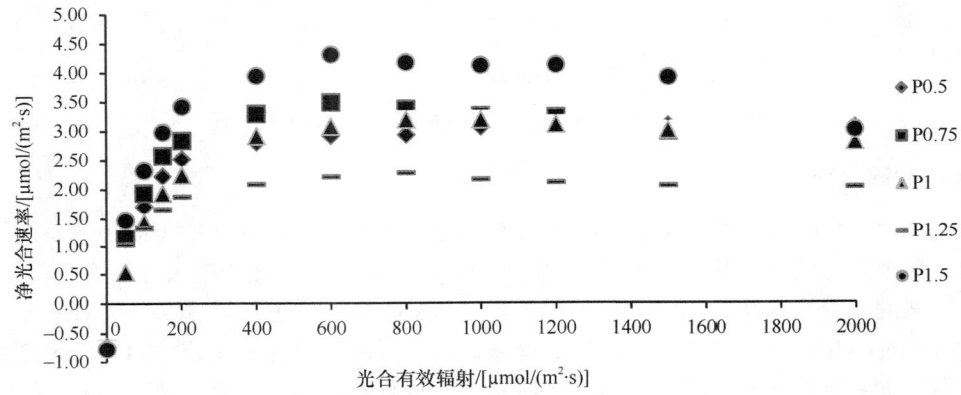

图3-52 不同P处理云南红豆杉幼苗的光响应曲线

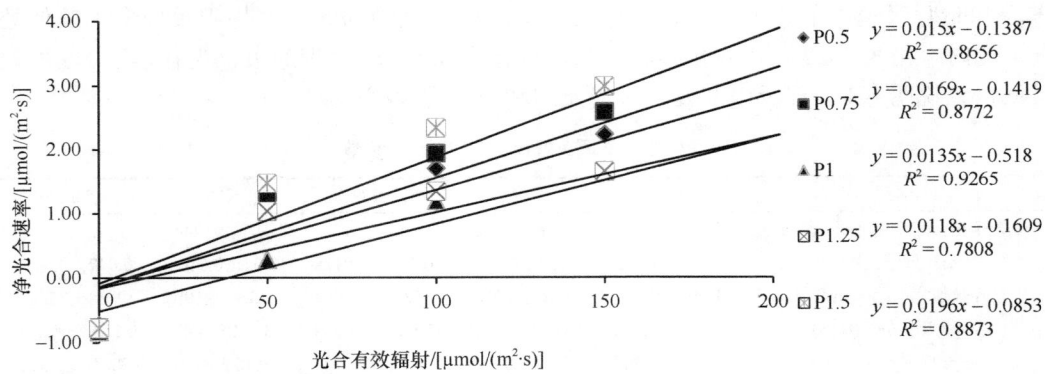

图3-53 不同P处理云南红豆杉幼苗的低光强光响应曲线

2. 光合参数特征

从表 3-28 可以看出，P1.25 处理的最大净光合速率(P_{max})显著小于其他 P 处理，P0.75 和 P0.5 处理 P_{max} 差异不显著，但 P1.5 处理的最大净光合速率(P_{max})与其他处理差异均显著,且显著大于其他处理。表观量子效率(AQY)方面,P1.5 处理和 P0.75 处理差异不显著,但与其他处理差异显著,P0.5 和 P1.25 也类似,但是 P1 处理与所有其他处理差异均显著,且 P1 处理的 AOY 在所有 P 处理中最小。从暗呼吸速率来看,除 P1.5 处理外,其他处理差异均不显著。总体来说,P1.5 处理的 P_{max} 和暗呼吸速率的差值最大,一般可认为这个处理的光合产物积累要多于其他处理。同时,由表 3-28 可以看出,各个处理的光饱和点 P1 处理最大,光补偿点 P1.5 处理最低,这说明 P1.5 处理对弱光的利用能力较强。

表3-28 不同P处理光响应特征参数

指标	P1.5	P1.25	P1	P0.75	P0.5
最大净光合速率/[μmol/(m²·s)]	5.04±0.51a	3.23±0.2b	4.20±0.32c	4.29±0.31c	4.21±0.14c
表观量子效率	0.056±0.026a	0.099±0.090b	0.034±0.011c	0.052±0.017a	0.082±0.028b
暗呼吸速率/[μmol/(m²·s)]	1.23±0.44a	1.00±0.16b	1.11±0.22b	1.00±0.27b	1.07±0.11b
光饱和点/[μmol/(m²·s)]	261.49±5.68a	287.36±4.71a	310.37±8.51b	262.24±4.79a	289.91±5.13a
光补偿点/[μmol/(m²·s)]	4.35±1.97a	13.64±4.12b	29.01±6.27c	8.40±2.64a	9.25±2.67b

注:同行具有相同字母标记的数字间 F 检验无显著差异

(三) 钾元素对云南红豆杉幼苗光合作用的影响

1. 光响应曲线特征

由图 3-54 可以看出,在光强 0~400μmol/(m²·s)时,P_n 上升速度最快,其中,在 0~200μmol/(m²·s)时增加幅度更为明显。在光强超过 400μmol/(m²·s)时,P_n 上升速度开始减慢,并逐渐趋于平缓。在一定的光强范围内,不同 K 处理下的云南红豆杉幼苗的净光合速率(P_n)均随着光强(PAR)的增强而增加。然后,除 K7.5 处理外,其他处理均在 800~1000μmol/(m²·s)光强范围内出现"光抑制",净光合速率(P_n)随着光强(PAR)的增强而减少。同时,在相同范围的光强(PAR)条件下,各个 K 处理的 P_n 值的大小依次为 K4.5>K1.5>K6>K3>K7.5。据图 3-54 计算,在 0~2000μmol/(m²·s)光强范围内,K1.5 处理的 P_n 均值为(2.42±0.79)μmol/(m²·s),K3 处理的 P_n 均值为(2.06±0.73)μmol/(m²·s),

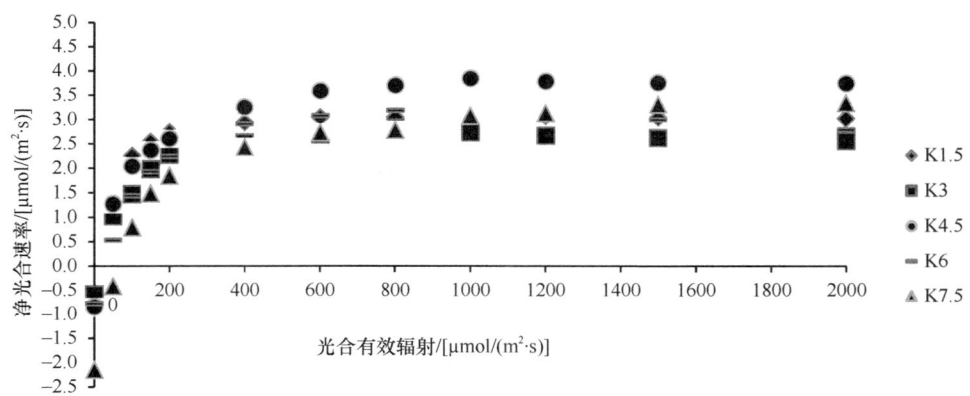

图3-54 不同K处理云南红豆杉幼苗的光响应曲线

K4.5 处理的 P_n 均值为 $(2.76\pm1.06)\mu mol/(m^2\cdot s)$，K6 处理的 P_n 均值为 $(2.22\pm0.96)\mu mol/(m^2\cdot s)$，K7.5 处理的 P_n 均值为 $(1.86\pm1.30)\mu mol/(m^2\cdot s)$。同时，从图 3-54 可以看出，除 K7.5 处理外，其他处理在 $0\sim2000\mu mol/(m^2\cdot s)$ 光强范围内均达到完全饱和，这说明 K7.5 处理下的幼苗比其他处理下的幼苗具有更高的耐高强光辐射的能力。从图 3-55 可以看出，在 $0\sim200\mu mol/(m^2\cdot s)$ 低光强下各个光质处理的 P_n 值的大小依次为 K1.5＞K4.5＞K6＞K3＞K7.5。结合图 3-54 和图 3-55 可以看出，低光强下 K1.5 处理的 P_n 值最优，高光强下 K4.5 处理的 P_n 值最优，不论高光强还是低光强 K7.5 处理 P_n 值均最低。

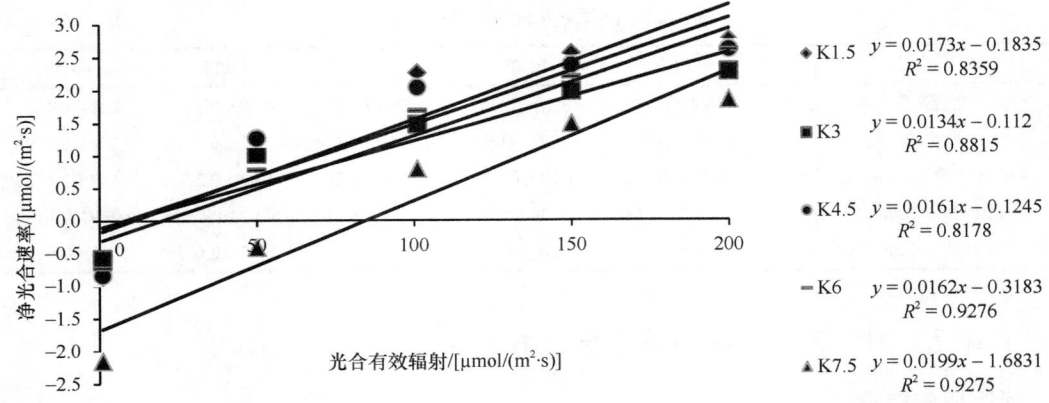

图3-55　不同K处理云南红豆杉幼苗的低光强光响应曲线

2. 光合参数特征

从表 3-29 可以看出，K7.5 处理的最大净光合速率(P_{max})显著大于其他 K 处理，K1.5、K3 和 K6 处理 P_{max} 差异不显著，K4.5 处理的 P_{max} 与其他 K 处理差异均显著。表观量子效率(AOY)方面，K1.5 处理和 K7.5 处理差异不显著，但与其他处理差异显著，K3 和 K4.5 也类似，但是 K6 处理与其他所有处理差异均显著，且 K6 处理的 AQY 在所有 K 处理中最小。从暗呼吸速率来看，除 K7.5 处理外，其他处理差异均不显著。总体来说，K7.5 处理的 P_{max} 和暗呼吸速率的差值最大，一般可认为这个处理的光合产物积累要多于其他处理。同时，由表 3-29 可以看出，各个处理的光饱和点 K7.5 处理最大，光补偿点 K4.5 处理最低，这说明 K4.5 处理对弱光的利用能力较强。

表3-29　不同K处理光响应特征参数

指标	K1.5	K3	K4.5	K6	K7.5
最大净光合速率/[$\mu mol/(m^2\cdot s)$]	4.10±0.05a	3.84±0.25a	5.01±0.17b	4.20±0.32a	5.69±0.15c
表观量子效率	0.051±0.003a	0.078±0.054b	0.071±0.020b	0.034±0.011c	0.052±0.008a
暗呼吸速率/[$\mu mol/(m^2\cdot s)$]	1.00±0.05a	1.00±0.21a	1.15±0.13a	1.11±0.22a	2.22±0.11b
光饱和点/[$\mu mol/(m^2\cdot s)$]	247.60±6.85a	295.67±11.86b	318.91±6.59b	310.37±8.51b	370.51±15.88c
光补偿点/[$\mu mol/(m^2\cdot s)$]	10.61±5.27a	9.10±3.74a	7.73±2.71a	29.01±6.27b	84.58±13.75c

五、光照对云南红豆杉光合作用的影响

(一) 光强对云南红豆杉幼苗光合作用的影响

1. 光响应曲线特征

由图 3-56 可以看出,在光强 0~400μmol/(m²·s)时,P_n 上升速度最快。在光强超过 400μmol/(m²·s)时,P_n 上升速度开始减慢,并逐渐趋于平缓。在一定的光强范围内,不同光强处理下的云南红豆杉幼苗的净光合速率(P_n)均随着光强(PAR)的增强而增加。然后,除 90.1%遮阴处理外,其他处理均在 800~1200μmol/(m²·s)光强范围内出现"光抑制",净光合速率(P_n)随着光强(PAR)的增强而减少。同时,在相同范围的光强(PAR)条件下,各个光强处理的 P_n 值的大小依次为自然光＞54.6%＞90.1%＞33.4%＞74.9%。据图 3-56 计算,在 0~2000μmol/(m²·s)光强范围内,33.4%遮阴处理的 P_n 均值为(2.60±1.23)μmol/(m²·s),54.6%遮阴处理的 P_n 均值为(2.99±1.26)μmol/(m²·s),74.9%遮阴处理的 P_n 均值为(2.63±1.37)μmol/(m²·s),90.1%遮阴处理的 P_n 均值为(2.60±1.54)μmol/(m²·s),自然光处理的 P_n 均值为(3.17±1.28)μmol/(m²·s)。33.4%、74.9%和 90.1%遮阴处理的 P_n 均值无显著差异,同时可以看出这 3 个处理的响应曲线之间无显著差异。同时,从图 3-56 可以看出,除 90.1%遮阴处理外,其他处理在 0~2000μmol/(m²·s)光强范围内均达到完全饱和,这说明 90.1%遮阴处理下的幼苗比其他处理下的幼苗具有更高的耐高强光辐射的能力。从图 3-57 可以看出,在 0~200μmol/(m²·s)低光强下各个光质处理的 P_n 值的大小依次为自然光＞54.6%＞74.9%＞33.4%＞90.1%。结合图 3-56 和图 3-57 可以看出,不论是低光强还是高光强下,自然光处理的 P_n 值最优,这说明自然光较其他光强处理有着更强的光合能力。

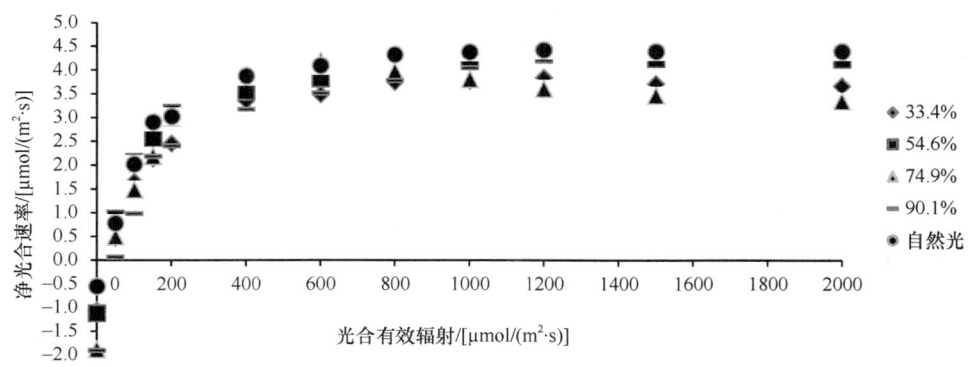

图3-56　不同光强处理云南红豆杉幼苗的光响应曲线

2. 光合参数特征

从表 3-30 可以看出,54.6%和 74.9%遮阴处理的最大净光合速率(P_{max})显著大于其他光强处理,其他 3 个光强处理的 P_{max} 之间存在显著差异。表观量子效率(AQY)方面,自然光、33.4%和 74.9%处理间差异不显著,54.6%和 90.1%之间也不存在显著差异,但这

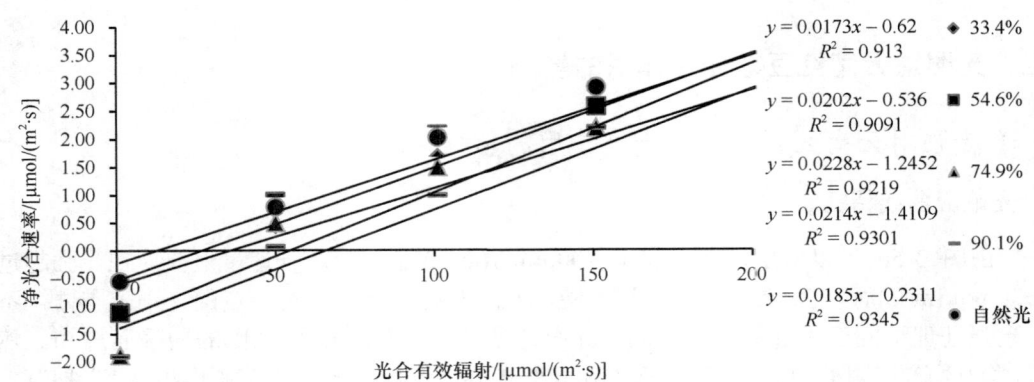

图3-57 不同光强处理云南红豆杉幼苗的低光强光响应曲线

表3-30 不同光强处理光响应特征参数

指标	自然光	33.4%	54.6%	74.9%	90.1%
最大净光合速率/[μmol/(m²·s)]	5.60±0.22a	5.07±0.15b	5.68±0.13a	5.66±0.45a	6.63±0.25c
表观量子效率	0.044±0.008a	0.038±0.005a	0.06±0.009b	0.042±0.012a	0.058±0.014b
暗呼吸速率/[μmol/(m²·s)]	1.00±0.17a	1.09±0.12a	1.19±0.102b	1.78±0.37c	1.97±0.17c
光饱和点/[μmol/(m²·s)]	313.03±3.59a	328.9±8.51a	307.72±5.92a	302.86±4.37a	352.67±7.63b
光补偿点/[μmol/(m²·s)]	11.95±0.33a	35.83±2.83b	26.53±3.28b	54.61±3.49c	65.93±9.58d

两组之间存在着显著差异。从暗呼吸速率来看，54.6%与其他处理存在显著差异，74.9%和90.1%遮阴处理显著大于其他处理，自然光和33.4遮阴处理显著小于其他处理。总体来说，90.1%遮阴处理的P_{max}和暗呼吸速率的差值最大，一般可认为这个处理的光合产物积累要多于其他处理。同时，由表3-30可以看出，各个处理的光饱和点90.1%遮阴处理最大；光补偿点90.1%最高，自然光处理最低。综合两项指标说明，90.1%遮阴处理对光环境的要求较高，其对光环境的利用和适应能力较差。

(二) 光质对云南红豆杉幼苗光合作用的影响

1. 光响应曲线特征

由图 3-58 可以看出，在光强 0~400μmol/(m²·s)时，P_n 上升速度最快。在光强超过400μmol/(m²·s)时，P_n 上升速度开始减慢，并逐渐趋于平缓。在一定的光强范围内，不同光质处理下的云南红豆杉幼苗的净光合速率(P_n)均随着光强(PAR)的增强而增加。然而，除红光处理外，其他光质处理均在 1000~1200μmol/(m²·s)光强范围内出现"光抑制"，净光合速率(P_n)随着光强(PAR)的增强而减少。同时，在相同范围的光强(PAR)条件下，各个光质处理的 P_n 值的大小依次为自然光＞红光＞黄光＞蓝光。据图 3-58 计算，在0~2000μmol/(m²·s)光强范围内，自然光处理的 P_n 均值为(3.17±1.28)μmol/(m²·s)，红光处理的 P_n 均值为(2.75±1.40)μmol/(m²·s)，黄光处理的 P_n 均值为(2.42±1.20)μmol/(m²·s)，蓝光处理的 P_n 均值为(1.71±1.08)μmol/(m²·s)。同时，除红光处理外，其他颜色光处理在0~2000μmol/(m²·s)光强范围内均达到完全饱和，这说明红光处理下的幼苗比自然光下生长的，以及黄光和蓝光处理下的幼苗具有更高的耐高强光合辐射的能力。从图 3-59 可以看出，在 0~200μmol/(m²·s)低光强下各个光质处理的 P_n 值的大小依次仍然为自然光＞红光＞黄光＞蓝光。结合图 3-58 和图 3-59 可以看出，不论是在高光强还是低光强下，自然光处理的 P_n 值最大，其次是红光和黄光，蓝光处理最低。这说明自然光下生长的云南红豆杉幼苗比其他颜色光处理下的幼苗具有更高的光能利用能力。

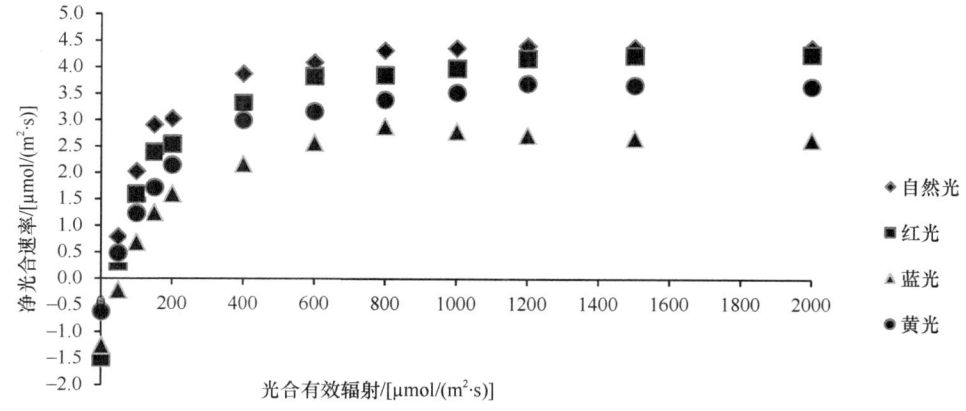

图3-58　不同光质处理云南红豆杉幼苗的光响应曲线

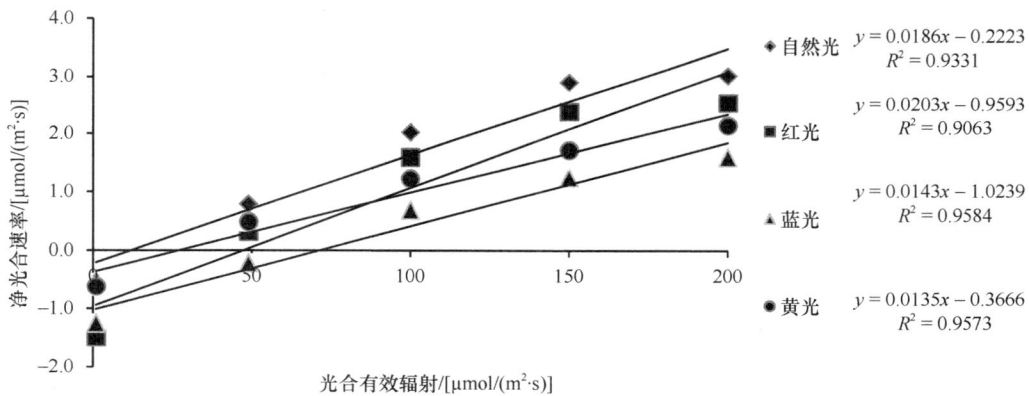

图3-59　不同光质处理云南红豆杉幼苗的低光强光响应曲线

2. 光合参数特征

由表 3-31 可知，各个光质处理的最大净光合速率(P_{max})和表观量子效率(AQY)相互之间的差异均达到显著，其中红光处理的 P_{max} 和 AQY 最大，其次是自然光、黄光和蓝光。从暗呼吸速率来看，红光处理的最高，其次是蓝光和黄光、自然光。这说明红光处理下的光合产物较其他处理多，在无光条件下对光合产物的消耗比其他颜色光处理要小，所以红光处理的光合产物积累能力强，光合产物积累多。同时，由表 3-31 可以看出，各个光质处理的光饱和点和光补偿点均达到显著差异。光饱和点的大小顺序为黄光＞蓝光＞红光＞自然光；光补偿点的大小顺序为蓝光＞红光＞黄光＞自然光。从各个光质处理的光能利用区间来看，除黄光处理外，其他处理无显著差异。光能利用区间的大小反映了植物对光环境的适应性及光能利用潜力的可塑性，所以可以判断黄光处理下的幼苗对光环境的适应性和光能利用潜力要强于其他处理。

表3-31　不同光质处理光响应特征参数

指标	自然光	红光	黄光	蓝光
最大净光合速率/[μmol/(m^2·s)]	5.60±0.222a	6.05±0.154b	5.04±0.230c	4.20±0.179d
表观量子效率	0.044±0.008a	0.054±0.008b	0.039±0.011c	0.024±0.004d
暗呼吸速率/[μmol/(m^2·s)]	1.00±0.171a	1.56±0.112a	1.00±0.149b	1.28±0.129c
光饱和点/[μmol/(m^2·s)]	313.03±3.59a	345.29±5.81b	400.48±2.07c	365.31±3.48d
光补偿点/[μmol/(m^2·s)]	11.95±0.33a	47.26±2.03b	27.15±1.69c	71.61±3.58d

第四章 云南红豆杉构件种群统计学

构件是指形态相似并且遗传结构相同的相互连接的，具有生死过程和潜在分裂能力的重复单元(顾大形等，2011；董鸣和于飞海，2007)。构件一词来自于法文单词 article(表示植物体的不同组分)，有学者将其翻译成英文 module。构件理论的概念首先由 Harper 和 White 于 1974 年提出，随后陆续有学者对构件理论进行了更加全面的概括总结，为之后构件生态学的发展奠定良好的基础。构件理论认为，植物体是枝、叶、芽、根、分蘖等构件有序组合而成的有机整体，植物的生长就是构件的动态变化和构型调整的过程(Golubov et al.，2004)。依据构件理论可将种群划分为群落水平的种群和个体水平的种群两个不同层次。作为一个基本的生物层级，种群在生物学领域是非常重要的单位，它是组成生物群落和物种的基本单位，在研究生物进化中有着重要的地位。构件理论的提出不啻为生物学的研究工作带来了创造性的思维方式和新颖的研究思路。一个植株就相当于一个拟种群，构件的出生和死亡数决定着植株的大小，故而可以通过对构件种群的统计，再结合对分枝角度、节间长度等参数的分析，即可对植物形态结构、生长格局和构筑型进行模拟和预测。这样，我们就可以以构件种群为媒介将植物生态学和形态学有机地联系到一起。

Bazzaz 和 Harper(1977)认识到单一植株的构件结构与种群结构相类似，率先提出一种分析植物种群生长的新方法：通过对植株组成部分的标记和统计分析，从而测定这些组分的出生和死亡率，计算其周转率、种群增长率等，以获得关于一个植株内部生长发育动态乃至个体种群的增长动态的大量信息。从此，种群统计模型就以一种估算植物生长的完全不同的方法被运用到构件种群上来。McGraw 和 Garbutt(1990)也认为构件数量等指标，在许多情况下可能比生物量更具生态学意义(如植株对邻体干扰、植食动物等的反应)。Maillette(1992)也持有类似看法，他认为作为植物个体对外界环境的反应是由其具重复性的基本组成单元的构件在数量、形状和空间排列上的变化决定的。有学者在构件理论的基础上，将植物体的组元水平划分为分节单体、构件、构筑型 3 个层次(Halle，1986)。

迄今为止，植物构件生态学的研究主要集中在两个方向，一是构件种群的动态研究，二是构件与形态结构及功能之间的关系(钟章成，2001)。

枝、芽、叶等构件是植物体重要组成部分，科学系统地研究枝、叶、芽构件对于植物的构件种群研究具有非常重要的基础作用和指导意义。各个构件并不是独立的，它们共同构成植物的有机整体。一个单一的枝、叶或是芽从萌发、生长到衰落死亡的过程有着其自己的轨迹，但是单一构件的动态很难说明规律性的问题，各个构件个体都占据一定的空间位置，具有特定的生物学特性，构件个体在构件系统内相辅相成、协同发展，在空间分布格局和形态结构组成一个有机的整体，共同执行着植物体的功能。

芽构件种群即芽库，它是指植物体上所有具有潜在营养繁殖的芽的总和，芽构件是植物体扩展和持续更新的基础,在植物体的维持和更新中占有突出的位置,芽库和种子库共同组成植物的繁殖库(邓正苗等,2010)。芽库在植物遭受严重的破坏后可以迅速重建,大大提高植物抵御灾难的能力(Liu et al., 2009)。Harper(1977)是第一个引入芽库概念的科研工作者,他认为芽库处理包含植物地上部分易于观察的芽,还包含球茎、鳞茎、根茎、块茎等和植物多年生器官相连接的地下分生组织发出的芽。后有学者对芽库的概念进行了完善,将不定芽、地上芽、更新芽、植物片段上的芽都纳入到芽库的范畴(Klimešová and Klimeš, 2007)。

植物个体的生长即是构件数量动态得失过程,枝系伸展实际上是芽库出生率和死亡率的动态统计学过程。Maillette(1982)比较早地接受了这一概念,用此概念指导对垂枝桦(*Betula pendula*)芽的命运做了调查,并建立矩阵模型用以预测芽库的增长及数量动态,随后他又引入三角函数和马尔可夫(Markov)模型(Maillette, 1990)来研究芽库的动态,Lehtila等(1994)则为芽库的研究加入了矩阵的灵敏度分析的方法。

Jones和Harper(1987a,1987b)对相邻的银桦进行了枝条上的总芽数目、活芽数目、死芽数目、侧芽数目的数量统计研究工作,结果显示芽的命运更大程度上取决于它本身所处的外界环境而不是它在树上枝条的位置。Bellingham和Sparrow(2000)提出的Bellingham-Sparrow(B & S)模型,模型认为中等强度的干扰可以促进植物体产生更多的萌枝替代种子。臧润国等(1995)对刺五加的研究及魏媛和喻理飞(2010)对构树的研究都发现充足的光照可使植株的芽拥有较高的存活率,说明光照因子是一个芽库发生发展的重要制约因素。

芽库在植物应对干旱、取食、修枝等外界干扰方面的作用巨大,统计和分析芽库的出生率和死亡率不仅可以帮助预测植物的枝系伸展情况,还能用以推测植物体生长的空间扩展趋势(孙书存和陈灵芝,2001)。顶芽是芽库中最为重要的部分,它既可以形成新的末级枝和绝大多数新顶芽,还能分化出所有当年生叶片的腋芽(黎云祥等,1998),故而顶芽也成为芽库研究的一个重心所在。王孝安和赵相健(2004)应用计盒维数方法比较研究了与太白红杉(*Larix chinensis*)顶芽动态相关的不同分枝格局对空间占据能力的差异,发现顶芽为了适应环境,使植株的发展潜能得到更合理、更有效的发挥,可以在不同的生长阶段和环境中衍生出3种类型的适应性分枝格局。鉴于芽库在植株生长发育方面的重要性,在科研中可以开展有关芽库调节的探索工作,目前此方面的研究还甚少,仅见于利用不同的物理和化学因素干扰的变化来调控构树芽种群数量的研究(魏媛和喻理飞,2010)。

叶是植物进行光合作用的器官,为植物体的生命活动提供所需的营养物质的同时还储存能量。整个生态系统的物质合成几乎都要通过叶来完成,叶所合成的物质和储藏的能量是整个生物圈生物赖以生存的基础。叶片性状直接影响植株生物量,并且与植物对资源利用及利用效率有着紧密的联系(Vendramini, 2002)。White(1979)不仅将叶构件看做类似种群的群体,还运用种群生态学的存活曲线和生命表等手段统计叶群体的年龄结构特征,并开始将其与植物体的光合作用等生理特征相联系,这一方法被我国一些研究者所接纳,如唐丽霞和喻理飞(2009)利用动态生命表对不同生境下的圆果化香(*Platycarya longipes*)叶构件种群的动态研究。Maillette(1982)进行了针叶构件种群动态的研究,他通过长期在野外的定位、定期观测,建立了针叶数量动态的矩阵模型。叶的面积、生物量、年龄结构对植物的物质生产及生理活动的影响极为显著，也是判断树木生长状况和生产力的重要指标。我国的植物学者叶万辉(1999)采用 Maillette 的方法对胡桃楸 (*Juglans mandschurica*)、水曲柳 (*Fraxinus mandschurica*) 和黄檗 (*Phellodendron amurense*)3 种硬阔树体叶的出生和死亡的动态结构进行了研究，揭示了这三大硬阔树体叶构件的部分动态规律。黎云祥等(1997)通过对不同龄级的四川大头茶 (*Gordonia acuminata*)进行了叶种群统计和生物量、面积增长的动态测定，发现幂函数和 Logistic 方程均可对株龄与叶种群大小的关系进行较好拟合，还发现植株内部叶的出生、生长过程与植株生殖间具一定内在联系。

外界的环境条件承载着植物体生活所必需的物质条件，与植物的生命活动息息相关，也必然会对叶构件种群的命运产生很大的影响。赵友华(1997)发现遮阴条件下栲树 (*Castanopsis fargesii*)幼苗叶构件数量较正常光照下显著增多，叶面积也显著增大，何丙辉和钟章成(2005)发现遮阴不仅使银杏(*Ginkgo biloba*)叶面积增大，而且还使得叶快速生长的时间比正常光照下明显长一些。遮阴条件下叶面积的增大可能是因为在光照不足时，植物体需要有更多的叶面积来保持有足够的光合作用产物来维持植株正常的生命活动。孙书存和陈灵芝(1998)对辽东栎(*Quercus liaotungensis*)叶种群进行统计时发现即使是生活在同一地区的植株，尽管其叶数量动态趋势基本一致，其现叶和落叶的时间在不同个体间也会有一定的差异；而即使是同一植株的不同高度的叶片，其动态变化也存在着一定的差异。

叶寿命的长短与植物的命运和走势息息相关，它是叶构件种群的一个重要的指标，是植物生存策略的一个比较显著且易于观测的指标。在植物体所有的构件中，叶寿命的统计最为方便，价值也比较大。不同年龄叶的生理活性差异巨大，叶寿命在生态学和进化上具有重要的作用(Kikuzawa and Ackerly，1999)。有研究发现叶寿命和建造叶片的消耗关系紧密，叶寿命与建造叶片的消耗呈现负相关的关系(Kikuzawa，1995)。

植物的叶片相对于其他的构件最为脆弱，故而它对环境变化也最为灵敏，如常绿针叶树的叶寿命会随着海拔的增加而有升高的趋势(Kihachiro，1986)，青海云杉(*Picea crassifolia*)叶寿命与土壤水分及温度之间都有着显著的二次曲线关系(吴琴等，2010)。就算是同种植物的叶片处于不同的外界环境中，叶寿命也会发生变化，甚至是同一株植株中，叶寿命也会存在差异，寿命较长的叶片多处于较低部位也就是荫蔽部位的枝条(Williams，1989)。还有研究发现，叶寿命差异也会在不同的生长型的常绿树种中有所体现(周自宗等，2008)。叶寿命长度是植物长期适应各种生态因子获取最大的光合作用产物和最有效率的养分利用的生态生理策略的外在表现，因此可以将叶寿命作为一个反映植物行为和功能的综合性的生态指标(Wright et al.，2004)。

树枝连接树干和树叶，是树木的"动脉"，枝的长度、结构和分布方式直接影响着植株的生命活力、生物量分配。树枝不但可以和树干一样起到传输水分和营养物质的桥梁作用，它还能通过向各个方向的延伸，使树叶能更好地吸收利用光能，进行光合作用。植物体的枝系结构与植物的形态学构造和系统发育联系紧密，植物体的枝系结构和其上的各个构件的分布、动态变化对植物利用各种资源如光照、空间的作用至关重要，植物的不同枝系结构还能反映植物进化的特征和趋势(陈波等，2002)。

枝构件的研究最初是从外表的观察和简单的描述开始的。随着描述枝系构型的参数和各种技术手段的逐渐引入，枝构件的研究工作取得了很快的发展。孙书存和陈灵芝(1999a)在研究辽东栎时发现在荫蔽的环境中，植株的树冠趋于窄小，枝倾角变大，分枝率减小。魏媛和喻理飞(2009)发现构树(*Broussonetia papyrifera*)的枝长和枝夹角随枝位的升高而减小，植株整体构型受分枝结构的影响显著。宋会兴等(2001)对1~20年生的人工马尾松(*Pinus massoniana*)林苗木的分枝率动态进行了研究，并对其上层与下层的分枝率动态比较得知，分枝率在不同年龄级间、株内不同空间位置上都有明显的差异，马尾松顶端分枝对下端分枝有很强的抑制作用。何丙辉和钟章成(2005)对银杏在不同的养分条件、不同光照和干旱胁迫下的长枝、短枝做了方差分析和多重比较及生理机制的分析，结果显示养分、光照、水分状况的改变都可影响银杏枝构件的分布格局和生理情况。赵友华(1997)对栲树在遮阴条件下和自然光照下的枝构件数目做了对比，发现适度遮阴可以使枝构件数目增多。这些研究者的工作都表明了枝构件在不同的生境下具有一定的可塑性。

Svensson和Callaghan(1998)认为倘若同一物种的木本植物分布于相同的生境中，其分枝格局在种群、株内和枝内3个层次是基本恒定的。然而有学者在研究不同发育阶段的植株却发现了不同的变化规律。例如，刺五加(*Acanthopanax senticosus*)的枝条朝向不仅受季节制约，还与林向有密切的联系。黎云祥等(1997)发现四川大头茶成年植株高级枝的分枝率较小，而末级分枝率较大。陈波和达良俊(2003)发现处于不同年龄段的栲树，其分枝式样会随着不同发育期的适应对策而有所变化，幼树期枝条长度增加最显著是为了获取更多的高生长，成树期高生长不再明显，植株需要更多的分枝提升对空间资源的利用，相应此时分枝率最高，这一点与辽东栎的情况一致(孙书存和陈灵芝，1999b)。生活史的不同生长发育阶段，分枝式样也会表现出一定的可塑性，不同的分枝式样具有不同的空间蔓延能力，可以反映出植物体在各个发育时期不同的适应对策。枝的可塑性很高，植物可以通过调节枝的生物量的分配、形态特征、水分特征等使得植物可以无论何时何地都可以调整形态和数量结构，都能帮助植物体以更为合理的方式更好地利用各种资源条件(何维明和董鸣，2002)。

第一节 云南红豆杉芽数量动态

芽是枝、花或花序尚未发育前的雏体，是植物体的重要构件之一，也是植物树冠形成的基础(魏媛和喻理飞，2010)。芽的萌发预示着冬眠结束和生长的开始(Yakovlev et al.，2008)。芽的萌发影响着许多过程，从碳流量到能量平衡，以及各种动物行为(Wesołowski and Rowiński，2006)。因此，乔木芽萌发、芽的时空变化及这些变化的机制，对于理解乔木的许多季节现象非常重要，特别是物种管理方法(Akamine et al.，2007)及森林对气候变化的响应(Wesołowski and Rowiński，2006)。同时，植株树冠的形成，很大程度上取决于芽在植物上的着生位置、排列和活动状况。芽的空间格局动态就是枝系构型的形成过程(Rasmussen et al.，2003)。植株通过芽在树冠中的空间分布、数量动态和萌展格局，最终形成其特有的冠形，从而直接影响植株对空间、光等资源的利用和适应策略(贾程等，2010)。此外，在某些生态系统类型中，芽在植物局域种群的持续和动态维持，以及群落对干旱、取食压力或外来植物种入侵等的恢复响应、植被结构和生产力等方面意义重大，甚至起着决定性作用(Hartnett et al.，2006)。植物通过调控芽的输入、输出率和密度对各种干扰做出响应，进而调控植被组成和动态(Dalgleish and Hartnett，2009，2006)。因此，对植物芽的研究，在种群生态学和物种管理上都具有重要意义。

一、材料与方法

(一) 研究地概况

研究地点设在云南文山壮族苗族自治州马关县的金城林场。金城林场地处 22°59′N，104°26′E。该林区平均海拔 1600m，为低纬度亚热带东部型山地季风气候，雨季干季界限明显，且雨季气温较高，干季气温较低。年均温 16.9℃，月平均最高气温 21.7℃，月平均最低气温 9.6℃。年平均降水量 1345mm，相对湿度 84%；年日照时数为 1804h，全年无霜期达 300 天以上。金城林场于 2005 年开始在董亮营林区进行大规模云南红豆杉基地营建，现已建成 30 余 hm^2 的云南红豆杉采穗园、130 余 hm^2 的原料林基地。

(二) 试验材料

2011 年 10 月初在金城林场云南红豆杉基地选取了甲、乙、丙 3 块样地。所选 3 块样地的环境条件基本一致。样地中的云南红豆杉按台地模式种植，种植密度为 1 株/(1.5m×1.5m)，实生苗造林，定植时间 2005 年 7 月。整地、种植、抚育、管理过程中，所有样地的营造林措施均采用同一技术标准。到 2011 年 10 月时，样地内所种植的云南红豆杉平均株高达 2.17m，平均地径为 44.61mm，平均冠幅为 1.2m×1.2m，树体发育良好，生长健壮，已达到可以进行商业采收的阶段。

(三) 试验方法

1. 试验材料的选取与处理

在每块样地选取 130 株生长良好、长势相近的云南红豆杉，对所选植株分别进行 4 种不同的枝叶采收处理，每个处理分 3 个不同的采收水平，每个水平 10 株，为避免可能出现的误差同时减小工作量，将 4 种采收处理的对照即不采收枝叶的处理合并为一，具体处理方式见表 4-1。由于对照处理和采收 1/4 枝叶的植株枝条较多，因此，按照树冠高度，将其树冠 2 等分；对于采收 2/4 和 3/4 枝叶的植株，所剩树冠按一层处理。在每层树冠的中间位置按照东、西、南、北 4 个方向、每个方向随机选择一个发育良好、叶片齐整的当年生(或 2 年生)枝条作为观测枝条。为便于寻找，在所选的枝条基部系上蓝色标签作为标记。枝叶采收后，按原料林的管理技术要求管理。

2. 数据调查及处理

于 2012 年 2 月中旬开始调查枝构件的生长状况，此后每隔两个月调查一次，直至 2012 年 12 月为止，一共调查 6 次。由于试验区域气候条件特征，该区域云南红豆杉具有明显的二次抽枝现象，即一年抽 2 次枝条。故将 6 月以前抽出的枝条定义为春枝，

表4-1　枝叶采收方式的处理措施和试验水平

处理	水平			
	CK	I	II	III
A. 截除主干及其上枝叶	对照	截去植株上部1/4树冠长度主干及枝叶	截去植株上部2/4树冠长度主干及枝叶	截去植株上部3/4树冠长度主干及枝叶
B. 保留主干，采收主干上部枝叶	对照	截去植株上部1/4树冠长度着生的枝叶	截去植株上部2/4树冠长度着生的枝叶	截去植株上部3/4树冠长度着生的枝叶
C. 保留主干上部1/8及下部1/8的枝叶，分层采收中部3/4部位的枝叶	对照	采收剩余部位上部1/3处着生的枝叶	采收剩余部位中部1/3处着生的枝叶	采收剩余部位下部1/3处着生的枝叶
D. 采收主干下部枝叶	对照	截去植株下部1/4树冠长度的枝叶	截去植株下部2/4树冠长度的枝叶	截去植株下部3/4树冠长度的枝叶

6月以后抽出的枝条定义为秋枝。调查发现，云南红豆杉老枝上不会有新叶长出，而在2次抽枝时分别伴有1次抽叶过程。因此，将第一次抽枝萌生的叶片定义为春叶，第二次抽枝萌生的叶片定义为秋叶，老枝着生的叶片则定义为老叶。由于研究的云南红豆杉一年中萌发两次新芽，第一次抽芽(春芽)发生在2~6月，萌发部位位于老枝，第二次抽芽(秋芽)发生在8~12月，萌发部位位于新枝。调查时发现老枝在6月以后也有芽萌发，但其数量特别少，故在统计秋芽时未将其统计在内。在调查过程中，记录的内容包括春枝的数量、基径、梢径、长度，秋枝的数量、基径、梢径、长度，春叶数量、秋叶数量、春芽数量、秋芽数量。其中数量采用逐个计数统计，基径、梢径和长度利用游标卡尺测量。将最初选择的枝条记为老枝。

根据调查数据，分别统计春枝和秋枝的数量、长度，春叶、秋叶数量，春芽、秋芽数量，包括不同处理及水平下这些指标的最大值、平均值、变异系数。

为便于比较不同处理及水平中当年生枝条总体数量及生长情况，我们分如下情况统计当年生枝条数量及长度：若只有春枝产生，则当年生枝条数量和长度等于春枝数量和长度；若仅有秋枝产生，则当年生枝条数量和长度等于秋枝数量和长度；若春枝及秋枝均有产生，则当年生枝条数量为春枝数量加上秋枝数量，长度则为春枝长度加上秋枝长度。

根据老枝上是否有春枝或秋枝产生计算春枝或秋枝产生的老枝比率；根据老枝叶片的脱落数量和老叶总量计算老叶落叶率，根据春枝、秋枝的长度及春叶、秋叶、春芽、秋芽的数量计算春叶密度、秋叶密度、春芽密度、秋芽密度。具体计算公式如下：

有春枝产生的老枝比率=产生春枝的枝条数量/所选的老枝数量
有秋枝产生的老枝比率=产生秋枝的枝条数量/所选的老枝数量
老叶落叶率=老枝脱落叶片数量/老枝总叶数
春叶密度=春叶数量/春枝长度
秋叶密度=秋叶数量/秋枝长度
新叶密度=新叶数量/新枝长度
春芽密度=春芽数量/老枝长度
秋芽密度=秋芽数量/新枝长度
新芽密度=新芽数量/老枝长度+新枝长度

春枝为云南红豆杉第一次抽枝产生的枝条,在调查中是 2~6 月萌发的枝条,秋枝为云南红豆杉第二次抽枝产生的枝条,在调查中为 8~12 月萌发的枝条。春枝和秋枝统称为新枝。

老叶为最初选择的枝条上着生的叶片,春叶为春枝上着生的叶片,秋叶为秋枝上着生的叶片,春叶和秋叶统称为新叶。

春芽为最初选择的枝条即老枝上着生的芽,秋芽为新生枝条(包括春枝和秋枝)上着生的芽,春芽和秋芽统称为新芽。

3. 数据分析

采用 SPSS 13.0 软件和 Excel 2003 进行数据处理和分析。分析数据时首先统计出每一块样地的数值,然后依据 3 块样地的数值计算出其平均值和标准差,用单因素方差分析(ANOVA)检验处理间差异的显著性,若主效应显著,用 Turkey LSD 进行多重比较。图中平均值的标准差采用误差棒表示。

二、春芽数量动态

(一) 树冠层次与方位对春芽数量的影响

1. 春芽数量

云南红豆杉人工药用原料林中,每株植株观测枝条春芽数量范围 3~29 个,平均 15.1 个(平均每枝 1.9 个),变异系数则为 42.93%(表 4-2)。变异系数的大小进一步验证了每株植株观测枝条春芽数量较大的变化范围。

表4-2 云南红豆杉春芽数量

分类		最小值/个	最大值/个	平均值/个	标准差	变异系数/%
树冠位置	上层	3	23	10.2	4.6	45.29
	下层	0	11	4.9	2.7	55.79
树干方位	北	0	9	4.1	2.4	58.49
	东	0	6	2.9	1.8	63.29
	南	0	10	3.9	1.9	47.65
	西	0	11	4.2	2.5	60.81
合计		3	29	15.1	6.5	42.93

在树冠不同位置的统计中,树冠上层平均为 10.2 个,显著高于树冠下层($t = 5.408$,$P<0.0001$),显示出春芽分布存在位置效应。但树冠下层变异系数高于树冠上层(表 4-2)。

在 4 个不同方位上,春芽数量东侧变化范围最小,平均值最低,显著低于西侧($P = 0.023$)和北侧($P = 0.027$),而与南侧无显著性差异($P = 0.061$),西侧和北侧变化范围分别为 0~11 个和 0~9 个,平均值则比较接近(表 4-2)。4 个方位中,南侧变异系数最低,而东侧变异系数最高。

2. 春芽密度

表 4-3 中显示，云南红豆杉春芽密度为 0.28 个/cm。在树冠不同位置上，树冠上层春芽密度显著高于树冠下层(t=4.71，P=0.000)，这与树冠上层春芽数量远高于下层有关。在不同方向上，仅东侧与北侧之间存在显著性差异(P=0.014)，其他各方向间无显著性差异，春芽密度没有显示出随方位变化的变化规律。

表4-3 云南红豆杉春芽密度

分类		春芽密度/(个/cm)
树冠位置	上层	0.35±0.03
	下层	0.19±0.02
树干方位	北	0.32±0.04
	东	0.21±0.02
	南	0.29±0.02
	西	0.30±0.03
合计		0.28±0.02

3. 春芽萌发数量动态

云南红豆杉春芽萌发存在明显的高峰期，即主要于 2 月萌发，而 4 月急剧下降，尽管 6 月略有回升，但并不明显，总体呈现随时间延长而降低的趋势(图 4-1A 和图 4-1B)。

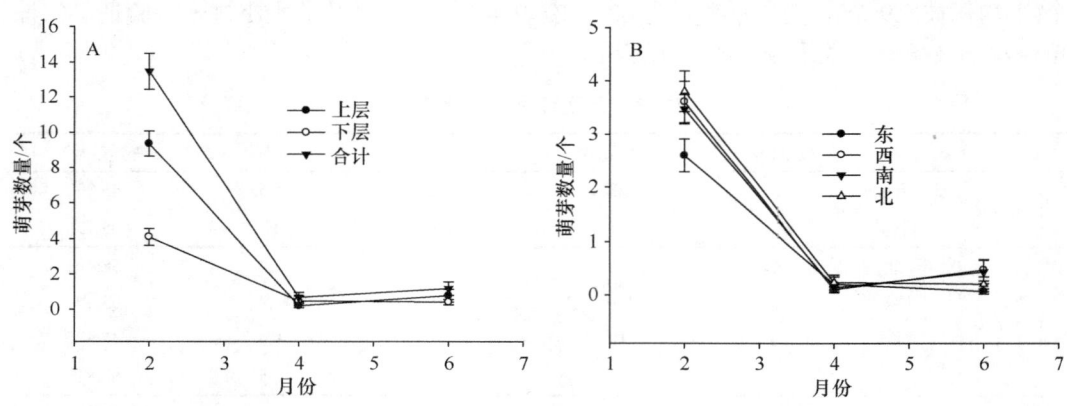

图4-1 春芽萌发数量动态

在树冠不同位置中，尽管春芽萌发时间动态趋势相同，但树冠上层在所有 3 个时间点春芽数量均高于树冠下层(图 4-1A)，说明春芽萌发主要发生于树冠上层。

不同方位中，春芽萌发动态也呈现出随时间延长而降低的趋势(图 4-1B)。2 月，东侧和南侧春芽萌发数量较少，而北侧和西侧较多；4 月，4 个方向春芽萌发数量较为接近；6 月，西侧和南侧春芽萌发数量相对较高，东侧较低。不同方位春芽萌发数量的变化与样地所处坡向密切相关，坡向不同影响光照，而光照时间长度及光照强度影响温度，进而影响春芽的萌发。

4. 春芽死亡动态

图 4-2 显示出，所有不同层次和方位及总体春芽死亡数量均随时间延长而减少。树冠上层、树干西侧、南侧及树木总体春芽死亡数量均为 2 月显著高于 4 月($P<0.05$)，而树冠下层及树干东侧、北侧春芽死亡数量在 2 月与 4 月间无显著性的差异($t = 1.042$，$P = 0.302$)。

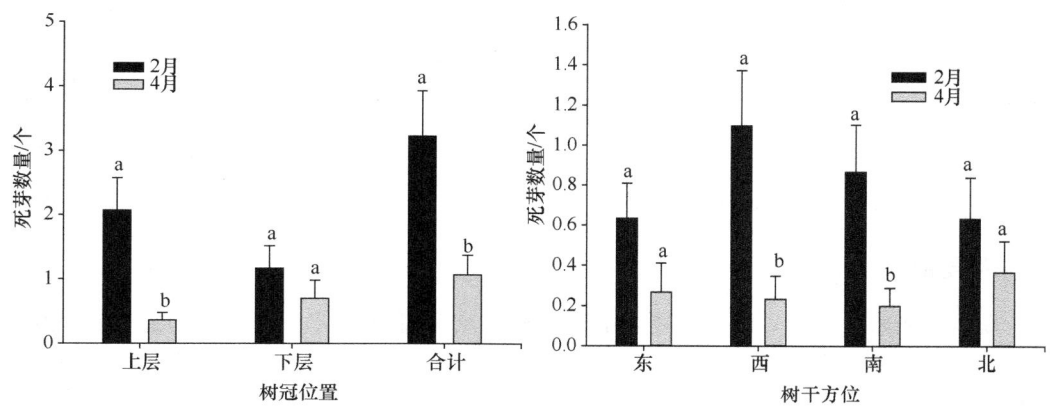

图4-2　春芽死亡数量动态

根据对不同时间点春芽萌发和死亡数量的调查数据，我们计算了 2 月及 4 月萌发的春芽死亡率(图 4-3)。春芽死亡率 2 月高达 23.4%，明显高于 4 月的 11.7%($t = 3.18$，$P = 0.002$)。同时，树冠上层、树干西侧 2 月春芽死亡率也明显高于 4 月($P<0.05$)，而树冠下层、树干东侧、南侧和北侧春芽死亡率无明显差异($P>0.05$)。较高的春芽死亡率与 2~4 月为干季有密切关系。

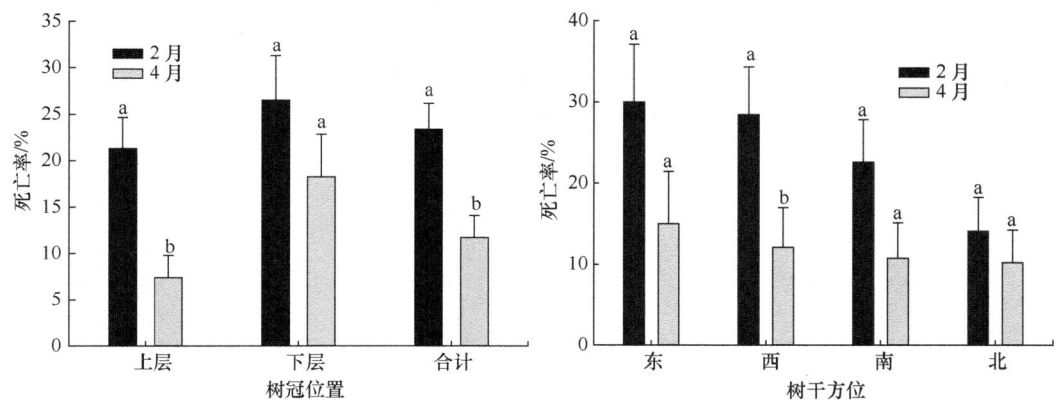

图4-3　春芽死亡率动态

5. 春芽数量与植株特征的关系

植株基径、树高及枝条的基径、梢径、长度及叶片数量与春芽数量间的相关性分析显示，春芽数量与植株基径和树高无显著相关性，但枝条大小及叶片数量影响春芽数量，枝条的基径、梢径、长度及叶片数量显著正相关于春芽数量(表 4-4)。枝条越粗越长，其表面积越大,枝条上的叶片越多,从而增加了叶腋数量,这为春芽萌发提供了基地,提供了增加春芽数量的可能性。随后的逐步回归分析则显示,只有枝条长度(x_1)和梢径(x_2)进入回归方程:$y=0.396x_1+3.178x_2-3.736$($R^2=0.380$,$P<0.0001$)。

表4-4　春芽数量与植株特征的相关性分析

	植株		枝条			
	基径	树高	基径	梢径	长度	叶片数
春芽数量	-0.061	0.013	0.457**	0.521**	0.518**	0.292**

**. $P<0.01$。

(二) 采收技术对春芽数量的影响

1. 春芽数量

在所有采收处理中,云南红豆杉的一个枝条最多可以生长7个春芽,12个采收方案的春芽数量变异系数为3.81%~36.97%。其中变异系数最大的是保留上、下各1/8的枝叶采收剩余部位上层枝叶的采收处理,变异系数最小的为保留上、下各1/8的枝叶采收剩余部位中层枝叶的采收处理。

当采收强度为1/4时,无论是否保留主干,还是从上部或下部采收枝叶,单个枝条的春芽数量相比对照都无明显差异(表4-5)。采收强度为2/4和3/4时,采收主干的植株单个枝条的春芽数量相比对照分别增加9.40%和16.24%,保留主干采收上部枝叶的分别增加11.11%和6.84%。保留主干上部1/8及下部1/8的枝叶,采收剩余部位的上层对春芽数量的刺激作用不明显,采收中层和下层的分别是对照的1.21倍和1.54倍。

表4-5　不同采收水平下云南红豆杉春芽数量的方差分析表

采收处理	采收水平	春芽数量/个
对照	CK	1.17±0.20a
A. 截除主干及其上枝叶	Ⅰ	1.19±0.30a
	Ⅱ	1.28±0.09ab
	Ⅲ	1.36±0.14b
B. 保留主干,采收主干上部枝叶	Ⅰ	1.18±0.25a
	Ⅱ	1.30±0.05a
	Ⅲ	1.25±0.22a
C. 保留主干上部1/8及下部1/8的枝叶,分层采收中部3/4部位的枝叶	Ⅰ	1.19±0.44a
	Ⅱ	1.41±0.07b
	Ⅲ	1.80±0.20c
D. 采收主干下部枝叶	Ⅰ	1.44±0.15b
	Ⅱ	1.45±0.27b
	Ⅲ	1.52±0.24b

注:不同的小写字母表示差异达显著水平($P<0.05$);大写字母与罗马数字代表的含义见表4-1,本章余同。

2. 春芽密度

芽密度是指枝条单位长度上芽的数量，它能反映出枝条上芽的密集程度及植株树冠的潜在发育趋势。分析图4-4可以看出，采收处理能够增加春芽的密度。采收上部枝叶时，春芽密度随着采收强度的增大而增大，这与是否保留主干的关系不大。截去主干并采收 1/4、2/4、3/4 时春芽密度分别是对照的 1.21 倍、1.38 倍和 1.64 倍，保留主干采收 1/4、2/4、3/4 时春芽密度分别是对照的 1.21 倍、1.44 倍和 1.51 倍。采收选在下部时，3 个采收强度的春芽密度没有显著差异。比较是从上部和下部采收枝叶可知，采收强度为 1/4 时采收部位选在树冠下部更有利于春芽密度的提高，而采收强度为 2/4 或 3/4 时采收部位选择上部或下部的处理间无明显差异。保留主干上部 1/8 及下部 1/8 的枝叶，采收剩余部位的中层对春芽数量的刺激作用不明显，但与采收下层和上层的处理间的差异均未达到显著水平。

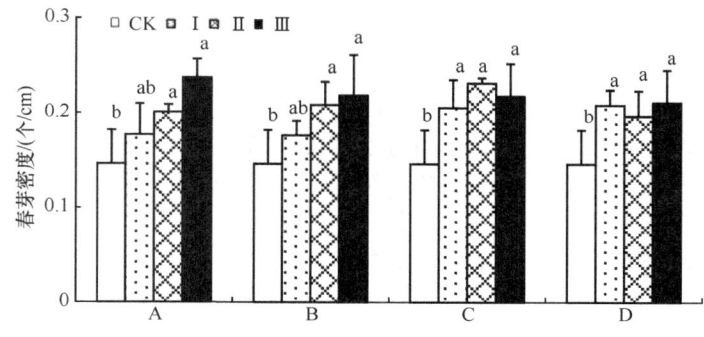

图4-4 不同采收处理下云南红豆杉春芽密度

三、秋芽数量动态

(一) 秋芽数量

云南红豆杉的一个枝条最多可以生长 24 个秋芽，12 个采收方案的秋芽数量变异系数为 3.81%~36.97%，其中变异系数最大的是保留上、下各 1/8 的枝叶采收剩余部位下层枝叶的采收处理，最小的为从下层采收 3/4 树冠长度枝叶的采收处理。

由表4-6和表4-7可以看出，从上部采收枝叶时，无论是否采收主干，都呈现出随着采收强度的增多，秋芽的数量逐渐增多的趋势。截去植株上部 1/4 或 2/4 树冠长度的主干及枝叶的处理后，植株的一个枝条的秋芽数量略低于保留主干仅采收枝叶的处理，

表4-6 不同采收处理下云南红豆杉秋芽数量的方差分析表

采收处理	秋芽数量/个
A. 截除主干及其上枝叶	4.18±1.59a
B. 保留主干，采收主干上部枝叶	4.32±0.90a
C. 保留主干上部 1/8 及下部 1/8 的枝叶，分层采收中部 3/4 部位的枝叶	2.39±0.25b
D. 采收主干下部枝叶	2.05±0.48b

表4-7 不同采收水平下云南红豆杉秋芽数量的方差分析表

采收处理	采收水平	秋芽数量/个
对照	CK	2.25±0.50a
A. 截除主干及其上枝叶	I	2.65±0.47a
	II	4.07±0.38b
	III	5.83±1.41c
B. 保留主干，采收主干上部枝叶	I	3.41±0.43ab
	II	4.35±1.48b
	III	5.20±1.91b
C. 保留主干上部1/8及下部1/8的枝叶，分层采收中部3/4部位的枝叶	I	2.46±0.59a
	II	2.60±0.79a
	III	2.12±0.49a
D. 采收主干下部枝叶	I	1.67±0.38a
	II	1.88±0.60a
	III	2.59±0.23a

前者分别为对照的1.18倍和1.81倍，后者分别为1.52倍和1.93倍。但当采收量达到3/4树冠长度时，则是截去主干的处理较高，为对照的2.59倍，保留主干的为对照的2.31倍。保留主干上部1/8及下部1/8的枝叶，采收剩余部位的上层和中层的枝叶可以使秋芽数量有所增高，与对照相比增加量分别是9.33%、15.56%。

(二) 秋芽密度

分析图4-5可以发现，所有的采收方案中，仅有保留主干采收1/4枝叶的植株秋芽密度显著高于对照，采收1/4和2/4主干下部枝叶处理的秋芽密度明显低于对照。其中保留主干采收1/4枝叶的植株比对照高27.83%，采收1/4和2/4主干下部枝叶的植株比对照低23.11%和29.56%，其他的采收处理的植株秋芽密度与对照相比无明显变化。采收1/4时保留主干相比截去主干的植株秋芽密度更高，高出后者22.49%。保留主干上部

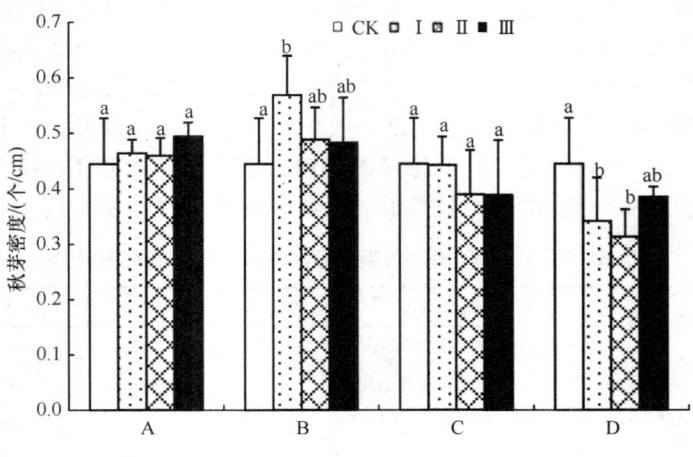

图4-5 不同采收方式下云南红豆杉秋芽密度

1/8 及下部 1/8 的枝叶，采收剩余部位枝叶选择上中下层对秋芽密度的影响都未达显著水平。采收部位选择上部时的 3 个采收水平都能刺激秋芽密度的升高，1/4、2/4、3/4 3 个采收水平相较于采收部位选择在下部时的提升幅度依次为 66.26%、55.89% 和 25.31%。

四、新芽数量动态

（一）新芽数量

通过调查发现，云南红豆杉一个枝条最多可以萌发 27 个芽，12 个采收处理的新芽数量变异系数为 8.53%~30.86%，其中变异系数最大的是保留上、下各 1/8 的枝叶，采收剩余部位上层枝叶的处理，最小的是截去主干并采收树冠上部 2/4 枝叶的处理。

分析表 4-8 和表 4-9 可知，本节所设计的所有采收处理都可以促使云南红豆杉枝条萌发更多的新芽，且这一趋势会随着采收强度的增强而愈发明显。截去主干及上部 2/4、3/4 枝叶和保留主干截去上部 2/4、3/4 枝叶这 4 个处理的促进效果最为突出，相较于对照，经这些处理后的植株的新芽数量分别比对照多 40.66%、80%、47.33%、62%。从整体上看，无论是否保留主干，从上部采收枝叶的处理对新芽的促进效果都要好于从下部采收枝叶的处理和保留上、下各 1/8 枝叶分层采收剩余部位枝叶的处理。

表4-8　不同采收处理下云南红豆杉新芽数量的方差分析表

采收处理	新芽数量/个
A. 截除主干及其上枝叶	2.15±0.31a
B. 保留主干，采收主干上部枝叶	2.17±0.17a
C. 保留主干上部 1/8 及下部 1/8 的枝叶，分层采收中部 3/4 部位的枝叶	1.75±0.09b
D. 采收主干下部枝叶	1.64±0.10b

表4-9　不同采收水平下云南红豆杉新芽数量的方差分析表

采收处理	采收水平	新芽数量/个
对照	CK	1.50±0.29a
A. 截除主干及其上枝叶	II	1.63±0.36a
	III	2.11±0.18b
	IV	2.70±0.52c
B. 保留主干，采收主干上部枝叶	II	1.84±0.30ab
	III	2.21±0.48b
	IV	2.43±0.73b
C. 保留主干上部 1/8 及下部 1/8 的枝叶，分层采收中部 3/4 部位的枝叶	II	1.57±0.48a
	III	1.77±0.37ab
	IV	1.90±0.19b
D. 采收主干下部枝叶	II	1.51±0.22a
	III	1.58±0.37a
	IV	1.84±0.23b

图 4-6 表明，6~8 月是云南红豆杉芽萌发的最高峰，其萌发量占总芽量的 45.41%~74.42%，平均为 58.50%；2 月之前的萌发量次之，为总芽量的 11.81%~41.64%，平均为 27.10%；4~6 月芽萌发量最少，为总芽量的 0.09%~4.58%，平均为 1.98%。

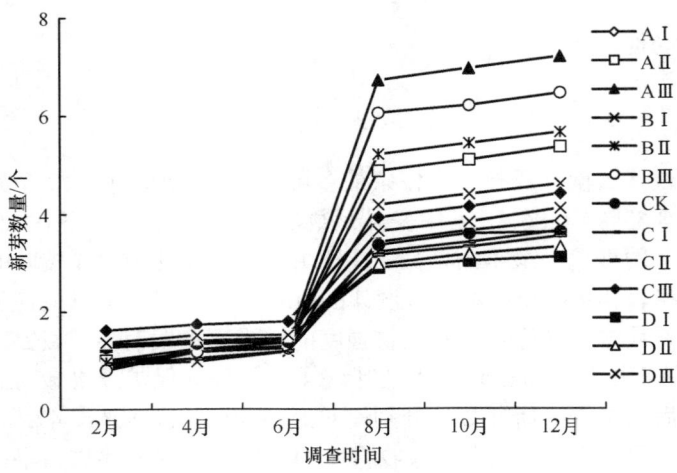

图4-6　不同采收方式下云南红豆杉新芽数量动态比较

(二) 新芽密度

分析图 4-7 可知，实施采收处理可以在一定程度上促进云南红豆杉新芽密度的增大，截去主干并采收 1/4、2/4、3/4 枝叶处理的新芽密度分别是对照的 1.12 倍、1.19 倍、1.34 倍；保留主干采收 1/4、2/4、3/4 枝叶处理的新芽密度十分接近，分别是对照的 1.25 倍、1.24 倍、1.27 倍；保留上、下各 1/8 的枝叶分层采收剩余部位枝叶的 3 个处理及从下部采收枝叶的 3 个处理的新芽密度相较于对照都有不同程度的变化，但差异都未达到显著水平。从总体上看，从上部采收枝叶时无论是否保留主干，植株的新芽密度都大于采收下部枝叶的处理。

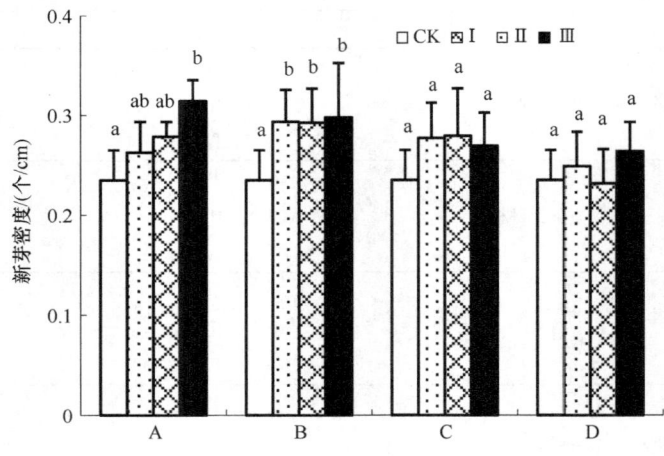

图4-7　不同采收方式下云南红豆杉新芽密度

五、小结与讨论

芽是植株枝、叶、花等构件的一种潜在生长势，它的数量对于树冠的构形、叶片数量及生殖构件的数量都有很大的影响。芽的数量越多形成各构件的数量也就越多。在云南红豆杉人工药用原料林中，平均每株树木观测枝条有春芽 15.1 个，即平均每个当年生枝条萌发春芽 1.9 个，并且主要集中于树冠的上层。采收处理可以促进春芽、秋叶及新芽数量与密度的增加，并与采收强度存在一定正相关性。植物萌芽数量多少是植物体本身的生物学特性与环境因素共同作用的结果。

植物的芽主要着生于枝条顶端或叶腋处，因此，枝条与叶片特征必然影响植物芽的数量。枝条是芽的主要支撑者，支撑者表面积越大，可支撑的芽越多，即枝条长度和粗度影响芽的数量，这也在研究中得到证实，春芽数量与枝条的基径、梢径、长度显著正相关。枝条长度和粗度的增加，必然会增加枝条表面积，可着生叶片的地方增加，潜在地增加了叶片的数量。叶片数量的增加导致叶腋数量(侧芽着生位置)的增加，这也必然会影响到侧芽的数量，进而影响枝条萌发总芽的数量。叶片是植物固碳的主要部位，叶片面积的增加有利于吸收更多的光能(祝介东等，2011)。光能和碳储量的增加为芽萌发提供了能量和物质基础，促进了芽的萌发，增加了芽的数量。叶片数量(由于所选的观测枝条均为当年生枝条，其上面的叶片到观测时均已为成熟叶片，据以往测定结果，同年生成熟叶片之间叶面积差异较小，因此以叶片数量代替枝条上叶片总面积)正相关于春芽数量也证实了这一推论。叶片数量的增加一方面增加了枝条上叶片总面积，另一方面也增加了叶腋数量，这也会导致芽数量的增加。

除枝条和叶片外，植物自身的其他生物学特性也会影响芽的数量，如顶端优势。顶端优势是植物重要的生物学特性之一。植物顶芽和侧芽并不是处于同等地位的，顶芽在芽种群统计和分枝形成中所起作用大于侧芽，并影响侧芽活动状况(贾程等，2010)。顶芽的生长会抑制侧芽的生长，导致侧芽休眠或不萌发，而去除顶芽则会促进侧芽的萌发与生长(黎云祥等，1998)，从而导致萌发芽数量的变化。此外，植物体自身光合产物的积累也会影响芽的数量(Klimešová and Klimeš，2008)，光合产物积累越多，可供芽萌发的物质基础越雄厚，萌发的芽数量越多。

在环境因素当中，光照是影响芽数量多少的重要环境因素之一(贾程等，2010；魏媛和喻理飞，2010)。光照充足，芽萌发数量增多，反之，则萌发数量减少。魏媛和喻理飞(2010)对构树芽构件种群结构研究发现，树冠自外向内芽的水平分布以树冠外层活芽分布最多，靠近主干内层活芽最少。Dong 和 Pierdominici(1995)对 3 种不同生长型植物的研究表明，3 种植物芽的数量都随着光照的增强而增加。宋会兴等(2001)对马尾松研究发现，树冠中芽在形成分枝时，顶层分枝率较底层分枝率大，最终达到植冠顶层构成能够更好地吸收太阳光的结果。黎云祥等(1997)研究四川大头茶树冠顶层不同级枝条上的芽发现，长成末级枝条的芽生长情况比其他芽更良好，这些末级枝最终决定了枝条的分枝方向和树叶的着生点，从而决定了树冠对光的截取能力。树冠上层芽的萌生数量显著高于下层，这也体现了光照对芽萌生数量的影响。可见，光照是影响芽萌发的重要因素之一，并影响芽的分布格局(Richer，2008)。此外，水分是植物生长所必需的物质，同时也是影响植物芽萌发数量的重要环境因素之一(邓正苗等,2010;Dalgleish and Hartnett,2006)。2012 年春季,处于干季的马关县城降水量极低。由于马关县地处云南东南部,温度较高,春芽萌动较早,1 月末即开始萌动,2 月达到萌动高峰期,而此时正处于干季,水分的亏欠必然影响到春芽的萌发数量。

云南红豆杉春芽大量出现的时间为 2 月中旬,而在 4 月和 6 月也有少量出现,即云南红豆杉在 2~6 月持续有春芽产生,但随时间的延长产生的数量逐渐减少。树木春季萌芽是物种对外界环境的一种响应,但大多数物种萌芽时间比较集中,在某一时间段迅速萌芽,然后进入营养和生殖生长。研究发现,在观测时间段内,云南红豆杉除进行营养生长外,还持续产生新的春芽,这一现象还未见报道。这部分是由于某些个别枝条顶芽死亡,去除了顶端优势,从而使得侧芽得到生长的机会。但在观测过程中也发现,尽管春芽持续产生,但产生的部位有明显变化,4 月和 6 月产生的春芽主要集中于树冠下方,这可能与光照有关。与树冠上层叶片相比,相同时间内,树冠下层叶片吸收光能不足,无法提供足够的营养物质用来产生新芽,因此,只能通过延长营养物质的积累时间达到产生新芽的目的。此外,光照不足也会影响到温度及叶片和枝条内部的生理变化,进而影响新芽产生的时间。可见,选择压力也会使新芽产生的时间更具有弹性(Wesołowski and Rowiński,2006)。同时,尽管研究对象均来自同一种源,但个体间的遗传变异及基因对环境变化感知的时间差异也会影响到新芽产生的时间(Yakovlev et al.,2008;Wesołowski and Rowiński,2006)。

第二节 云南红豆杉叶数量动态

叶是维持陆地生态系统机能的最基本要素,是植物进行光合作用和物质生产的主要器官,是生态系统中初级生产者的能量转换器(毛伟等,2012),也是植物与环境接触面积最大的器官,对环境的水分关系、能量平衡有着重要的作用(Ackerly et al.,2002),并且负责陆地大部分的碳同化(Beer et al.,2010)。叶是植物体的重要构件之一,植物的生理生态特性总是与植物各器官特性,特别是植物叶片的特性相联系(严昌荣等,2000)。植物通过调控叶的新生、衰老、脱落和密度等措施对各种干扰做出响应(Breeze et al.,2011;Cornelissen,2011),从而调整植物自身的组成和结构(Lu et al.,2012;贾程等,2010)。因此,研究叶构件种群可以更好地认识植物对环境和干扰的适应机制。同时,枝是叶片的支撑体,并决定着叶的空间分布,以便植物体充分利用光能进行光合作用。枝叶共同构成了植物的有机整体,执行植物体的功能。

一、材料与方法

见第四章第一节中的"一、材料与方法"。

二、不同采收处理下的老叶落叶量

不同采收处理植株的老叶落叶数量在 6~17 片,对照的平均落叶数量为 14 片左右。

植株的老叶落叶数量如图 4-8 所示。经过采收主干及枝叶、保留主干采收主干上部枝叶和保留主干采收主干下部枝叶 3 种采收方式处理植株的老叶落叶量随采收强度加强而增加。采收主干和保留主干采收主干上部枝叶对老叶落叶数量的影响不显著，不同强度的老叶落叶数量相近，对照的老叶落叶数量都在上部 2/4 和 3/4 的枝叶处理之间。保留主干采收主干下部枝叶处理的老叶落叶数量都低于对照，但差异也不显著。总体上看，3 种采收方式对植株老叶落叶数量并没有显著的影响。

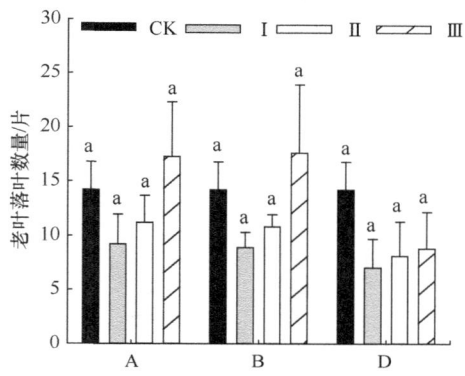

图4-8　不同采收条件下云南红豆杉老叶落叶数量

三、不同采收处理下的老叶脱落动态

不同采收条件下云南红豆杉老叶落叶动态(图 4-9)表明，老叶落叶数量都有先增加后减少再增加的趋势，在 6 月出现落叶小高峰，到 12 月各处理的植株老叶落叶数量达到最大值，老叶落叶率随时间增加呈递增趋势。采收主干及上部 1/4 的枝叶、保留主干采收上部和下部 1/4 的枝叶处理的叶片存留量较多，落叶率比较低，三者在 12 月的落叶率分别是对照植株的 65.4%、60.4% 和 56.2%。采收主干及上部 3/4 的枝叶和保留主干采收上部 3/4 的枝叶处理会促进植株老叶的落叶，落叶率比较高；保留主干采收上部 2/4 的枝叶和采收主干上部 2/4 的老叶落叶率与对照接近，差异不明显；保留主干从下部采收枝叶植株的老叶落叶率低于不做采收处理的对照植株。3 种采收处理都有采收量越大，老叶落叶率越高的现象。

四、不同采收处理下的新叶数量及动态

调查发现，云南红豆杉植株观测枝条新叶数量范围为 4~120 片，9 个采收方案中，最多萌生新叶是保留主干采收上部 3/4 枝叶的处理，最少为不留主干采收上部 1/4 枝叶的处理。同时，新叶包括春叶和秋叶。春叶数量范围为 2~96 片，9 个采收方案中最多萌生春叶是采收主干及上部 3/4 枝叶的处理，最少为采收主干及上部 1/4 枝叶的处理。秋叶数量范围为 2~53 片，采收方案中最多萌生秋叶是留主干采收上部 3/4 枝叶的处理，最少为不留主干采收上部 1/4 枝叶的处理。

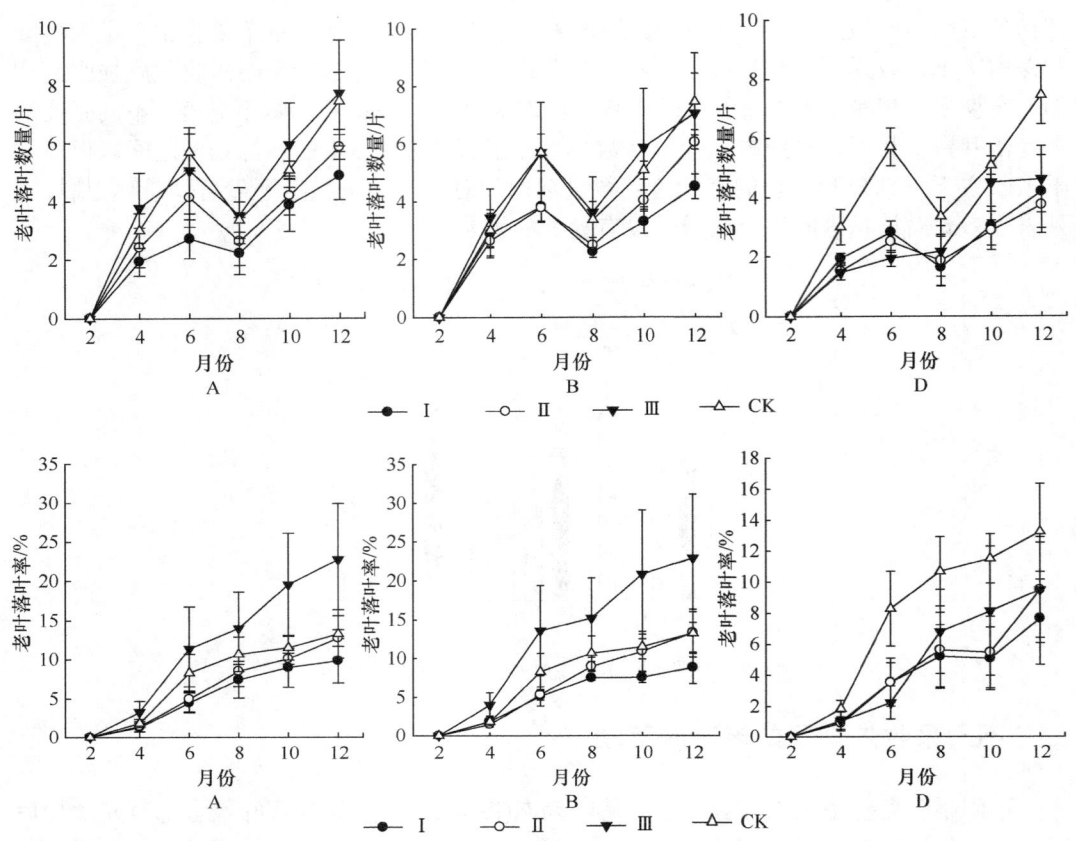

图4-9 不同采收条件下云南红豆杉老叶落叶数量和落叶率动态

图 4-10 显示春叶、秋叶与新叶在同种采收方式下不同强度间的生长数量比较。与对照组相比,所有不同采收处理都可以促进新枝(春枝、秋枝)生长更多的叶片。对新叶而言,每种采收方式的 1/4 采收强度与对照无明显差异。采收主干及上部 2/4 和 3/4 枝叶处理所萌发的叶片数量都极显著高于对照组($P<0.01$),分别可使新叶数量增加 115%、118%;保留主干采收上部 2/4 与对照无显著差异,采收上部 3/4 枝叶萌发的叶片数量显著高于对照组($P<0.05$),分别可使新叶数量增加 75.9%、121.4%;保留主干采收下部 2/4 与对照无显著差异,采收下部 3/4 枝叶萌发的叶片数量显著高于对照组($P<0.05$),分别可使新叶数量增加 43.1%、74.5%。对于春叶,同样每种采收方式的 1/4 采收强度与对照无明显差异。采收主干及上部 2/4 枝叶显著高于对照组($P<0.05$),采收上部 3/4 极显著高于对照组($P<0.01$);保留主干采收上部 2/4 枝叶与对照无显著差异,采收上部 3/4 枝叶萌发的叶片数量显著高于对照组($P<0.05$);保留主干采收下部 2/4、3/4 枝叶显著高于对照组($P<0.05$)。各处理下秋叶的生长数量与对照没有显著差异。

是否保留主干对春叶、新叶数量没有显著影响,但采收上部枝叶比采收下部枝叶更加刺激春叶和新叶的萌发,是否保留主干与采收上下部枝叶对秋叶数量没有产生显著影响(表 4-10)。

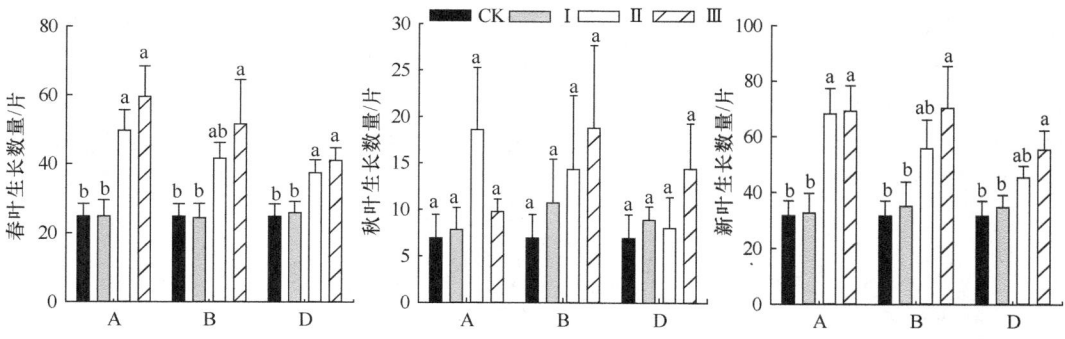

图4-10 不同采收条件下云南红豆杉春叶、秋叶及新叶生长数量

表4-10 不同采收因素下云南红豆杉春叶、秋叶及新叶数量

采收因素	春叶数量/片	秋叶数量/片	新叶数量/片
A. 采收主干及其上枝叶	48.34±5.74a	11.45±2.66a	59.79±6.01a
B. 保留主干，采收主干上部枝叶	45.90±5.23a	13.66±3.89a	59.56±6.87a
D. 保留主干，采收主干下部枝叶	32.38±2.54b	10.12±2.02a	42.5±3.24b

在不同采收处理下，云南红豆杉的新叶数量总体呈先上升后下降的趋势，新叶在4~6月萌发较为集中，6月是明显的萌发高峰期，之后新叶数量急剧下降，到12月新叶停止萌发(图4-11)。采收主干及其上枝叶和保留主干采收主干上部枝叶处理植株的新叶数量均高于对照组，萌发动态趋势也基本相同；采收上部3/4枝叶处理植株的新叶数量在6月达到最大值，分别占新叶总量的58.2%和48.4%，其次为采收上部2/4枝叶处理，采收上部1/4略优于对照组。保留主干采收下部枝叶处理植株萌发新叶数量较少，与对照组萌发新叶数量较为接近。可见，从上部采收云南红豆杉枝叶对新叶萌发更为有利，与是否保留主干没有密切关系。

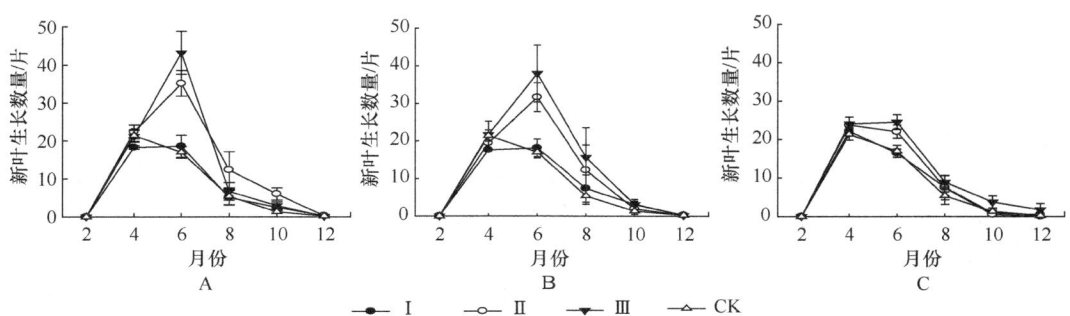

图4-11 不同采收条件下云南红豆杉新叶生长数量动态

五、不同采收处理下的新叶密度

叶密度指标可反映出叶在枝上的密集程度。采收处理对云南红豆杉春叶密度有一定的影响(图4-12)，尽管采收处理刺激了春叶数量的增多，但是春枝长度增长的幅度更明

显(图 4-13),从而降低了春叶密度。采收主干及其上枝叶 1/4、2/4、3/4 分别使春叶密度降低 13.8%、24.1%、24.1%,都极显著地低于对照($P<0.01$);保留主干采收上枝叶 1/4、2/4、3/4 同样降低春叶密度 12.6%、23.9%、23.7%,也都极显著低于对照($P<0.01$);保留主干采收下部枝叶处理与对照组差异不明显。这说明是否保留主干对春叶密度的影响没有明显差异。

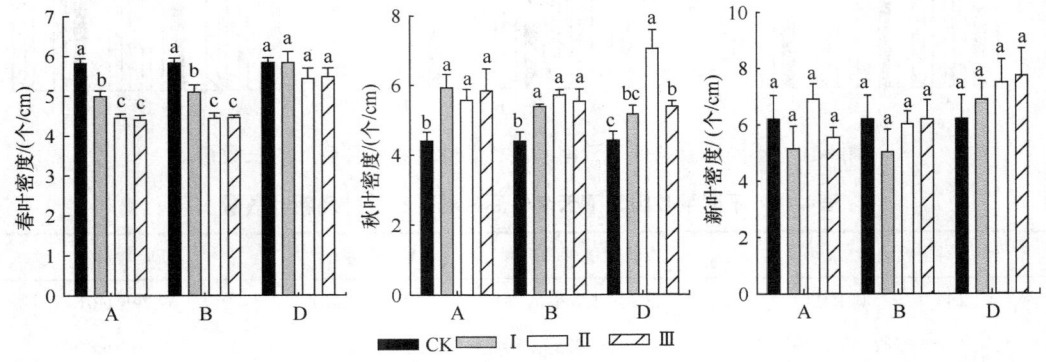

图4-12　不同采收条件下云南红豆杉新叶密度

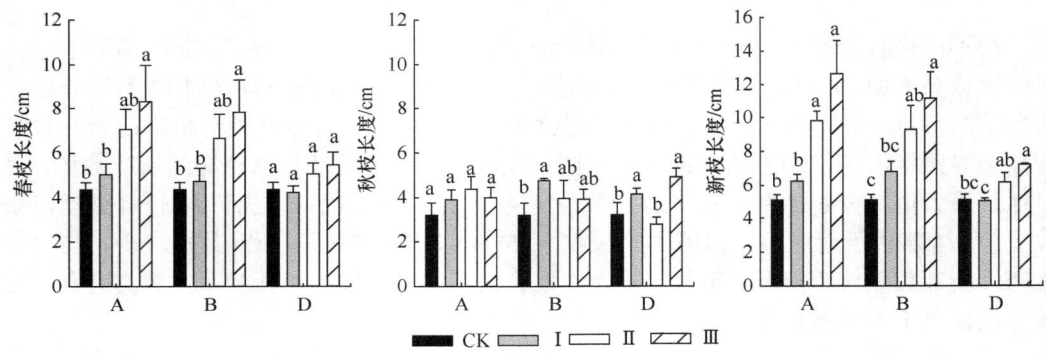

图4-13　不同采收条件下云南红豆杉新枝长度

与采收处理对春叶密度的影响不同,采收不仅增加了秋叶数量,还提高了秋叶密度(图 4-12),这是因为秋枝长度在各采收强度下的变化比较不明显(图 4-13)。采收主干及 1/4 上枝叶的处理使秋叶增加 34.6%,极显著高于对照组($P<0.01$),采收主干及 2/4、3/4 上枝叶的处理分别使秋叶增加 26.6%和 32.7%,显著高于对照组($P<0.05$);保留主干采收上部 1/4、2/4、3/4 分别使秋叶密度增加 22.3%、29.9%、25.7%,都显著高于对照($P<0.05$);保留主干采收下部 2/4 枝叶处理使秋叶密度增加 60.0%,极显著高于对照($P<0.01$),采收下部 3/4 枝叶处理使秋叶密度增加 22.2%,显著高于对照组($P<0.05$),采收下部 1/4 枝叶处理与对照组无显著差异。

虽然不同采收处理对春叶、秋叶密度都产生了一定的影响,对春叶密度有抑制作用和对秋叶密度有促进作用,但是新叶的总体密度并没有随采收处理的不同而表现出显著差异。从图 4-10 的新叶生长数量和图 4-13 的新枝长度可以看出,两者呈相似的趋势,各采收处理强度下的叶数量和枝长度与对照的差异程度基本相同。

六、不同采收处理下的叶净增加量

为比较出可以获取更多云南红豆杉叶片数量的采收处理,采用新叶生长量与老枝落叶量的差值,即叶净增加量作为参考指标。

图 4-14 显示出,不同采收条件下,叶净增加量几乎随采收强度的增强而增加。采收主干及上部 1/4、2/4 和 3/4 枝叶处理植株的叶片净增加量分别比对照增加 33.9%、225.2%和 196.2%,但前者与对照无显著差异,后两者与对照的差异达到极显著增加($P<0.01$)和显著增加($P<0.05$)水平。保留主干采收上部 1/4、2/4 和 3/4 枝叶处理植株的叶片净增加量分别比对照增加 49.0%、156.6%、200.3%,但前两者与对照没有显著差异,仅后者的差异达到显著($P<0.05$)水平。保留主干采收下部 1/4、2/4 和 3/4 枝叶处理植株的叶片净增加量分别比对照增加 58.2%、112.9%和 165.6%,前者显著高于对照($P<0.05$),后两者都极显著地高于对照($P<0.01$)。

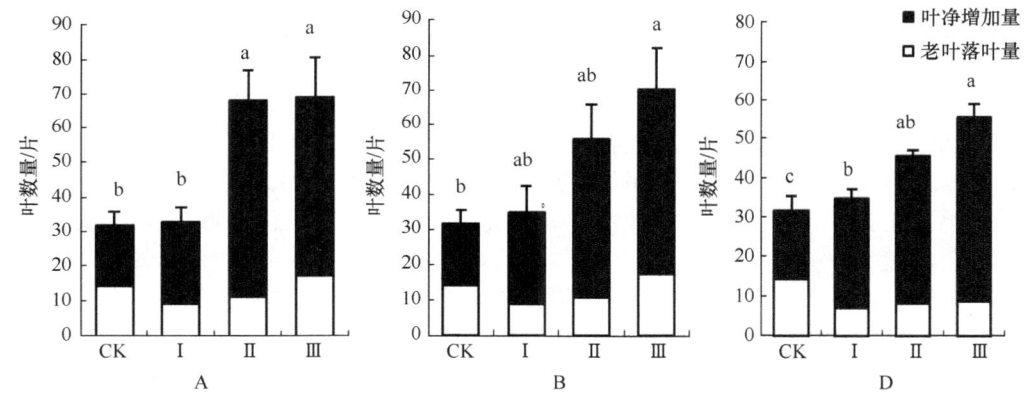

图 4-14 不同采收条件下云南红豆杉叶数量比较

七、小结与讨论

目前,关于草本植物采收的研究表明,采收处理可以刺激植物的分蘖(van der Graaf et al.,2005),改变资源的分配模式(Zhao et al.,2008)。植株叶种群的数量巨大,叶片之间存在相互竞争,其中包括老叶和新叶、上层叶和下层叶等之间的竞争(贾程等,2010)。云南红豆杉老叶的脱落状况会受到枝叶采收的影响,一方面会改变落叶的数量,另一方面老叶落叶率随时间的推移呈递增趋势,从而使老叶分布格局产生变化。经过采收处理后,植株的结构和营养分配策略受到不同程度的影响,为保持正常的生长发育,植株通过调节生理改变老叶脱落格局。此外,采收后叶片数量减少,植株需通过萌发更多的新叶进行光合作用获取更多的能量满足生长,从而使得采收促进了新叶数量的增加。

充分利用水热资源,最大限度地合成并输出有机物是叶的首要功能(孙书存和陈灵芝,2000)。由于马关县 4 月温度升高,云南红豆杉进入生长季,所以叶萌发较为集中。6 月当地进入雨季且气温较高,植株充分利用水热资源,植株的营养生长主要就在 6 月进行,新叶生长数量在 6 月达到最大值。随后，水热条件逐渐下降，新生叶生长数量减少，10月左右进入干季且气温较低，净光合速率降低，老叶落叶数增加新叶逐渐停止生长。

随着采收强度的增大，老叶落叶率和新叶生长量都增加。当采收强度增大，植株的落叶数量骤减，光合产物减少，植物通过将老叶养分转移到嫩叶的方式来响应(Jonasson，1989)，衰老脱落的老叶减少了对新养分的吸收，以达到补给植株自身营养的效果。在采收强度不大，植株结构未受到严重破坏的情况下，采收就可以促进植物的再生能力(贾悦等，2011)。由于设计的最大采收强度在云南红豆杉的可塑性范围内，未对植株造成不可逆的破坏，仍可正常地生长。当采收强度相同时，是否保留主干对新叶生长的促进作用不明显，但采收上部枝叶比采收下部枝叶对新叶数量增加的促进效果更为突出。这是因为采收下部枝叶的处理只能获得一定的补偿生长，但是植物具有一定的顶端优势，采收上层枝叶后，植株不但能获得补偿生长，而且解除顶端优势对中下层枝叶生长、发育的抑制作用，激发了植株剩余部位潜伏芽的发育潜能，生产更多的枝、叶，从而更快地完成树冠的重新构筑。

了解叶密度和叶的分布，可以更好地了解树冠整体构型的发展趋势和环境变化对整个植株的影响。无论是否保留主干，采收都会降低春叶密度，且采收强度越大，春叶密度降低得越多。其原因是，在春叶增多的同时，春枝长度也在增长，而且春枝长度的增加幅度大于春叶数量的增加幅度。与此相反，无论是否保留主干，采收强度、采收位置是否变化，采收都可以明显促进秋叶密度的增大，因为秋枝长度相对于秋叶数量增幅不明显。综合春叶与秋叶密度，新叶总体密度并没有随采收处理的不同而表现出显著的差异。

云南红豆杉药用原料林以获取尽可能多的可持续性枝叶提取紫杉醇为主要目的。云南红豆杉的叶净增加量是选择采收方式的重要指标之一。虽然从下部采收枝叶不管采收强度大小，都可以使植株叶净生长量稳定地增长，但是从上部采收枝叶获得的叶净增加量并不亚于从下部采收枝叶获得的量，同时从上部采收枝叶可以促进新叶更多地生长。因此，从上部采收枝叶更适宜云南红豆杉药用原料林的可持续发展。从采收更多的枝叶量和翌年收获更多的叶净增加量为标准来看，不留主干采收上部 3/4 枝叶和保留主干采收上部 3/4 枝叶两种采收方式较好，叶净增加量分别是对照的 2.96 倍和 3.00 倍。南方红豆杉(*Taxus chinensis* var. *mairei*)药用原料林和三尖杉(*Cephalotaxus fortunei*)药用原料林采收措施通常包括枝叶采收、截干采收和全株采收 3 种方法，且研究表明截干不仅紫杉醇含量较高，并且有利于促萌经营(周志春和余能健，2010；廖国华，2009；潘标志，2009)。本研究在调查中发现，云南红豆杉截取主干采收更有利于去除顶端优势，使植株以灌木型形式生存。同时，还发现截取主干后，云南红豆杉会在剩余的树冠上生长更多的萌枝，增加枝叶的生物量(苏磊等，2013)。因此可以将采收主干及上部 3/4 树冠长度的枝叶采收处理视为最佳的枝叶采收方案。

第三节 云南红豆杉枝数量动态

枝是植物体的重要构件之一，植物枝条的主要功能是作为叶的支撑体，也是连接叶片与植株的纽带，担负着两者之间养分和水分的运输(张炜银等，2002)。同时，枝将叶、芽、花、果等器官伸展到适宜的空间,以便植物充分利用光能,并有利于受粉与果实发育,从而完成整个生活史。枝的生长变化直接影响树冠的形状及植株对空间资源的利用方式,植株通过枝在树冠中的空间分布、数量动态及分枝强度,最终形成特有的冠形(魏媛和喻理飞,2009),枝条的伸长和分枝的产生可扩大植物体的生存空间,共同促进个体枝条的繁茂(Borchert et al.,1981)。在木本植物中,新枝发育对植株营养生长和生殖生长的交替具有决定作用(Castillo-Llanque and Rapoport,2011),从全株树木新枝数量、大小和形态起源来看,树木的地上部分可被视为新枝的不同种群(Suzuki and Hiura,2000)。枝构件种群通过改变构件数目、构件大小、生物量分配,以对环境变化作出反应(李俊清等,2001)。因此,对于植物枝构件的研究在种群生态学上具有重要意义。

一、材料与方法

见第四章第一节中"一、材料与方法"。

二、不同采收处理下的老枝抽新枝的比率

云南红豆杉人工药用原料林中,不经过采收处理的老枝抽新枝的比例为58.5%~75.0%,其中,老枝产生春枝的比例为57.5%~75.0%,产生秋枝的比例为1.3%~8.8%。而经采收主干及其上部枝条、留主干采收主干上部枝条、留主干采收主干下部枝条3种采收方式,老枝萌春枝、秋枝和新枝的比例均高于不采收枝条的空白对照(图4-15)。对于新枝,采收主干及其上部2/4和3/4枝条都与对照呈极显著差异($P<0.01$),老枝萌新枝的平均比例分别为91.7%和92.5%;留主干采收主干上部和下部2/4、3/4枝条都显著高于对照($P<0.05$),萌新枝的平均比例分别为88.3%、84.2%、81.7%、82.5%;每种采收方式的1/4采收强度与对照无显著差异。对于春枝,采收主干及其上部2/4和3/4枝条都与对照呈极显著差异($P<0.01$);留主干采收主干上部和下部2/4和3/4枝条都显著高于对照($P<0.05$);采收主干及枝条、保留主干采收主干上部枝条和保留主干采收主干下部枝条3种采收方式的1/4枝条采收与对照无显著差异。有秋枝产生的老枝比例相对春枝和新枝较低,采收主干及其上部2/4枝条极显著高于对照($P<0.01$);留主干采收下部3/4枝条显著高于对照($P<0.05$);其余采收条件与对照无显著差异。

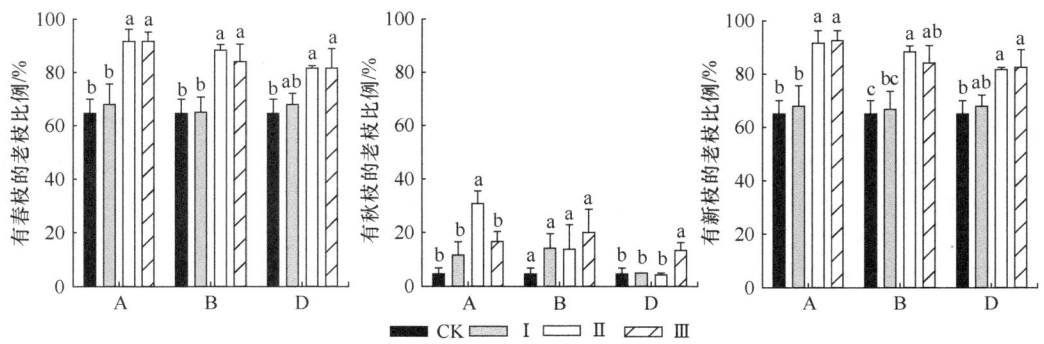

图4-15 不同采收条件下云南红豆杉老枝产生春枝、秋枝和新枝的比例

对比是否采收主干可看出,采收主干的处理产生新枝的比例更高,其中采收主干及其上部 2/4 枝条的萌春枝、秋枝、新枝比例,采收主干及其上部 3/4 枝条的萌春枝、新枝比例差异都达到极显著水平($P<0.01$)。对比采收树冠上下部枝条可看出,采收上部处理的老枝抽新枝比例稍高于采收下部处理,但差距不明显。

三、不同采收处理下的新枝数量及动态

观测云南红豆杉每株植株枝条,平均每老枝抽春枝 1.2 个,平均每老枝抽秋枝 0.3 个,春枝数量相对秋枝数量较多。图 4-16 显示出,采收枝条量较少时,枝条萌发新枝数量相对于对照并未明显增多,甚至有一定的减少,只有采收强度达到一定量时,新枝数量才有可能多于对照。无论是否保留主干,云南红豆杉春枝在采收树冠上部 1/4 枝条都显著少于对照数量($P<0.05$),其余条件下春枝数量与对照差异不明显。采收主干及上部 2/4 枝条处理的秋枝个数显著高于对照($P<0.05$),留主干采收下部 3/4 枝条处理的秋枝个数显著高于对照($P<0.05$)。对于新枝而言,不管是否保留主干,采收上部枝条的两种方式都未对新枝数量产生显著差异,留主干采收下部枝条与对照同样没有显著差异。

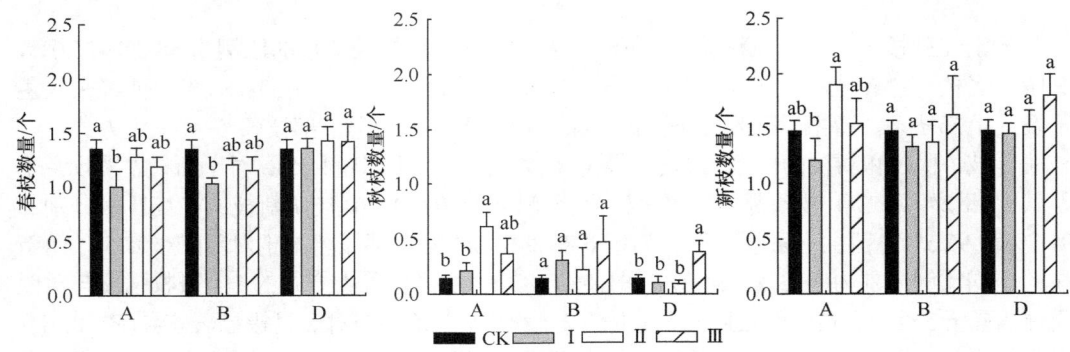

图 4-16 不同采收条件下云南红豆杉春枝、秋枝及新枝数量

总体上,是否保留主干和采收上下部位的选择对植株的个体老枝产生新枝数量的影响不明显。

云南红豆杉新枝萌发存在明显的高峰期,即主要于 4 月萌发,而 6 月有所下降,此时间段为春枝萌发,8 月秋枝开始萌生,但是数量相对较少,所以新枝萌发趋势略有回升,但不是特别明显,到 12 月新枝基本停止萌发(图 4-17)。总体而言,新枝萌发呈随时间延长先上升后下降的趋势。由图 4-17 可知,2~4 月新枝萌发较为集中,其萌发量为新枝总量的 41.8%~75.7%,平均为 52.6%;4~6 月萌枝量也较多,其萌发量为新枝总量的 18.4%~39.5%,平均为 29.9%;6~8 月的萌发量为新枝总量的 2.2%~25.0%,平均为 14.0%;8~12 月的新枝萌发量较少,仅为新枝总量的 0.0%~8.4%,平均为 3.5%。

四、不同采收处理下的新枝长度与体积

不同采收处理下的云南红豆杉春枝长度最短为 0.6cm,最长为 27.1cm;秋枝最短为

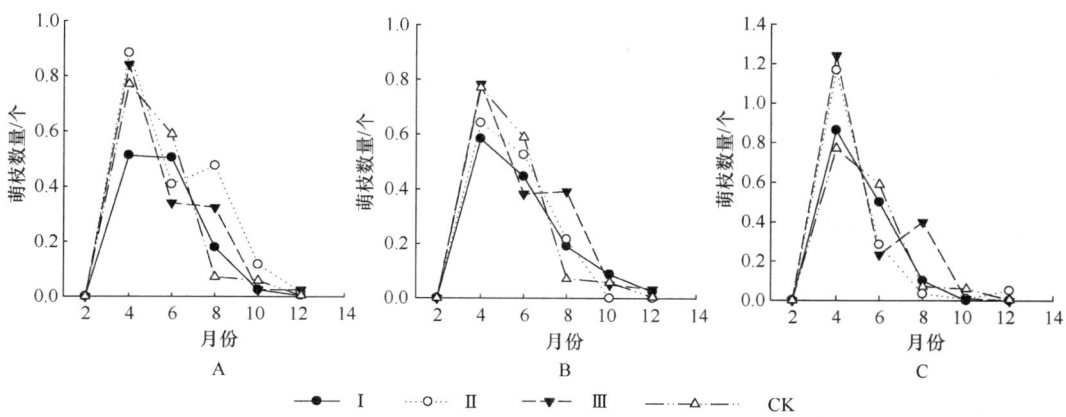

图4-17 不同采收条件下云南红豆杉新枝萌发动态比较

0.6cm，最长为15.2cm。图 4-18 显示，云南红豆杉的春枝、秋枝和新枝长度在各采收方式的处理下均大于对照。春枝和新枝长度均随着各采收方式强度的增大而增大。对于春枝，采收主干及上部 2/4 枝条处理显著高于对照($P<0.05$)，采收主干及上部 3/4 枝条的处理极显著高于对照($P<0.01$)；留主干采收上部 3/4 枝条的处理极显著高于对照($P<0.01$)；留主干采收下部 3/4 枝条的处理极显著高于对照($P<0.01$)。对于秋枝，9 个采收方案都与对照无显著差异。对于新枝，采收主干及上部 1/4、2/4、3/4 枝条处理使枝长分别为对照的 1.21 倍、2.04 倍和 2.37 倍，其中 2/4 和 3/4 处理均极显著高于对照($P<0.01$)；留主干采收上部 1/4、2/4、3/4 枝条处理的新枝长度分别为对照的 1.29 倍、1.73 倍和 2.22 倍，采收上部 3/4 枝条使枝长极显著高于对照($P<0.01$)；留主干从树冠下部采收 1/4、2/4、3/4 枝条处理的枝长分别为对照的 0.97 倍、1.16 倍和 1.40 倍，采收 3/4 枝条的处理极显著高于对照($P<0.01$)。

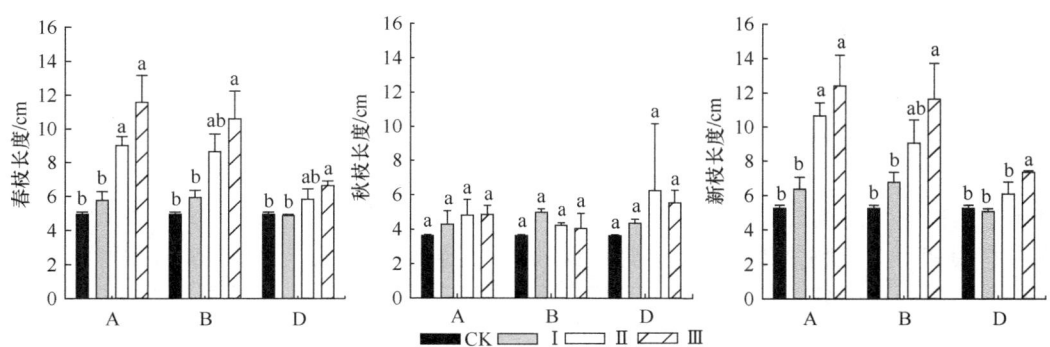

图4-18 不同采收条件下云南红豆杉春枝、秋枝及新枝长度

3 种采收方式下，3/4 枝条采收均可使春枝和新枝长度极显著高于对照($P<0.01$)，采收强度越大，枝条抽枝越长。同时，从各采收处理下春枝和新枝的长度上看，从树冠上部采收比下部采收更能促进枝条生长，是否保留主干对枝长影响较小。

根据春枝和秋枝的梢径、基径、长度的调查数据，计算了春枝、秋枝和新枝的体积(图 4-19)。春枝体积与新枝体积在 9 个采收处理下呈一致的趋势，采收强度越大，枝条体积越大。对于新枝，3种采收方式下的3/4枝条处理使枝条体积显著大于对照($P<0.05$)，分别是对照体积的4.40倍、3.46倍和2.08倍，各采收方式的1/4和2/4枝条采收与对照无显著差异。春枝在采收主干及上部3/4枝条下体积极显著高于对照($P<0.01$)，留主干采收上部和下部3/4枝条的体积显著高于对照($P<0.05$)，其他方案对春枝体积影响不明显。秋枝体积相对较小，只在采收主干及树冠上部2/4枝条与对照呈显著差异($P<0.05$)，其他采收条件与对照无显著差异。

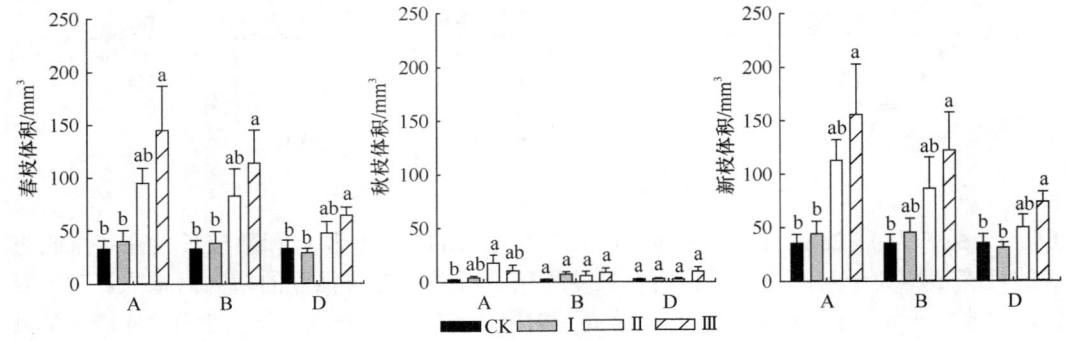

图4-19　不同采收条件下云南红豆杉春枝、秋枝及新枝体积

五、小结与讨论

植物控制枝条生长更深层次的机制是营养投资策略的改变，对于有利于植物适应环境的枝条会得到更多的营养用于生长(贾程等，2010)。营养枝条生殖分配的高比例有利于增大种群的光合面积，增加光合产物的积累，既保证有性生殖的生长，又能为营养生长提供保障(高强等，2008)。在云南红豆杉药用原料林中，采收能够使抽枝的比例增加，老枝抽春枝、秋枝和新枝的比例均高于不采收枝条的空白对照，采收主干的处理使老枝产生新枝的比例更高。这是植物补偿生长造成的，植株枝条被采收后，其分生组织随之遭到破坏，其余枝条的分生组织的活力得到激活，从而促使更多的枝条抽新枝。

外界环境因素是影响新枝萌发的重要因素。在环境因素中，光是影响枝构件的主要环境因子(贾程等，2010)。对光资源的竞争，关系到植物物质和能量的累积，植物通过产生更多的新枝并向外延伸，来支持叶对光的获取。同时，水热条件的综合状况对植物光合作用和地上生物量生产有重要影响(高婷和张金屯，2007)。新枝的产生有明显的季节特征，由于马关县4月温度较高，阳光充足，云南红豆杉进入生长季，所以枝萌发达到高峰期。当地6~8月处于雨季，秋枝萌生，10月左右进入干季且气温较低，水分的亏欠影响枝条萌发数量，到12月新枝基本停止萌发。结果显示，在不同采收条件下，有新枝产生的老枝比率、新枝数量、新枝长度与体积的变化趋势和大小均与春枝较为接近，这说明新枝主要在春季生长，2~6月适宜的气候条件更加适合枝条的生长与发育。

当枝条被采收或者采用机械阻止其生长，植株则通过资源转移，分配更多有限的资源促使新枝萌发，为将来进行光合作用做准备，从而使植株整体处于有利的条件并提高了自身生产量(Novoplansky，2003；Sachs and Hassidim，1996)。枝条数量的多少表明植物体对环境的适应对策。云南红豆杉枝条采收强度较低时，单个枝条萌发的新枝数量较少，随着采收强度的增加，单个枝条萌发的新枝数量会恢复到与对照相近的水平。低强度的枝条采收后，单个枝条萌发新枝数量减少，这可能是因为采收在一定程度上会破坏植物的营养结构，中、高强度枝条采收后植株枝条间疏增大，枝条能得到更多的光能制造更多的光合产物，从而为新生枝条数量的增加提供前提和基础。

枝条长度是表征枝系在空间伸展能力的重要指标(何明珠等，2006)。枝条抽枝长度随着采收强度加大而增长，采收主干及枝条、保留主干采收主干上部枝条和保留主干采收主干下部枝条3种采收方式的3/4枝条采收均可使春枝和新枝长度达到极显著水平。新枝长度值越高，说明植物向空间扩展的能力强，对空间资源的利用潜能高。构件通过改变自身大小以适应环境的变化，枝条体积随长度变化呈相似的趋势，在各处理的3/4枝条采收强度下，春枝和新枝体积达到极显著水平。春枝、新枝长度和体积的增加与采收位置有关，从树冠上部采收比下部采收更能促进枝条生长，是否保留主干对枝条影响较小。秋枝长度与体积的增加则与采收主干和采收位置无关。

对于人工种植的云南红豆杉原料林，最佳的枝条采收方式不仅要获取尽可能多的枝条，还需保证人工原料林的长期可持续利用。如果采收强度合适，植株结构未受到严重破坏，采收就可以促进植物的再生能力(贾悦等，2011)。研究结果显示，枝条采收对构件种群的促进作用随着采收强度的增大而增强，特别是各处理方式的3/4枝条采收强度所呈现的老枝萌新枝比例、新枝数量、新枝长度与体积所达到的效果几乎是最好的。从当年生的新枝长度和新枝体积大小来看，采收树冠上部枝条的处理对枝构件种群的促进作用要远大于采收下部枝条。南方红豆杉药用原料林和三尖杉(*Cephalotaxus fortunei*)药用原料林目前的采收措施通常包括枝条采收、截干采收和全株采收3种方法，研究表明截干不仅紫杉醇含量较高，并且有利于促萌经营(周志春和余能健，2010；廖国华，2009；潘标志，2009)。而对于云南红豆杉，采收主干更有利于去除顶端优势，使植株以灌木型形式生存，截去主干后的植株会在剩余的树冠上生长出更多的萌枝，从而延续和稳定种群。因此，可以将采收主干及上部3/4树冠长度的枝条采收处理视为最佳枝条采收方案。云南红豆杉药用原料林的枝叶采收一般从3~4年生开始，对紫杉醇药物含量而言，实生苗和扦插苗大致在4年生开始采收较为适宜(王卫斌等，2006)。

第四节 云南红豆杉萌枝特性

萌枝现象普遍存在于许多古老植物的生长发育过程中，是它们在漫长的生存过程中进化出的生活史特征，萌枝在维持种群延续与稳定方面有着显著的作用，是这些植物能够经受不断的环境改变、地质变化而不至于灭绝的重要原因(张松等，2010；Bellingham and Sparrow，2000)。萌枝作为重要的植物功能特征(Loehle，2000)，是一种重要的营养繁殖方式，在植被恢复和自然更新中有着重要的意义(陈沐等，2007)，是植物应对外界环境中各种干扰形成的有效适应策略。萌枝是持续生态位的占据者(Bond and Midgley，2001)，也是高度进化的不稳定特征(Bond and Midgley，2003)，以往对萌枝的研究集中于它们在群落演替(Miller and Kauffman，1998)、物种保存(张松等，2010)等方面的意义，影响萌枝能力的因素也有相关报道(Espelta et al.，2003；Hoffmann et al.，2000)。近些年在意识到萌枝的价值之后，一些与植物生长发育直接相关的研究工作也逐渐得到开展。

李晓靖等(2011)通过冰雪灾害后木荷的研究发现不同部位萌枝的光合生理特性存在差异；萌枝能力-高度权衡假说被学者提出并得到一定的认可，该假说认为萌枝生长消耗资源会限制高度生长(Falster and Westoby, 2005; Midgley, 1996)，但有相反观点认为萌枝不会带来高度生长代价(赵睿等，2009)。时至今日，萌枝是否会直接改变植物生长量的疑问仍未得到解答，萌枝能力-高度权衡假说的争论也没有一个明朗的结果。

一、材料与方法

(一) 研究地概况

见第四章第一节"一、材料与方法"中"(一)研究地概况"。

(二) 试验材料

见第四章第一节"一、材料与方法"中"(二)试验材料"。

(三) 萌枝类型与数量的调查

从每块样地中分别选取植株长势较接近，差异不大的180株云南红豆杉作为样株用于调查。选好样株后，用标签做好标记，然后逐株调查萌枝的类型和数量。萌枝的分类及判别采用 Bellingham 系统，该系统按以下标准把萌枝分为 4 种类型：①根萌枝(root sprouts)，萌枝位置位于地下；②树基萌枝(stem basal sprouts)，萌枝处于地上接近地面的位置；③树干萌枝(stem epicormic sprouts)，萌枝位于树冠，远离地面；④枝萌枝(branch epicormic sprouts)，萌枝发生于非主干的枝条。调查时，统一将地径最粗、最高的茎干作为主干，分别用皮尺和游标卡尺测量每一植株的高度和地径。

(四) 数据处理与分析

研究萌枝对云南红豆杉枝叶生长的空间分布时，在上述每块样地的180个样株中分别随机抽取 15 株用于生物量的测定。采收枝叶前，先按树冠深度将树冠等距离分为上层(Ⅰ)、中上层(Ⅱ)、中下层(Ⅲ)、下层(Ⅳ)4 个层次并用油漆做上记号，然后采收各层次枝叶。采收后，迅速测定每个层次枝叶的质量。

把样地中有萌枝个体数/总个体数定义为有萌个体率；特定萌枝类型萌枝个体数/总个体数定义为特定萌枝类型的萌枝率。研究萌枝数量与地径、树高的关系时，将 3 块样地的云南红豆杉植株归并为一个样本，采用 Spearman 相关分析方法进行分析。分析萌枝对枝叶生物量空间分布格局的影响时采用秩和检验法进行分析比较；不同萌枝类型的萌枝数量对枝叶空间分布的影响采用 Kruskal-Wallis 检验法分析。所有数据处理和统计分析均采用 SPSS 13.0 软件完成。

二、云南红豆杉种群萌枝结构

云南红豆杉有萌枝的比例则高达88.1%，萌枝现象十分普遍。在所调查的540株个体中，存在树基萌枝的有432株，达到总数的80.0%；存在树干萌枝的植株数量为214

株，占总数的39.6%；两种萌枝均有的是170株，占全部植株的31.5%(表4-11)。所调查的云南红豆杉中，树基萌枝最多的有8个，树干萌枝最多的有5个，总萌枝数最多的有9个，总萌枝数集中于1~4个。无论是各类型的萌枝还是总体萌枝基本上呈现着萌枝数越多，植株数量越少的状况(图4-20)。

表4-11　各种萌枝方式的植株数量与比例

萌枝方式	数量	比例/%
无萌枝	64	11.9
树基萌枝	432	80.0
树干萌枝	214	39.6
树基萌枝+树干萌枝	170	31.5

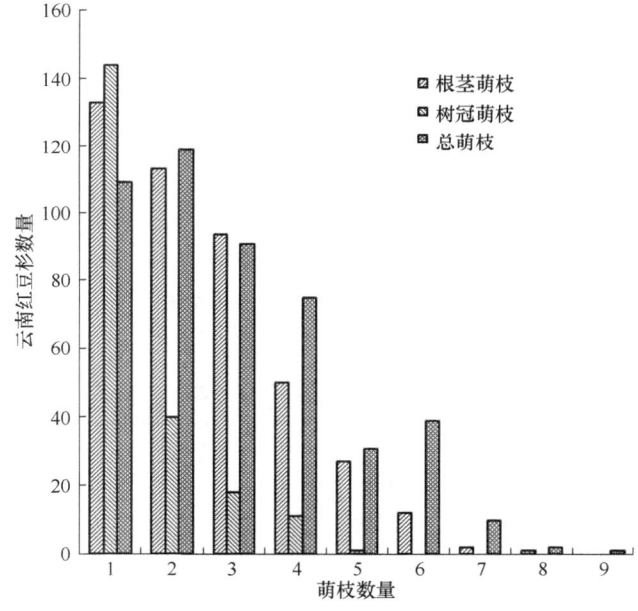

图4-20　云南红豆杉的萌枝分布状况

三、萌枝数量与树高和地径的关系

云南红豆杉的树基萌枝数量与树高之间呈正相关关系($R=0.52$，$P=0.00$)，树干萌枝数量与树高之间不存在显著的相关关系($R=-0.04$，$P>0.05$)；树基萌枝数量与地径呈负相关关系($R=-0.46$，$P=0.00$)，树干萌枝数量与地径没有显著相关关系($R=-0.03$，$P>0.05$)；总萌枝数量与树高和地径之间的关系与树基萌枝数量与树高和地径的关系大致一样，只是相关性低一些。简而言之，云南红豆杉随着树基萌枝或总萌枝数量的增多，树干有增高而地径有减小的趋势(表4-12)。

表4-12　云南红豆杉不同萌枝类型数量与树高及地径的关系

项目	萌枝类型	R	P
树高	树基萌枝+树干萌枝	0.37	0.00
	树基萌枝	0.52	0.00
	树干萌枝	−0.04	0.33
地径	树基萌枝+树干萌枝	−0.33	0.00
	树基萌枝	−0.46	0.00
	树干萌枝	−0.03	0.55

四、萌枝数量与枝叶产出空间分布的关系

由表 4-13 可见，有无树基萌枝的云南红豆杉总体枝叶着生量并无显著差异($P>0.05$)，同样的情况也发生在有无树干萌枝的植株中。尽管云南红豆杉萌枝和总体枝叶生长量并无太大关系，但是萌枝对枝叶的空间分布格局有着较大的影响。树基萌枝的植株其上层生长的枝叶极显著多于无树基萌枝的植株($P<0.01$)，在中上层的枝叶显著多于无树基萌枝的枝叶($P<0.05$)，但是它们的中下层枝叶量却显著小于无树基萌枝的个体($P<0.05$)，下层的枝叶两者之间没有显著的差异($P>0.05$)。有树干萌枝的植株上层、中上层和下层的分布的枝叶都稍微多于无树干萌枝的，但它们的差异都未达到显著水平，唯有中下层的枝叶分布量达到了显著差异，有树干萌枝的植株显著少于没有树干萌枝的($P<0.05$)。

表4-13　南红豆杉各层次枝叶着生量与萌枝的关系

萌枝类型	层次	枝叶分布量/kg		秩和检验
		有此类萌枝	无此类萌枝	
树基萌枝	I	1.18±0.08	0.70±0.10	**
	II	1.51±0.13	1.09±0.17	*
	III	1.89±0.15	2.40±0.31	*
	IV	1.81±0.26	1.95±0.21	NS
	总体	6.39±1.03	6.14±0.89	NS
树干萌枝	I	1.18±0.09	0.97±0.10	NS
	II	1.52±0.16	1.31±0.16	NS
	III	1.53±0.30	2.00±0.23	*
	IV	1.95±0.60	1.73±0.26	NS
	总体	6.28±1.24	6.01±0.96	NS

从图 4-21 可以看出，不管云南红豆杉的萌枝方式怎样，枝叶分布比例均以中下层和下层的居多。上层的枝叶分配比例都是有树基萌枝或树干萌枝时最多，无树干萌枝时次之，无树基萌枝时最少。没有树基萌枝的植株中上层枝叶也是最少的，但是其中下层和下层的枝叶却都是 4 种萌枝状况中最多的。

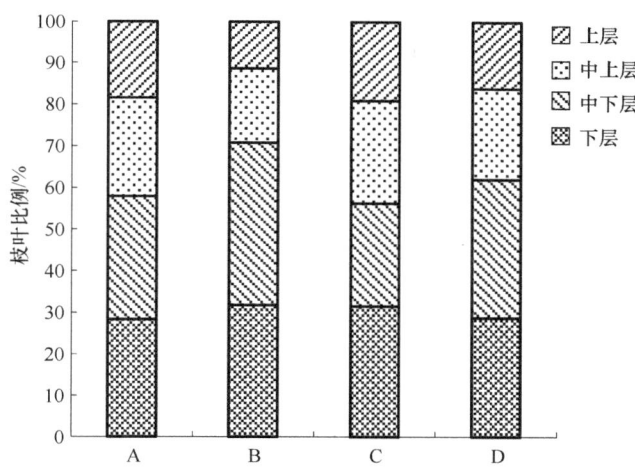

图4-21 不同萌枝状况的云南红豆杉枝叶空间分配格局
A. 有树基萌枝个体;B. 无树基萌枝个体;C. 有树干萌枝个体;D. 无树干萌枝个体

从图 4-20 和表 4-12 可以看出云南红豆杉树基萌枝率很高,有 1 个、2 个和 3 个树基萌枝的植株最多,而且个体数也比较接近,故而对这 3 类萌枝的植株再单独进行比较,以探究树基萌枝数量对枝叶产出空间分布的影响,图 4-22 为其 Kruskal-Wallis 检验结果。可以看出,云南红豆杉的上层和中上层的枝叶量呈现出随着树基萌枝数量增加而增多的趋势,3 个树基萌枝的云南红豆杉的上层和中上层的枝叶产出显著多于 1 个和 2 个树基萌枝的植株($H=5.52$,$n=3$,$P<0.05$),中上层的枝叶产出也显著多于 1 个和 2 个树基萌枝的($H=4.60$,$n=3$,$P<0.05$)。中下层的枝叶是 1 个树基萌枝的植株最多,显著高于 2 个和 3 个树基萌枝的($H=10.59$,$n=3$,$P<0.05$)。下层的枝叶分布相差不大,差异都未达到显著程度($H=3.06$,$n=3$,$P=0.217$)。

五、小结与讨论

红豆杉属植物已在地球上生存繁衍超过了 250 万年之久,是第三纪孑遗植物。具备萌枝能力是许多古老植物的普遍特征(Loehle,2000),它们在漫长的生存史中经历了多次地质构造运动和剧烈的环境变化,各种严酷的干扰因素时常会在其尚未完成有性繁殖时就已经到来,植物无法通过有性繁殖产生后代来渡过危机,萌枝更新是植物有性繁殖受阻时种群延续的一个有效的补充方式,许多古老植物正是得以依赖自身进化出的萌枝能力通过更新瓶颈期而始终不至于灭绝(张松等,2010)。云南红豆杉枝干受到外界环境强烈的干扰胁迫后,根部成为最重要的营养和水分储存场所,萌枝的发生需要母株的营养供给,树基部分最接近根部,新生萌枝必然会最大限度地从此处发出,因此树基萌枝便成为云南红豆杉最主要的萌枝方式。树冠是植物生长活跃的部位,但其距离根部较远,且主干也可能由于病虫害等外界干扰运输能力大大减弱,因此树冠处发出萌枝的概率会比较低。云南红豆杉的萌枝情形正是其祖先长期生活在干扰胁迫环境下而进化出的适应能力的一个具体表达。

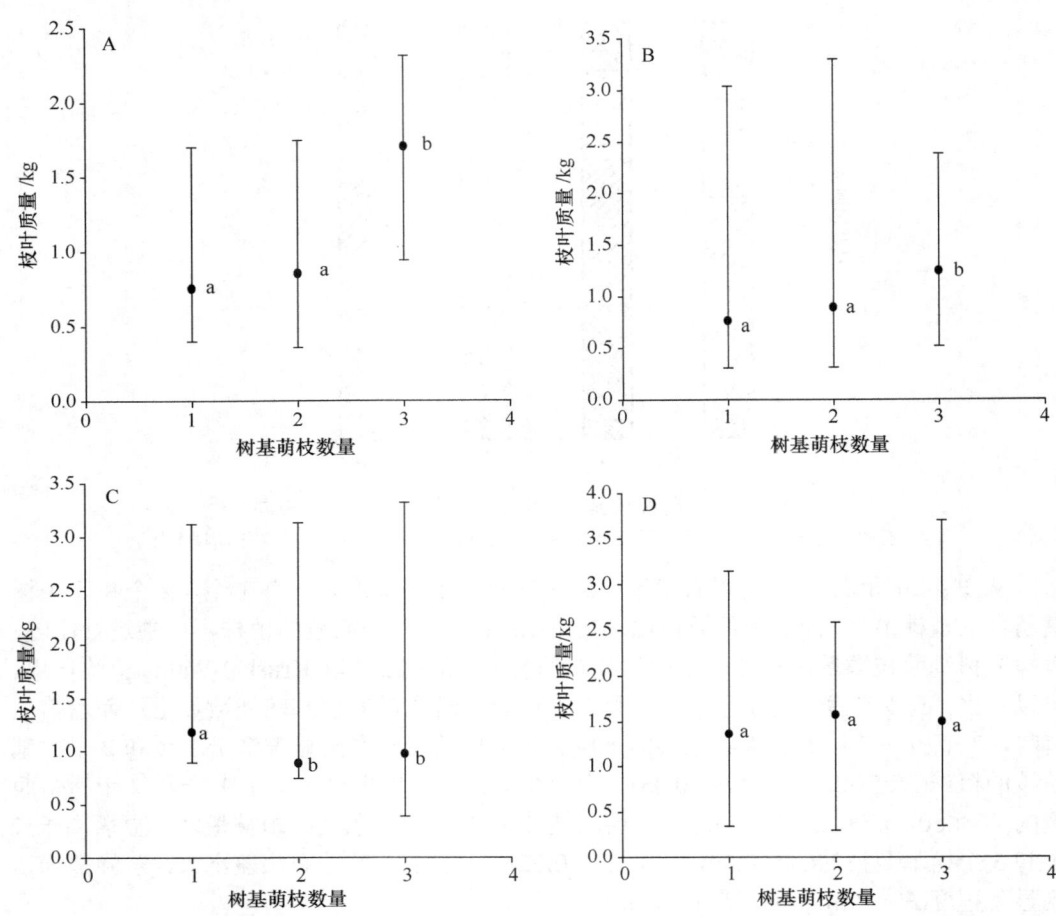

图4-22　不同树基萌枝程度的枝叶空间分布比较

A. 上层；B. 中上层；C.中下层；D. 下层。●表示中位值，同一图的相同小写字母表示无显著性差异(Kruskal-Wallis 检验，$P>0.05$)，线条下限和上限分别表示第10和第90百分位

　　萌枝能力-高度权衡假说认为：萌枝的出现过程是一个消耗物质和能量的过程，萌枝生长的投入会限制植物其他方面的生长，一个最显著的例子就是植物的高度生长受到制约，于是就造成了没有萌枝的植物往往高于有萌枝的植物，萌枝少的植物高于萌枝多的植物(Midgley，1996)。但在本研究中却是萌枝数量多的云南红豆杉植株高于萌枝数量少的，这与赵睿等(2009)对米心水青冈(*Fagus engleriana*)的研究结果相近。萌枝能力-高度权衡假说是建立在不同植物比较的基础上的，且只考虑到萌枝生长对资源的消耗，因此必然存在着一定的局限性。萌枝的发生无疑会给主干带来一定的生长代价，造成主干资源向外转移。云南红豆杉树基萌枝的枝干与主干空间重叠部分最多，与主干的资源竞争也最激烈，故而它们对主干的消耗尤为明显，这就造成了树基萌枝越多，主干越细的现象。野外调查时发现，萌枝与主干几乎呈平行状态，各个萌枝都与主干一起竞争利用光资源，植株的萌枝越多，主干与萌枝间的竞争就越激烈，为了占据有利的光环境，主干和萌枝都采取了尽可能增加高度的生存策略(Gracia and Retana，2004)。

　　植物的冠层结构不是一成不变的，而是可以发生动态变化的。植株内部主干与萌枝的竞争过程也是枝叶空间格局重新调整和分配的过程。萌枝与主干的竞争使得有萌枝的云南红豆杉的部分枝叶向上转移,同时,萌枝会影响到枝叶所处的光照环境,冠层上半部分枝叶浓密时,中下层的荫蔽程度高,这一部位的枝条自然修剪的概率高,枝条寿命相对较短(占峰和杨冬梅,2012)。中下层的枝叶在上述因素共同作用下分布有所减少。这些现象在不同的萌枝状况下会略有差异。几种萌枝状况中有树干萌枝的植株中下层枝叶产出是最少的,这是因为树干萌枝最开始从主干的上部发出,随着树体的生长,其原始发生区基本上成为植冠的中间部位,树干萌枝的生长极大地限制了树冠中下层的养分供给,阻碍了这一区域枝叶的生长发育。没有树基萌枝这一主要萌枝方式的云南红豆杉个体枝干间竞争压力最小,主干发育最为良好,树冠也更接近锥体形,因此相对于其他植株,它们的冠幅较宽,枝叶量的空间分布也更接近上少下多的金字塔形。

萌枝影响了云南红豆杉幼树的枝叶空间分布格局,但是没有显著改变总体的枝叶产出。究其原因,一方面是由于萌枝消耗了主干的养分资源,减少了主干着生更多枝叶的概率,但是萌枝上也有枝叶可以制造光合产物,并不是单纯的资源消耗者,萌枝上的枝叶恰恰弥补了主干所减少的枝叶;另一方面,主干高度随着萌枝数量的增多而有一定的增大,但是由于地径与树高的权衡关系,较小的地径成为限制枝叶产量增加的重要因素。本节调查的对象是尚未受干扰或是只是受到轻微干扰的云南红豆杉幼树,而萌枝是植物适应外界干扰而进化出的营养繁殖策略,萌枝的巨大价值应该会在受到较强烈干扰的云南红豆杉群体中有更大的体现。

许多的古老植物,如水青冈属(*Fagus*)(赵睿等,2009)、桦木属(*Betula*)(Johansson,2008)、栎属(*Quercus*)(孟令彬等,2006)、红豆杉属(李先琨等,2004)都具有较强的萌枝能力。在植株的主干遭受破坏之后,萌枝在受损的植株恢复过程中发挥着至关重要的作用,存活的萌枝有机会生出新的根系,逐渐占据一定的空间并独立成活。萌枝有着广泛的实践应用前景,有研究发现对辽东栎萌生灌丛的萌枝数量进行调控会显著影响植株的高生长和有性繁殖(孟令彬等,2006),哀牢山中的居民在选择壳斗科植物作为薪柴时也不自觉地利用了它们所具有萌枝能力(何永涛等,2000)。萌枝与云南红豆杉的生理发育有着密切的联系,若是对云南红豆杉的萌枝状况进行合理控制,如使用机械方法让萌枝与主干产生一定的分离,使树冠扩展而获取较原来多的光资源,可能会使植株的枝叶着生量有明显的提升;或者是设计采收方案时有意保留不同数量和类型的萌枝跟踪调查其生长发育情况以选取枝叶产出最多的萌枝形式。采收枝叶后的云南红豆杉的萌枝情况也可能发生改变,它们对以后枝叶产出的影响也需要认真研究。采收人工栽培的云南红豆杉的枝叶作为原材料是获取紫杉醇的主要来源,然而云南红豆杉的生长却是十分缓慢,紫杉醇原料来之不易,萌枝存在恢复种群稳定的潜能力,如何合理利用这一特性进行调控以便最大量地持续收获枝叶是一个亟待开展的新课题。

第五节 云南红豆杉的构型与叶构件水分特征

构件理论认为,植物体是枝、叶、芽、根、分蘖等构件有序组合而成的有机整体,植物的生长就是构件的动态变化和构型调整的过程(Golubov et al.,2004;Harper,1977)。在不同环境中,植物会通过调整构件的数量及其空间分布来适应不同的光照、水分及空间等生态因子，以获得最大的适应性(陈波等，2002)。研究表明，"光照因子"是决定云南红豆杉地理分布的主要因子之一，在光照充足的生境中，云南红豆杉发育为干形良好的高大乔木且结实，更新幼苗多(苏建荣等，2005b)，可见光照在大尺度上影响其分布范围，在小尺度上影响其构型。光是植物光合作用的能量来源和生长发育的信号来源，影响着植物的生长发育、形态结构和生理生化。在不同的光照条件下，与植物觅光相关的形态指标会产生差异，从而呈现出植株表型或构型的变异现象。目前，已发现云南红豆杉有高大乔木型、小乔木型和灌木型3种生态型，但是对它产生的原因和机制研究鲜有报道，更未见光对云南红豆杉构型和枝叶可塑性的研究报道。

一、材料与方法

(一) 研究地概况

研究地设在云南景东彝族自治县中国林业科学研究院资源昆虫研究所景东试验站。景东县位于云南西南部，横断山脉南端，无量山和哀牢山坐落于境内。试验站海拔1200m，位于100°21′~101°15′E，23°56′~24°50′N，亚热带季风气候，年平均气温(18.3±0.5)℃，极端最高温(37±1.5)℃，极端最低温(-2±1)℃，年平均降水量(1100±50)mm，降水多集中于7~8月。

试验林于2008年营造，幼树树龄6年。造林地的坡向、坡度和土层基本一致，而且多年采取一致抚育管护措施。试验地生长的主要物种有云南红豆杉、思茅松(*Pinus kesiya* var. *langbianensis*)、板栗(*Castanea mollissima*)等。云南红豆杉所处光环境差异较大，既有空旷、开阔地的全光照地段，又有树木稀疏的林隙，还有乔木茂盛、枝叶繁密的林冠郁闭度很高的生境。根据光照的不同，将生境地分为全光、林隙(郁闭度0.4~0.5)、林冠下(郁闭度为0.8~0.9)3种不同的光照环境。

(二) 研究方法

1. 构型指标测定

分别选取全光、林隙、林冠下生境中长势良好、树龄为6年的云南红豆杉各10株，所选植株均为腾冲种源。将试验所选用的云南红豆杉用绳带标记，用卷尺和游标卡尺测定所选树体的树高、冠幅、冠长、地径，并计算树冠率和圆满度，其中树冠率=冠长/树高，圆满度=冠幅/冠长。调查中，冠幅和冠长分别定义为树冠南北方向的宽度和树冠顶部到底部的垂直长度。

分枝率、枝条长度和分枝角度是决定植物生长过程中构件空间排列最重要的3个指标。用圆规和量角器测定顶部枝条的叶倾角、小枝倾角。在每个选定的植株的植冠层选取3个枝条，并将选取的枝条做好标记，然后用Strahler法确定枝序，即最外层的枝为一级枝，两个一级枝相遇为二级枝，两个二级枝相遇为三级枝，若是两个不同枝级相遇，则汇合后取较高级枝作为枝级。分枝率计算公式如下：

$$R_b=(N_T-N_S)/(N_T-N_1)$$
$$R_{i(i+1)}=N_i/N_{i+1}$$

式中，R_b 为总分枝率；$R_{i(i+1)}$ 为 i 级枝与 $i+1$ 级枝的逐步分枝率；N_T 为所有枝级中枝条的总数；N_S 为最高枝级的枝条数；N_1 为第一级的枝条总数。

用游标卡尺测量一级枝的直径 D_1 和二级枝的直径 D_2，以计算枝径比：

$$RBD_{2:1}=D_1/D_2$$

2. 叶构件水分特征

在每种光环境下的植株上分别选取 50 片当年生叶片，用电子分析天平称量鲜重，随后放入水中饱和 24 h，翌日测量其饱和重，然后将其放入烘箱中，在 85℃下烘干至恒重。计算水分饱和亏缺(water saturation deficit，WSD)、组织密度(tissue density，TD)、相对含水量(relative water content，RWC)、干鲜比(ratio of dry weight to fresh weight，RDF)等水分特征，具体计算公式如下：

水分饱和亏缺=(叶片饱和重−叶片鲜重)/(叶片饱和重−叶片干重)

组织密度=叶片鲜重/叶片饱和重

相对含水量=(叶片鲜重−叶片干重)/(叶片饱和重−叶片干重)

干鲜比=叶片干重/叶片鲜重

水分饱和亏缺越大，抗旱性越小；组织密度越大，抗逆性越小，叶片保水性越强；相对含水量和干鲜比均与叶片的抗旱性有一定关系，都是值越大，抗旱性能力越强。

(三) 数据分析

利用 SPSS 13.0 和 Excel 2003 处理数据，用单因素方差分析(ANOVA)检验处理间差异的显著性，若主效应显著，用 Turkey LSD 进行多重比较。所有数据表示为 Mean±SD，采用误差棒表示图中平均值的标准差。

二、不同光环境下云南红豆杉的总体结构

从表 4-14 可以看出，云南红豆杉的总体结构对光照的反应较为强烈。除树冠率外，随着光照的减弱，云南红豆杉植株的冠长、冠幅、圆满度、高度、地径均受到较大的影响。在全光条件下，云南红豆杉有充足的能量用以生长发育，故而树体高大，树冠开阔。林隙中的植株与全光环境中的植株除了树冠率和圆满度无显著差别($P>0.05$)外，其他形态指标均有显著差距。林冠下，光资源匮乏，云南红豆杉的冠长、冠幅、圆满度和地径均显著($P<0.05$)低于全光和林隙环境下生长的植株。

表4-14　不同光环境条件下云南红豆杉总体地上结构

类别	全光	林隙	林冠下
冠长/cm	267.4±12.9a	202.8±26.8b	141.4±12.7c
冠幅/cm	248.6±10.4a	178.9±36.8b	70.4±16.4c
树高/cm	275.0±11.8a	211.0±26.8b	149.0±12.5c
树冠率	0.97±0.10a	0.96±0.10a	0.95±0.07a
圆满度	0.93±0.04a	0.87±0.08a	0.49±0.09b
地径/mm	64.1±8.0a	37.5±4.0b	17.9±2.3c

注：同行数据后的不同小写字母表示差异达显著水平($P<0.05$)。

三、不同光环境下云南红豆杉的枝系特征

表 4-15 表明，随着光照强度在全光、林隙、林冠环境下逐渐减弱，云南红豆杉植株的总体分枝率和逐步分枝率 $SBR_{1:2}$ 呈现显著减小的趋势。林隙中云南红豆杉植株的逐步分枝率 $SBR_{2:3}$ 相比全光条件下的较小，但差异不显著($P>0.05$)，它们两者都显著大于林冠下植株的逐步分枝率。可见，云南红豆杉的总体分枝率和逐步分枝率均与光照强度有关，光照越强，分枝率越大，这表明充裕的光照对云南红豆杉枝条的分枝能力有着很强的促进作用。

表4-15　云南红豆杉在不同光环境条件下的分枝特征

类别	全光	林隙	林冠下
总体分枝率	8.57±2.01a	6.40±1.10b	4.81±1.20c
逐步分枝率 $_{1:2}$	9.04±2.45a	6.37±1.32b	4.99±1.64c
逐步分枝率 $_{2:3}$	8.07±3.87a	7.10±1.86a	4.53±1.43b
一级枝长度/cm	9.84±2.85a	8.80±2.12b	8.60±1.77b
枝径比 $_{2:1}$	1.58±0.08a	1.55±0.05ab	1.51±0.12b
枝倾角/(°)	49.3±7.0a	43.2±7.3b	40.2±5.3c
叶倾角/(°)	59.2±6.5a	48.2±4.5b	47.1±4.7b

注：同行数据后的不同小写字母表示差异达显著水平($P<0.05$)。

林隙中和林冠下的植株的一级枝长度较小，与全光下的植株相比有着显著的差异($P<0.05$)。全光下的枝径比显著大于林冠下的，林隙枝径比的位于二者之间，与二者都未达显著差异。枝倾角、叶倾角在全光环境中最大，林隙次之，与全光均达显著差异，林冠下的枝倾角、叶倾角最小，只是前者与林隙中相比达到显著差异，后者未达到。这可能是全光环境中植株的枝叶繁密、竞争激烈，枝叶为了获取更多的阳光而加大倾角尽量向上生长。

四、不同光环境下云南红豆杉各级枝叶片的分布

图 4-23 为不同光环境下云南红豆杉各个枝级的平均叶片分布图。3 种光环境下的云南红豆杉植株叶片数目差异很大，全光的叶片数是林隙的 276.6%，是林冠下的 687.7%，尽管总体叶数量差异比较大，但三者都是一级枝叶片最多，二级枝叶片其次，三级枝叶片最少。云南红豆杉在全光环境中的一级枝、二级枝的叶片数量多于其他两种光环境中的叶片数量，不同光环境之间差异显著。3 种光条件下三级枝系上生长的叶片大多在 80~120 片，相互间差异不显著($P>0.05$)。全光下的云南红豆杉的一、二级枝上着生的叶片占全部叶片数量的 96.9%，只有 3.1%的叶片着生在三级枝上，而林隙的叶有 7.3%生长于三级枝，林冠下的则有 15.8%。

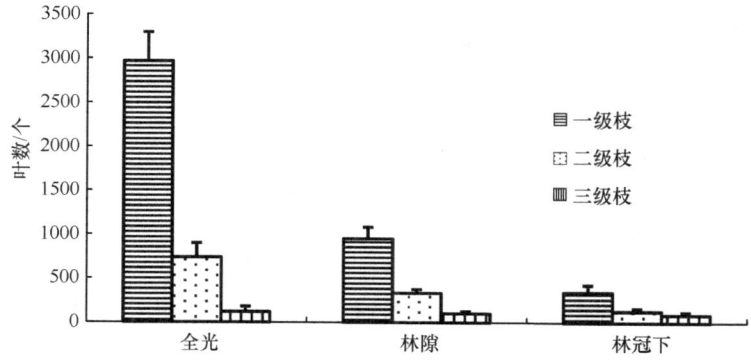

图4-23 不同光照条件下云南红豆杉各级枝的现存叶片数目

五、不同光环境下云南红豆杉叶片水分特征

不同光照条件明显地影响了云南红豆杉叶构件的水分特征参数。由图 4-24 可知，林冠下云南红豆杉叶构件的水分饱和亏缺显著($P<0.05$)大于全光和林隙下的。不同光照条件对组织密度与干鲜比的影响呈现相同的趋势，全光照下叶片的组织密度和干鲜比显著大于林隙和林冠下的($P<0.05$)，林隙和林冠下的这两个水分特征较为接近，没有显著差异($P>0.05$)。在全光和林隙下，叶片的相对含水量无显著差异，但两者的叶片相对含水量均显著高于林冠下植株的叶片相对含水量($P<0.05$)。

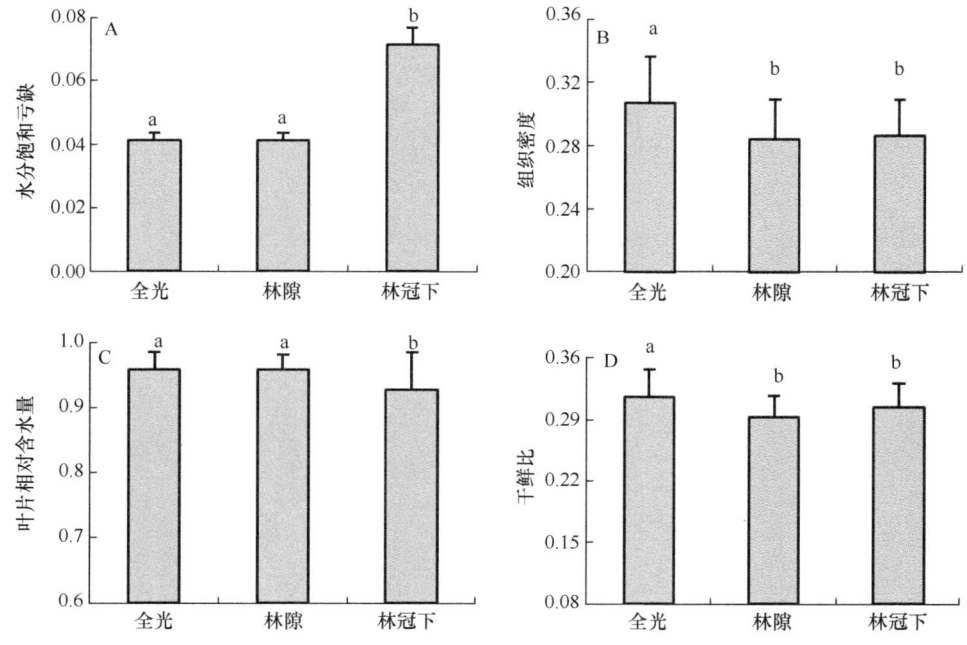

图4-24 不同光环境下云南红豆杉叶片的水分特征

六、小结与讨论

　　光作为重要的生态因子，影响植物树冠构型、分枝特征、叶片分布、生物量分配(孙书存和陈灵芝，1999a)。云南红豆杉在幼苗时期喜阴，但是生长一定阶段后具喜光习性。本研究表明，林冠下最弱光照条件下，云南红豆杉枝叶最为平展，从而降低了枝叶的自我遮阴，提高了植株忍受荫蔽的能力；同时，还通过限制侧枝发育，加强顶端优势的对策，降低用于枝发育的碳分配量保证主干生长，致使圆满度减小，从而获取更多的光资源。这就是云南红豆杉对弱光环境的适应策略。这与耐阴种幼树的树冠多呈平展形状，而喜光种的树冠大都呈较陡的形状，树冠有着随光照强度降低而减小的趋势的结论基本一致。

　　在全光下，一级枝可利用的光资源丰富，其上发育出较多的小枝和针叶，较多的小枝和针叶使树冠内的光强降低、光质改变，从而限制了二级和三级枝上叶片的数量。全光、林隙和林冠下，一、二级枝上叶片数量的差异显著，而三级枝上的叶片数量差异不显著，说明外部光环境差异影响一、二级枝和叶构件的分布和数量，但不论外部光环境差异如何，云南红豆杉都可通过枝叶构件的调整使树冠内部的光照趋于一致。在不同的光照环境下，云南红豆杉叶片水分特征显示了相应的适应能力。全光照下，云南红豆杉具有较低的水分饱和亏缺，显示出较强的抗旱能力。弱光条件下，云南红豆杉具有较小的组织密度，从而具有较强抗逆性。

第五章 云南红豆杉居群遗传学

遗传多样性(genetic diversity)的本质是一个物种 DNA 的多态性。广义上是指种内或种间在分子、细胞、个体 3 个水平上的遗传变异程度；狭义上主要是指种内不同居群和个体间的遗传变异。遗传多样性是生命进化和适应的基础，种内遗传多样性越高，物种对环境变化的适应能力也越大(Kramer and Havens，2009)。影响遗传多样性的因素可以分为内因和外因，内因是一个物种具有的独特的基因库和遗传结构，外因是指一个物种的遗传多样性还受到若干因素的影响，如地理环境、气候、人类活动等的影响(Young et al.，1996)。

遗传多样性研究是保护生物学的重要领域之一(王峥峰和彭少麟，2003)。遗传多样性的研究内容很广泛，包括对天然居群遗传多样性进行客观评估、天然居群间遗传结构的构建、天然居群遗传多样性的空间分布、天然居群与人工居群遗传结构的比较等方面的研究，这些研究对种质资源保护与利用具有重要意义。

云南红豆杉是一种二倍体、雌雄异株、以风媒为主的裸子植物，其主要分布范围从印度、越南、缅甸、不丹、尼泊尔一直延伸到中国西南部(Fu et al.，1999)。在中国，零星分布于云南、西藏和四川针叶和阔叶混交林中(Fu et al.，1999)。云南红豆杉因含抗癌物质紫杉醇著称。紫杉醇(taxol)是红豆杉属植物中的一种天然次生代谢产物，其对卵巢癌、乳腺癌及其他癌症有显著疗效(Kingston and Newman，2007)。此外，云南红豆杉中还发现了一种新的抗癌杂多糖(Yin et al.，2010)。因此，商人为了获取高额利润，对云南红豆杉进行严重过度砍伐(Li et al.，2000a；Shi et al.，1999)，致使云南红豆杉生境片断化，居群数量急剧减少，每个居群的个体数量也在减少。1999 年云南红豆杉已被列为国家一级保护濒危物种(State Forestry Bureau，1999)。云南红豆杉遗传多样性的研究也随之受到重视，但就目前该物种分子水平有限的研究报道来看，仍存在许多不足，如天然居群的研究中研究居群较少，且使用的分子标记是稳定性和重复性差的等位酶和同功酶(陈少瑜等，2001；吴丽圆和陈少瑜，2001)及 RAPD(苏建荣等，2009)；而人工居群仅对一个居群进行过遗传多样性研究(陈少瑜等，2000)。因此，迫切需要使用重复性和稳定性好的分子标记，如微卫星(SSR)标记对云南红豆杉天然居群进行谱系地理学及生境片断化对其交配系统影响研究，天然居群空间遗传结构研究，天然居群采样策略研究及天然居群和人工居群遗传差异 4 方面的研究。

云南红豆杉是第三纪子遗古老物种，在中国境内主要分布于青藏高原南部和横断山区(Fu et al.，1999)。然而，青藏高原的隆升对云南红豆杉的遗传结构有何影响目前尚未有报道。一个物种的历史过程，如由于地理或生境异质化造成的隔离，或者在历史冰期中存在有避难所和(或)其间冰期历史迁移扩散过程都可以通过谱系地理学研究来揭示和阐明。因此，中国境内云南红豆杉居群的谱系地理学研究将会为我们揭示出重要的历史信息。

目前云南红豆杉生境片断化严重。生境片断化有可能减少成年树数量、影响传粉者行为、减少居群内真正异交的概率,最终导致居群中出现近亲交配现象。近亲交配现象已在其他早期界定为严格异交的红豆杉物种中被发现,如加拿大不列颠哥伦比亚的短叶红豆杉近交系数为 0.472(El-Kassaby and Yanchuk,1994);韩国的东北红豆杉近交系数为 0.229(Chung et al.,1999),西班牙蒙特塞尼山(Dubreuil et al.,2010)和挪威北部边缘居群(Myking et al.,2009)的欧洲红豆杉的近交系数分别为 0.207 和 0.182。那么,云南红豆杉中是否也存在近亲交配现象呢?若存在,近交程度如何?导致近亲交配现象产生的原因是哪些?这些重要问题的回答将为云南红豆杉保护策略的提出提供科学依据。

一个物种居群内空间遗传结构的研究能揭示出采样个体间应间隔的最小距离和居群内遗传块的数目。而基于物种一个居群内的空间遗传结构研究(Jin et al.,2003;汤飞燕等,2009;朱维岳等,2006)也许不能代表物种不同居群的空间遗传结构(Chung,2008)。因此,我们想探索云南红豆杉不同居群间的空间遗传结构是否相同?建立在此基础上的研究结果一方面能揭示不同居群遗传信息的空间分布格局,另一方面能使云南红豆杉的就地保护策略及迁地保护采样策略的提出更具有科学性和实践性。

合理有效的采样策略是指对一定地理分布范围内的生物个体取样时,所取的适量的样本能代表这个范围生物总个体的遗传多样性(李昂等,2000)。合理有效的采样策略是与保护、研究和可持续利用生物资源紧密相关的重要命题,直接关系到保护和利用的对象是否包括了必要和尽可能多的多样性,同时还关系到我们的研究结果是否具有代表性和重要参考价值。因此,采样策略是群体遗传学研究中不可忽视的问题,尤其是对群体和个体数目有限的稀有和濒危物种,确定正确的采样策略对保护措施的制定具有重要意义。因此,我们想探讨濒危物种云南红豆杉的采样策略,以期为日后进行遗传多样性方面的研究时的采样方式提供科学数据和理论指导。

一个濒危物种人工居群与天然居群遗传多样性和遗传结构的比较研究,能够向我们揭示人工居群是否完整保存了天然居群的遗传信息。如上所述,许多濒危物种的迁地保护并不能完整保存天然居群的遗传信息,导致人工居群的遗传信息只是天然居群的一部分,两者之间具有不同的遗传组成或者两者之间具有不同的特有等位基因。对于云南红豆杉这一濒危物种,在中国已经建立了一些人工居群,但是,这些人工居群的建立似乎很随意,致使其天然居群来源至今未知。在很大程度上,建立人工居群的目的是为提取紫杉醇提供原材料(王卫斌等,2007a)。众所周知,人工居群构建的主要目的应是完整保存天然居群的遗传多样性(Lauterbach et al.,2012),并不仅仅是为了商业利润增加个体数。对一个物种天然居群和人工居群间遗传多样性和遗传结构的了解,能够让我们对人工居群遗传多样性保护有效性进行客观评估,确定合适的单元进行就地保护及为迁地保护制订可行有效的保护策略(Hou et al.,2012;Li et al.,2005a;Namoff et al.,2010)。

微卫星标记由于具有选择中性、多态性高、共显性、重复性好等优良特性,已经成为谱系地理学、遗传多样性及居群间遗传分化研究的理想分子标记(He et al.,2012;Twyford et al.,2013);被广泛应用于动物、植物和微生物的遗传和保护研究(Miao et al.,2015;Motoie et al.,2013;Murat et al.,2013)。仅 2014 年一年,NCBI 就收录了 2000 多篇关于微卫星的文章。同时微卫星标记近年来也被广泛用于动物(Motoie et al.,2013)、植物和微生物(Murat et al., 2013)的空间遗传结构研究。用微卫星标记对植物进行空间遗传结构研究的例子，如野生二粒小麦(*Triticum dicoccoides*)(Li et al., 2000b)、蓝桉(*Eucalyptus globulus*)(Yeoh et al., 2012)、欧亚槭(*Acer pseudoplatanus*)(Pandey et al., 2012)和锥栗(*Castanopsis chinensis*)(He et al., 2013)。近年来，微卫星标记还被广泛应用于许多植物就地保护和迁地保护有效性评估研究，如菜豆(*Phaseolus vulgaris*)(Gómez et al., 2005；Negri and Tiranti, 2010)、玉蜀黍(*Zea mays*)(Rice et al., 2006)、中粒咖啡(*Coffea canephora*)(Musoli et al., 2009)、红花琉璃草(*Cynoglossum officinale*)(Enßlin et al., 2011)、稻子(*Oryza sativa*)(Sun et al., 2012)和铁皮石斛(*Dendrobium officinale*)(Hou et al., 2012)。然而，目前尚未有云南红豆杉微卫星引物的报道，因此，Miao 等(2008)研发出 11 对云南红豆杉多态性微卫星引物，利用这 11 对微卫星引物对云南红豆杉 14 个天然居群进行谱系地理学及生境片断化对其交配系统的影响研究，对云南红豆杉 2 个天然居群进行空间遗传结构分析，对云南红豆杉采样策略进行研究，对云南红豆杉 14 个天然居群和 9 个人工居群进行遗传差异研究，目的是为濒危植物云南红豆杉就地和迁地保护提出有效可行的保护策略。

第一节 云南红豆杉微卫星引物标记研发

微卫星(microsatellites，simple sequence repeats，SSRs)是一种由 1~6 个核苷酸即 $(1\sim6bp)_n$ 为重复单元串联组成的长达几十个核苷酸的序列。SSR 广泛分布于整个真核生物基因组的不同座位上，由于在各个座位上重复单位数量的不同，因而形成多态性(Wang et al., 2004)。微卫星各个位点重复单元拷贝数的不同，可能是由于有丝分裂过程中同源微卫星间的 DNA 滑动复制而形成的(Levinson and Gutman, 1987)。微卫星(Steimel et al., 2004)分为完全型(perfect)、非完全型(imperfect)和复合型(compound)。完全型微卫星是指核心序列以不间断的重复方式首尾相连构成的 DNA 片段，如$(TC)_8$；非完全型微卫星是指两个或两个以上的串联核心序列被多个连续的非重复碱基分隔开构成的 DNA 片段，如$(CAGTT)_3CT(AT)_2(AGAGGG)_4$；复合型微卫星是指不同的重复单元彼此邻接，如$(AGAT)_4(AG)_3$(图 5-1)。微卫星究竟要重复多少次才能定义为微卫星？目前认为只要其能检测出多态性就可以定义为微卫星。

微卫星引物的研发成为微卫星分子标记应用的必要且首要的步骤。近 5 年微卫星引物研发主要有 5 种方法，即数据库法；微卫星引物直接转移运用法；简并锚定微卫星-PCR 法；RAPD 法和 FIASCO 法。每种方法都有其优点，我们应根据每个待研发物种的研究现状，采取相应适合的，相对省时、省钱、高效的方法开发微卫星引物。研发微卫星引物是一个费时、费钱、得率低的工作，有时候需要几种方法综合使用才能研发出适合应用的微卫星引物。

A 数据库法

数据库法是指利用 GenBank 中待研发物种及同属不同种间的微卫星序列研发微卫星引物。这种方法是 5 种方法中最高效、最省钱的方法，因为通过在 GenBank 中搜索，如果幸运就可以找到待研发物种及其同属不同种的微卫星序列，这相当于我们不用花费任何钱就可以获得最重要、最关键的微卫星序列。基于这些序列，通过 Primer Premier v5.0

1. 完全型 (perfect) 微卫星

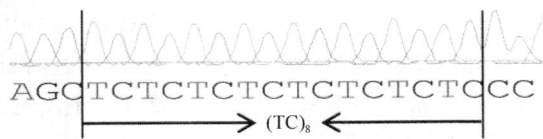

2. 非完全型 (imperfect) 微卫星

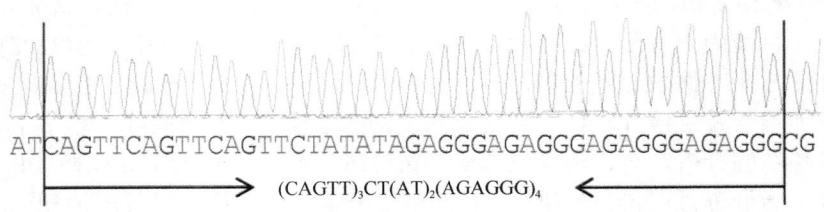

3. 复合型 (compound) 微卫星

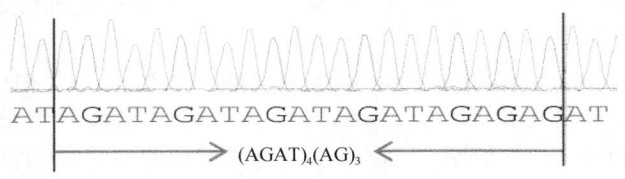

图5-1　微卫星3种类型

等引物设计软件就可以设计出微卫星引物，进一步对微卫星引物可行性进行验证，就可以获得具有多态性的微卫星引物。

(a)待研发物种自身数据库法

此种方法是指通过从GenBank中找到待研发物种自身的微卫星序列研发引物的方法。例如，Yáñez 等(2008)从 GenBank 中下载到 33 条具有微卫星的鸸鹋(*Dromaius novaehollandiae*)序列，并设计了相应的33对引物，对其中11对引物用22个鸸鹋个体进行了检验，结果研发出10对具有多态性的完全型微卫星引物。同样Li 等(2009b)也是通过从GenBank中下载海星(*Asterina pectinifera*)ESTs(expressed sequencetags)序列10 500条，通过SSRHunter软件从中找到372条含有微卫星的序列，其中30条适合微卫星引物设计，通过Primer Premier v5.0设计了30对引物，并用40个野生海星对这30对微卫星引物进行了可行性试验，最终研发出14对具有多态性的完全型微卫星引物。

(b)跨种数据库法

该方法是指通过从GenBank中找到同属不同种间的微卫星序列，设计相应引物，通过种间引物检验，开发出待研发物种的微卫星引物。这是基于这样的事实：同属不同种间的微卫星两侧序列大多数情况下是非常保守的。Ueno 和 Tsumura(2009)利用同属不同种间的微卫星序列，开发出需要的微卫星引物。他们从GenBank中下载了山茶属的茶(*Camellia sinensis*)的2495条序列，并设计了22对微卫星引物，通过在日本山茶(*Camellia japonica*)22 个个体中检验了这 22 对微卫星引物的可行性,获得了 3 对具有多态性的日本山茶微卫星引物。

B 微卫星引物直接转移运用法

微卫星引物可以通过同科不同属或同属不同种间的转移运用来获得待研发物种的微卫星引物(Chagné et al., 2004)。

(a)同科不同属不同种间的微卫星转移运用

例如,Pickles 等(2009)进行了同科不同属不同种间的微卫星引物的跨种运用,操作方法是把属于鼬科中的 2 个不同属的微卫星引物跨种运用到属于鼬科的另一个不同属物种中。具体的是水獭属(*Lutra*)中的欧亚水獭(*Lutra lutra*)19 个微卫星引物和美洲獭属(*Lontra*)的北美水獭(*Lontra canadensis*)中的 15 个微卫星引物共 34 个微卫星引物跨种运用到巨獭属(*Pteronura*)巨獭(*Pteronura brasiliensis*)中,成功地获得了 25 个具有多态性的巨獭微卫星引物。

(b)同属不同种间的微卫星引物转移运用

Runemark 等(2008)把壁蜥属(*Podarcis*)中的普通壁蜥(*Podarcis muralis*)、爱哈德壁蜥(*Podarcis bocagei*)和博克奇壁蜥(*Podarcis erhardii*)中的 23 对微卫星引物转移运用到 Skyros 墙壁蜥蜴(*Podarcis gaigeae*)、利比亚墙壁蜥蜴(*Podarcis hispanica*)、芦粟墙壁蜥蜴(*Podarcis milensis*)、巴尔干墙壁蜥蜴(*Podarcis taurica*)中,使 Skyros 墙壁蜥蜴获得 8 对,利比亚墙壁蜥蜴获得 11 对,芦粟墙壁蜥蜴获得 13 对,巴尔干墙壁蜥蜴获得 8 对具有多态性的微卫星引物。

C 简并锚定微卫星-PCR 法

简并锚定微卫星-PCR(simple sequence repeat-anchored PCR by degenerate primer)亦称 SSR-anchored PCR(Zietkiewicz et al., 1994),是简单重复序列区间(inter-simple sequence repeat,ISSR)标记技术的 3 种方式之一(Blair et al., 1999;Fisher et al., 1996;Lian et al., 2001)。其基本原理是在不同简单重复序列的 5′端或 3′端锚定数个简并碱基形成单一引物,对两个相距较近、方向相反的微卫星(simple sequence repeat,SSR)及两个 SSR 序列间的 DNA 序列进行扩增。由于简并锚定微卫星-PCR 具有特异性高、重复性强,可防止引物与 DNA 模板结合时发生滑动,避免扩增产物电泳时涂布现象(smear)发生等优点(Weising et al., 1995),从而保证了 PCR 扩增产物基因组中相应 SSR 位点的实际长度。目前,简并锚定微卫星-PCR 技术现已广泛用于品种鉴定(Culley and Wolfe, 2001)、遗传作图(Sankar and Moore, 2001)、基因定位(Ratnaparkhe et al., 1998)、分类、进化及遗传多样性(Joshi et al., 2000)等方面的研究。另外一方面,简并锚定微卫星-PCR 技术是 SSR 引物研发方法中较快捷有效、经济实用的方法(Van der Nest et al., 2000)。在适宜的 PCR 扩增体系下,它能在一次 PCR 产物中至少寻找到基因组中 2 个位点不同的组分微卫星,而且扩增每一个位点微卫星只需合成一个引物,从而降低了寻找基因组中微卫星及开发相应引物的费用。其试验包括六大步骤:通过优化的 PCR,利用简并锚定引物锚定基因组中的微卫星序列→切胶纯化微卫星序列→克隆微卫星序列→测序→通过微卫星引物两侧保守序列设计引物→对微卫星引物进行可行性试验→获得具有多态性的微卫星引物。Shirai 等(2009)用 KKBRBRB(CA)$_6$ 等 2 个简并锚定引物对高体鳑鲏(*Rhodeus ocellatus*)的两个亚种(*Rhodeus ocellatus kurumeus*;*Rhodeus ocellatus ocellatus*)开发出 11 对多态性微卫星引物；同年，Tang 等(2009)利用 YHYHY(GA)$_{15}$ 等 9 个简并锚定引物开发出 10 对具有多态性的团头鲂(武昌鱼)(*Megalobrama amblycephala*)微卫星引物。

D RAPD 法

RAPD(random amplified polymorphic DNA)，全称是随机扩增多态性 DNA，是利用一系列具有 10 个左右碱基的单链随机引物，对全基因组进行 PCR 扩增，以检测不同个体间或不同居群间的多态性。试验证明 RAPD 片段中富含微卫星(Ender et al.，1996)。Lunt 等(1999)利用 RAPD 这个性质研发出一种研发微卫星的新方法，即 PIMA(PCR-based isolation of microsatellite arrays)，其原理是利用 RAPD 随机引物对待研究物种基因进行 PCR 扩增，对扩增的 RAPD 条带进行基因克隆，对克隆进行微卫星鉴定，具体的方法是对每一个克隆进行两组 PCR 试验，第一组用载体引物(最长条带)，第二组使用的引物除了一对载体引物外还包括一个微卫星引物，如(TG)$_8$，由于微卫星引物会与载体引物进行 PCR 扩增，所以第二组中如果扩增出 2 个或 3 个条带(最长条带加 1 个或 2 个小于最长条带的条带)，而第一组只扩增出最长的条带，那么这个克隆子就含有微卫星序列；反之，如果第一组和第二组都只扩增出一个条带则表明相应克隆子不含微卫星序列。对通过 PCR 检测含有微卫星的克隆子进行测序，根据测序结果，用引物设计软件根据微卫星两侧保守序列进行引物设计，最后通过不同个体检测引物的工作性质，得到具有多态性的微卫星引物。例如，Liu 等(2008)利用 RAPD 中富含微卫星这个特性，对半滑舌鳎(*Cynoglossus semilaevis*)(一种鱼类)进行了微卫星引物的研发工作，他们省略了对克隆子微卫星的鉴定步骤，直接对克隆子进行测序，在 150 条随机克隆子测序中，有 28 条序列含有微卫星，其中 21 条序列适合设计引物，通过在 30 个半滑舌鳎个体中进行 21 对引物的可行性试验，发现 11 对引物具有多态性。

E FIASCO(fast isolation by AFLP of sequences containing repeats)法

缪迎春随机下载了 2010~2015 年近 5 年的 85 篇微卫星引物研发的 SCI 文章，经统计，有 65 篇文章是用 FIASCO 法或拟 FIASCO 法开发微卫星引物，即近 5 年约 76.5%的微卫星引物研发是采用此方法或拟 FIASCO 法来研发微卫星引物的。因此在此重点阐述。

FIASCO 法(Zane et al.，2002)的原理见图 5-2。图 5-2 表明 FIASCO 法主要包括六大技术步骤，即①酶切；②接头连接；③分子杂交；④磁珠富集；⑤克隆；⑥测序。具体试验步骤是：对待研发物种基因组通过核苷酸内切酶酶切成 200~1500bp 的 AFLP 小片段→通过 T4 连接酶使酶切片段都连接上相应接头→接上接头的 AFLP 片段 PCR 扩增以提高浓度，通过纯化提高其纯度→用生物素标记的微卫星序列如 biotinylated(AG)$_{15}$ 作为探针与其杂交→含有微卫星的 AFLP 片段通过包被有链霉亲和素的磁珠富集，不含微卫星的序列被洗脱掉→最终对大部分是微卫星的 AFLP 片段进行扩增和纯化并对其进行基因克隆→阳性克隆微卫星的鉴定 PCR 体系中引物除一对载体引物外还需加入一个对应的没有生物素标记的微卫星序列如(AG)$_{15}$，如果通过 PCR 扩增产生了 2 个或 3 个条带，则说明克隆子中含有微卫星，阳性克隆微卫星的鉴定方法实际与 PIMA 方法中阳性克隆微卫星的鉴定方法是一样的→对阳性微卫星克隆进行测序→根据微卫星在序列中的位置，选择微卫星两侧有足够序列设计引物的序列进行引物设计→对设计出来的微卫星引物可行性进行实践检验，最终获得具有多态性的微卫星引物。此方法的优点是效率高、周期短，如果试验顺利，一周内就可以完成整个试验过程。

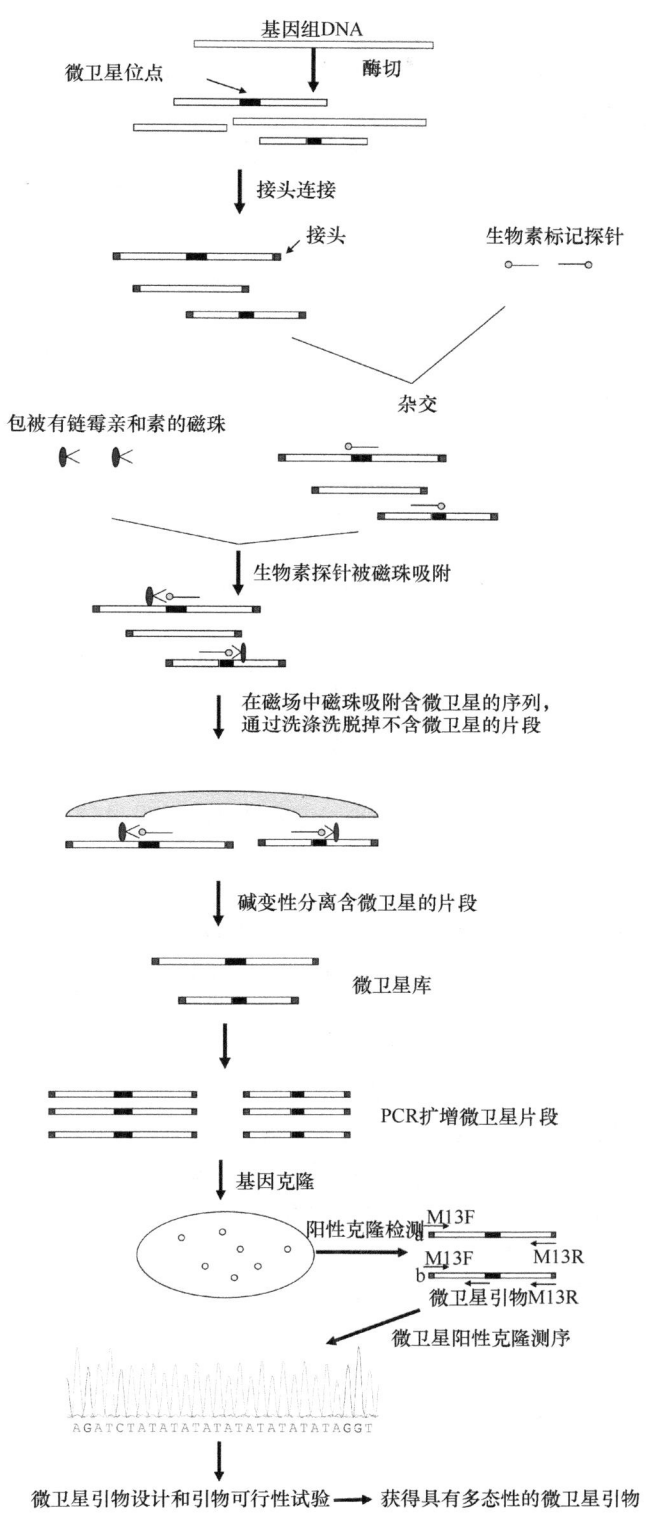

图5-2 FIASCO试验流程图

(a)标准 FIASCO 法

标准的 FIASCO 法包括了六大主要实验步骤,即酶切→接头连接→分子杂交→磁珠富集→克隆及阳性克隆鉴定→测序。Liao 等(2007)通过标准 FIASCO 法对半滑舌鳎(*Cynoglossus semilaevis*)(一种深海闭目鱼)86 个阳性克隆进行测序,其中 81 个含有微卫星,即微卫星的得率近 94%,其中 57 条微卫星序列适合引物设计,通过微卫星引物的可行性试验,获得了 17 对具有多态性的半滑舌鳎微卫星引物。利用标准 FIASCO 法,Zhang 等(2008)从岩原鲤(*Procypris rabaudi*)中研发出 9 对多态性微卫星引物;Fike 等(2009)和 Zhao 等(2009b)分别从北美负鼠(*Didelphis virginiana*)、西畴含笑(*Michelia coriacea*)中研发出 21 对和 12 对多态性微卫星引物;Wu 等(2010)从辣木(*Moringa oleifera*)中研发出 20 对具有多态性的微卫星引物;Miao 等(2012)从篦子三尖杉(*Cephalotaxus oliveri*)中研发出 15 对多态性微卫星引物。

(b)拟 FIASCO 法

拟 FIASCO 法是指其方法原理与标准 FIASCO 法是一致的,只是省略了其中的一些步骤或者实验方式有所改变。例如,Zhang 等(2006)与 Zhan 和 Fu(2008)都用拟 FIASCO 法研发出 18 对和 22 对具有多态性的鳜(*Siniperca chuatsi*)和中国林蛙(*Rana chensinensis*)的微卫星引物。与标准 FIASCO 法相比较,拟 FIASCO 法的试验步骤只有五大步骤,少了磁珠富集这一步,即分子杂交后就直接进行克隆及阳性克隆鉴定。Perry 等(2005)曾经比较了标准 FIASCO 法和拟 FIASCO 法的微卫星得率,他们采取的拟 FIASCO 法中省略了磁珠富集这步,同时杂交的方式是在尼龙膜上杂交,结果 611 个阳性克隆中含有微卫星的序列有 107 条,微卫星得率是 17.5%;而分子杂交后,采用了磁珠富集的标准 FIASCO 法后,237 个阳性克隆中,有 171 条序列含有微卫星,微卫星的得率是 72.2%。这个比较似乎说明,磁珠富集的确洗脱掉大部分不含微卫星的序列,最终使克隆前的 AFLP 片段大部分是含微卫星的序列。

微卫星研发的 5 种方法各有优缺点,但是从节省资金和相对提高微卫星得率的角度考虑,当 GenBank 中有待研发物种或同属不同种中有微卫星序列时,首先采用数据库法研发微卫星引物;其次当 GenBank 中无任何可依靠的微卫星序列时,但在科以下不同种间有已经研发出来的微卫星引物时,可以尝试用微卫星引物的直接转移运用法来研发目的物种的微卫星引物,有时候会有意想不到的收获;当待研发物种的研究背景中,数据库法和微卫星引物直接转移运用法都不能实施时,就只能采取技术方法来研发引物,这相对于前两种方法是费钱、得率低的方法,但在 3 种技术方法(RAPD 法;简并锚定微卫星-PCR 法和 FIASCO 法)中,标准 FIASCO 法是最省时、最省钱、得率最高的方法。

本节利用 3 种微卫星研发方法综合开发云南红豆杉微卫星引物,以期为云南红豆杉开展遗传多样性研究奠定分子基础,以促进云南红豆杉保护遗传学研究的深入进行。

一、简并锚定微卫星-PCR 法

(一) 简并锚定微卫星-PCR 反应体系优化

1. 材料与方法

云南红豆杉叶片采自云南大理州鹤庆县,采用硅胶低温(–20℃)保存。采用 CTAB 微量法(Collignon et al., 2002)提取经过硅胶低温干燥的嫩叶片基因组 DNA，用 Beckman DU800 核酸蛋白质分析仪测定总 DNA 浓度，根据 PCR 反应体系的需要稀释至 15ng/μL。

简并锚定微卫星-PCR 是由简并碱基和某一重复序列两部分组成的单一引物进行的 PCR 标记，本试验用经初步筛选的 5'简并锚定 5'-NNVRVRV(CT)$_6$-3'作为固定引物，由于 PCR 反应条件主要受 Taq 酶、Mg^{2+}、dNTP、DNA 和引物的影响(王佳等，2006)，故选其作为试验因素，分别以 A、B、C、D、E 代表，并通过预备试验确定试验因素浓度范围。本研究设计的试验因素及其水平如表 5-1 所示。由于 Taq 酶和 Mg^{2+}、Mg^{2+} 和 dNTP 之间可能存在着交互作用(李海生和陈桂珠，2004)，所以选用 L64(4^{21})表进行有交互作用的正交试验设计，试验共 64 个处理，2 次重复。

表5-1 PCR反应的因素与水平

水平	PCR 反应因素				
	Taq 酶(A)	Mg^{2+}(B)	dNTP(C)	DNA(D)	引物(E)
1	1.5	1.5	0.2	60	0.3
2	2.0	2.0	0.3	75	0.7
3	3.0	3.0	0.4	90	0.8
4	4.0	4.0	0.5	105	1.0

注：Taq 酶的单位为 U/20μL；Mg^{2+} 和 dNTP 的单位为 mmol/L；DNA 的单位为 ng/20μL；引物的单位为 μmol/L。

20μL 反应体系在 MJ-PTC 200 DNA 扩增仪上进行扩增反应，初步反应程序为 94℃ 预变性 4min；94℃变性 1min，50℃退火 1min，72℃延伸 1min，循环 35 次；72℃延伸 10min；4℃保存。PCR 扩增产物通过 1.5%的琼脂糖电泳，采用 UVP GDS-8000 凝胶成像系统拍照分析。

利用文献(何正文等，1998；王彦华等，2004)中的方法和标准对 PCR 扩增图谱进行评分，主要以图谱中主带的多少、清晰度、重复性对各处理扩增结果计分。条带数量丰富、清晰度高和背景低的最佳产物记为 33 分，与此相反，最差的记为 0 分，分值范围 0~33，然后通过直观分析、方差分析筛选试验因素的最优反应组合。

选用正交试验结果分析选定的优化组合，用 MJ-PTC 200 DNA 扩增仪自动生成在 46~66℃的 12 个温度进行 PCR 扩增。通过电泳图谱的直观比较筛选出本实验使用引物最佳退火温度，组合成优化反应体系。本试验设置的 12 个温度分别为 46.0℃、46.5℃、47.7℃、49.2℃、51.5℃、54.4℃、57.8℃、61.7℃、62.8℃、64.4℃、65.6℃和 66.0℃。

采用各因素最佳反应水平组合和最佳退火温度进行同一模板、同一引物、不同批次的 7 次重复实验，以验证 PCR 优化反应体系的稳定性和可靠性。

采用 SAS v9.0 软件对 2 次重复的打分结果进行方差分析，确定影响反应的关键因素、具显著交互作用的因素及最佳反应水平组合。

2. 电泳结果及其评分的直观分析

按照交互正交设计 L64(4^{21})进行 64 组 PCR 扩增，将扩增产物通过 1.5%的琼脂糖电泳。2 次扩增试验产物的电泳图谱如图 5-3 所示。

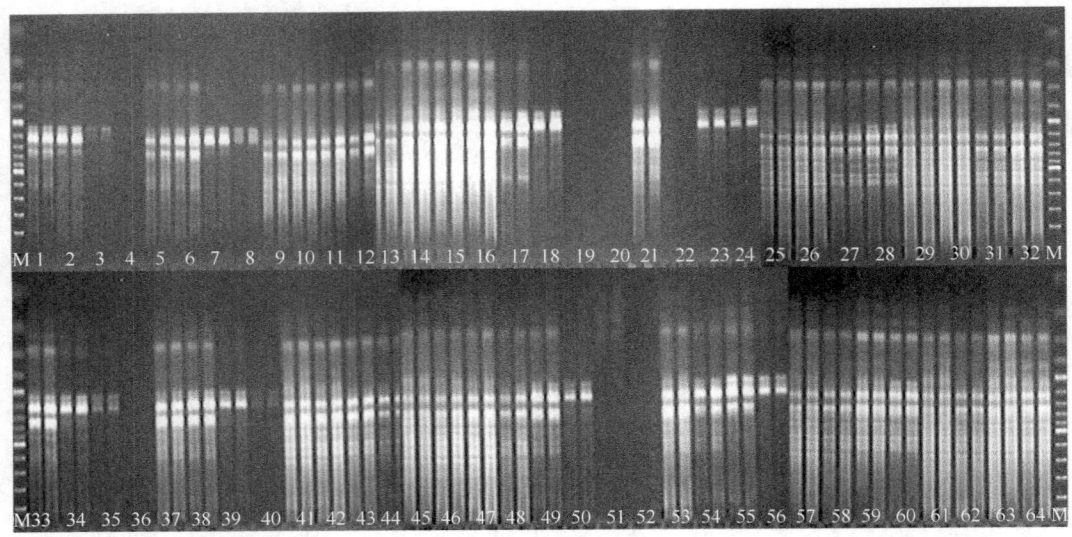

图5-3 64个处理的PCR产物电泳图谱

根据打分结果计算不同因素各水平电泳评分平均值和极差如表5-2所示。极差的大小排序为 Mg^{2+} >dNTP>Taq 酶>引物>DNA。因此，可以判断 Mg^{2+} 的影响最大，是反应体系中的关键因子；dNTP 的影响次之居第二位；Taq 酶的影响居第三位；DNA 和引物的极差都很小，约为 Mg^{2+} 极差的 1/10，它们对 PCR 扩增的影响也很小。各因素最高平均值对应的水平组合 A3B2C1D2E4 即为直观分析初步筛选的最优组合。但是，该组合没有考虑交互作用，不能准确反映各因素的作用。因此，需要分析因素间的交互作用及其影响才能确定最优组合，故下面将进一步进行方差分析。

表5-2 不同因素与水平的电泳评分平均值和极差

水平	Taq 酶	Mg^{2+}	dNTP	DNA	引物
1	13.59	10.88	16.47	12.59	11.63
2	9.16	19.78	11.78	13.41	12.75
3	15.94	12.09	12.53	12.50	12.78
4	11.69	7.63	9.59	11.88	13.22
极差	6.78	12.16	6.88	1.53	1.59

3. 电泳评分结果的方差分析

电泳评分值进行的方差分析表明，Taq 酶、Mg^{2+} 和 dNTP 各水平的差异达极显著水平($P<0.01$＝，而 DNA 和引物的 F 仅为 0.70 和 0.82，差异均不显著($P>0.05$)。为提高假设检验的灵敏度，将 DNA 和引物的方差合并入误差项得到方差分析表(表 5-3)。

由表 5-3 可知，Taq 酶、Mg^{2+}、dNTP、Taq 酶×Mg^{2+} 和 Mg^{2+}×dNTP 的 F 顺序为 Mg^{2+}>Mg^{2+}×dNTP>Taq 酶>dNTP>Taq 酶×Mg^{2+}，并且 Mg^{2+} 与 Taq 酶、dNTP 的交互作用达极显著水平($P<0.01$)。因此，应根据 Mg^{2+} 与 dNTP 的交互作用选定 Mg^{2+} 与

dNTP 的浓度，然后根据选定的 Mg^{2+} 浓度与 Taq 酶交互作用确定 Taq 酶浓度，再根据与 DNA 和引物最大平均值对应的水平数确定它们浓度，从而筛选出 PCR 反应各因素的最佳组合。

表5-3 PCR反应中各因素的方差分析

变异来源	自由度	方差	均方	F
Taq 酶	3	794.19	264.73	14.85**
Mg^{2+}	3	2545.69	848.56	47.59**
dNTP	3	789.75	263.25	14.76**
Taq 酶×Mg^{2+}	9	780.00	86.67	4.86**
Mg^{2+}×dNTP	9	3422.19	380.24	21.33**
误差	100	1783.06	17.83	

**. $P < 0.01$。

表 5-4 为 Mg^{2+} 与 Taq 酶、dNTP 的交互作用下的电泳评分平均值。由表可知，在 Mg^{2+} 浓度取水平 2，dNTP 浓度取水平 3 时，电泳评分平均值最高，达 26.38；在 Mg^{2+} 取水平 2 的条件下，Taq 酶浓度取水平 4 时，电泳评分的平均值最高，达 23.00。从表 5-2 可知，DNA 浓度为水平 2 时，电泳评分平均值最高达 13.41；引物浓度取水平 4 时，电泳评分平均值最大，达 13.22。因此，云南红豆杉筒并锚定微卫星-PCR 反应体系的最适条件应为 A4B2C3D2E4，即 Taq 酶浓度为 4U/20μL，Mg^{2+} 浓度为 2.0mmol/L、dNTP 浓度为 0.4mmol/L、DNA 浓度为 75ng/20μL、引物浓度为 1.0μmol/L。该组合(A4B2C3D2E4)为 55 号处理，与直观分析得出的结果(A3B2C1D2E4)并不一致，其原因是直观分析忽略了因素间的交互作用。图 5-3 表明，55 号处理的 PCR 扩增产物的电泳效果最好。可见，考虑交互作用分析得出的结果能客观地反映试验结果，忽视因素间的交互作用会导致分析结果产生偏差。据此，初步确定 55 号处理为反应的优化组合。

表5-4 Mg^{2+}与Taq酶、dNTP交互作用下的电泳评分平均值

Mg^{2+} 水平	Taq 酶				dNTP			
	1	2	3	4	1	2	3	4
1	9.38	10.38	13.25	10.50	24.75	13.50	4.25	1.00
2	20.88	15.00	20.25	23.00	23.25	18.75	26.38	10.75
3	15.13	6.00	20.25	7.00	9.75	10.00	13.63	15.00
4	9.00	5.25	10.00	6.25	8.13	4.88	5.88	11.63

4. PCR 扩增退火温度的确定

退火温度的高低直接影响引物与 DNA 的特异性结合。根据方差分析优选出的 55 号 PCR 扩增体系(A4B2C3D2E4)进行退火温度的筛选试验。在 MJ-PTC 200 DNA 扩增仪自动生成 12 个温度(最小设置为 46℃，最大设置为 66℃)，PCR 结果用 1.5% 琼

脂糖电泳检测结果。图 5-4 表明，54℃下的 PCR 反应结果不仅主带清晰，而且特异性高，是反应的最佳退火温度。退火温度过低时(46~49℃)非特异性扩增多，特意性扩增(主带)不明显和发生缺失；而退火温度过高时(62~66℃)则扩增不出任何条带。

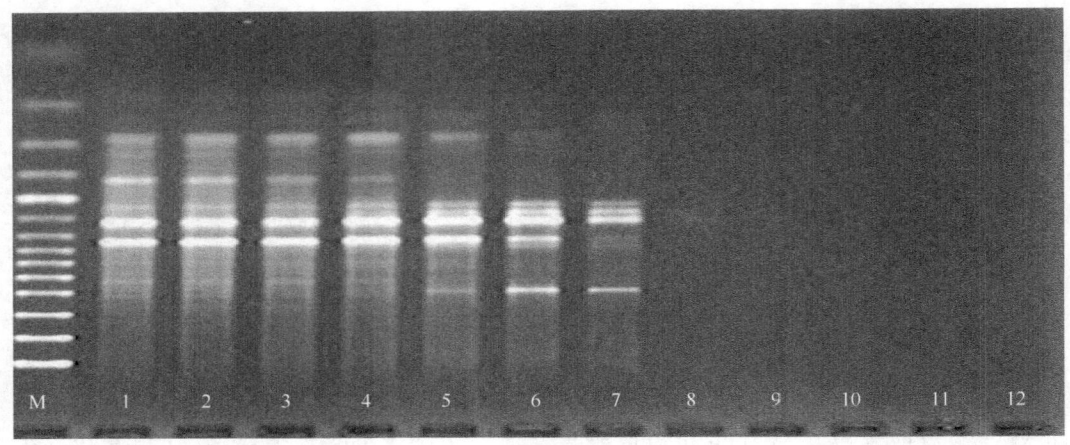

图5-4　不同退火温度PCR产物电泳图谱
1~12 分别代表退火温度 46.0℃、46.5℃、47.7℃、49.2℃、51.5℃、54.4℃、57.8℃、61.7℃、62.8℃、64.4℃、65.6℃和 66.0℃；M 为标准分量 SM0321

5. 稳定性验证和最优 PCR 体系确定

采用 55 号处理(A4B2C3D2E4)中各因素水平的组合和 54℃退火温度下重复试验 7 次，进行 PCR 扩增产物稳定性检验。图 5-5 为重复试验 PCR 扩增产物的电泳图谱。图 5-5 表明，7 次重复试验的电泳图谱基本一致，每次试验电泳图谱的主带明显、清晰度高、具有很好的重复性和稳定性。因此，最终确定 55 号处理(A4B2C3D2E4)和 54℃退火温度为云南红豆杉简并锚定引物 $5'\text{-NNVRVRV}(CT)_6\text{-}3'$ 的 PCR 反应的优化体系。

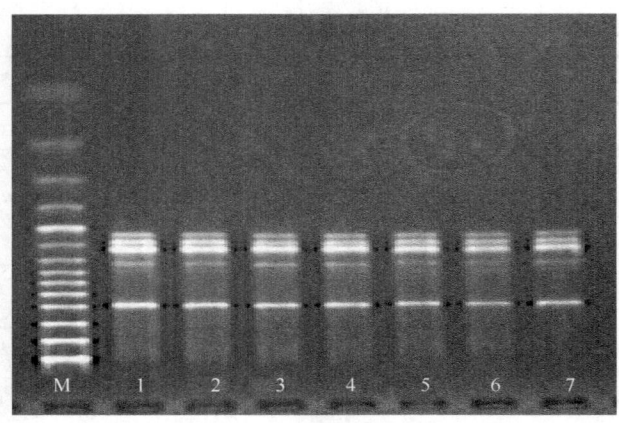

图5-5　优化体系的稳定性试验
1~7 代表 A4B2C3D2E4 处理 54℃退火温度下的 7 次重复试验，M 为标准分量 SM0321

6. 小结与讨论

本研究首次利用交互正交设计方法筛选出云南红豆杉简并锚定微卫星引物 5′-NNVRVRV(CT)$_6$-3′ 的 PCR 优化反应体系(缪迎春等, 2007)。优化体系为, 在 20μL 反应体系中含有 1×PCR buffer; Taq 酶 4U、Mg^{2+} 2.0mmol/L、dNTP 0.4mmol/L、DNA 75ng、引物 1.0μmol/L、退火温度 54℃。验证表明, 优化体系的重复性好, 主带清晰、稳定, 而且在云南红豆杉的 SSR 引物开发方面具有一定的价值(Miao et al., 2008)。

正交设计具有均衡分散、综合可比、效应明确的特性, 能迅速找出最优水平组合。它在 PCR 反应体系优化中应用较广泛, 但以往类似研究的试验设计未考虑交互作用, 判断各因素及其交互作用的主观性很大(王佳等, 2006; 谢运海等, 2005), 对结果的阐述模糊, 不客观。本研究结果表明, 不考虑因素间交互作用的直观分析最优组合(A3B2C1D2E4)和考虑交互作用的方差分析最优组合(A4B2C3D2E4)是不同的, 这主要是因为 Taq 酶和 Mg^{2+}、Mg^{2+} 和 dNTP 的交互作用对 PCR 扩增的影响显著, 而且 Mg^{2+} 和 dNTP 交互的 F 较大(表 5-3)。因此, 在试验设计和分析中不能忽略它们之间的交互作用, 否则会降低试验的可靠性和对结果解释的客观性。综上所述, 交互正交设计既能够快捷、有效地筛选出最佳的 PCR 反应体系, 又能揭示各因素及其交互作用对 PCR 扩增的影响程度, 分析结果也更客观、明确, 因而具有一定的应用价值。然而, 该方法对 PCR 扩增效果的评判仍具有一定的主观性, 应就其评判标准进行深入研究, 以提高方法的易操作性和分析结果的可信度。

Mg^{2+} 和 dNTP、Mg^{2+} 和 Taq 酶的交互作用的产生主要体现在两方面: ①Mg^{2+} 能与 dNTP 分子中的磷酸基团定量地结合, 使实际反应中的 dNTP 减少; ②Taq 酶是 Mg^{2+} 依赖性酶, 需要一定浓度的 Mg^{2+} 来激活, 因此 Mg^{2+}、dNTP 和 Taq 酶三因素浓度相互联系、相互制约, 它们之间浓度过高或过低都会导致目的产物的减少, 其中 Mg^{2+} 的浓度最为关键。

(二)简并锚定微卫星-PCR 法

1. 材料与方法

利用云南大理州鹤庆县的一个样本, 采用 CTAB 法提取基因组总 DNA, 并稀释至 15ng/μL。利用以上优化出来的简并锚定微卫星-PCR 体系, 除了扩增简并微卫星 (J4)NNVRVRV(CT)$_6$ 外, 还扩增了另外 2 条以二核苷酸为重复单元、含 19 个碱基并且 5′端含 7 个简并碱基的引物, 它们分别是: (J3)NNMBMBM(AG)$_6$ 和(J6)NNDBDBD(GA)$_6$, 其中 N=A/G/C/T, V=A/C/G, M=A/C, B=G/C/T, R=A/G, D=A/G/T。ISSR 片段 PCR 扩增反应在 PTC200 Thermal Cycler 仪上进行, 采用以下扩增程序进行 PCR 扩增: 95℃ 4min 进行基因组 DNA 预变性; 35 个循环进行 ISSR 片段扩增, 具体是 94℃ 1min, 50℃(J3), 54℃(J4)或 52℃(J6)1min, 72℃延伸 1min; 72℃ 10min 进行 T 延伸, 扩增产物最终保存在 4℃。采用上海华舜胶回收纯化试剂盒对 3 个简并引物扩增的 ISSR 片段进行 200~1300bp 片段的切胶回收, 回收片段直接连接到 PMD18-T(TaKaRa)上, 并转化到 DH5α 大肠杆菌感受态细胞中。克隆子通过在 LB 培养基中加入 IPTG-XGal 进行蓝白斑筛选。白色克隆子通过 M13 测序引物(M13 RV 和 M13 M4, TaKaRa)进行 PCR 扩增以检测是否含有目的片段。含有目的片段的白色克隆子经含氨苄青霉素的 LB 液体培养基中摇床培养后进行测序。通过软件 SSRHunter 对校对好的序列进行微卫星搜索。通过 DNAStar v5.0 中的 PrimerSelect 软件对微卫星位点进行引物设计，在引物设计的过程中，主要遵守以下几点原则：①引物长度一般为 16~24bp，以 20bp 最为常用；②GC 含量一般为 40%~60%，以 50%为最优；③Tm 一般为 45~65℃，以 55℃为最佳；④正反引物间 GC 含量之差应控制在 10%内,Tm 之差应控制在 5℃内；⑤产物长度一般为 200~500bp。先用琼脂糖电泳检测所设计引物是否工作，对工作的引物再通过聚丙烯酰胺凝胶电泳初次检测出可能存在多态性的引物对。由于电泳受多种因素的影响，如缓冲液、电压、胶浓度等一系列客观原因的影响，还有人判读带主观的影响，所以结果的可靠性不足，必须通过引物荧光标记检测最终确定。因此对可能存在多态性的引物中的一条引物进行蓝色(FAM)荧光标记，通过来自于西藏、云南和四川的 48 个样本进行微卫星多态性检测。以 GeneScan-500 作为标准 Marker，运用 GeneMapper v4.0 和人工校正对微卫星位点的所有等位基因进行分型。通过 Arlequin v3.1(Excoffier et al.，2005)计算每个位点的观察杂合度 (observed heterozygosity，H_O)和期望杂合度(expected heterozygosity，H_E)。通过 Genepop v3.4(Raymond and Rousset，1995)对每个位点的哈迪-温伯格平衡进行检验，并对微卫星位点间的连锁不平衡进行检验。

2. 微卫星位点的确定

本试验共回收到 23 条序列，其中，J3、J4 和 J6 分别回收到 6 条、10 条和 7 条。23 条序列中共包含 56 个微卫星，其中，完全型微卫星 43 个；非完全型微卫星 9 个，复合型微卫星 4 个(表 5-5)。

表5-5　3条简并锚定微卫星引物扩增出微卫星总体情况

引物名称	引物序列(5′→3′)	碱基数/bp	扩增出的序列数/条	序列长度/bp	微卫星数/个	完全型微卫星/个	非完全型微卫星/个	复合型微卫星/个
J3	NNMBMBM(AG)$_6$	19	6	200→1000	10	9	1	0
J4	NNVRVRV(CT)$_6$	19	10	200→1300	33	21	8	4
J6	NNDBDBD(GA)$_6$	19	7	300→1050	13	13	0	0
共计			23		56	43	9	4

注：N=A/G/C/T，M=A/C，B=G/C/T，V=A/C/G，R=A/G，D=A/G/T。

3. 微卫星位点引物工作性能初步检测

表 5-6 表明设计的 56 对引物对中，不工作的引物对有 19 对，工作的引物对有 37 对；在 37 对工作的引物对中，16 对引物对 PCR 扩增成功，琼脂糖电泳条带清晰，但聚丙烯酰胺凝胶电泳显示无多态性；余下的 21 对引物 PCR 产物琼脂糖电泳条带清晰，聚丙烯酰胺凝胶电泳显示 PCR 产物可能存在多态性。

4. 微卫星引物的荧光检测

引物荧光标记检验显示 21 对聚丙烯酰胺凝胶电泳有可能具有多态性的引物中只有 8 对真正具有多态性(表 5-7，带**的引物)。虽然，聚丙烯酰胺凝胶电泳的准确性不高，但通过它对工作引物进行初步筛选,可以极大节省下一步引物荧光标记的费用。这 8 个多态性微卫星位点的等位基因数变化范围是 2~5,每个位点的观察杂合度(H_O)变化范围是 0.000 00~0.041 67,每个位点的期望杂合度(H_E)变化范围是 0.139 91~0.635 09。8 个位点都显著偏离哈迪-温伯格平衡。

表5-6 56个微卫星位点引物对工作概表

引物对特征	数量	占总引物对数的比例/%
微卫星位点数/个	56	
设计微卫星引物数/对	56	
工作引物数/对	37	
¢ 引物数/对 (引物对不工作,PCR 产物琼脂糖电泳无相应长度条带)	19	33.9
*引物数/对 (PCR 产物琼脂糖电泳带型清晰,但聚丙烯酰胺凝胶电泳无多态性)	16	28.6
§ 引物数/对 (PCR 产物琼脂糖电泳带型清晰,聚丙烯酰胺凝胶电泳显示 PCR 产物可能存在多态性)	21	37.5
▱ 引物数/对 (对 § 引物进行荧光标记确定有多态性的引物对数)	8	14.3

二、同属不同种间的微卫星引物转移运用法

(一) 材料与方法

2008 年,Huang 等开发出 12 个南洋红豆杉(*Taxus sumatrana*)多态性微卫星引物(表 5-8),对 12 对引物中的正向引物进行蓝色荧光(FAM)标记,进行跨种 PCR 扩增应用于云南红豆杉,用来自于西藏、云南和四川的 48 个样本进行微卫星多态性检测。

(二) 可行性微卫星位点的获得

12 个南洋红豆杉微卫星位点跨种应用于云南红豆杉,结果只获得一个多态性微卫星位点,TS07(表 5-7)。

三、跨种数据库法

(一) 材料与方法

通过 GenBank 数据库中搜寻红豆杉属中不同种的微卫星序列,设计微卫星引物进行跨种扩增检验。对能扩增出清晰 DNA 条带的微卫星引物对中的一条引物进行蓝色荧光(FAM)标记,通过来自于西藏、云南和四川的 48 个样本进行微卫星位点的多态性检测。

表5-7 云南红豆杉11个多态性微卫星引物特征

位点	引物序列(5'→3')	重复单元	片段长度/bp	N_A	Tm/°C	H_E	H_O	HWE P-value
**TY05	F: CCA TAG CAT AGC AAG GGG TAA TCC R: CAT ACA GTC GAG GAG GGG GAG AAG	$(AGAT)_2(AG)_2(AGAT)_6(AGAT)_3(AG)_4(AT)_2(AG)_7$ $AT(AG)_2(AT)_2(AG)_4(AT)_4CT(GA)_5(TAGA)_3(GA)_3(TA)_2$ $(GA)_3(TAGA)_2(GA)_2(TAGA)_2(GA)_3(TA)_3TCT(GA)_5(TAG$ $A)_2(GA)_2(TA)_4$	456~474(478)	4	66	0.635 09	0.000 00	0.000 00
**TY08	F: CCC CAT ATA TCC GGC CAT AC R: GCA CTC CCA ACC CCA TCT CC	$(TA)_{10}$	72~76(76)	2	61	0.139 04	0.000 00	0.000 00
**TY12	F(J4): NNVRVRV(CT)$_6$*R: ACT GCC CGG GGT GGT GGC T	$(CT)_7$	143~145(147)	2	60	0.061 84	0.000 00	0.010 50
**TY16	F: GGC CCA CCC CCA CCA CA R: GGT GGT AGT TGG AGC CCC T	$(CAGTT)_3CT(AT)_2(AGAGGG)_4$	219~237(228)	5	69	0.409 43	0.000 00	0.000 00
**TY24	F: GGG CTC GAC CTT TCT TCA A R: GGT CCT GTC CTC CCC ATA GAT	$(AT)_4(CAT)_2$	151~155(151)	2	64	0.061 84	0.000 00	0.010 50
**TY27	F: AGG GGC TCC AAC TAC CA R: ATC TGG AAG GCC TAT CTA ACT CTC	$(AG)_5$	83~89(89)	3	56	0.139 91	0.041 67	0.001 70
**TY29	F: GGC CCT ATC TCC CCT CTA TTC R: GAT CCC CTC CCC GAA CTT AGA ACT	G_{12}	162~163(161)	2	50	0.061 84	0.000 00	0.000 30
**TY44	F: TTG GAG CTG TGT TCA TGG AGT TTT R(J3): NNMBMBM(AG)$_6$	$(CT)_7$	207~209(207)	2	49	0.209 21	0.000 00	0.000 00
***TS07	F: CTGTCCTCGGTGGCTACAAT R: TCCATCACAAGGCACAAAGA	$(TG)_8$	239~245	4	54	0.532 68	0.625 00	0.845 60
†TB01	F: TGG GAG AGC AGA GCA GTG ATT TAT R: ACT GAG TGG TAC GGT TGG TTG G	$(GATCT)_9$	395~420	6	69	0.753 07	0.000 00	0.000 00
†TW01	F: CTC CAC CAA TTC CCC ACT TAC CA R: TCC TTC CAA GCA ATT TCG TCT CC	$(CT)_9$	382~404	9	56	0.852 85	0.270 83	0.000 00

注: 等位基因数是通过 48 个样本检测获得,克隆子长度显示于括号内; *. 蓝色荧光 FAM 标记的引物; **. 通过简并锚定微卫星-PCR 法开发出来的微卫星位点; ***. 通过引物跨种扩增检测获得的微卫星位点; †. 通过红豆杉属其他物种发布的序列开发出来的微卫星位点(GenBank 号分别是 AB029370 和 AY959321); N_A. 等位基因数; Tm. 退火温度; H_E. 期望杂合度; H_O. 观察杂合度; HWE P-value. 哈迪-温伯格平衡检验 P 值。

表5-8 南洋红豆杉12个微卫星位点

位点	引物序列(5'→3')	重复单元	片段长度/bp	Tm/℃
TS01	F: AATTGGGGGCCTGAATAGAC R: CACTCCAGGTCATGACACCA	$(TCC)_5$	157~162	60
TS02	F: GCCACTCTATGGATACCCTTCA R: TAATGAGATGGGAGGGGTGA	$(TTG)_6$	231~269	60
TS03	F: CTCCTTCTATACTGCAACCA R: ATGTGTGTGTGACTAGGGAA	$(CA)_5$	324~348	55
TS04	F: CAAATTTGTGATATTCCAATTTCCT R: GAGGTCCTACTGTCCCACACA	$(AAAT)_9$	172~178	54
TS05	F: TTCCATCTCCTAGGGATTTCGA R: CGCTACAGTAAAAACACGCAGA	$(TAT)_6$	262~270	59
TS06	F: CGCTACAGTAAAAACACGCAGA R: TTCACTAGTGATTGACGCCACA	$(ATA)_6$	293~310	58
TS07	F: CTGTCCTCGGTGGCTACAAT R: TCCATCACAAGGCACAAAGA	$(TG)_8$	263~276	60
TS08	F: GGGGTCGGACTATCCTCAAC R: CACAAGGGACAAGGTTGGTT	$(TG)_7$	268~280	59
TS09	F: TGCTTTTGGGAAATGTTGTG R: CGAAAAAGGTACCATGGAAAT	$(TC)_{12}$	202~209	57
TS10	F: GGACACCAAGTTCCTTCTTGA R: TGGATTCTCCATTCCAAATGA	$(AG)_{10}$	192~221	59
TS11	F: CATCACATGGCATACCCGTA R: GAAGTACCTCATGGGTGAGA	$(AAACA)_4$	282~303	56
TS12	F: GAGTAGGCAATTCACAAGGCTA R: GGTTCATGTATCAAGGACACCA	$(CT)_{10}$	249~267	58

注：Tm. 退火温度。

(二) 可行性微卫星位点的获得

在 GenBank 中共搜寻到 486 条红豆杉序列，其中，12 条序列含有 10 个不同的微卫星位点，在此基础上设计的 10 对微卫星引物只有 6 对(S01，S02，S04，S05，S06，S07)能扩增出清晰 DNA 条带(表 5-9)。对以上 6 对引物中的一条引物进行蓝色荧光标记，通过来自于西藏、云南和四川的 48 个样本进行 6 个微卫星位点的多态性检测，结果 S01(TB01)和 S07(TW01)两个位点检测出多态性(表 5-7)。

四、小结与结论

综上所述，通过简并锚定微卫星-PCR 法、跨种微卫星引物扩增和跨种数据库法分别研发出 8 个、1 个和 2 个微卫星位点，共计 11 个云南红豆杉多态性微卫星位点(Miao et al., 2008)。所获得的这 11 个微卫星位点将用于云南红豆杉天然居群谱系地理学研究、天然居群空间遗传结构研究、天然居群采样策略研究及天然居群与人工居群遗传多样性差异分析研究。

表5-9 GenBank中红豆杉微卫星引物设计

位点	GenBank 号	物种	重复单元	引物序列(5'→3')	片段大小/bp	Tm/℃
S01	AB029370		$(GATCT)_9$	F：TGGGAGAGCAGAGCAGTGATT TAT R：ACTGAGTGGTACGGTTGGTTGG	422	56
S02	AB029370	*Taxus brevifolia*	$(AT)_5$	F：GAAGCATCGGACCAAGAATCACC R：ATA GGCCCGCCCATAGTCG	102	58
S03	AB029370		$(TA)_5$	F：GCTCTCGGCCCCATCTC R：CCCCTA CGGCTACCTTGTTAC	201	53
S04	AX146403	*Taxus cuspidata*	$(CT)_5$	F：TGGCGGACAGGACACGACAGC R：CTGGCCGAAGGGGATGAAAGAA AA	397	63
S05	AY043261	*Taxus wallichiana* var. *mairei*	$(GA)_6$	F：GACGGTGTTTTCGGAGTAG R：AAATGA ATATTCACTGACATGGA	277	50
S06	AY902172	*Taxus brevifolia*	$(AT)_5$	F：CAACTTTTTCAATGCTTCTATGCT R：GTCCAA AATCTCCCACACGA	182	52
S07	AY959321	*Taxus wallichiana* var. *chinensis*	$(CT)_9$	F：CTCCACCAATTCCCCACTTACCA R：TCCTTCCAA GCAATTTCGTCTCC	390	59
S08	BD313619		$(CT)_5$	F：TGGCGGACAGGACACGACA R：CCCCCTGCCTCCTTGTTATCTCT	126	60
S09	DQ888579 DQ888580 EF017302	*Taxus cuspidata*	$(TA)_5(AT)_3C$ $(TA)_4$	F：AATTATGAGTTGGGTGCTTTGA R：GAGTCGTATTGCTTTATTTATTGA	367	50
S10	EF590747	*Taxus wallichiana* var. *wallichiana*	$(AT)_5$	F：AATTATGAGTTGGGTGCTTTGAC R：GGCATGAATCGAATAATAAGAGAA	140	52

注：Tm. 退火温度。

第二节 云南红豆杉天然居群谱系地理学

谱系地理学是研究种内或近缘物种谱系在地理上的分布及其历史成因机制(Avise et al., 1987)。分子谱系地理学是通过对不同地理分布区的同种或近缘物种的遗传谱系关系的构建和比较,能够更好地理解物种居群间的遗传多样性、遗传结构、历史成因等(Avise, 1998; Hickerson et al., 2010)。分子谱系地理的研究,可以结合地球历史上一些重大地质事件(如青藏高原的隆升),探讨这些事件对居群间遗传结构的影响。特别是该学科还可以结合第四纪冰期信息重建或推断物种在冰期的避难所和间冰期迁移扩散等历史过程(拉琼等, 2013; 于海彬和张镱锂, 2013; 张发起等, 2012)。

青藏高原(Qinghai-Tibetan plateau)的隆升是亚洲大陆发生的最伟大的地质事件,是印度板块和欧亚板块碰撞(李吉均, 1999; 许志琴等, 2011),同时古特提斯洋关闭,喜马拉雅及其北部地区逐步隆升的结果。青藏高原位于中国西南部,亚欧大陆中南部,南起喜马拉雅山,北抵阿尔金山和祁连山,东至横断山脉,西至国境线,与帕米尔高原相接。主体位于青海和西藏全境,还覆盖四川甘孜州及阿坝藏族羌族自治州、云南的迪庆州等地(孙鸿烈,1996)。总面积约 250 万 km², 约占我国领土面积的 1/4(图 5-6)。青藏高原平均海拔在 4000m 以上,是世界上海拔最高、面积最大、地形最复杂的大陆高原,被誉为"世界屋脊"和"地球第三极"。

图5-6 青藏高原地理位置及亚洲季风环流系统

目前,关于青藏高原隆升时间国内外学者观点不一,大致主要有如下 4 种观点。

(1) 青藏高原隆升于始新世(Eocene)晚期(约 40Ma BP)。例如,Wang 等(2008)运用地质学和地球物理学数据如磁性地层学、沉淀学、古水流、黑云母中 40Ar/39Ar 年代及样本中磷灰石裂变年代进行估测,认为青藏高原隆升于 40Ma BP 的始新世晚期。

(2) 青藏高原在中新世晚期(约 14Ma)前已达到最大平均高度,然后发生东西向扩张拉伸,高度有所降低。例如,Coleman 和 Hodeges(1995)根据尼泊尔中北部扩张断层岩石的白云母中 40Ar/39Ar 数据,推测青藏高原 14Ma BP 已经达到最大高度,后因为重力塌陷而有所下降。Turner 等(1993)也是通过 40Ar/39Ar 技术,测定地幔玄武岩年代,推断青藏高原隆升时代为 13Ma BP 前。Spicer 等(2003)根据西藏南木林盆地树叶化石的年代学资料,推断青藏高原的隆升应早于 15Ma BP。

(3) 青藏高原在上新世(Pliocene)中期(约 8Ma)已达到或接近现今高度。例如,Harrison 等(1992)根据念青唐古拉山东南部断裂活动发生的年代,推断青藏高原南部隆升早于 8Ma BP,因此激发或强化了印度洋季风,使青藏高原内部出现了一系列南北走向的裂谷系,这一观点得到Molnar等(1993)学者的认可。

(4) 上新世(Pliocene)晚期第四纪(Quaternary)初(2~5.3Ma BP)的喜马拉雅运动使青藏高原大幅度整体隆升达到或接近现今高度:徐仁等(1973)根据高山栎化石的植物学证据,推测喜马拉雅山脉快速隆升时间为上新世末第四纪初。Métivier等(1998)根据柴达木盆地沉积速率的变化,推断青藏高原北部快速隆升发生于5.3Ma BP以前。而李吉均和方小敏进一步研究认为近3.6Ma以来,青藏高原的隆升可以细分为3阶段:①早期青藏运动(3.6~1.7Ma BP):它包括3幕即A幕(3.6~2.6Ma BP)——亚洲季风形成,B幕(2.6~1.7Ma.BP)——黄土堆积和C幕(1.7Ma BP)——黄河出现;②中期昆仑-黄河运动(1.2~0.6Ma BP);③晚期共和运动(0.15Ma BP)(Li,1991;李吉均,1999;李吉均和方小敏,1996;李吉均等,2001)。

关于青藏高原隆升机制学者们也提出不同的地球动力学模式,如推土机模式(Dewey and Burke,1973)、大陆挤出模式(Tapponnier and Molnar,1976)、注入模式(Zhao and Morgan,1985)、陆内汇聚-地壳分层加厚-重力均衡-调整模式(李廷栋,1995)、双向俯冲模式(曾融生等,1998)和双向楔板模式(滕吉文等,1999)等。

尽管关于青藏高原的隆升机制、时间、过程和幅度等问题一直存在争议,但青藏高原的隆升对其本身和邻近地区的气候和地貌的确产生了巨大影响(Li,1991;刘晓东,1999;潘保田和李吉均,1996)。这些影响主要包括复杂地形地貌的形成,亚洲季风(Asian monsoon)的形成及第四纪冰期的影响。①复杂地形地貌的形成是指形成各种盆地,如青藏高原境内的柴达木盆地,四川境内的甲洼盆地和河西走廊西端的酒东盆地等(李吉均和方小敏,1998;赵志军等,2001),黄河泱泱大川的形成(李吉均等,2001);高大山系,如昆仑山、可可西里山、唐古拉山、喜马拉雅山和怒山;峡谷纵横,一系列湖盆谷地(张业成,1993)及黄土沙漠(李吉均,2013;王跃和李森,1996)的形成。②没有青藏高原就没有亚洲季风(Li,1991;李吉均等,2001;刘晓东,1999;施雅风等,1998)。来自印度洋的印度季风(Molnar et al.,1993;Prell and Kutzbach,1992)受到喜马拉雅山脉的阻挡,使山前地带成为世界上降水量最大的地区;而来自西太平洋的东亚季风(白玲晓等,2011;刘晓东,1999)形成了我国东部的夏季梅雨(图5-6)。如果没有青藏高原的隆升,我国东南部将和中亚、西亚一样呈现一片荒漠。亚洲季风的出现,使北半球亚热带荒漠的位置北移,在高原以北形成了塔克拉玛干和古尔班通古特等沙漠。青藏高原的隆升导致我国西北部区域气候明显转干转冷,并出现迅速干旱化的趋势,导致黄土堆积、植被类型更替(原嫄,2012)。③虽然青藏高原的山地冰川(Owen et al.,2008;Shi et al.,1986;Zheng and Rutter,1998)不像欧洲、北极或者北美那样发生大规模的统一冰盖,但第四纪以来,随着全球气候变冷和青藏高原的急剧隆升,青藏高原在第四纪也曾发生过多次冰期(Lehmkuhl and Haselein,2000;张业成,1993)。易朝路等(2005)曾经将我国第四纪冰期划分为5次冰期。①小冰期分为3阶段:小冰期Ⅲ阶段(1871±20) aAD,小冰期Ⅱ阶段(1777±20) aAD,小冰期Ⅰ阶段[(1528±20) aAD;②新冰期分3阶段:新冰期Ⅲ阶段(1550±70)aBP,(1580±60)aBP],新冰期Ⅱ阶段(2.8~2.5kaBP),新冰期Ⅰ阶段(3.1kaBP);③末次冰期分为4阶段:末次冰期Ⅳ阶段(11.5~10.4kaBP),末次冰期Ⅲ阶段(24~16kaBP),末次冰期Ⅱ阶段(56~40kaBP),末次冰期Ⅰ阶段(73~72kaBP);④倒数第二冰期分3阶段:倒数第二冰期Ⅲ阶段(154~136kaBP),倒数第二冰期Ⅱ阶段(277~266kaBP),倒数第二冰期Ⅰ阶段(333~316kaBP)；⑤倒数第三次冰期分 2 阶段：倒数第三次冰期Ⅱ阶段(520~460kaBP)，倒数第三次冰期Ⅰ阶段(710~593kaBP)。

青藏高原的隆升对青藏高原地区各种植物的进化具有重要影响(Xu et al.，2010；Yang et al.，2012；Zhang and Sun，2011)，对植物谱系地理学研究的影响和作用主要表现在两方面：①在第四纪历史冰期中，青藏高原是某些植物的冰期避难所，间冰期从未迁移或进行迁移扩散。例如，Wang 等(2009)用叶绿体基因和核基因研究了青藏高原上露蕊乌头(*Aconitum gymnandrum*)23 个居群间的谱系关系，发现这 23 个居群聚为 4 个分支，Wang 等(2009)推断这可能意味着露蕊乌头这 4 个分支居群分别来源于末次盛冰期(last glacial maximum，LGM 21kaBP)4 个不同的冰期避难所。又如 Cun 和 Wang(2010)用线粒体基因、叶绿体基因和核基因研究了喜马拉雅-横断山区铁杉的分子系统地理发育，研究结果证明横断山区是铁杉的避难所，在间冰期扩散迁移至喜马拉雅地区。②青藏高原的隆升会产生极其复杂的地形地貌(如高山、峡谷和漫长的水系)和气候分化。这些因素会造成植物居群间的地理隔离或/和生态隔离，致使不同地理居群间遗传差异加大，致使青藏高原成为许多植物异域分化中心。例如，Cun 和 Wang(2010)的研究证明，无论是线粒体基因、叶绿体基因还是核基因都支持横断山区的铁杉(*Tsuga dumosa*)居群分为 3 个不同世系，即横断山区西部和中部的居群聚为一支，横断山区南部的居群聚为另一支，而横断山区东部居群聚为第三支。Cun 和 Wang(2010)认为正是由于第三纪中新世中期青藏高原东部的快速隆升形成许多高山峡谷，造成这 3 个世系居群间的地理隔离，加剧了彼此遗传分化。同样，Li 等(2011)研究了喜马拉雅东部和横断山区桃儿七(*Sinopodophyllum hexandrum*)居群间的遗传关系，发现澜沧江和怒江两江(mekong-salween divide，MSD)是喜马拉雅东部居群和横断山区居群的天然屏障，这个屏障使这两个分支居群在冰期就彼此隔离，从未进行过基因交流。又如 Zhang 等(2010b)研究了位于青藏高原的狼毒(*Stellera chamaejasme*)的谱系关系，发现第四纪冰期横断山区和青藏高原东南部由于地理和生态隔离阻止了居群间基因交流，促使居群间产生遗传分化。

横断山区是指 97°~103°E，23°~33°N，位于青藏高原的东南部，地势由西北向东南倾斜(图 5-6)，大部分为高山峡谷、山脉、河流南北纵贯、自然地理独具一格。横断山区有狭义和广义之分，狭义的横断山区是指怒江、澜沧江和金沙江上游之间山系平行延驰的一狭窄地带，也被称为"三江褶皱带"(黄汲清，1977)；广义的横断山区地理位置在 97°~103°E 和 23°~33°N(张荣祖等，1997c)，除包括狭义横断山区范围外，还包括东北部从金沙江以东至大渡河、岷江之间，东南部从怒江以东至元江之间的区域。广义的横断山区主要有六大山系和六大河流。六大山系从西至东分别是伯舒拉岭−高黎贡山、他念他翁山−怒山、宁静山−云岭−无量山−哀牢山、沙鲁里山、大雪山和岷山−邛崃山−大凉山；六大河流从西至东分别是怒江、澜沧江、金沙江、雅砻江、大渡河和岷江。横断山区由于自然地貌多样化，且富含古老孑遗物种，因此是研究生物地理学中许多重大理论问题的关键性地区。该地区是全球公认的 25 个生物多样性热点地区之一，即"South-Central China"，含特有植物 3500 种，占全球特有植物总数的 1.2%；特有动物 178 种，占全球特有动物总数的 0.7%(Myers et al.，2000)。

横断山区的气候主要控制因素是亚洲季风和来自青藏高原的高原季风(张荣祖等

1997a)，加上复杂的地形结构，导致生境异质性发生(张荣祖等，1997b)，且与青藏高原一样经历过冰期(刘淑珍等，1986)，所以横断山区一直以来都是许多植物第四纪冰期的避难所(Zhang et al.，2010b)和遗传分化中心(Li et al.，2011)。

本节利用 11 个多态性微卫星位点对分布于青藏高原和横断山区的云南红豆杉居群进行谱系地理学研究，目的是探讨以下问题：①青藏高原的隆升对云南红豆杉的居群遗传结构的影响；②检测云南红豆杉的近交水平及造成近交的原因；③对居群间的遗传分化进行定量，并了解遗传漂变和基因交流是如何影响云南红豆杉遗传距离和地理距离的相关模式(isolation by distance)。

一、材料和方法

(一) 材料

云南红豆杉的地理分布范围是 23°28′~30°19′N 和 89°10′~102°16′E(苏建荣等，2005b)。在此范围内，我们采集了位于青藏高原南部和横断山区的 14 个天然居群样本进行研究(图 5-7)。这 14 个居群位于中国 3 个地区，即云南、西藏和四川，分别采集了10 个、3 个和 1 个居群。每个居群采集样本数在 12~36 个，总共 288 个样本(表 5-10)。

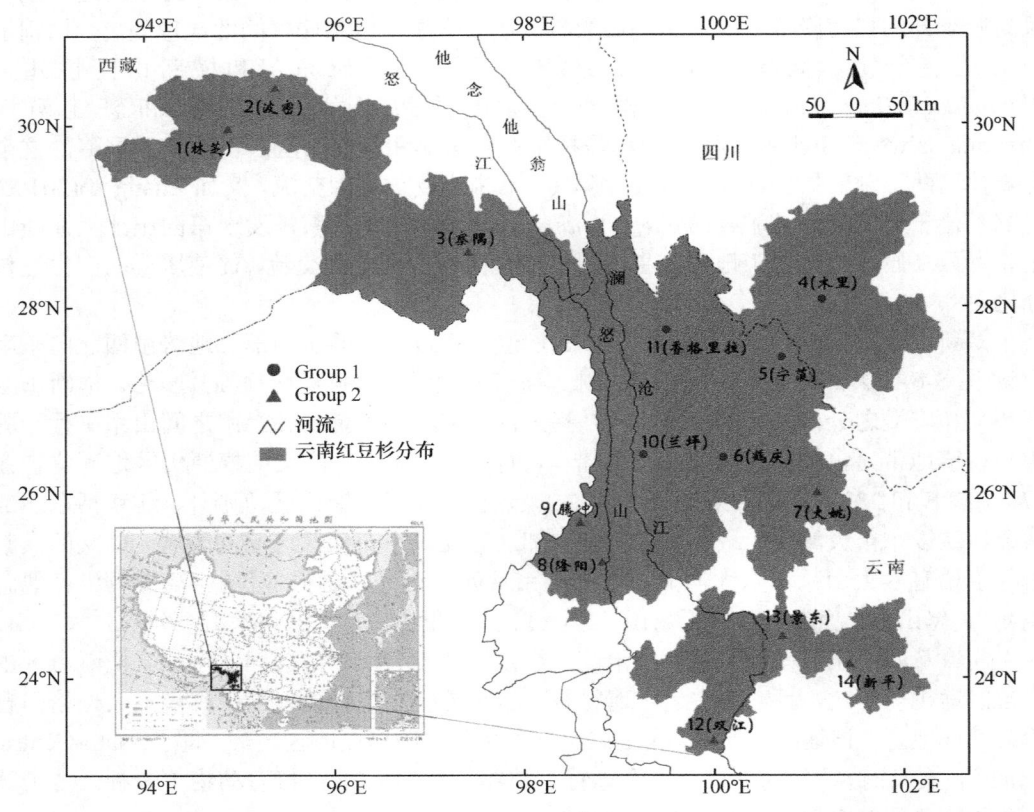

图5-7 位于青藏高原南部和横断山区的14个天然居群的地理位置

表5-10 样本信息

地区	采样地	居群代码	GPS 坐标		数量/个	聚类组
			纬度/(°N)	经度/(°E)		
西藏	林芝(T)	1	30.0089	94.8662	12	Group 2
西藏	波密(T)	2	30.4404	95.3619	36	Group 2
西藏	察隅(T)	3	28.6526	97.3982	20	Group 2
四川	木里(S)	4	28.1272	101.1250	20	Group 1
云南	宁蒗(NWY)	5	27.5111	100.7028	20	Group 1
云南	鹤庆(NWY)	6	26.4239	100.0818	20	Group 1
云南	大姚(SWY)	7	26.0560	101.0714	20	Group 2
云南	隆阳(SWY)	8	25.2999	98.8008	20	Group 2
云南	腾冲(SWY)	9	25.7320	98.5669	20	Group 2
云南	兰坪(NWY)	10	26.4551	99.2409	20	Group 1
云南	香格里拉(NWY)	11	27.8053	99.4841	20	Group 1
云南	双江(SWY)	12	23.3720	99.9753	20	Group 2
云南	景东(SWY)	13	24.5020	100.7030	20	Group 2
云南	新平(SWY)	14	24.1943	101.3686	20	Group 2
共计					288	

注：T. 西藏；S. 四川；NWY. 云南西北部；SWY. 云南西南部。

(二)DNA 提取和微卫星分型

288 个样本的嫩鲜叶装于装有硅胶的密封袋中，并放于室温干燥。干燥后的叶片先在液氮中碾磨成粉末，总 DNA 的提取采用改良 CTAB 法(Collignon et al.，2002)。本试验采用自我开发出来的 11 对多态性微卫星引物(Miao et al.，2008)进行 14 个天然居群 288 个样本的 PCR 扩增。除 TY12 位点是反向引物蓝色荧光(FAM)标记外，其余 10 个微卫星位点都是正向引物进行 FAM 标记。PCR 反应体系为 20μL，包括 15ng 模板 DNA，1×buffer，0.3mmol/L dNTP，2.0mmol/L $MgCl_2$，0.5μmol/L 每个引物，2U *Taq* DNA 聚合酶和 8.4μL 去离子灭菌水。PCR 扩增程序如下：95℃ 4min；35 次循环：94℃ 1min，每对引物特定退火温度(49~69℃)1min，72℃ 1min；72℃ 10min。PCR 扩增在 PTC-200 Thermal Cycler(Harlow Scientific，Arlington，MA，USA)仪上进行。PCR 产物送上海生工 ABI 3730 自动测序仪上进行毛细管电泳，同时用 GeneScan-500 liz 作为标准分子标记。每个微卫星位点不同的等位基因先经 GeneMapper v4.0 软件区分，然后再通过人工校正。

(三) 数据分析

1. 微卫星位点间的连锁平衡检验

本试验首先用软件 Fstat v 2.9.3(Goudet，1995)检测 11 个微卫星位点两两位点间是否存在连锁平衡，显著水平用"sequential Bonferroni correction"进行校正(Rice，1989)。连锁不平衡指的是两两位点间可以随机组合。如果两个位点经检验存在连锁平衡，这意味着这两个位点在基因组中的位置太接近，在遗传分析中这两个位点的功效等同于一个。

2. 居群内遗传变异

1) 等位基因数(A)和等位基因丰富度(A_R)

用软件 Fstat v2.9.3 计算平均等位基因数(A)和等位基因丰富度(A_R)。平均等位基因数是指每个位点含有的不同等位基因数的算术平均值。其数学表达式：

$$A = \sum_{i=1}^{n} A_i / N$$

式中，A_i 为第 i 个位点上的等位基因数；N 为所测定的位点总数。

等位基因丰富度计算的也是每个位点不同等位基因数，但它和平均等位基因数不同的是：等位基因丰富度在计算每个位点不同等位基因数目的时候，把每个居群的大小考虑进去(Hurlbert, 1971)。因此该指标可以用于比较不同居群大小的等位基因丰富度。其数学表达式：

$$A_R = \sum_{i=1}^{n} \left[1 - \frac{\binom{2N-N_i}{2n}}{\binom{2N}{2n}} \right]$$

式中，$2N$ 为 $2N$ 个基因($N \geqslant n$)；$2n$ 为居群大小为 $2n$；N_i 为在 $2N$ 个基因中第 i 个等位基因出现的次数。

2) 观察杂合度(observed heterozygosity, H_O)和期望杂合度(expected heterozygosity, H_E)

用软件 Arlequin v3.1 估算观察杂合度和期望杂合度。观察杂合度是指观察到的杂合子(heterozygote)占样本个体总数的比例，其数学表达式：

$$H_O = \sum_{i=1}^{n} \left(1 - \sum_{j=1}^{m_i} Q_{ij} \right) / n$$

式中，m_i 为第 i 个位点上的等位基因数目；Q_{ij} 为第 i 个位点上第 j 个等位基因纯合基因型的频率；n 为所分析位点总数。

期望杂合度是假定居群处于哈迪-温伯格平衡计算出来的杂合度，其数学表达式：

$$H_E = \sum_{i=1}^{n} \left(1 - \sum_{j=1}^{m_i} Q_{ij}^2 \right) / n$$

式中，m_i 为第 i 个位点上的等位基因总数目；Q_{ij} 为第 i 个位点上第 j 个等位基因的频率；n 为所分析位点总数。

3) 哈迪-温伯格平衡(Hardy-Weinberg equilibrium, HWE)检测

用软件 Genepop v4.0(Rousset, 2008)对每个居群是否偏离哈迪-温伯格平衡进行检测。哈迪-温伯格平衡是指一个无限大的、随机交配的理想居群，如果不存在突变、迁移、自然选择和遗传漂变，那么此居群的等位基因频率和基因型频率在世代间将永远保

4) 居群扩张缩减检验

用软件 Bottleneck v1.2.02(Cornuet and Luikart，1996)中的无限等位基因模型(infinite allele model，IAM)进行每个居群的扩张或缩减检验。如果居群经历了近期有效居群大小(effective population size，N_e)的减少，那么其多态位点上的等位基因数目和 HWE 杂合度也会相应减少，然而，等位基因数目下降速度大于杂合度，此时，依据 HWE 平衡计算的杂合度 H_e 要比在突变-漂变平衡(mutation-drift equilibrium)条件下依据样本量和等位基因数目计算所得的杂合度(H_{eq})要大(Cornuet and Luikart，1996；Luikart et al.，1999；Spencer et al.，2000)；反之，如果居群经历了近期有效数量的扩张，H_e 就要显著小于 H_{eq}。

5) 无效等位基因(null alleles)频率

用软件 Microchecker(van Oosterhout et al.，2004)对每个微卫星位点进行无效等位基因频率计算。

3. 居群间遗传结构

1) 居群间遗传结构

居群间的遗传进化关系通过 3 种方法进行分析。首先，通过 Structure v2.2 (Pritchard et al.，2000)中的贝叶斯分析法(Bayesian clustering analysis)对 14 个云南红豆杉天然居群进行了聚类分析。通常情况下，一个物种不同居群间最有可能的分组数(K)就是能捕获最高遗传结构[ln prob of Data= $L(K)$]的最小分组数。然而许多研究发现，当最有可能的分组数已经到达，但 $L(K)$ 还在持续增加(Evanno et al.，2005)，因此，在有些物种分析中仅通过最高值 $L(K)$ 找到最有可能的分组数实在不太现实。基于这个问题的出现，Evanno 等(2005)提出了特别统计量 ΔK 的概念。ΔK 是基于 $L(K)$ 计算出来的一个数值，其数学表达式是：$\Delta K=m[|L(K+1)-2L(K)+L(K-1)|]/s\,[L(K)]$，其中 m 只是一个平均值的概念，$L(K)$、$L(K+1)$ 和 $L(K-1)$ 分别是指相应分组数 K、$K+1$、$K-1$ 重复 20 次的平均 ln prob of Data 值；s 是 $L(K)$ 相应的标准误。在许多研究中，ΔK 统计量的使用，能够很清楚地找到最有可能分组数，而相应 $L(K)$ 数值的使用却无法找到，如间日疟原虫(*Plasmodium vivax*)(van den Eede et al.，2010)、无梗花栎(*Quercus petraea*)和夏栎(*Quercus robur*)(Neophytou et al.，2010)和蓝马鸡(*Crossoptilon auritum*)(Gu et al.，2013)。Structure 分析中参数设置如下：系谱模式为 admixture model；等位基因频率计算模式为 allele frequencies corrected；运行次数分别是 Burnin 5×10^5，MCMC 5×10^5；预先设置分组数 K 从 1～15，每个分组数计算重复 20 次。其次，用软件 Population v1.2.30 对 14 个居群进行聚类分析。两个遗传距离 D_A(Nei et al.，1983)和 D_c(Cavalli-Sforza and Edwards，1967)用来分别构建两棵邻接(neighbor-joining)树，选择重复 1000 次。最后，用最高分配概率法(Fournier and Giraud，2008)探寻云南红豆杉 14 个居群最有可能的分组数。最高分配概率法是对 structure 分析结果进行每个样本的分配概率统计，先计算每个样本被分配到每个分组数中的概率，然后统计分配概率大于 80%的样本在每个分组数中的比例，拥有最高比例的分组数就是最有可能分组数。

2) AMOVA(analysis of molecular variance)分析

对以上通过 structure 分析、NJ 树构建和最高分配概率法统计分析共同识别出来的两个聚类组(Group1 和 Group2, 表 5-10, 图 5-8),用软件 Arlequin v3.1 进行组间、组内居群间和居群内 3 个层次的 AMOVA 分析。

表5-13 溯祖系数大于80%的样本被分配到每个聚类组中的比例

分组数	样本比例/%
2	89.38
3	88.21
4	85.28
5	82.33
6	81.32
7	79.95
8	71.89
9	65.76
10	60.10
11	57.20
12	53.73
13	49.83
14	46.44

3) 居群间 F_{ST} 和 R_{ST} 的比较

居群间遗传差异程度分析通过 F_{ST} 和 R_{ST} 两个指数衡量(Hardy et al., 2003)。F_{ST} 是基于等位基因频率(allelic frequency)计算的居群间遗传差异指数,而 R_{ST} 是基于等位基因大小(allelic size)计算的居群间遗传差异指数。利用软件 SPAGeDi v1.3(Hardy and Vekemans, 2002)计算每个位点和所有位点的 F_{ST}、R_{ST} 和 pR_{ST}(1000 次重复后的 R_{ST} 值),并用软件 GenAIEx v6.0(Peakall and Smouse, 2006)进行 Group1(5 个居群)、Group2(9 个居群)和 14 个居群(表 5-10)遗传距离(F_{ST} 或 R_{ST})和地理距离的相关性(isolation by distance)分析,以确定 F_{ST} 和 R_{ST} 究竟哪个更适合本研究的数据。

4) 居群间遗传差异 F_{ST}

分析结果表明 F_{ST} 更适合本研究的数据[见本节四、居群间遗传结构中(三)居群间遗传差异指数 F_{ST} 和 R_{ST} 检验结果],因此用软件 Arlequin v3.1 计算居群间 F_{ST} 值,并选择 1000 次重复进行了居群间 F_{ST} 值显著性检验。

5) 遗传距离和地理距离相关性(isolation by distance)分析

用软件 GenAIEx v6.0 对 structure、population 和最高分配概率法共同识别出来的 Group1(5 个居群)、Group2(9 个居群)和 14 个居群(表 5-10)的遗传距离和地理距离进行相关性分析。

6) 个体聚类树构建

用软件 Population v1.2.30 构建 288 个样本的聚类树,目的是检测云南红豆杉每个居群内样本中是否存有不同的遗传块(different genetic patches)。

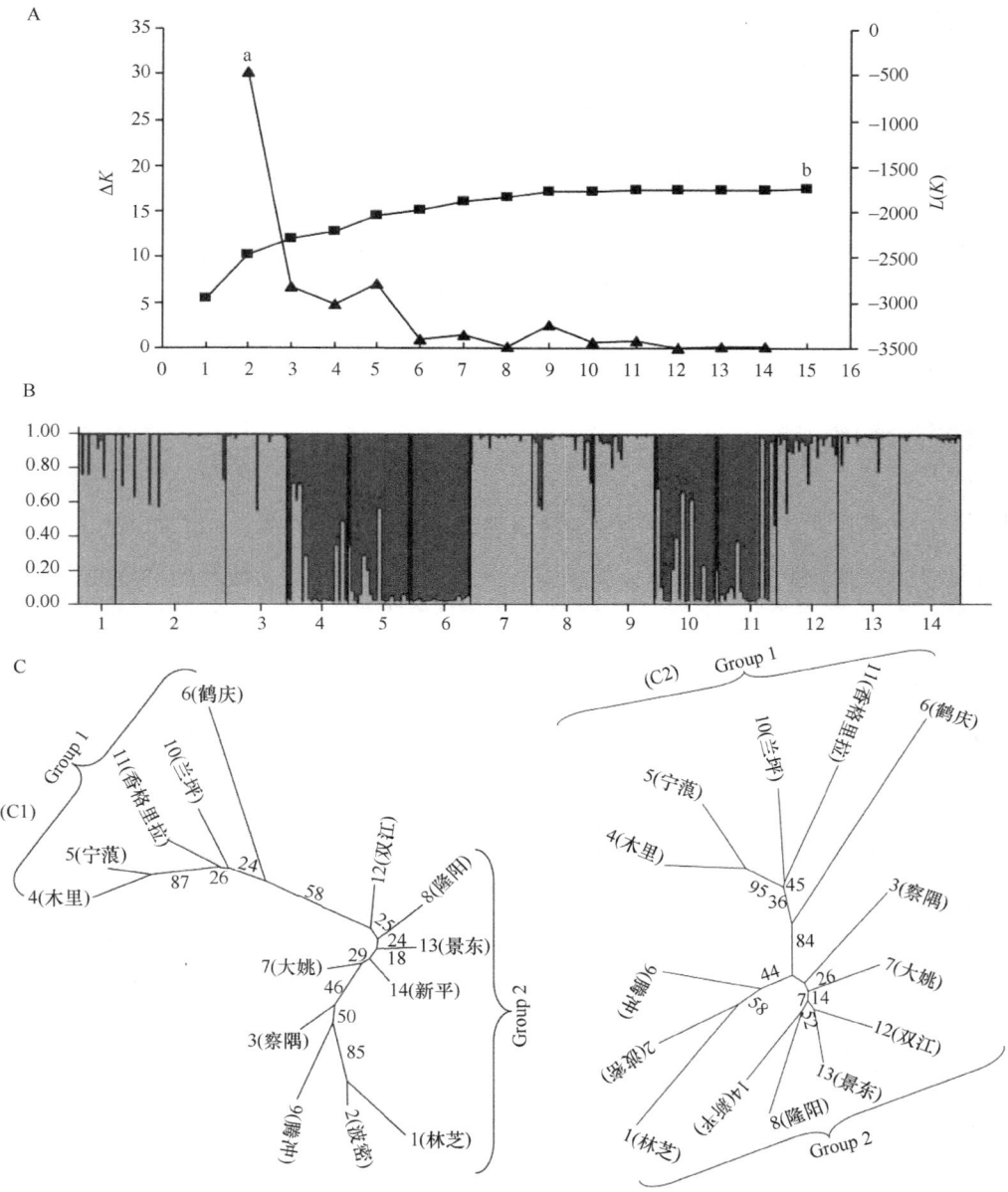

图5-8 Structure和Population分析共同识别出来的两个主要聚类组

A. 统计量ΔK和$L(K)$随居群数增加变化情况；B. $K=2$时，每一个样本归于相应分组中的比例；C. Population 分析 D_A法(图 C_1)和D_C法(图C_2)识别出来的两个主要聚类组

4. 相关分析

由于采样数(sample size)会影响到每个居群的遗传多样性(Leberg, 2002; Leimu et al., 2006)和居群间遗传差异(van Treuren et al., 1991)的大小。分析的14个居群中，居群1(林芝)和居群2(波密)的采样数分别是12个和36个，与其他12个居群的采样数(每个居群

皆 20 个)不一样，因此，用软件 SPSS(Field，2009)进行居群采样数和 3 个遗传多样性指数(A_R、A 和 H_O)，及居群间采样数差异和居群间遗传差异(F_{ST})的相关分析，目的是检验本研究中不同的采样数对每个居群的遗传多样性和居群间的遗传差异是否有影响。

二、微卫星位点间连锁平衡检验

自我开发的 11 个微卫星位点(Miao et al.，2008)在研究中也都是多态的，288 个样本中共检测到 57 个等位基因，每个位点的等位基因数变化范围是 3(TY08、TY12、TY27 和 TY44)~15 个(TW01)，经 sequential Bonferroni correction 校正，11 个位点两两位点间都无连锁平衡。

三、居群内遗传多样性

(一) 居群内遗传多样性指数及居群瓶颈显著性检验

通过 11 个多态性微卫星数据计算的每个居群的遗传多样性指数及居群瓶颈显著性检验见表 5-11。每个居群平均等位基因数目(A)和等位基因丰富度(A_R)分别是从 2.00(林芝)~3.91(宁蒗)，平均值为 2.68；和 2.00(林芝)~3.66(宁蒗)，平均值为 2.56。14 个居群观察杂合度(H_O，平均值为 0.107，变化范围是 0.030~0.159)都显著低于期望杂合度(H_E，平均值为 0.370，变化范围是 0.220~0.552)，每个居群都显著偏离哈迪-温伯格平衡($P<0.001$)。瓶颈效应检测证明云南红豆杉 14 个居群中有 9 个居群(波密、木里、宁蒗、

表5-11 居群内遗传多样性指数和居群瓶颈显著性检验

居群	A	A_R	H_E	H_O	HWE P-value	P-value
1. 林芝	2.00	2.00	0.220	0.030	<0.001	0.628 91
2. 波密	2.73	2.50	0.334	0.066	<0.001	0.018 55*
3. 察隅	2.64	2.50	0.336	0.041	<0.001	0.156 25
4. 木里	3.27	3.18	0.539	0.150	<0.001	0.000 98***
5. 宁蒗	3.91	3.66	0.552	0.159	<0.001	0.002 44**
6. 鹤庆	2.18	2.06	0.278	0.155	<0.001	0.125 00
7. 大姚	2.64	2.45	0.304	0.082	<0.001	0.273 44
8. 隆阳	2.45	2.35	0.385	0.118	<0.001	0.000 98***
9. 腾冲	2.64	2.56	0.370	0.132	<0.001	0.024 41*
10. 兰坪	2.82	2.73	0.419	0.127	<0.001	0.018 55*
11. 香格里拉	3.18	3.05	0.460	0.086	<0.001	0.012 21*
12. 双江	2.18	2.14	0.337	0.136	<0.001	0.003 91**
13. 景东	2.18	2.14	0.301	0.109	<0.001	0.019 53*
14. 新平	2.64	2.50	0.341	0.105	<0.001	0.125 00
平均	2.68	2.56	0.370	0.107		

注：A. 每个位点的平均等位基因数；A_R. 等位基因丰富度；H_E. 期望杂合度；H_O. 观察杂合度；HWE P-value.；*. $P<0.05$；**. $P<0.01$；***. $P<0.001$。哈迪-温伯格平衡检验 P 值；P-value. 杂合子缺失显著性 P 值。

隆阳、腾冲、兰坪、香格里拉、双江和景东)发生过瓶颈效应，即有效居群大小发生过显著缩减，占总居群数的 64.3%。

(二) 11 个微卫星位点无效等位基因频率检测结果

11 个微卫星位点无效等位基因频率检测结果见表 5-12。11 个微卫星位点通过 14 个居群的检测，除了位点 TS07 没检测到显著无效等位基因频率外，其余 10 个位点都检测到显著无效等位基因频率(大于 0.05)。无效等位基因频率平均值为 0.228，变化范围是 0.0429~0.4186。

表5-12 云南红豆杉14个居群每个位点的无效等位基因频率

位点	无效等位基因频率
TY05	0.3995*
TY08	0.0862*
TY12	0.3197*
TY16	0.2855*
TY24	0.0744*
TY27	0.0919*
TY29	0.3353*
TY44	0.2598*
TS07	0.0429
TB01	0.4186*
TW01	0.1959*
平均值	0.2282

*. 经检验无效等位基因频率显著的位点。

四、居群间遗传结构

(一) 云南红豆杉 14 个天然居群主要聚类组的识别

云南红豆杉 14 个天然居群间的遗传结构见图 5-8 和表 5-13。Structure 分析(图 5-8A 和 B)，NJ 树的构建(图 5-8C)和最高分配概率统计法(表 5-13)都同时证明：云南红豆杉 14 个天然居群主要聚为 2 组，一组由 5 个居群组成，它们分别来自云南西北部的宁蒗、鹤庆、兰坪和香格里拉(居群 5、6、10 和 11)和来自四川西南部的木里(居群 4)；另一聚类组是由来自西藏的 3 个居群，即林芝、波密和察隅(居群 1、2 和 3)和来自云南西南部的 6 个居群，即大姚、隆阳、腾冲、双江、景东和新平(居群 7、8、9、12、13 和 14)组成。

从图 5-8A 中的 b 趋势线可以看出，通过每个分组数 20 次重复的平均 $L(K)$ 值，不能找到最有可能的分组数，这是因为随着分组数的增加，即使分组数已经大于总的居群数(14)，$L(K)$ 依旧一直在呈略微增加的趋势。然而，当运用了 Evanno 等(2005)提出的 ΔK

这一特别统计量时，一个非常清楚的聚类组 2 被检测到(图 5-8A 中趋势线 a)。$K=2$ 时对应着最高 ΔK 值($\Delta K=30.27$)，随着聚类组数的增加，ΔK 值减少。图 5-8B 是分组数为 2 时的条形图。用 D_A(图 5-8C1)和 D_C(图 5-8C2)法分别构建的 NJ 树 14 个居群间聚类情况和以上 structure 分析结果是一致的，只是两聚类组间的支持率不一样而已，前者为 58%，后者为 84%。

最高分配概率法(表 5-13)也证明聚类组数为 2 时，溯祖系数大于 80%的样本占到了最高值 89.38%，而随着分组数的增加，这个比例在逐渐减少。

(二) AMOVA 分析结果

AMOVA 分析(表 5-14)揭示两个聚类组(Group1 和 Group2)间的差异、每个聚类组内居群间遗传变异和居群内的遗传变异分别占到总变异的 11.98%、13.02%和 74.99%。以上 3 个水平上的变异显著性检测都呈极显著($P<0.0001$)。

表5-13　云南红豆杉天然居群AMOVA分析

变异来源	平方和	方差分量	变异比例/%	固定指数
组间	102.241	0.327	11.98*	$F_{CT}=0.120$
组内居群间	198.921	0.355	13.02*	$F_{ST}=0.250$
居群内	1149.600	2.046	74.99*	$F_{SC}=0.148$

注：*. $P<0.0001$。F_{CT}. 组间差异；F_{ST}. 居群间差异；F_{SC}. 组内居群间差异。

(三) 居群间遗传差异指数 F_{ST} 和 R_{ST} 检验结果

等位基因大小重复检验(表 5-14)中，pR_{ST} 值在位点间的变化范围是 0.0139~0.2769，所有位点计算值是 0.2052；R_{ST} 值在位点间的变化范围是 0.0182~0.3492，所有位点计算值是 0.2275；F_{ST} 值在位点间的变化范围是 0.0265~0.4228，所有位点计算值是 0.1877。经统计检验，11 个位点中的任何一个位点和所有位点的 R_{ST} 值都不显著大于相应的 pR_{ST} 值(Hardy et al., 2003)。在 F_{ST}(图 5-9)和 R_{ST}(图 5-10)与地理距离相关性分析中，虽然 Group1 的 5 个居群和全部 14 个居群地理距离与 F_{ST}($P=0.518$；$P=0.06$)和 R_{ST}($P=0.365$；$P=0.369$)都未检测到显著相关性，但是用 F_{ST} 检测到 Group2 的 9 个居群的地理距离与之呈正相关($P=0.006$，图 5-9B)，而 R_{ST} 却未检测到($P=0.072$，图 5-10B)。因此，F_{ST} 更适合用作本研究云南红豆杉居群间的遗传差异指数。

(四) 居群间遗传差异值(F_{ST})

通过 Arlequin v3.1 软件计算的云南红豆杉 14 个居群中两两居群间的 F_{ST} 值见表 5-15。居群间 F_{ST} 值变化范围是 0.022(察隅-大姚)~0.497(林芝-鹤庆)，平均 F_{ST} 值高达 0.196。除了 4 对居群(察隅-大姚，木里-宁蒗，隆阳-新平和大姚-景东)间遗传差异低外($F_{ST}<0.048$)，其余 87 对居群间差异都达到显著($P<0.05$)。

表5-14 云南红豆杉居群间差异每个位点和所有位点的平均R_{ST}、pR_{ST}和F_{ST}值

位点	等位基因数	R_{ST}	pR_{ST}	F_{ST}
多位点		0.2275^{NS}	0.2052(0.1900~0.2133)	0.1877
TY05	5	0.3492^{NS}	0.2769(0.1804~0.3755)	0.4228
TY08	3	0.1534^{NS}	0.1116(0.0756~0.1452)	0.1441
TY12	3	0.1537^{NS}	0.1265(0.0823~0.1743)	0.1669
TY16	5	0.109^{NS}	0.0870(0.0737~0.1036)	0.1651
TY24	4	0.0308^{NS}	0.0514(0.0395~0.0757)	0.0721
TY27	3	0.1655^{NS}	0.1113(0.1022~0.1211)	0.1325
TY29	4	0.0523^{NS}	0.0531(0.0423~0.0652)	0.0308
TY44	3	0.0182^{NS}	0.0139(−0.0004~0.0452)	0.0265
TS07	6	0.0851^{NS}	0.0905(0.0719~0.1233)	0.1311
TB01	6	0.2227^{NS}	0.1777(0.1229~0.2127)	0.2337
TW01	15	0.2561^{NS}	0.1916(0.1705~0.2236)	0.2061

注：NS. 不显著($P>0.05$)。

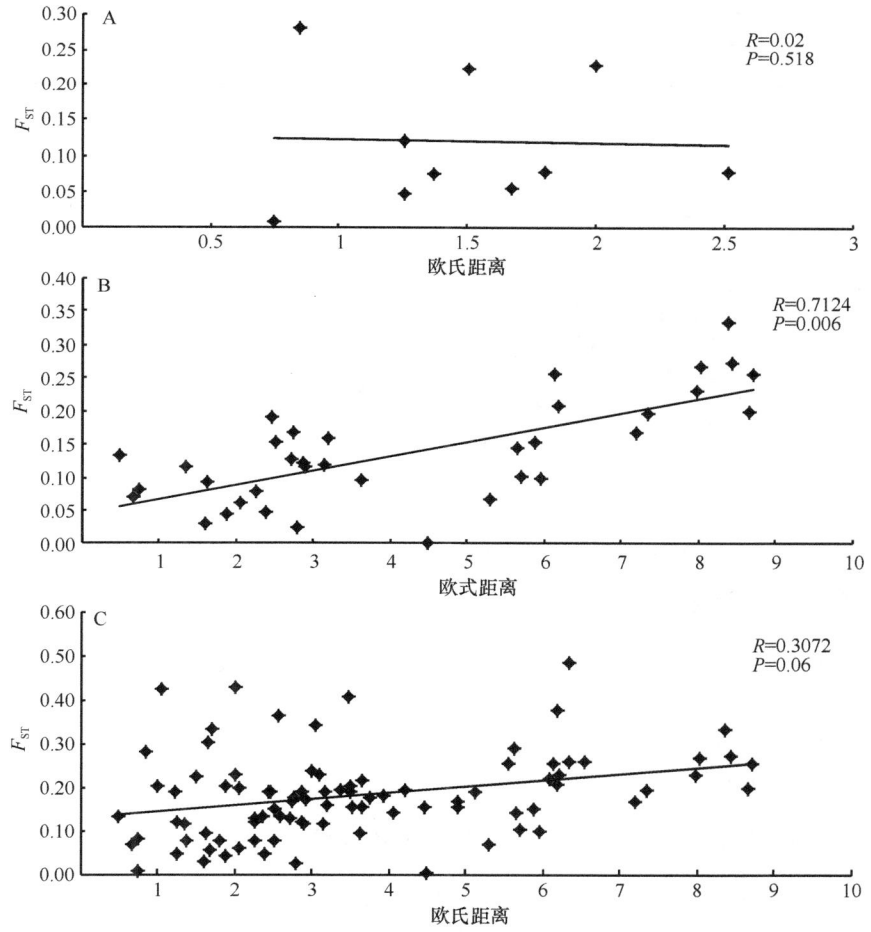

图5-9 遗传距离(F_{ST})与地理距离(欧式距离)的相关性分析

A. Group1中5居群；B. Group2中9居群；C. 14居群

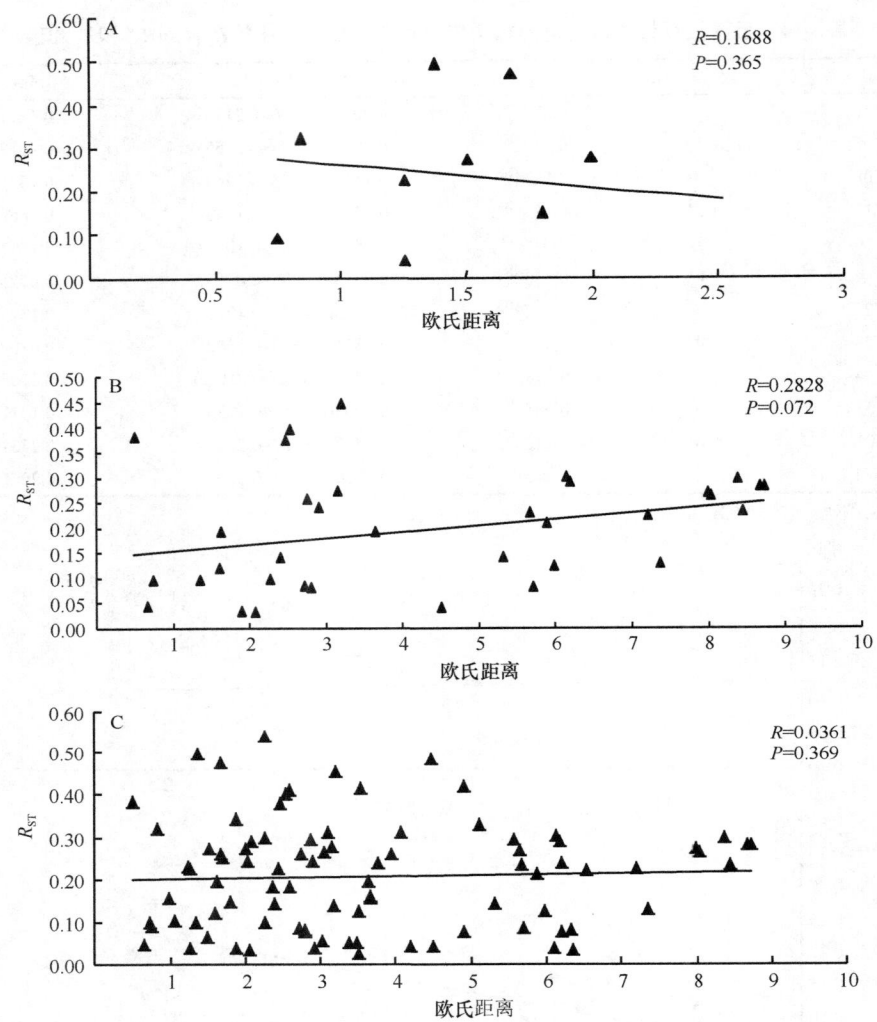

图5-10 遗传距离(R_{ST})与地理距离(欧式距离)的相关性分析
A. Group1 中 5 居群；B. Group2 中 9 居群； C. 14 居群

(五) 居群间遗传距离和地理距离相关性分析

居群间遗传距离和地理距离相关性分析结果见图 5-11。Group1 中的 5 个居群(图 5-11A；$R=0.0412$，$P=0.460$)和全部 14 个居群(图 5-11C；$R=0.2563$，$P=0.107$)遗传距离 [$F_{ST}/(1-F_{ST})$]与地理距离间相关性不显著，但是 Group2 中 9 个居群遗传距离与地理距离相关性显著(图 5-11B；$R=0.7265$，$P=0.004$)。

(六) 个体聚类树(phylogenetic tree of individuals)

云南红豆杉 288 个样本 14 个居群个体聚类树见图 5-12。从图中发现没有任何一个居群的样本全部聚在一起，每一个居群样本都聚为许多小组，即存在不同的遗传块(different genetic patches)。

表5-15 云南红豆杉14个居群两两居群间F_{ST}值

	1（林芝）	2（波密）	3（察隅）	4（木里）	5（宁蒗）	6（鹤庆）	7（大姚）	8（隆阳）	9（腾冲）	10（兰坪）	11（香格里拉）	12（双江）	13（景东）
2	0.091**												
3	0.147**	0.142***											
4	0.278***	0.241***	0.194***										
5	0.278***	0.233***	0.218***	0.026^{NS}									
6	0.497***	0.387***	0.418***	0.241***	0.136***								
7	0.216***	0.179***	0.022^{NS}	0.213***	0.241***	0.434***							
8	0.274***	0.220***	0.115**	0.171***	0.189***	0.345***	0.065*						
9	0.164***	0.115**	0.136***	0.204***	0.193***	0.313***	0.167***	0.148***					
10	0.299***	0.257***	0.200***	0.092***	0.091*	0.281***	0.211***	0.198***	0.210***				
11	0.213***	0.180***	0.141***	0.075*	0.067*	0.237***	0.150***	0.152***	0.145***	0.088**			
12	0.349***	0.285***	0.169***	0.171***	0.208***	0.352***	0.132***	0.094**	0.180***	0.198***	0.173***		
13	0.285***	0.241***	0.086***	0.230***	0.250***	0.437***	0.047^{NS}	0.078***	0.204***	0.197***	0.172***	0.131***	
14（新平）	0.275***	0.210***	0.116***	0.197***	0.209***	0.376***	0.062*	0.042^{NS}	0.172***	0.233***	0.161***	0.110***	0.098***

*. $P<0.05$；**. $P<0.01$；***. $P<0.001$；NS. 不显著（$P>0.05$）。

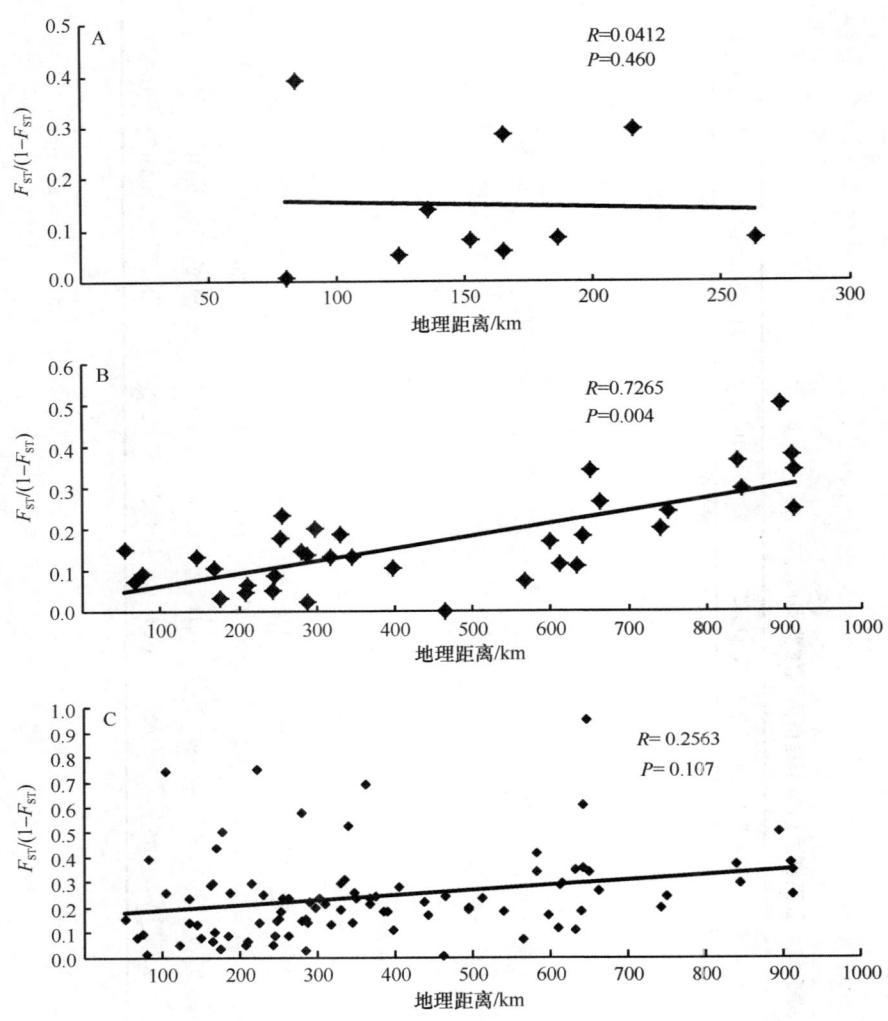

图5-11 遗传距离[$F_{ST}/(1-F_{ST})$]与地理距离(km)的相关性分析
A. Group1 中 5 居群；B. Group2 中 9 居群； C. 14 居群

五、相关性分析

通过软件 SPSS 计算了居群采样数和 3 个遗传多样性指数(A_R，A 和 H_O)，及居群间采样数差异和居群间遗传差异(F_{ST})的 Spearman 系数，发现居群采样数和等位基因丰富度(A_R，$R=0.330$，$P=0.249$)，每个位点平均等位基因数(A，$R=0.428$，$P=0.112$)和观察杂合度(H_O，$R=0.094$，$P=0.750$)之间相关性不显著；并且居群间采样数差异和居群间遗传差异相关性也不显著($R=0.194$，$P=0.174$)。

六、小结与讨论

相关分析证明，居群间遗传多样性差异和遗传距离与居群间采样数不同没有显著相

图5-12 288个样本个体聚类树(另见彩图)

三角形:黑色=林芝(居群1),褐色=波密(居群2),绿色=察隅(居群3),蓝色=大姚(居群7),紫色=隆阳(居群8),红色=腾冲(居群9),黄色=双江(居群12),粉红色=景东(居群13),灰色=新平(居群14);圆形:红色=木里(居群4),黄色=宁蒗(居群5),绿色=鹤庆(居群6),紫色=兰坪(居群10),粉红色=香格里拉(居群11)

关性。因此,云南红豆杉的遗传多样性和遗传结构需要考虑历史和当代事件(Schmidt and Jensen, 2000)对其的影响。

(一) 地理和生境隔离导致云南红豆杉独特的谱系格局

云南红豆杉14个天然居群聚为两个组,但这两个组中的居群地理分布非常奇特(图5-7)。属于Group1中的5个居群都位于横断山区中南部,但属于Group2中的9个居群,其中3个居群(林芝、波密和察隅)位于一边,而其余6个居群(大姚、腾冲、隆阳、景东、新平和双江)位于另一边,中间隔着Group1中的5个居群。Group1中的居群和

Group2 中的居群明显基因交流有限才会导致这样的居群聚类发生,也就是说两个聚类组间应该有某种屏障隔离它们,最终导致聚类组间居群的遗传分化。但是遗传距离和地理距离的相关性分析中,Group1 的 5 居群中两者不存在显著的相关性(图 5-11A)。这似乎向我们提示:导致云南红豆杉天然居群出现如此奇特聚类的屏障可能是某个或某些特殊屏障共同作用所导致。

青藏高原的快速隆升可能发生在 5~13Ma BP(Royden et al., 2008),正是由于其隆升产生极其复杂的地质地貌,如无数高山峡谷和源远流长的水系;并且由于其隆升促进了亚洲季风(An et al., 2001; Prell and Kutzbach, 1992)的形成,并受其显著影响,青藏高原上许多地方生境具有异质性。

云南红豆杉起源古老,在第三纪以前就存在地球上(吴征镒和王荷生,1983),而青藏高原的快速隆升估计发生在第三纪晚期,这意味着在第三纪晚期青藏高原快速隆升前,云南红豆杉天然居群间有可能可以进行自由的基因交流。正是由于第三纪晚期青藏高原的快速隆升,云南红豆杉居群分布区域地质地貌发生极大的改变,或者还同时伴随着生境异质性,才导致如此奇特的居群聚类发生。由他念他翁山和怒山组成的这一长而高耸、南北走向的山系(盛士骏和肖笃宁,1965)正是青藏高原快速隆升产生,似乎正是这个山系阻断了西藏的 3 个居群(林芝、波密和察隅)和其他 11 个居群的基因交流(图 5-7)。此外,在张荣祖等 1997 年撰写的《横断山区自然地理》一书中,我们发现 Group1 和 Group2 中的居群分布地理位置之间现代气候存在明显差异(张荣祖等,1997c),如年均温、1 月均温、7 月均温及年均降水量(mm)在 Group1 和 Group2 居群分布地理位置上分别是低于/高于 15℃、5℃、21℃和 800mm。虽然目前尚缺乏这两个聚类组间古气候差异的证据,但是其现代气候间的差异似乎反映出:这两个聚类组在第三纪晚期青藏高原隆升时古气候间也存在差异。考虑到生境异质性是居群分化的一个重要因素(Liu et al., 2010),这两个聚类组中的居群为了适应不同的生境而产生了分化。因此,在第三纪晚期由于青藏高原的隆升,有可能导致这两个聚类组中的居群被地理和生境异质性共同隔离,一直保存在原地,从未相融(merge),才最终导致如此特别的谱系格局(phylogeographic pattern)。

当然,云南红豆杉中这两个聚类组中的居群也有可能是来自于历史冰期的两个不同的避难所。第四纪冰期期间,气候进行着有规律的波动,分为冰期和间冰期,这极大影响着地球上许多生物分布范围有规律地波动,即在冰期,地球表面覆盖有大规模冰川,生物都退缩到避难所中避难,而在间冰期,地球上冰川消亡或大规模退缩,气候较为温暖,生物为了寻找更适合的栖息地而进行扩张迁移(Hewitt, 2004)。目前一个物种居群的地理分布格局,反映的不仅是对不同生境的偏好,还是历史迁移扩张过程的结果。青藏高原、横断山区和缅甸一直都是第四纪冰期许多动植物的避难所,如铁杉(*Tsuga dumosa*)(Cun and Wang, 2010)、瑞香狼毒(*Stellera chamaejasme*)(Zhang et al., 2010b)和亚洲象(*Elephas maximus*)(Vidya et al., 2009)。如果云南红豆杉这两个聚类组中的居群来自不同的避难所,那么横断山区中南部(Group1),26.4°~28.1°N 和 99.2°~101.1°E 有可能是云南红豆杉的一个避难所。如果 Group2 中的居群也来自另外一个避难所,现今居群的地理分布格局是间冰期扩张迁移的结果,那么需要采集除 Group1 外所有地方(缅甸、印度、不丹、尼泊尔和越南及本研究 Group2 中的 9 个居群)云南红豆杉的样本进行遗传多样性分析,以确定居群间遗传多样性显著减少的方向,在此基础上构建居群迁移路线,才能确定云南红豆杉的另外一个避难所地点。这是因为一个避难所中的居群在间冰期向外迁移扩张过程中,由于建立者效应(founder effects)和遗传漂变(genetic drift)作用,居群间遗传多样性会显著减少(Hewitt, 2000)。

(二) 云南红豆杉中的近亲交配(inbreeding)

一个物种的交配系统是其一个重要生物学特性,这是因为交配系统决定着这个物种的遗传多样性、居群间的遗传结构及其进化潜力(Coates and Sokolowski, 1992)。因此,对于生境片断化严重,并且居群数量和大小在日益缩减的云南红豆杉,交配系统的研究将促使其保护策略更有效可行。

云南红豆杉14个居群观察杂合度都比期望杂合度低很多,每个居群都显著偏离哈迪-温伯格平衡(表5-11)。由于本研究使用的是微卫星标记,造成这种现象产生的原因有两个:①无效等位基因频率较高;②每个居群内皆存在近亲交配现象。云南红豆杉中存在显著的无效等位基因频率(表5-12,平均值0.228,变化范围为0.043~0.419)。一般无效等位基因频率显著与自交植物有关(Rousselle et al., 2011),但自交不可能发生在云南红豆杉这一物种中,因为它是雌雄异株植物(Fu et al., 1999)。Zanella等(2011)曾指出用微卫星标记进行居群分析时,在居群水平上检测到显著的杂合子缺乏,这反映了一个真实存在的生物过程,即"近亲交配",而不是由所用微卫星标记质量或PCR扩增失败引起。以下证据可以证明云南红豆杉中纯合子过多可能是由于近亲交配引起:①通过比较分析软件Microchecker计算的每个位点的无效等位基因频率,我们能够区分无效等位基因和近亲交配事件的发生。这是因为如果一个物种真正发生了近亲交配事件,那么几乎所有位点都将受到影响,即每个位点的无效等位基因频率经统计都呈显著性;然而,如果一些位点具有显著的无效等位基因频率,而另一些位点没有,这意味着有显著无效等位基因频率的位点有可能是由于PCR扩增技术原因或微卫星位点引物质量不好引起。几乎所有微卫星位点(除位点TS07,表5-12)无效等位基因频率都显著(大于0.05),这可能意味着近亲交配真的在云南红豆杉这个物种中发生。②对于其他红豆杉物种,凡是用微卫星标记进行遗传研究的论文,都无一例外地检测到和云南红豆杉相近的无效等位基因频率。例如,Dubreuil等(2010)用7个微卫星位点(Tax23,Tax26,Tax31,Tax36,Tax60,Tax86和Tax92)对蒙特塞尼山欧洲红豆杉(*Taxus baccata*)4个居群(Font Negra,La Besa,Turó de l'Home和Torrent de la Mina)进行遗传分析时,发现无效等位基因的频率变化范围为0.062~0.268;同年,González-Martínez等(2010)用Dubreuil等(2008)研发的7个微卫星位点对位于地中海盆地西部91个欧洲红豆杉(*Taxus baccata*)进行遗传分析,发现无效等位基因频率在位点间的变化范围是0.084~0.268,平均值是0.181(表5-16)。

同样,2011年Chybicki等学者运用6个微卫星位点(Tax31,Tax36,Tax362,Tax92,Tax26和TS09)研究了位于波兰的两个欧洲红豆杉(*Taxus baccata*)居群(Czarne和Wierzchlas)的遗传多样性,发现6个微卫星位点中(图5-13)除Tax31位点外,其余5个位点在Czarne和(或)Wierzchlas居群中都达到显著。

表5-16 地中海盆地西部91个欧洲红豆杉居群每个位点的无效等位基因频率

位点	无效等位基因频率
Tax23	0.183
Tax26	0.244
Tax31	0.084
Tax36	0.268
Tax60	0.192
Tax86	0.147
Tax92	0.147

资料来源：González-Martínez et al.，2010。

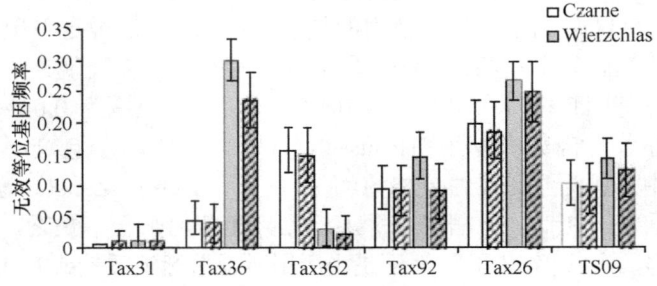

图5-13 Czarne 和Wierzchlas两居群SSR位点无效等位基因频率(Chybicki et al.，2011)
无斜线的柱子和有斜线的柱子分别代表用软件 Genepop 和 INEst 的计算值

以上研究说明用微卫星标记研究红豆杉，出现无效等位基因频率是一种普遍现象，这只能说明不同种类红豆杉中发生了真实的生物过程，即近亲交配(Chybicki et al.，2011；Dubreuil et al.，2010；González-Martínez et al.，2010)。Lewandowski 等(1995)曾经说过雌雄异株植物研究中检测到观察杂合度显著低于期望杂合度，那一定是亲缘关系个体间交配所致。本研究中，云南红豆杉 14 个居群 288 个样本的个体聚类树(图 5-12)是每个居群内都不是随机交配的直接证据，因为在每个居群中都检测到不同的遗传块，只有每一个遗传块内的个体才进行随机交配。云南红豆杉出现近亲交配现象的原因可能是以下 3 方面原因引起：①居群瓶颈显著性检测(表 5-11)说明云南红豆杉有近 64.3%的居群发生了繁育个体数的显著减少，即产生花粉的雄树和生产种子的雌树的数量大大减少，这必然增加了近亲交配的概率；②云南红豆杉的种子由于重力作用会落于母树周围，促使母树周围长出许多小树，这也增加了近交的机会；③一些鸟类和啮齿类动物会把红豆杉种子埋藏在洞穴中，当这些种子发芽成树时，成簇的个体聚集在一起，这也有可能促进近亲交配。

(三) 云南红豆杉居群间遗传分化高

云南红豆杉居群间遗传分化高，95.6%居群间 F_{ST} 值都达到显著($P<0.05=$，并且 91 对居群间 F_{ST} 值平均值高达 0.196(表 5-16)。经统计分析，14 个居群遗传距离和地理距离没有显著相关性($P=0.107$)，在图 5-11C 中能够观测到：一些居群地理距离间隔很长，

而一些居群地理间隔很短,但是在这些居群对中总能检测到相近的遗传差异,因此,不是地理距离,而是其他因素造成云南红豆杉居群间较高的遗传分化。我们认为有可能是以下 3 个因素所致。①云南红豆杉居群间遗传漂变(genetic drift)的作用远大于基因交流(gene flow)的作用。云南红豆杉具有重要的经济价值,其枝叶和树皮是生产治疗卵巢癌和乳腺癌有效药物"紫杉醇"的重要原材料(Li et al., 2000a)。近十几年来云南红豆杉野生资源遭到严重的破坏,致使其生境片断化非常严重。生境片断化导致居群间连接及其居群大小减少。在如此孤立的小居群中,遗传漂变的作用要远远大于居群间基因交流的作用(Hutchison and Templeton, 1999)。②云南红豆杉天然居群间通过风进行基因交流非常有限。通常情况下,风媒异交植物天然居群间的遗传分化会很小(Robledo-Arnuncio, 2011)。虽然云南红豆杉是风媒、雌雄异株和异交植物,但是它主要生长在阔叶林、针叶林或针阔混交林下,纯林很少,为第 2 林层,一般林下风速相对较低(Wheeler et al., 1995)。加拿大红豆杉(*Taxus canadensis*)亦分布于林下,Allison(1990b)曾观察到其在自然环境中,尽管花粉粒很小(17~21.5μm),但是才飞行了几米就坠落在地上,他也认为是林下风速较低所致。③研究中检测到的云南红豆杉每个天然居群近亲交配现象也可能促进了居群间的遗传分化。

(四) 基于云南红豆杉天然居群谱系地理学研究结果的保护策略

一个特定物种的遗传分析对其有效保护策略的提出非常重要(Osborne et al., 2012)。本研究证明青藏高原云南红豆杉天然居群间存在 2 个遗传差异显著的聚类组(Group1 和 Group2)、存在近亲交配并且居群间遗传差异显著。基于这样的研究结果,我们提出云南红豆杉保护策略应包括以下 4 个方面。①这两个聚类组间遗传组成差异较大,应该把它们定义为两个不同的进化显著单元(evolutionarily significant units,ESUs),对这 2 个聚类组中的居群应分别进行严格的就地保护(*in situ* conservation)。②采集这 2 个聚类组中不同基因型(genotype)的种子进行异地繁殖,特别是那些具有特有等位基因(unique allele)的个体和具有罕见等位基因(rare allele)的居群应优先考虑,这将有助于云南红豆杉的可持续发展。③人工促进不同居群间的基因交流(artifical gene flow)的方式有两种:花粉或种子,这将有助于避免云南红豆杉遗传多样性的进一步减少,增加分子变异,促进云南红豆杉对未来环境变化的适应能力。④为了最大限度保护云南红豆杉遗传多样性,对其传粉机制进行综合研究也极其必要(Kaneko et al., 2008),传粉机制研究中的一些重要因素,如孤立小居群中传粉者种类、数量及其传粉方式是如何变化,值得进一步深究。

(五) 对微卫星标记无效等位基因的思考

微卫星由于多态性高、共显性遗传、重复性强、对 DNA 质量要求不高等优点已被广泛应用于动植物和微生物遗传多样性、系统进化、遗传育种和亲本分析等科学领域的研究中。但是微卫星标记有一个致命缺点,即无效等位基因(null allele)的存在。

无效等位基因也被称为哑等位基因,是指某个位点无扩增条带或扩增条带少于预期数。即无效等位基因包括以下 3 种情况:①如果样本为纯合体,基因型为 AA,但由于微卫星两侧序列发生了变异,结果没有任何产物扩出(0/0);②如果样本为杂合体,基因型为 AB,但由于含有 B 微卫星的这条 DNA 链两侧序列发生变异,结果 PCR 扩增无法扩出 B 基因，PCR 产物中只能检测到 A 这个基因，产物就表现为纯合子 AA(A/0)；③反之，样本为杂合体，基因型为 AB，但由于含有 A 微卫星的这条 DNA 链两侧序列发生变异，结果 PCR 扩增无法扩出 A 基因，PCR 产物中只能检测到 B 这个基因，产物就表现为纯合子 BB(B/0)。

无效等位基因的估算方法很多，如 Oosterhout 法(van Oosterhout et al.，2006)、Chakraborty 法(Chakraborty et al.，1992)和 Brookfield 法(Brookfield，1996)。例如，Brookfield 法的数学表达式：

$$\gamma = A + \sqrt{A^2 + B}/2(1+H_e)$$

$$\text{其中 } A = H_e(1+N) - H_o; \quad B = 4N(1-H_e^2)$$

式中，N 为纯合子无效等位基因型比例。

从根本上讲微卫星两侧序列发生变异(突变、插入或缺失)是无效等位基因产生的主要原因(Callen et al.，1993)；但是大片段等位基因丢失也是造成无效等位基因出现的一个原因(Wattier et al.，1998)；而不同微卫星位点对 DNA 质量要求不同也是无效等位基因出现的原因之一(Gagneux et al.，1997)。总体而言，无效等位基因是一种人工制品(artifact)，是由于 DNA 质量不好或者引物质量不高造成。但是在群体遗传学分析中，无效等位基因的出现有时候却不能全归功于人工制品。

当研究物种检测到无效等位基因的时候，它可能反映的是一种客观生物过程，如自交、非随机交配(近亲交配)、瓶颈效应和自然选择。以上 4 种生物过程都会导致居群中无效等位基因频率增加、纯合子增加、观察杂合度减少、近交系数增加及居群偏离哈迪-温伯格平衡。只有在排除以上 4 种生物过程的基础上，才需考究 DNA 质量或引物质量问题(Brownlow et al.，2008)。

第三节　云南红豆杉天然居群空间遗传结构研究

空间遗传结构(spatial genetic structure，SGS)是在两维空间(由变量的横纵地理坐标构成)中检测一个位点变量(variable)的值是否依赖于邻近位点变量的值，如果这种依赖存在，那么这种变量就存在空间遗传结构(Sokal and Oden，1978)。如果一个位点变量的数值很高，而邻近位点相应变量的数值也很高，那么这两个位点空间遗传结构就是正相关(positive)；相反，如果一个位点变量的数值很高，而邻近位点相应变量的数值很低，那么这两个位点空间遗传结构就是负相关(negitive)。变量分为 3 类：①分类型变量(categorical variable)：如不同颜色的变种，红色或黑色；基因型，如 b 或 bb；不同的物种，如 A、B、C 等；②等级型变量(ranked variable)：如某个地方的一些物种，根据居群密度进行排列；③连续型变异(continuous variable)：如形态特征的测量、基因频率等。

亲缘系数(kinship coefficient)决定了遗传个体间随机获得相同基因的概率。以距离等级为横坐标，亲缘系数为纵坐标，构建出不同距离等级亲缘系数的连线，即研究材料的空间遗传结构图。当亲缘系数等于 0 时，表示在这一距离范围内个体间无显著相关性，当亲缘系数大于 0 时，表示这一距离范围内个体间遗传信息很相似，即带有相同基因型的个体聚在一起；当亲缘系数小于 0 时，表示这一距离范围内个体间遗传信息存在显著差异(Geburek，1993)。

如图 5-14 所示：小于 6m 的距离范围内，个体间遗传信息很相似；个体间距离 6m 时遗传信息无显著相关性；个体间距离在 6~12m 的时候，个体间遗传信息存在明显差异。

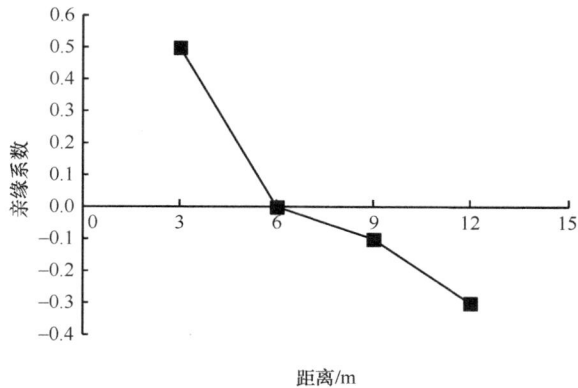

图5-14　空间遗传结构图

引起空间遗传结构的原因主要有以下三方面。

1) 种子和花粉散布能力有限

居群间(Hutchison and Templeton，1999)和居群内(Zhao et al.，2009a)基因交流的程度决定了居群的遗传结构及其对环境的适应能力和进化潜力。基因交流的尺度可以用直接(direct)和间接(indirect)的方法度量(Slatkin，1985)。直接的方法是指通过监测基因携带者迁移尺度或亲本分析直接定量相关基因迁移的尺度。例如，植物中，花粉的传播可以通过直接监测其携带者如蜜蜂、蝴蝶和蜂鸟等的采食距离确定花粉传播距离(Levin and Kerster，1969)；种子的传播可以直接监测采食鸟类的迁移距离确定(Boyer，1958)；不同颜色控制基因的迁移可以把不同颜色控制基因的成年树(雌雄树)种在一个区域，亲本和其子代共同结合进行亲本分析，就可以算出不同颜色控制基因的传播距离(Handel，1982)。间接的方法是通过检测等位基因在空间的分布格局以确定一个居群内基因交流的模式(pattern)和程度(level)。间接的方法包括 F_{ST} 统计量(Wright，1965)、N_M 统计量(Slatkin and Barton，1989)、遗传距离(genetic distance)(Cavalli-Sforza and Edwards，1967)和空间遗传结构分析(SGS)(Zhao et al.，2009a)。直接方法对种子和花粉的迁移提供的是实时评估(real-time estimates)，而间接方法对其提供的是一种历史的评估(historical estimates)。两种方法相比较，直接方法更可靠和准确，但是直接方法要求采集研究居群内所有的样本，并且需要多态性高和可靠的标记，因此在经费有限的时候，这种方法往往不能实现。而间接方法简单易行，特别是空间遗传结构方法日益受到许多学者青睐(Jump et al.，2012；Murat et al.，2013；Yeoh et al.，2012；Zhang et al.，2012；Zhao et al.，2009a)。

植物居群内基因的交流是通过种子和花粉的扩散来实现。而种子和花粉的扩散能力关系到一个植物居群空间遗传结构的形成和近亲繁殖的产生。种子和花粉迁移能力的不同可以产生以下 3 种情况(Kalisz et al., 2001): ①种子和花粉的迁移能力都有限的时候, 一个居群内近亲繁殖和空间遗传结构都会产生(Maki and Yahara, 1997); ②种子能在居群内随机迁移时, 无论花粉的迁移能力如何, 此居群内既无近亲繁殖现象也无空间遗传结构(Chung et al., 2003b); ③如果种子在居群内迁移能力有限, 即使花粉的迁移距离很远, 由于"家庭成员"聚集在一起会形成空间遗传结构, 但无近亲繁殖现象(Peakall and Beattie, 1996)。

交配(mating)是有性繁殖生物的一个重要组成部分, 它决定了上一代向下一代传递遗传信息(Robledo-Arnuncio et al., 2004)。交配方式有两种(Ritland, 2002): 自交(selfing)和异交(outcrossing)。交配方式往往决定了一个植物居群遗传多样性的多少和这个物种的进化潜力(Beland et al., 2005; Wright, 1965)。异交包括两种方式(Uyenoyama, 1986; Williams, 2007), 一种是交配发生在基因型截然不同个体间, 这种交配方式是真正的异交(true outcrossing); 另一种是交配仅发生在基因型一样或者非常相似的个体间, 这种交配方式是近亲繁殖(biparental inbreeding)。近亲繁殖可以发生在父母亲和子代之间, 也可以发生在子代之间(Gapare and Aitken, 2005)。近亲繁殖产生的后代就像自交产生的后代一样, 往往纯合子增多(Ritland, 2002)。近亲繁殖会固定一些隐性的有害基因, 减少个体适合度和一个居群的遗传多样性(Charlesworth and Charlesworth, 1987; Jump and Penuelas, 2006), 这必然降低了物种对未来环境变化适应的能力, 进而威胁到物种长期的生存。

近亲繁殖会造成一定的空间遗传结构, 主要是由于成熟的母树比较少, 母树种子落于母树附近, 产生的后代和母树及后代之间交配, 进而形成居群内基因的不随机块状分布, 进而居群内形成一定的空间遗传结构。居群内由于近亲繁殖造成居群内空间遗传结构形成的例子很多, 如 Bacilieri 等(1994)用 7 个同工酶位点研究法国萨尔特河欧洲栎树一个混合居群(*Quercus petraea* 和 *Quercus robur*)190 个无柄栎树和 217 个有柄栎树的空间遗传结构, 结果发现两种栎树都存在明显的空间遗传结构, 他们估计居群内出现近亲繁殖和(或)酶的无效等位基因的存在是造成空间遗传结构形成的原因。又如 Gapare 和 Aitken(2005)利用 8 个 STS(sequence-tagged-site)标记研究北美云杉(*Picea sitchensis*)8 个天然居群的空间遗传结构, 其中, 4 个为中心居群, 4 个为边缘居群, 发现 4 个边缘居群都存在显著的空间遗传结构, 50m 以内的个体遗传信息很相似。这种显著的空间遗传结构可能是由于成熟树数量少, 子代在母树附近形成, 进而形成近亲繁殖而导致空间遗传结构的发生。同样, Williams(2007)用 3 个酶位点研究了位于科罗拉多的巴比氏翠雀(*Delphinium barbeyi*)1 个居群 144 个样本, 发现此居群存在显著的空间遗传结构, 2.5m 内的个体遗传信息极其相似, 推测这也可能是近亲繁殖造成。再如 Jin 等(2006)用 15 个 ISSR 标记研究了位于河北安新县野生大豆(*Glycine soja*)的 2 个居群和辽宁盘锦县 1 个居群的空间遗传结构, 结果发现 3 居群都存在显著空间遗传结构, 他们认为这种空间遗传结构的存在可能是种子的迁移能力有限和近亲繁殖所导致。Zhao 等(2009a)用 17 个微卫星标记研究了位于上海、北京和山东 3 个地方的 4 个天然大豆居群, 发现每个居群都显示了明显的空间遗传结构, 在 15.44~25.78m 的距离内个体间遗传信息非常相似, 也是遗传信息很相似的个体间交配所导致。

2) 环境异质性对适应性状的选择

不同的环境会选择和固定不同的等位基因,因而使一个居群内不同环境地域出现不同的遗传斑块结构(Hedrick,1986)。Linhart 和 Grant(1996)的研究证明,间隔几米甚至几厘米都会由于环境条件(如土壤参数)不一样而对植物基因进行适应性选择。Li 等(2000b)很详细地研究了位于以色列加利利海北部野生二粒小麦一个天然居群 28 个微卫星位点在不同生态环境中的空间分布。这个居群主要包含 4 个生态环境,朝北有斜坡(north: a north-facing slope)、峡谷(valley)、山脊(ridge)和喀斯特地形(karst),这 4 个生态环境进一步细分为 11 个微生态环境,即朝北中等程度斜坡(north-facing moderate slope)、朝北陡峭斜坡(north-facing steep slope)、位于峡谷中部(valley center)、位于峡谷边缘(valley margin)、峡谷非常狭窄(narrow valley)、山脊东面朝坡(ridge, east-facing slope)、山脊南面朝坡(ridge, south-facing slope)、山脊位于高原山肩(ridge, shoulder of plateau)、山脊位于高原顶部(ridge, top of plateau)、喀斯特地形顶部(upper karst)和喀斯特地形底部(lower karst)。研究结果表明微卫星位点等位基因的分布在这个居群内是非随机分布,其分布与生态环境密切相关。4 个主要生态环境和 11 个微环境亚居群(subpopulations)间遗传差异非常显著。并且在喀斯特亚居群中发现了特有等位基因。以上结果说明微环境的选择是导致微卫星在不同生态环境中差异的主要原因。此外,Kalisz 等(2001)利用 5 个同工酶分别研究了延龄草(*Trillium grandiflorum*)成年草和小草之间的空间遗传结构,他们认为成年草比小草具有更强的空间遗传结构是微环境的选择所导致的。

3) 不同的居群历史(different population history)

居群间建立时的材料来源(genetic resources)和现居群的生长时期(growth period)对居群间和居群内的遗传结构有明显影响。Knowles 等(1992)的研究证明:如果建立居群所用的种子仅来源于几棵遗传信息几乎一样的母树,那么这样的居群几乎无空间遗传结构;相反,如果建立居群当初所用的种子是来源于很多遗传差异很显著的母树,那么这个居群的空间遗传结构就会很显著。

居群生长时期不同导致居群空间遗传结构不同的例子很多。例如,Chung(2008)用 15 个同工酶标记研究了位于韩国中西部泰安萱草(*Hemerocallis taeanensis*)4 个天然居群,发现两个居群(UHR 和 SHR)存在明显的空间遗传结构(S_P 分别是 0.029 和 0.018),而其余两个居群(SDR 和 JJR)不存在空间遗传结构(S_P 分别是 0.004 和–0.003)。究其原因,他发现是居群生长时期不同而造成。前两个居群是刚建立起来的居群,建立者刚在一个适合的环境中繁殖,一些小树苗聚集在母树周围,因此形成了一种很强烈的家庭结构(strong family structure)。Chung 依据成年树的密度和成年树与小树间的位置关系,称 UHR 和 SHR 这两个居群为"扩张"(expansion)居群,UHR 居群有 23 棵成年树,成年树密度为 6 棵/100m^2,SHR 有 57 棵成年树,成年树密度为 57 棵/100m^2。相反,SDR 和 JJR 这两个居群成年树密度较高,分别是 151 棵/100m^2 和 145 棵/100m^2,并且成年树散布于居群中,因此 Chung 估计种子的交叠(seed shadow overlap)(Gapare and Aitken,2005)导致这两个居群无空间遗传结构,他称这两个居群为"成熟"(maturation)居群。再如在苦栎(*Quercus laevis*)(Berg and Hamrick,1995) 和 *Cecropia obtusifolia*(Epperson and

Alvarez-Buylla，1997)等不同植物研究中都发现：居群内当植株为小树或树苗时有明显空间遗传结构，但随着树龄的增加，空间遗传结构逐渐削弱，到老树时期空间遗传结构彻底消失。研究表明这主要是竞争性淘汰(competitive thinning)所导致。竞争性淘汰是指，随着小树和树苗的逐渐长大，个体间为了生存，相互竞争，最终导致小树和树苗由原来紧密聚集变为随机分布状态。Chung 等(2003a)研究山茶的文章中的分析结果(图 5-15)充分证明了以上阐述。

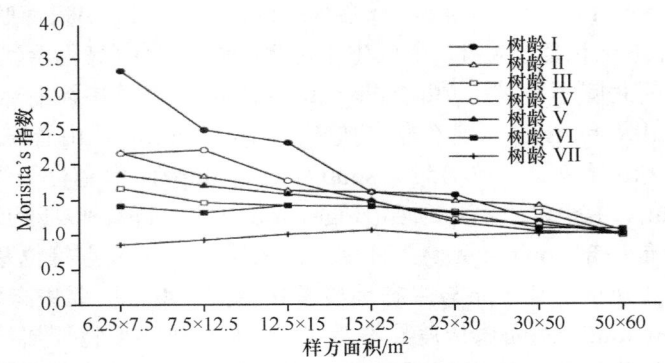

图5-15　7个不同年龄等级在7个样方等级时的Morisita's指数(Chung et al.，2003a)

通过研究居群内空间遗传结构，当我们对珍稀濒危物种进行就地(in situ)和迁地(ex situ)保护时，能提供切实有用的保护策略和采样策略：

(1) 空间遗传结构曲线与 X 轴第一截距是个体间基因交流的有效距离，即遗传块大小(genetic patch size)。在这个距离范围内，个体间遗传信息很相似。当进行迁地保护时，采样个体间的距离必须大于空间遗传结构图中 X 轴第一截距，这样可以避免采集到过多基因型相同的个体，使采集到的样本基因型最大限度异质性(Bizoux and Mahy，2007；Chung et al.，2004；Escudero et al.，2003；Jin et al.，2006)。

(2) 一个研究物种居群内空间遗传结构的构建还能向我们揭示遗传块的数目(Jin et al.，2003)，因此迁地保护时，应尽量采集研究居群内不同遗传块中的样本。这样的采集方式使采集样本能最大限度代表整个研究居群的遗传信息。

(3) 通过构建研究物种不同居群的空间遗传结构，可以检测出不同居群的遗传块大小，当两个居群占地面积相同或相似时，遗传块小的居群比遗传块大的居群具有更多的不同遗传块，也就是遗传多样性更多，因此，应优先就地保护遗传块小的居群(Jin et al.，2006)。

目前尚未有云南红豆杉空间遗传结构研究的报道，本节想通过云南红豆杉 2 个天然居群的空间遗传结构研究以探索不同居群之间遗传信息的多少及遗传信息在不同居群的空间分布格局，这将促使濒危植物云南红豆杉的保护策略及采样策略更具有科学性和实践性。

一、材料与方法

(一) 材料

选取中国云南兰坪县两个天然居群进行空间遗传结构分析(表 5-18)，这两个居群直线距离相距大约42km。居群1位于兰坪县通甸镇中华村,采样数79株,而居群2位于兰坪县拉井镇富和村,采样数57株。图5-16是两居群内样本个体间相对空间地理位置。每株采集幼嫩叶片于4~5倍体积的硅胶袋中密封保存,带回实验室室温干燥。

表5-18 两居群信息

居群	地点	纬度/(°N)	经度/(°E)	样本数/个
居群1	兰坪县通甸镇中华村	26.6528	99.602	79
居群2	兰坪县拉井镇富和村	26.4551	99.2409	57

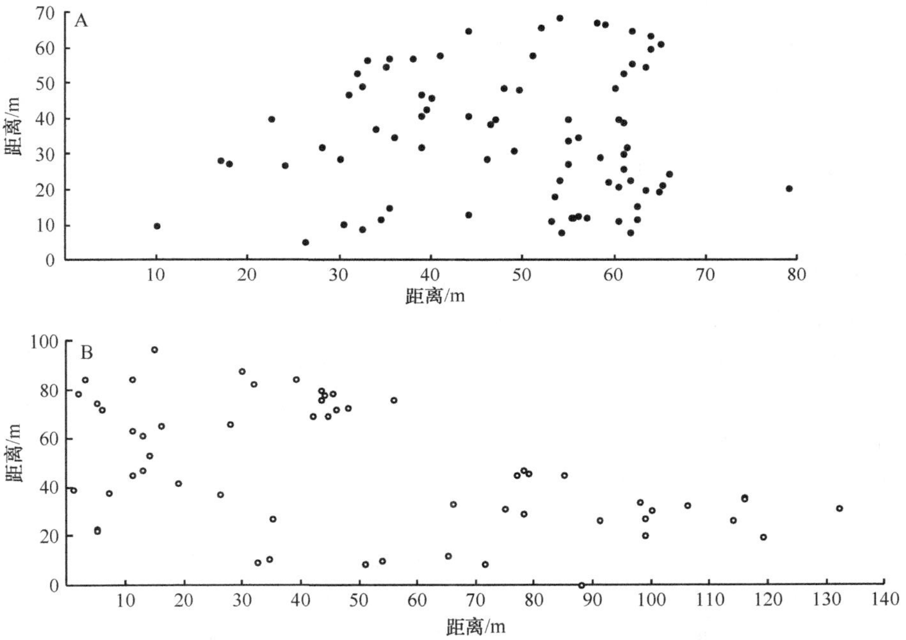

图5-16 两居群个体间空间分布
A. 居群1;B. 居群2

(二) DNA提取和微卫星分型

方法同第二节中一、材料和方法中的(二)总DNA提取、PCR扩增及微卫星等位基因分型。

(三) 数据分析

1. 有效微卫星位点的筛选

微卫星位点等位基因频率过低或过高都会影响空间遗传结构(Marquardt and Epperson,2004)。必须剔除等位基因频率少于10%和大于90%的位点,因为它们代表的是稀有基因(rare alleles)和常见基因(comman alleles)位点,不能提供足够的遗传信息。因此只有等位基因频率在10%~90%的位点能用于空间遗传结构研究(朱蕾和康明,2012)。采用Fstat v2.9.3分别计算11个多态性微卫星位点在两个居群中的等位基因频率,以确定每个居群空间遗传结构分析时所采用的有效微卫星位点。

2. 空间遗传结构图构建

距离等级的划分采用等样对法,即所划分的不同距离等级间的距离可以不同,但是每一距离等级内的样对数非常接近(王英等,2006);亲缘系数采用 F_{ij}(Loiselle et al.,1995)。F_{ij} 数学表达式如下:

$$F_{ij}=(P_i-\overline{P}_K)(P_j-\overline{P}_K)/\overline{P}_K(1-\overline{P}_K)+1/2(n-1)$$

式中,P_i 和 P_j 为等位基因 K 分别在样本 i 和样本 j 中的等位基因频率;$\overline{P}_K$ 为所有样本等位基因 K 的平均等位基因频率;n 为样本数。

F_{ij} 已广泛应用于大豆(*Glycine soja*)(Zhao et al.,2009a)、长苞头蕊兰(*Cephalanthera longibracteata*)(Chung et al.,2004)、美丽鹧鸪豆(*Chamaecrista fasciculata*)(Fenster et al.,2003)、欧亚槭(*Acer pseudoplatanus*)(Pandey et al.,2012)等的研究中。利用 SPAGeDi v1.3 软件计算距离等级和每一距离等级对应的 F_{ij} 值,并经 10^4 次重复检验其显著性。以距离等级为横坐标,亲缘系数 F_{ij} 为纵坐标,分别构建两个居群的空间遗传结构图。

3. 空间遗传参数

利用 SPAGeDi v1.3 软件计算回归斜率 b 和 S_P 统计量。

b 是亲缘系数与地理距离的回归斜率(regression slope),它也是衡量空间遗传结构强度的一个指标。当研究居群存在空间遗传结构时,b 值往往为负值。回归斜率 b 已经被应用于许多研究中,如芦苇堇菜(*Viola calaminaria*)(Bizoux and Mahy,2007)、长苞头蕊兰(*Cephalanthera longibracteata*)(Chung et al.,2004)、大豆(*Glycine soja*)(Jin et al.,2006)。利用 SPAGeDi v1.3 软件对其值及显著性 P 进行计算。

S_P 统计量,是 Vekemans 和 Hardy(2004)研发出来的一个新的定量空间遗传结构强度指标。S_P 已经被应用于许多研究中,如泰安萱草(*Hemerocallis taeanensis*)(Chung,2008)、山毛榉(*Fagus sylvatica*)(Jump et al.,2012)、欧亚槭(*Acer pseudoplatanus*)(Pandey et al.,2012)。

S_P 数学表达式如下:

$$S_P=-b/[1-F_{(1)}]$$

式中,b 为亲缘系数与地理距离的回归斜率(regression slope);$F_{(1)}$ 为第一距离内个体间的平均亲缘系数(Vekemans and Hardy,2004)。

4. 相关分析

用软件 GenAIEx v6.0 对 2 个居群分别进行亲缘系数 F_{ij} 与地理距离的相关性分析(Hardy and Vekemans,1999)。

5. 个体聚类树的构建

通过 Population v1.2.30 分别构建每个居群的个体聚类树,以检测居群内是否存在不同的遗传块。

二、有效微卫星位点

经 Fstat v2.9.3 软件计算 11 个微卫星位点在居群 1 和居群 2 的等位基因频率。对于居群 1,除 TY44(被排除)的等位基因频率达到 100%外,其余 10 个位点的等位基因频率在 10%~90%,因此用于居群 1 空间遗传结构分析的微卫星位点数是 10 个;对于居群 2,11 个微卫星位点的等位基因频率都在 10%~90%,因此用于居群 2 空间遗传结构分析的微卫星位点数是 11 个。

三、居群 1 和居群 2 空间遗传结构

空间遗传结构分析揭示出两居群都呈现出显著的空间遗传结构。图 5-17 是居群 1 和居群 2 的空间遗传结构图。根据样本间的地理距离,SPAGeDi 1.3 软件计算出居群 1 可划分为 10 个距离等级(0~10m,10~16m,16~21m,21~25m,25~29m,29~33m,33~38m,38~43m,43~50m,50~76m),每个距离等级中的样对数接近 308 对;居群 2 亦可划分为 10 个距离等级(0~17m,17~29m,29~38m,38~46m,46~55m,55~65m,65~73m,73~84m,84~98m,98~140m),每个距离等级的样对数接近 160 对(表 5-19)。对于居群 1 第一距离范围(0~10m)F_{ij} 值高达 0.629,随后的第 2、第 3 和第 4 距离区间 F_{ij} 亦为正值(0.030、0.033 和 0.031),且经检验都达到显著水平($P<0.05$),第 4 距离后所有距离的 F_{ij} 值都小于 0。居群 2 的空间遗传结构走向和居群 1 很相似,在第一距离范围(0~17m)F_{ij} 值高达 0.727,随后的第 2、第 3、第 4 和第 5 距离区间 F_{ij} 亦为正值(0.052、0.035、0.034 和 0.018),且经检验前 4 个距离等级都达到显著水平($P<0.05$),第 5 距离后所有位点的 F_{ij} 值都小于 0。

表5-19 云南红豆杉2个天然居群空间遗传结构参数

居群	样对数	密度/(棵/m²)	$F_{(1)}$	b 估计值	b P	S_P	遗传块数量/个	遗传块直径/m
居群 1	308	0.014	0.7599	−0.2495	0.011	1.0392	10	27
居群 2	160	0.004	0.8187	−0.2894	0.003	1.5962	5	58

注:$F_{(1)}$. 第一距离等级亲缘系数 F_{ij} 平均值;b. 亲缘系数与地理距离的回归斜率;P. 经 10^4 重复检验,回归斜率 b 的显著性 P 值;S_P.通过公式 $-b/1-F_{(1)}$ 计算出来的一个空间遗传结构强度统计量。

此外,回归斜率 b 在两个居群中都显著小于 0(居群 1:b=−0.2495,P=0.011;居群 2:b=−0.2894,P=0.003),这意味着地理距离相距越近的个体,遗传信息越相似(表 5-19)。同样,S_P 统计量值在居群 1 和居群 2 中分别是 1.0392 和 1.5962。第一距离区间平均 F_{ij} 值(0.8187/0.7599),S_P 值(1.5962/1.0392)和 b 值(−0.2894/−0.2495)都支持居群 2 比居群 1 具有更高的空间遗传结构。

此外,居群 1 和居群 2 空间遗传结构曲线与 X 轴的第一截距大约为 27m 和 58m(图 5-17),这意味着遗传块的直径大约是 27m 和 58m。根据单个遗传块的面积(居群 1:572.27m²;居群 2:2640.74 m²)和居群所占的面积(居群 1:5600m²;居群 2:13 500m²),

计算出居群 1 和居群 2 中分别有 10 个和 5 个不同的遗传块。

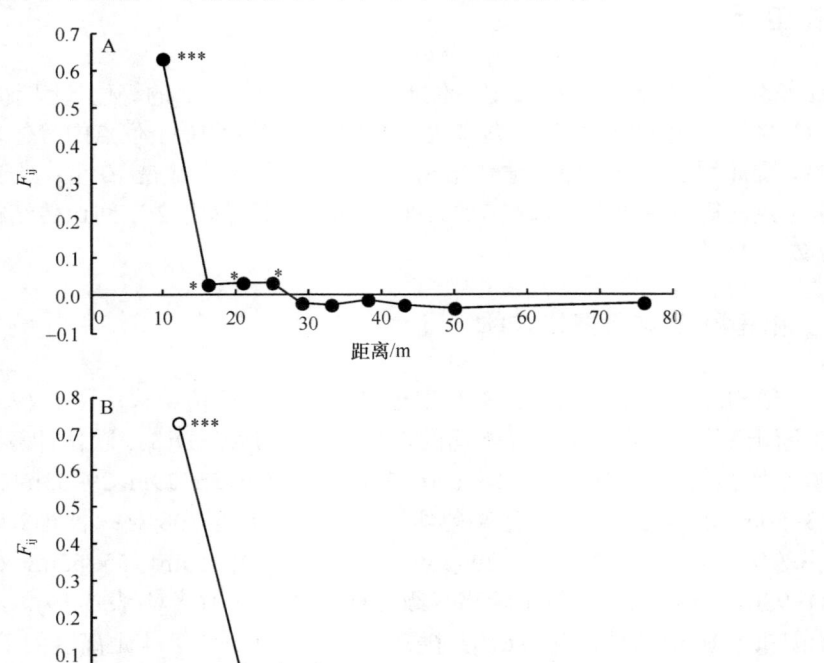

图5-17 两居群10个距离等级等样对法F_{ij}空间遗传结构图
A. 居群 1; B. 居群 2; *. $P<0.05$; **. $P<0.01$; ***. $P<0.001$

四、相关分析

相关分析结果表明(图5-18): 两个居群的亲缘系数F_{ij}与地理距离都呈负相关(居群1: $y=-0.001x+0.0261$, $P=0.006$; 居群2: $y=-0.0011x+0.0547$, $P=0.000$)。

五、个体聚类树

图 5-19 是两个居群的个体聚类树, 从两图中我们可以检测到: 两个居群首先可分为 3 个聚类(聚类Ⅰ、聚类Ⅱ和聚类Ⅲ); 而每一个聚类又包括多个彼此分离的簇状遗传小聚类。

六、小结与讨论

(一) 云南红豆杉居群 1 和居群 2 空间遗传结构差异原因

研究结果证明居群 1 和居群 2 都存在空间遗传结构(图 5-17)。相比较, 居群 2 空间遗传结构要强于居群 1(表 5-19)。同时两个居群遗传块大小差异较大, 居群 1 为 27m,

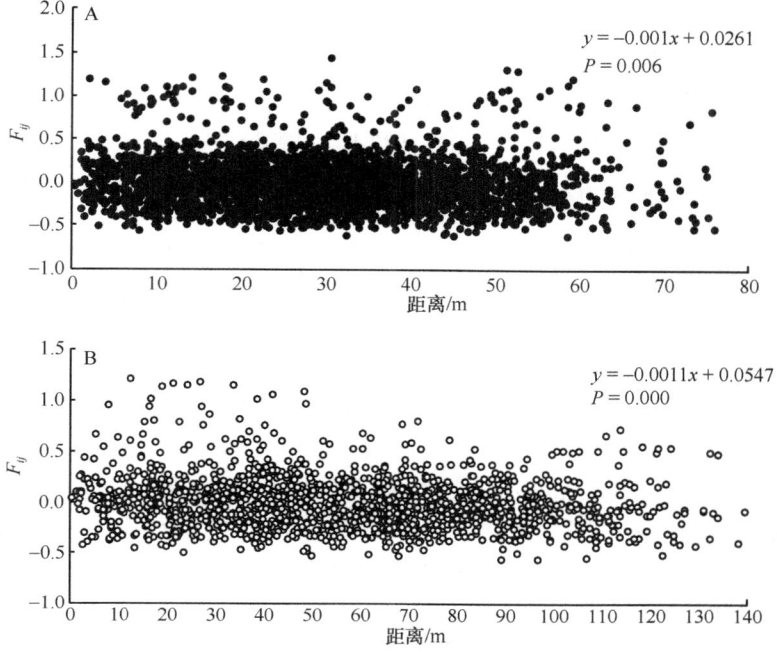

图5-18 云南红豆杉2天然居群内个体间亲缘系数F_{ij}与地理距离相关性分析
A. 居群1；B. 居群2

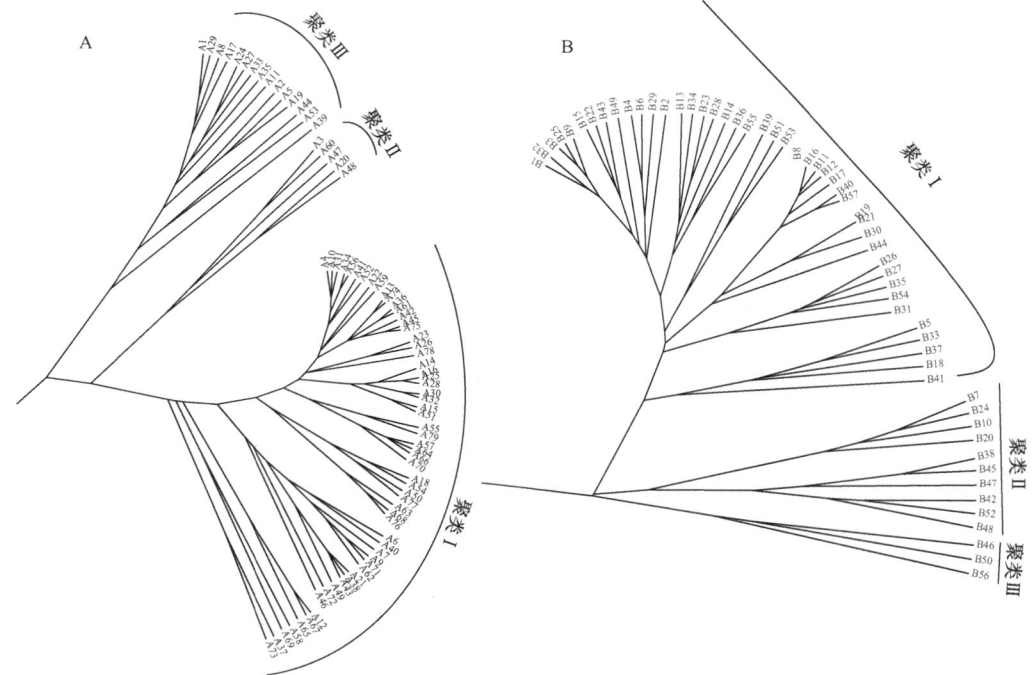

图5-19 云南红豆杉2个天然居群个体聚类树
A. 居群1；B. 居群2

居群 2 为 58m，这可能与两者之间居群密度存在显著差异有关。居群 1 的密度(0.014 棵/m²)是居群 2 密度(0.004 个/m²)的 3.5 倍。许多研究证明花粉的传播距离与居群密度呈负相关(Dyer and Sork，2001；El-Kassaby and Jaquish，1996；Sousa and Hattemer，2003)，因此导致居群 2 的遗传块直径明显大于居群 1 的遗传块直径。

(二) 云南红豆杉空间遗传结构产生原因

一个物种空间遗传结构的研究既是这个物种群体遗传结构的一个基础研究，也为物种保护策略的提出提供科学数据。本研究首次利用微卫星标记研究云南红豆杉天然居群空间遗传结构。研究结果将为这个珍稀濒危物种的就地保护(in situ conservation)和迁地保护(ex situ conservation)提供有用信息。

本研究中的两个居群都显示出显著的空间遗传结构。它们的 S_P 值(1.0392/1.5962)都显著高于以自交为主的植物的 S_P 值，如大豆(0.073，Zhao et al.，2009a)、四叶重楼(*Paris quadrifolia*)(0.14~0.17，Jacquemyn et al.，2005)和 5 种草本植物[棉豆(*Phaseolus lunatus*)、鸭儿芹(*Cryptotaenia canadensis*)、大车前(*Plantago major*)、香根芹(*Osmorhiza claytonii*)、蒺藜苜蓿(*Medicago trunculata*)：0.054~0.263；Vekemans and Hardy，2004]。此外，两居群基因迁移距离(27m/58m)明显比波兰欧洲短叶红豆杉(50m/100m)短得多(Chybicki et al.，2011)，这说明云南红豆杉比同属的其他物种基因迁移能力更有限。

一个令我们比较感兴趣的问题是：雌雄异株、严格异交、以风媒为主的云南红豆杉居群内为何会呈现出如此高的空间遗传结构呢？从理论上讲，以风媒为主严格异交的树种会表现出没有(Leonardi et al.，1996；Xie and Knowles，1991)或很弱的空间遗传结构(Leonardi and Menozzi，1996)。本研究中的两个云南红豆杉居群表现出较高的空间遗传结构，说明有可能是由于种子或(和)花粉的传播只发生在居群内一些地理距离很近的个体间，造成"家庭结构"的发生。这种由于种子或(和)花粉传播距离有限导致明显空间遗传结构发生的例子，如延龄草(*Trillium grandiflorum*)(Kalisz et al.，2001)。我们有理由相信云南红豆杉居群内空间遗传结构的产生是种子和花粉迁移距离有限造成。首先，云南红豆杉种子的迁移能力是有限的。有研究表明红豆杉属植物的种子主要通过鸟类和动物传播(Möeller et al.，2007；Wilson et al.，1996)，但是在云南红豆杉种子成熟的季节，我们观察到在母树下掉落了大量的种子(图 5-20)，这可能导致母树周围呈现

图5-20 云南红豆杉野外种子成熟季节落地情况(另见彩图)

"亲属聚集",因而导致"亲属结构遗传块"的产生。Kalisz 等 2001 年就指出,只要种子的迁移能力有限,无论花粉的迁移能力是有限的或随机的,一个居群内必然发生空间遗传结构。由于种子迁移能力有限导致居群内发生明显空间遗传结构的例子在许多植物中都被检测到,如苦栎(Berg and Hamrick,1995)、钝齿水青冈(Asuka et al.,2004)、钝稃野大麦(*Hordeum spontaneum*)(Volis et al.,2010)、巴西桐(*Attalea phalerata*)(Choo et al.,2012)。

其次,花粉传播有限也可能是造成云南红豆杉居群明显空间遗传结构的原因。这是因为虽然云南红豆杉种子传播距离有限,但是种子由于重力作用传播的距离小于遗传块直径(27m/58m),因此除了种子有限距离传播外,花粉的有限传播也影响着云南红豆杉基因传播距离。虽然目前还没有数据表明云南红豆杉天然居群中花粉的具体传播距离,但是云南红豆杉花粉长距离传播发生的可能性很小,这是因为云南红豆杉是林下第 2 树种,林下风速急剧降低,致使通过风传播花粉的距离有限(Miao et al.,2014)。加拿大红豆杉(*Taxus canadensis*)花粉传播距离的研究也支持林下树种花粉传播距离有限的观点(Allison,1990b)。此外,有研究表明无性繁殖也是一些植物显著空间遗传结构产生的原因(Chenault et al.,2011;Ohsako,2010),然而,对于云南红豆杉无性繁殖对空间遗传结构的产生可能影响甚微,这是因为云南红豆杉在自然环境中无性繁殖一般是在树桩基部萌发出新枝,但是这种无性繁殖的概率在自然环境中发生很少。本研究中的 136 个样本几乎都是成熟的树,并且彼此地理距离间隔很清楚,样本采集每株也明确只采集主干上的叶片。

综上所述,云南红豆杉居群内显著空间遗传结构的产生可能是由于种子和花粉传播距离有限。

(三) 基于云南红豆杉天然居群空间遗传结构研究结果的遗传保护策略

云南红豆杉 2 个天然居群空间遗传结构的研究为该物种遗传基因就地保护和迁地保护提供了较有价值的信息。研究结果显示云南红豆杉每个天然居群都含有不同的遗传块,产生的原因是居群内基因的非随机迁移。同时,我们也检测到所研究的两个居群内的遗传块数量(10 个/5 个)和直径(27m/58m)都是不一样的。因此,云南红豆杉天然居群间含有的遗传信息和遗传信息的空间分布存在显著差异,想通过仅分析一个居群遗传信息的空间分布对于一个物种得出一个统一的结论是不科学的,这是因为每个居群受到的进化压力的种类和程度是不一样的,只有建立在多个居群研究基础上的结论才是科学有效的(Chung,2008;Geburek,1993;刘军等,2008)。

在居群面积相同的条件下,基因传播距离越短,即遗传块直径越小的居群含有不同的遗传块更多(Jin et al.,2006),这样的居群应优先保护,这是因为其所含有的遗传信息更多。居群 1 的遗传块直径(27m)明显小于居群 2 的遗传块直径(58m),居群 1(79m×69m)的面积还不到居群 2 面积(132m×97m)的一半,但是其含有的遗传块数量却是居群 2 的 2 倍,因此,居群 1 含有的遗传信息明显高于居群 2,我们应优先就地保护居群 1。

迁地保护的主要目的是尽量全面地保护物种的遗传多样性,采样策略显得异常重要。因此,当对一个居群进行样本采集进行迁地保护时,采集样本间的距离应大于遗传块直径，这样能使采集到的样本的遗传信息尽量异质化，以提高迁地保护的效率。如果利用本研究中的两个居群样本进行迁地保护时，居群1和居群2内采样单株的间距应分别大于27m和58m，以增加采样单株的代表性和避免对遗传学相似单株的重复采样。同时应注意从不同空间结构斑块取样，使采集到的样本能代表研究居群的全部遗传信息。

除了对所研究的两居群进行有效就地和迁地保护外，人工促进居群内不同个体间的基因交流也显得异常重要，这将有助于增加云南红豆杉居群内的遗传多样性，提高物种对未来环境变化的适应能力。

第四节 云南红豆杉天然居群采样策略研究

随着全球经济迅速发展和人口不断增长，自然生态环境受到严重的破坏和影响，大量物种灭绝或处于濒危状态。世界自然保护联盟(International Union for Conservation of Nature and Natural Resources)强调保护的实质就是对现存的所有野生生物进行就地保护以维持目前的遗传多样性；当进行迁地保护时一定要尽量避免遗传多样性的减少、人工选择和疾病传染等(IUCN，2002)。在植物种质资源保护过程中，制订合理有效的采样策略(sampling strategy)是研究的基础，关系到所得出的研究结果是否可靠。这是因为虽然利用现代分子标记技术，如扩增片段长度多态性(amplified fragment length polymorphism，AFLP)、限制性片段长度多态性(restriction fragment length polymorphism，RFLP)、随机扩增多态性DNA(random amplified polymorphic DNA，RAPD)和微卫星标记(microsatellites/simple sequence repeats，SSR)等，一个物种居群遗传学的研究能为我们揭示这个居群的遗传多样性、产生的历史和当代原因、遗传多样性的空间分布等，但是居群中取样个体的数目和采样方式会对各群体遗传参数的估算产生一定的影响(Archie，1985；Sjögren and Wyöni，1994)。只有正确客观地估算各物种和居群间的遗传多样性，以及获得能代表天然居群遗传多样性水平的样本量，才能对不同物种和居群的遗传多样性进行比较，从而制订有效的保护策略，并通过保护最少的样本来达到获得尽可能丰富的遗传多样性的目的。

虽然云南红豆杉天然居群在遗传结构方面的研究取得了一定的进展(陈少瑜等，2001；吴丽圆和陈少瑜，2001)，但目前尚缺乏云南红豆杉采样策略的研究，而采样策略如上所述会对研究结果有重要影响，影响着研究结果的可靠性和可参考性，因此有必要研究濒危植物云南红豆杉天然居群的采样策略，回答以下3个重要问题。①采多少个居群可以代表大部分天然居群的遗传信息？②每个居群应采集多少个样本能代表本居群大部分遗传多样性？③采集样本时，样本与样本间应间隔多大距离才能保证采集样本遗传信息的不一样？本章第四节居群内空间遗传结构的研究能回答我们以上第3个问题，即不同居群遗传块的直径是多少？采样时采集样本间的距离只要大于遗传块的直径，就可以采集到遗传信息异质性的样本，保证了采样的有效性。如果进一步研究居群数及每个居群采样数与遗传多样性间的相关性，那么就能够对云南红豆杉天然居群的采样策略提出全面可行和科学的建议，为保证日后各种遗传方面科学研究结果的可靠性、全面性和可参考性提供理论指导。

一、材料和方法

(一)材料

采用本章第二节中的 14 个天然居群研究居群数与等位基因丰富度相关性；用本章第三节中的 2 个天然居群研究居群内采样数与等位基因丰富度相关性。

(二) 方法

1. 居群数与等位基因丰富度相关性分析

对 14 个天然居群，用计算机 Excel 2003 中的 Rand 功能键分别随机抽取 14 组(1~14)天然居群，每组皆进行 30 次重复，用 Fstat v2.9.3 计算 420 次随机抽样相应的等位基因丰富度值(A_R)，并计算 14 组天然居群，每组重复 30 次的平均值，用 Excel 2003 构建居群数与等位基因丰富度关系图。

2. 采样数与等位基因丰富度相关性分析

居群 1 和居群 2 采样数间隔为 5 个，共 8 个采样数距离等级(5~10 个、10~15 个、15~20 个、20~25 个、25~30 个、30~35 个、35~40 个)，用计算机 Excel 2003 中的 Rand 功能键分别 30 次随机抽取每个采样数距离等级相应的样本，用 Fstat v2.9.3 计算相应的等位基因丰富度值(A_R)，并计算每个采样数距离等级重复 30 次的平均值，用 Excel 2003 构建采样数与等位基因丰富度关系图。

二、居群数与等位基因丰富度相关性分析

云南红豆杉居群数与等位基因丰富度相关性见图 5-21。由图 5-21A 可见，随着抽样居群数的增加，其对等位基因丰富度的影响波动逐渐减少，当取到 14 个居群时聚为一个点。图 5-21B 是 14 组居群(1~14)，每组重复 30 次的平均值捕获到的遗传曲线，表明随着抽样居群数的增加，标准差逐渐减小。当取 8 个居群时，捕获到的等位基因丰富度达到 91.8%(图 5-21C)。

三、居群 1 采样数与等位基因丰富度相关性分析

居群 1 采样数与等位基因丰富度相关性见图 5-22。由图 5-22A 可见，随着采样数的增加，其对等位基因丰富度的影响波动逐渐减小。图 5-22B 是 8 组采样数每组重复 30 次的平均值捕获到的遗传曲线，表明随着采样数的增加，标准差逐渐减小。当随机取 20 或 25 个样本时，获得的等位基因丰富度几乎相同(分别达 79.87%和 79.95%)；当随机取 30 个样本时捕获到的等位基因丰富度达到 94.9%(图 5-22C)。

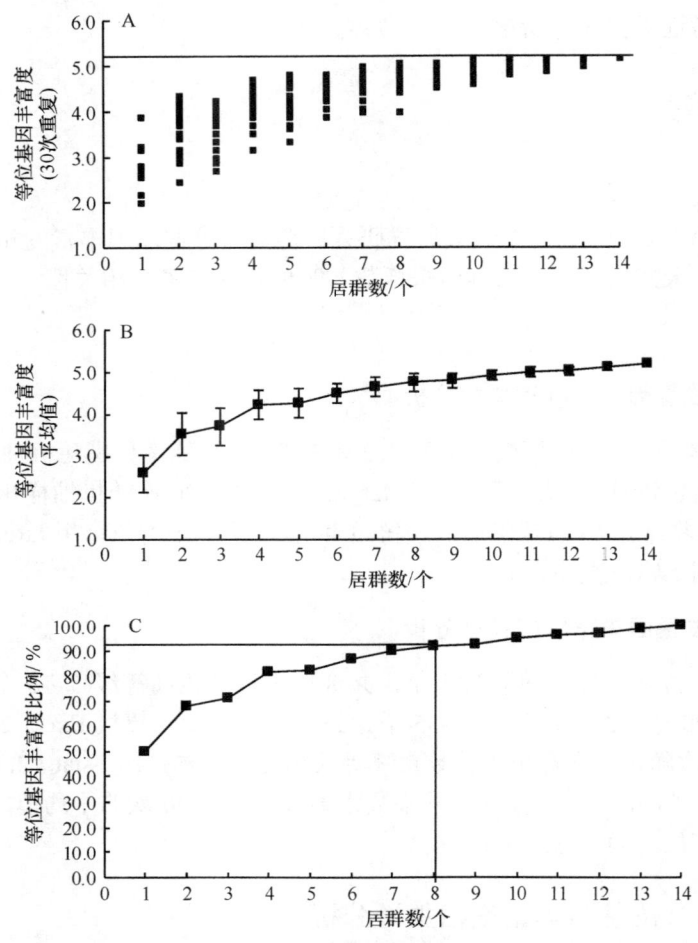

图5-21　云南红豆杉居群数与等位基因丰富度关系

A. 图中水平线代表根据全部采样个体所得到的数值，每个小点代表每次抽样所得到的等位基因丰富度；B. 正方形代表平均值，柱子代表标准差；C. 图中垂直线和水平线代表随机采集 8 个居群时其等位基因丰富度达 91.8%

四、居群 2 采样数与等位基因丰富度相关性分析

居群 2 采样数与等位基因丰富度相关性见图 5-23。由图 5-23A 可见，随着采样数的增加，其对等位基因丰富度的影响波动逐渐减小。图 5-23B 是 8 组采样数每组重复 30 次的平均值捕获到的遗传曲线，表明随着采样数的增加，标准差逐渐减小。当随机取 25 或 35 个样本时，获得的等位基因丰富度分别达到 90.6%和 94.4%(图 5-23C)。

五、小结与讨论

研究结果证明云南红豆杉每个天然居群自身含有的遗传信息和遗传信息的空间分布都是不一样的，如居群 1 采集 20 个或 25 个样本时占全部样本等位基因丰富度比例都为 80%左右(具体数值分别是 79.87%和 79.95%)，当采集 30 个样本时占到 94.95%；而居群 2 采样数和等位基因丰富度比例的关系与居群 1 截然不一样，当采集 20 个样本时已达全部样本等位基因丰富度的 90.58%，如果要得到居群 1 近 95%的等位基因丰富度，

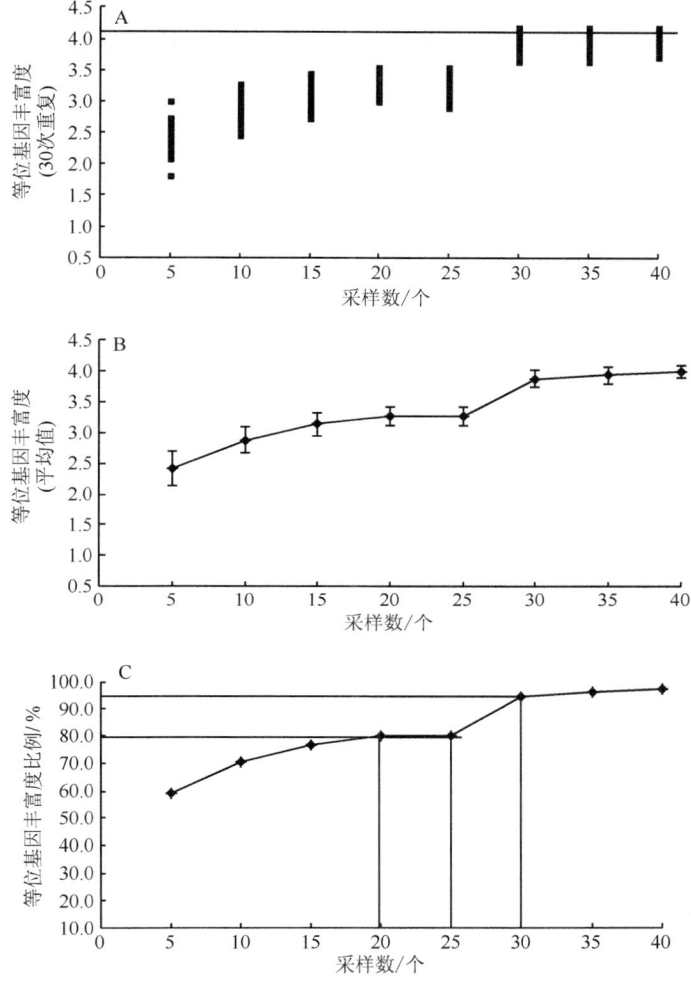

图5-22 居群1采样数与等位基因丰富度关系

A. 图中水平线代表根据全部采样个体所得到的数值,每个小点代表每次抽样所得到的等位基因丰富度;B. 菱形代表平均值,柱子代表标准差;C. 图中垂直线和水平线代表79个样本中随机采集20个、25个和30个样本时其等位基因丰富度分别达79.9%、79.9%和94.9%

就需要采样35个(具体数值是94.42%),比居群1要多采集5个样本。此外两个居群花粉传播距离也截然不同,居群1为27m,而居群2为58m。因此,云南红豆杉天然居群间含有的遗传信息和遗传信息的空间分布存在显著差异,想通过仅分析一个居群的采样数与遗传信息的相关性及这个居群内空间遗传结构对于云南红豆杉不同居群采样得出一个统一的策略是不科学的,只有建立在多个居群研究基础上的结论才是科学有效的(Chung,2008;Geburek,1993;刘军等,2008)。基于研究结果,得出如下结论:云南红豆杉天然居群取8个居群就能获得91.8%的遗传信息,每个居群由于遗传信息及遗传信息空间分布格局的不一样,因此对于一个遗传信息和遗传信息空间分布未知的居群,我们建议均匀采样。如图5-24所示,根据研究经费能支持的程度,对预采集居群进行大致的尺度划分,尽量采集节点(joint)上的样本,这能使采集样本间遗传异质性概率提高。

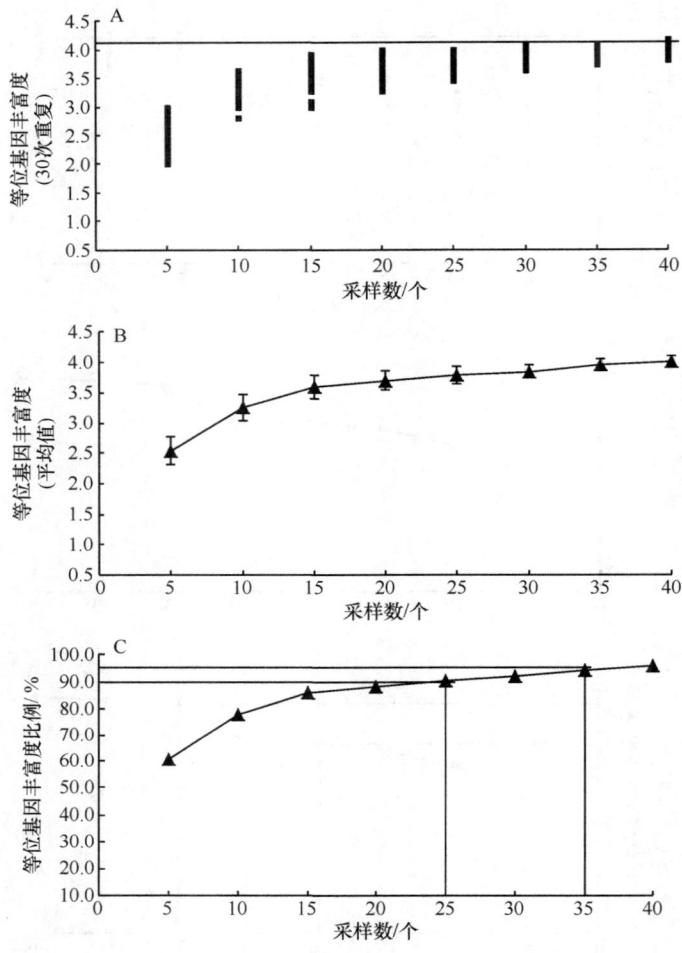

图5-23 居群2采样数与等位基因丰富度关系

A. 图中水平线代表根据全部采样个体所得到的数值,每个小点代表每次抽样所得到的等位基因丰富度;B. 三角形代表平均值,柱子代表标准差;C. 图中垂直线和水平线代表57个样本中随机采集25个或35个样本时其等位基因丰富度分别达90.6%和94.4%

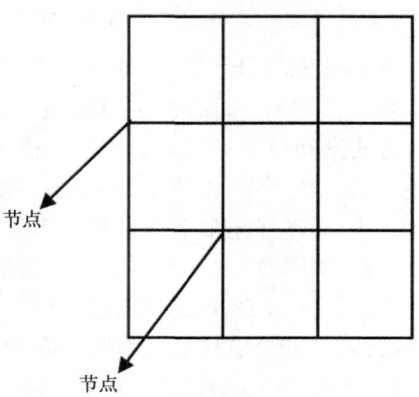

图5-24 云南红豆杉天然居群采样策略

第五节　云南红豆杉天然居群与人工居群遗传多样性差异

目前日益加剧的生境片断化(habitat fragmentation)、生境退化(habitat degradation)、全球化病虫害(globalization of pests and diseases)和全球气候变化(climate change)不仅导致全球物种在急剧减少，而且导致现存的许多物种居群数量(population number)和居群大小(population size)在急剧减少，这必然会减少物种的遗传多样性。遗传多样性减少有很多方式，如瓶颈效应、花粉限制、近交衰退和远交衰退等(文陇英，2006)。在片断化的小居群中，由于花粉限制(Aizen and Harder，2007)，即胚珠只与基因型合适的花粉(genetically appropriate pollen)交配才能产生种子，导致母树结实率下降，如狭叶松果菊(*Echinacea angustifolia*)(Wagenius，2006)和雏菊(*Hymenoxys acaulis* var. *glabra*)(DeMauro，1993)；片断化小居群容易发生近亲交配(inbreeding)，减少遗传多样性，增加纯合子，最终导致近交衰退(inbreeding depression)(Kramer and Havens，2009)。近亲交配会降低物种对未来环境变化的适应能力，缩短物种灭亡的时间。Brook 等(2002)用居群生存力分析模型(population viability analysis models)研究了哺乳动物(6 种)、鸟类(5 种)、爬行动物(2 种)、两栖动物(1 种)、鱼类(1 种)、无脊椎动物(3 种)和植物(2 种)共 20 种濒危物种，居群大小分别为 50 个、250 个和 1000 个时近亲交配对其灭亡时间的影响。研究结果表明居群越小其灭亡时间越短，居群越大灭亡时间相对较长；在同样居群大小条件下，近亲交配会显著缩短居群灭亡时间，20 种濒危物种在以上 3 个居群大小条件下，灭亡时间平均缩短了 28.5%、30.5%和 25%；同样，O'Grady 等(2006)用计算机随机模拟(stochastic computer projections)计算的 30 个物种在居群数分别为 50 个、250 个和 1000 个时，由于近亲交配平均居群灭亡时间比没有近亲交配时缩短高达 31%、39%和 41%。

研究证明，遗传多样性大小与一个物种的适应能力呈正相关(Reed and Frankham，2003)，因此，一个物种只有当拥有足够多的遗传多样性，才能够应对未来环境的变化(Boulding and Hay，2001；Franks et al.，2007；Jump et al.，2009；Jump and Penuelas，2005；Kramer and Havens，2009)。

因此，一个物种遗传多样性的保护是物种目前得以生存的基础，也是其未来能否可持续发展的基础。濒危物种遗传多样性保护有两种互补的方式，即就地保护(*in situ* conservation)(Zhao et al.，2012)和迁地保护(*ex situ* conservation)(Hou et al.，2012)。就地保护是指在原地进行生物多样性保护；而迁地保护是指从天然居群中采集一些个体转移到另一环境中繁殖或者保护其遗传多样性，如在植物园中栽培繁殖(Oldfield，2009)或者种子保存在种子库或种质资源库中(Hamilton，1994)。对珍稀濒危物种通常人们更倾向于就地保护，因为自然进化过程能够使一个物种不断自我进化更新(Stefenon et al.，2007)。然而，随着濒危物种生境日益恶化，栖息地不断缩减，迁地保护变得越来越重要，已经成为保护措施中必不可少的一个组分(Pritchard et al.，2012；Rucińska and Puchalski，2011)。2010~2020 年全球植物保护战略(Global Strategy for Plant Conservation)16 个目标中的第 8 个目标明确指出：全球至少 75%的濒危物种要进行迁地保护(Paton and Lughadha，2011)。

迁地保护的主要目的是保护天然居群中所有的遗传信息，从而为其回归自然提供繁殖材料(Cochrane et al.，2007)，只有当迁地保护居群的遗传多样性能全部代表天然居群中的遗传多样性，才是有效的保护。目前，只有少部分物种的迁地保护能够有效代表天然居群的遗传多样性。例如，Rice等(2006)利用22个SSR标记比较了玉米一个亚种(*Zea mays* subsp. *mays*)天然居群和人工居群的遗传多样性，结果证明人工居群有效保存了天然居群的遗传多样性，因为两者之间的基因多样性几乎相同(H_E=0.62和0.61)，并且两者之间的差异非常小(F_{ST}=0.01)。又如Stefenon等(2008)用SSR和AFLP标记研究了位于巴西南部的南美杉(*Araucaria angustifolia*)5个天然居群和5个人工居群，结果发现人工居群和天然居群用AFLP计算的基因多样性(gene diversity)间不存在显著的差异(H_j=0.291和0.240)，并且用SSR标记构建的UPGMA(unweighted pair group method with arithmetic mean)聚类图显示：来自圣卡塔琳娜州(Santa Catarina State，SC)的人工居群和天然居群聚在一起，因此，从整体上人工居群还是有效保护了天然居群的遗传多样性。

然而，目前人工居群能有效保存天然居群遗传多样性的例子毕竟有限，大多数植物人工居群并不能代表天然居群的全部遗传信息，主要突出表现在以下两方面。①人工居群的遗传多样性只是天然居群的一部分。例如，Negri和Tiranti(2010)用26个SSR标记对位于意大利中部，只有5个年老农场主种植的濒危物种菜豆(*Phaseolus vulgaris*)天然居群和人工居群进行了遗传多样性分析。多个遗传多样性参数(等位基因数、特有等位基因、观察杂合度和基因多样性)计算结果同时证明：人工居群的遗传多样性比天然居群显著减少很多。再如Rucińska和Puchalski(2011)用ISSR标记研究了波兰濒危特有种(*Cochlearia polonica*)一个人工居群及其来源居群，Brütting等(2013)用RAPD标记研究了德国濒危植物圆叶柴胡(*Bupleurum rotundifolium*)4个人工居群和13个天然居群的遗传多样性，这些研究结果皆证明：人工居群的遗传多样性只是天然居群的一部分。②人工居群和天然居群间具有不一样的遗传组成，或者各自具有一些特有等位基因(unique alleles)。例如，Musoli等(2009)用24个微卫星标记研究了非洲乌干达地区中粒咖啡(*Coffea canephora*)2个天然居群(Itwara和Kibale)和3个人工居群(Nganda，Erect和Kalangala)的遗传结构(图5-25)，不同的颜色代表不同的遗传组成，A、B、C和D分别代表不同的4个聚类组(group)。从图中可以清楚观测到：人工居群的遗传组成(A和D)和天然居群的遗传组成(B和C)明显不同。同时他们检测出人工居群和天然居群中分别有12~34个和19~37个特有等位基因。

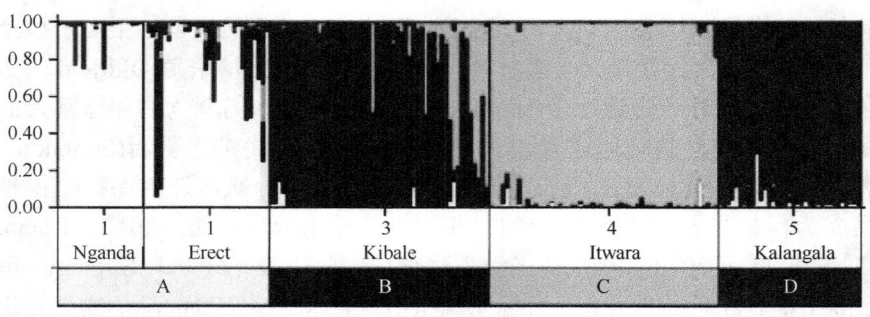

图5-25　基于微卫星数据乌干达中粒咖啡人工居群与天然居群遗传结构(Musoli et al.，2009)

又如 Lam 等(2010)对大豆 14 个人工栽培样本(红色)和 17 个天然样本(蓝色)进行了全基因组测序,利用全基因组中的单核苷酸多态性标记(single nucleotide polymorphism,SNP)构建了两者间的 NJ 聚类树(图 5-26)。从图中可以观测到：人工样本和天然样本由于遗传组成不同,聚为两个不同聚类组。

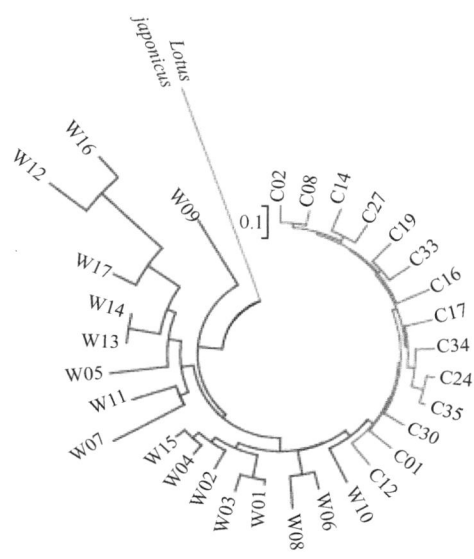

图5-26　基于SNP数据构建人工和天然大豆的NJ系统树(Lam et al.,2010)(另见彩图)

人工居群来源于天然居群,Lauterbach 等(2012)用 AFLP 标记对濒危物种黄雪轮(*Silene otites*)分布在德国 3 个不同地方,即柏林(A)、爱尔福特(B)和美因茨(C)的一个人工居群(*ex situ*)及其相应来源天然居群(*in situ*)进行居群间遗传结构分析。结果表明(图 5-27)：3 个地方的人工居群和其来源天然居群遗传信息存在显著差异,致使人工居群和天然居群都分别聚为两个组。

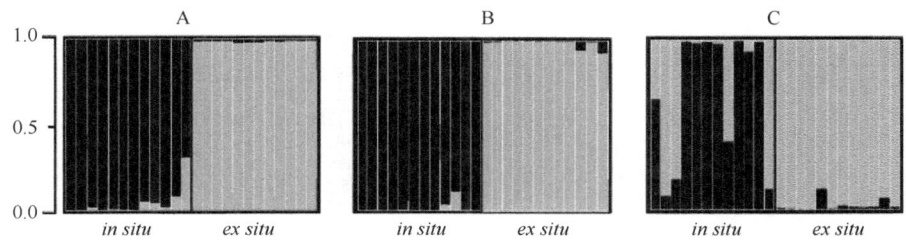

图5-27　基于AFLP数据黄雪轮在柏林(A)、爱尔福特(B)和美因茨(C)人工居群及其相应来源天然居群间遗传结构(Lauterbach et al.,2012)

综上所述,濒危物种天然居群和人工居群遗传多样性和遗传结构的比较研究甚为重要,因为它能够向我们揭示：人工居群是否完整地保存了天然居群的遗传多样性？如果没有,那么与天然居群遗传多样性相比较,人工居群的遗传多样性降低了多少？人工居群与天然居群是否存在显著遗传差异,聚为不同的聚类组？这些重要信息的获得,将促使研究物种的保护策略更可行、更有效和更全面(Hou et al.,2012；

Lauterbach et al., 2012)。

对于云南红豆杉这一濒危物种, 在中国已经建立了一些人工居群, 但是, 这些人工居群的建立似乎很随意, 致使其天然居群来源至今未知。在很大程度上, 建立人工居群的目的是为提取紫杉醇提供原材料(王卫斌等, 2007a)。众所周知, 人工居群建立的主要目的应是完整保存天然居群的遗传多样性(Lauterbach et al., 2012), 并不仅仅是为了商业利润增加个体数。对云南红豆杉天然居群和人工居群间遗传多样性和遗传结构的了解, 能够促使我们对人工居群遗传多样性迁地保护有效性进行客观评估, 确定合适的单元进行就地保护及为迁地保护制订可行有效的保护策略(Hou et al., 2012; Li et al., 2005a; Namoff et al., 2010)。

一、材料和方法

(一) 材料

采用本章第二节中的 14 个天然居群和云南 9 个人工居群进行遗传多样性和遗传结构比较研究(表 5-20)。14 个天然居群中, 3 个居群位于西藏(林芝、波密和察隅), 1 个居群位于四川(木里), 10 个居群位于云南(宁蒗、鹤庆、大姚、隆阳、腾冲、兰坪、香格里拉、双江、景东和新平), 共 288 个样。9 个人工居群每个居群采样数都是 25 个, 共 225 个样; 居群 15 和居群 16 来源于同一天然居群, 只是前者是种子繁殖, 后者是扦插繁殖建成。天然居群和人工居群采样数共 513 个。

表5-20 云南红豆杉14个天然居群和9个人工居群采样信息

地区	采样地	居群编码	纬度/(°N)	经度/(°E)	取样数/个	遗传分组
西藏	林芝(N)	1	30.0089	94.8662	12	Group 1
	波密(N)	2	30.4404	95.3619	36	Group 1
	察隅(N)	3	28.6526	97.3982	20	Group 2
四川	木里(N; scHM)	4	28.1272	101.1250	20	Group 3
云南	宁蒗(N; scHM)	5	27.5111	100.7028	20	Group 3
	鹤庆(N; scHM)	6	26.4239	100.0818	20	Group 3
	大姚(N; sHM)	7	26.0560	101.0714	20	Group 2
	隆阳(N; sHM)	8	25.2999	98.8008	20	Group 1
	腾冲(N; sHM)	9	25.7320	98.5669	20	Group 2
	兰坪(N; scHM)	10	26.4551	99.2409	20	Group 3
	香格里拉(N; scHM)	11	27.8053	99.4841	20	Group 3
	双江(N; sHM)	12	23.3720	99.9753	20	Group 2
	景东(N; sHM)	13	24.5020	100.7030	20	Group 2
	新平(N; sHM)	14	24.1943	101.3686	20	Group 2
	普洱市翠云区茶城大道(种子繁殖)(C)	15	22.7858	100.9831	25	Group 5

续表

地区	采样地	居群编码	纬度/(°N)	经度/(°E)	取样数/个	遗传分组
	普洱市翠云区茶城大道(扦插繁殖)(C)	16	22.7858	100.9831	25	Group 5
	景东县试验站(C)	17	24.4414	100.8394	25	Group 5
	景东县利月村(C)	18	24.5019	100.7028	25	Group 4
	丘北县冲头林场(C)	19	24.0511	103.6281	25	Group 4
	马关县金城林场(C)	20	22.9903	104.4464	25	Group 6
	屏边县太平村(C)	21	23.1181	103.7939	25	Group 5
	昆明市云南省林业科学院(C)	22	25.1403	102.7464	25	Group 5
	禄丰县一平浪林场(C)	23	25.1375	101.9047	25	Group 5
总计					513	

注：N. 天然居群；C. 人工居群；scHM. 横断山区中南部；sHM. 横断山区南部。

(二) 总 DNA 提取、PCR 扩增及微卫星等位基因分型

总 DNA 提取、PCR 扩增及微卫星等位基因分型同第二节中材料和方法。

(三) 数据分析

1. 居群内遗传多样性分析

用软件 Fstat v2.9.3 计算每个居群的等位基因丰富度(A_R, allelic richness)和基因多样性(G_D, gene diversity)；并用这个软件计算每个居群每个位点的等位基因频率，以找出天然居群和人工居群间存在的特有等位基因(U_A, unique alleles)和某个居群专有等位基因(E_A, exclusive alleles)。用软件 Arlequin v3.1 计算每个居群的观察杂合度(H_O)。用软件 SPSS 进行天然居群和人工居群间 3 个遗传多样性指数(A_R、G_D 和 H_O)差异显著性统计分析。

2. 居群间遗传结构分析

1) 居群间遗传结构

14 个天然居群和 9 个人工居群间通过两种聚类方法进行聚类分析。首先，用软件 Structure v2.2 对其进行聚类分析，同本章第二节居群间遗传结构分析方法一样，分别用特别统计量 ΔK 和分组数变化关系及 $L(K)$ 和分组数变化关系，找出 14 个天然居群和 9 个人工居群间最有可能的分组数。Structure 分析参数设置如下：系谱模式为 Admixture model，等位基因频率计算模式为 Allele frequencies corrected，运行次数分别是 Burnin iteration number 5×10^5，Markov Chain Monte Carlo(MCMC)5×10^5，预先设置分组数 K 从 1~24，每个分组数计算重复 10 次。其次，用软件 Population v1.2.30 构建居群间的 UPGMA 树，遗传距离采用 D_A(Nei et al., 1983)法，选择重复 1000 次。

2) AMOVA 分析

用软件 Arlequin v3.1 进行两个类别(天然居群和人工居群)间、两个类别内居群间及

居群内 3 个层次的遗传变异分布分析。

3) 居群间遗传差异 G_{ST}

用软件 Fstat v2.9.3 计算天然居群间、人工居群间及两者间的遗传差异参数，G_{ST}。

二、人工居群的遗传多样性及居群间的遗传分化

9 个人工居群间的遗传多样性差异变化很大(表 5-21)。5 个遗传多样性参数，即观察杂合度(H_O)、等位基因丰富度(A_R)、基因多样性(G_D)、特有等位基因(U_A)和专有等位基因(E_A)的值的变化范围分别是 0.055(居群 20、22 和 23)~0.145(居群 19)，1.82(居群 23)~4.36(居群 20)，0.17(居群 22)~0.55(居群 19)，1(居群 18)~6(居群 20 和 22)和 0(居群 15~18；居群 21~23)~12(居群 20)。丘北(居群 19)和马关(居群 20)两个居群在等位基因丰富度(A_R)、基因多样性(G_D)和专有基因(E_A)这三个遗传多样性参数值上都位居前两名。居群 15 和居群 16 都位于普洱市同一个地点，繁殖材料都来源于同一天然居群，只是前者是种子繁殖居群，后者是扦插繁殖居群。从表中我们可以看出居群 15 中的 4 个遗传多样性参数值，即观察杂合度(H_O)、等位基因丰富度(A_R)、基因多样性(G_D)和特有等位基因(U_A)都高于居群 16 中的。

9 个人工居群间的遗传分化较大，G_{ST} 值高达 0.279。

表5-21　每个居群的遗传多样性、天然居群和人工居群间遗传多样性差异显著性检验，及人工居群间、天然居群间及其两者间的遗传差异

居群	H_O	A_R	G_D	U_A	E_A	G_{ST}
1(林芝)	0.030	2.00	0.23	3		
2(波密)	0.066	2.72	0.34	2	1	
3(察隅)	0.041	2.63	0.34	2		
4(木里)	0.150	3.27	0.55	6		
5(宁蒗)	0.159	3.91	0.56	8	1	
6(鹤庆)	0.155	2.18	0.28	4	1	
7(大姚)	0.082	2.64	0.31	2		0.178
8(隆阳)	0.118	2.45	0.39	3		
9(腾冲)	0.132	2.64	0.38	4		
10(兰坪)	0.127	2.82	0.41	3	1	
11(香格里拉)	0.086	3.18	0.47	4	1	
12(双江)	0.136	2.18	0.34	2		
13(景东)	0.109	2.18	0.31	2		
14(新平)	0.105	2.64	0.35	1	1	
平均值	0.107	2.67	0.38	14		

续表

居群	H_O	A_R	G_D	U_A	E_A	G_{ST}
15(普洱,种子繁殖)	0.091	2.18	0.30	5		
16(普洱,扦插繁殖)	0.080	2.00	0.19	3		
17(景东试验站)	0.091	2.00	0.21	5		
18(景东利月村)	0.109	2.18	0.27	1		
19(丘北)	0.145	4.00	0.55	4	2	0.279
20(马关)	0.055	4.36	0.49	6	12	
21(屏边)	0.102	2.36	0.24	4		
22(昆明)	0.055	1.91	0.17	6		
23(禄丰)	0.055	1.82	0.29	4		
平均值	0.087	2.53	0.30	23		
人工居群和天然居群间遗传多样性参数值差异显著性检验及两者间的遗传差异	$P=0.226$	$P=0.650$	$P=0.130$			0.365

注:H_O.观察杂合度;A_R.等位基因丰富度;G_D.基因多样度;U_A.天然居群或人工居群中特有等位基因;E_A.某个居群独有等位基因。

三、人工居群和天然居群间的遗传多样性比较

14 个天然居群 3 个遗传多样性参数(表 5-21),即观察杂合度(H_O)、等位基因丰富度(A_R)、基因多样性(G_D),值的变化范围是 0.030(居群 1)~0.159(居群 5),2.00(居群 1)~3.91(居群 5)和 0.23(居群 1)~0.56(居群 5);虽然天然居群的 3 个遗传多样性参数的平均值(H_O=0.107;A_R=2.67 和 G_D=0.38)略比人工居群的平均值(H_O=0.087;A_R=2.53 和 G_D=0.30)大,但是经过显著性检验,两者在遗传多样性上差异不显著(P_{H_O}=0.226;P_{A_R}=0.650 和 P_{G_D}=0.130)。然而,天然居群和人工居群中分别拥有 14 个和 23 个特有等位基因(表 5-22)。

四、人工居群和天然居群间的遗传结构

14 个天然居群和 9 个人工居群间遗传结构见图 5-28 和图 5-29。Structure 分析和 UPGMA 树的构建共同证明:除 2 个人工居群与天然居群聚在一起外,其余 7 个人工居群和天然居群截然分开,独自聚为一个分支。

对 23 个居群进行 Structure 分析时,依据每个分类组 10 次循环平均 $L(K)$ 值与分组数(K)构建的趋势线(图 5-28A 中的趋势线 a)不能够找到最有可能的分组数,因为 $L(K)$ 值随着分组数的增加一直呈增加趋势。但是当运用特别统计量 ΔK(Evanno et al.,2005)时,最优分组数 2 被检测到。图 5-28A 中的趋势线 b 表明当分组数 K=2 时,ΔK

表5-22 云南红豆杉天然和人工居群特有和独有等位基因及其频率

位点	特有等位基因/bp	天然居群															人工居群							
		1	2	3	4	5	6	7	8	9	10	11	12	13	14	15	16	17	18	19	20	21	22	23
TY05	466	0.04																						
	470																				0.04			
TY08	70																				0.04			
	74					0.15	0.03																	
	80															1.00	1.00	1.00		0.28		0.88	1.00	1.00
TY12	141				0.10	0.05																		
	149											0.10									0.04		0.08	
TY16	221				0.30	0.20					0.15													
	223										0.15	0.15								0.12			0.04	
	231															0.68	1.00		0.88	0.36	0.20	0.92	0.88	0.72
	236															0.28		0.12	0.76				0.04	0.28
	237																				0.28	0.04		0.28
	239														0.05									
	242																				0.28			
TY24	165											0.05												
	171					0.05															0.08			
	175																				0.04			
	181																				0.12			
	185																				0.08			
	189																				0.12			
	191																							

第五章　云南红豆杉居群遗传学

续表

位点	特有等位基因/bp	天然居群																	人工居群					
		1	2	3	4	5	6	7	8	9	10	11	12	13	14	15	16	17	18	19	20	21	22	23
TY24	195																				**0.08**			
	205																				**0.16**			0.16
TY27	89				0.18	0.20																		
	165								0.30	0.05														
TY29	205	0.08	0.08	0.25	0.30		0.35	0.15	0.25	0.15	0.40	0.20	0.35		0.10	0.28		0.04			0.04	0.04		
	209						**0.05**																	
TY44	237				0.25	0.15	0.23				0.15	0.03												
	249																							
TS07	395															0.02	0.10	0.04						
TB01	425	**0.08**																						
	430																			0.08	0.06			
	435																				0.12			
TW01	382				0.35	0.13				0.05														
	386	0.04	0.19	0.03		0.03	0.03	0.05	0.08	0.20			0.33	0.15										
	406										**0.05**													
	416																			**0.16**				

注：黑体字代表某个居群独有的等位基因频率。

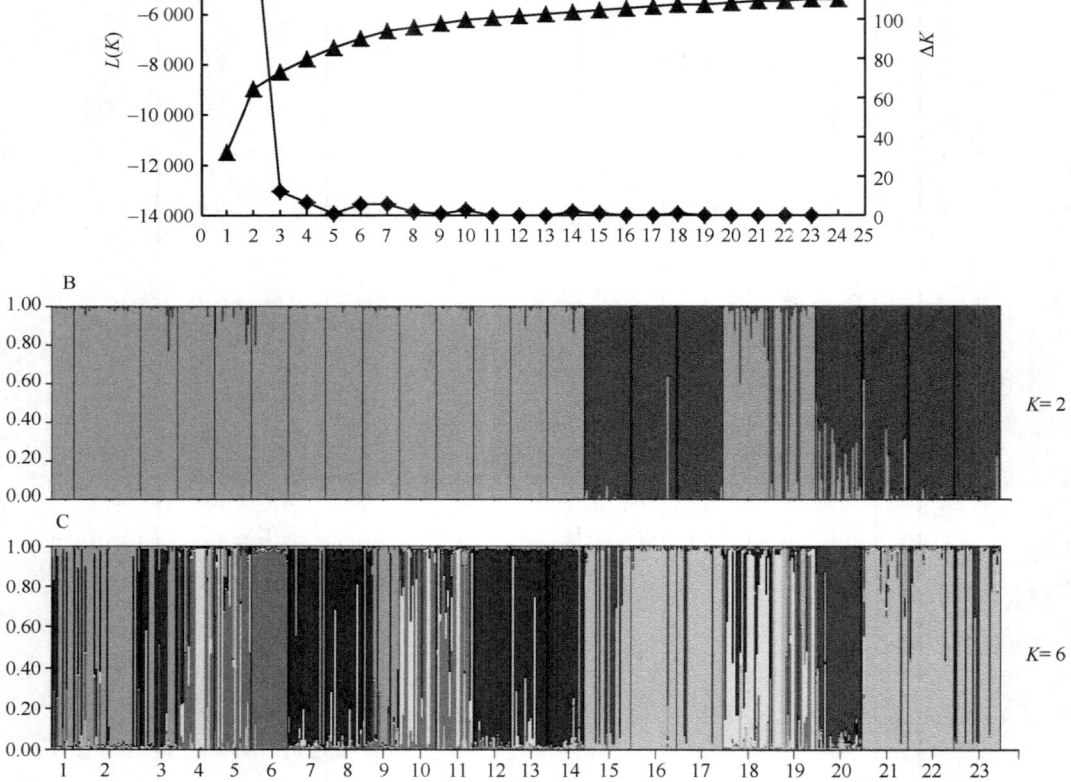

图5-28 基于Structure分析云南红豆杉14个天然居群和9个人工居群间的遗传结构
A. 统计量 $L(K)$ 和 ΔK 随居群数增加变化情况；B. $K=2$ 时，每一个样本归于相应分组中的比例；C. $K=6$ 时，每个样本归于相应分组中的比例；居群代码见表 5-20

达到了最高值 158.39。图 5-28B 是 23 个居群分组数为 2 时的条形图。然而，分组数为 6 时($K=6$；图 5-28C)图形和 UPGMA 树状图(图 5-29)皆揭示天然居群(Group1~3)和人工居群(Group4~6)都细分为 3 个聚类组。此外，UPGMA 树状图清楚揭示只有 2 个人工居群(居群 18 和 19)和来自于横断山区中南部的 5 个天然居群(居群 4、5、6、10 和 11)聚在一起，其余 7 个人工居群(居群 15~17，20~23)与天然居群截然分开，单独为一分支。

AMOVA 分析(表 5-23)显示人工居群和天然居群间的遗传变异占总变异的 31.6%，并且这种变异达到极显著($P<0.001$)。

人工居群和天然居群间的遗传差异($G_{ST}=0.365$)大于人工居群间的遗传差异($G_{ST}=0.279$)及天然居群间的遗传差异($G_{ST}=0.178$)(表 5-21)。

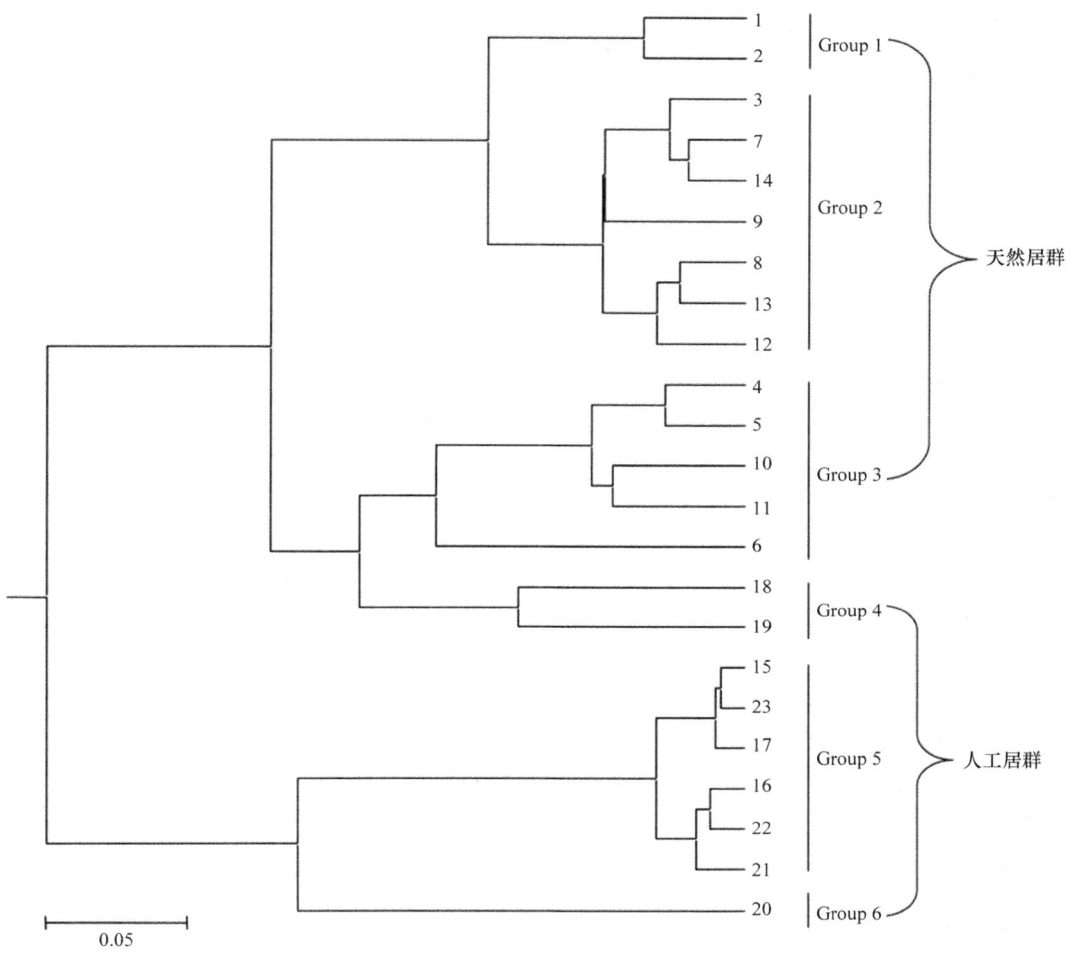

图5-29 云南红豆杉23个居群UPGMA树状图
居群代码见表5-20

表5-23 云南红豆杉天然居群和人工居群AMOVA分析

变异来源	平方和	方差分量	变异比例/%	固定指数
组间	608.028	1.14265	31.60***	$F_{CT} = 0.316$
组内居群间	610.195	0.61235	16.94***	$F_{ST} = 0.485$
居群内	1866.300	1.86072	51.46***	$F_{SC} = 0.248$

注：***. $P<0.001$。F_{CT}. 组间差异；F_{ST}. 居群间差异；F_{SC}. 组内居群间差异。

五、小结与讨论

　　濒危物种的可持续发展，离不开其遗传信息的了解，只有了解了遗传信息才能使制订的保护策略有效可行(Ouborg，2010)。因此，对于片断化日益严重、数量在不断减少的珍稀濒危物种云南红豆杉来说,对天然居群和人工居群间遗传信息的了解显得更为重要,建立在此基础上的保护策略必将更客观、更有效和更有实践性(Miao et al.,2015)。

(一)人工居群和天然居群遗传多样性低

与其他红豆杉相比较,云南红豆杉天然居群遗传多样性较低(平均观察杂合度 H_O=0.107;平均等位基因丰富度 A_R=2.67,表 5-21)。云南红豆杉观察杂合度小于伊比利亚半岛东北部蒙特塞尼山(平均 H_O=0.487)(Dubreuil et al.,2010)和波兰(平均 H_O=0.624)(Chybicki et al.,2011)的欧洲红豆杉(*Taxus baccata*)。云南红豆杉等位基因丰富度也小于地中海盆地西部(平均 A_R=4.1)(González-Martínez et al.,2010)和伊比利亚半岛东北部蒙特塞尼山(平均 A_R=4.383)(Dubreuil et al.,2010)的欧洲红豆杉。云南红豆杉天然居群较低遗传多样性可能是由于近亲交配(inbreeding)或(和)遗传漂变(genetic drift)作用(Miao et al.,2014)。在过去的几十年里,人们为了获取云南红豆杉天然有效抗癌物质紫杉醇(Jin et al.,2013),对其过度砍伐,导致现存天然居群小而孤立。在小而孤立的居群中,遗传漂变往往会减少其遗传多样性(Mannouris and Byers,2013)。当前云南红豆杉生境日益恶化,如果其遗传多样性进一步减少,那么这个濒危物种目前的生存和长期的发展问题堪忧。

虽然云南红豆杉人工林遗传多样性和天然居群相差不大,但是由于云南红豆杉天然居群与其他红豆杉天然居群相比较遗传多样性较低,因此人工居群的遗传多样性也较低。此外,在天然居群中检测到私有基因的存在,说明人工居群没有彻底完整保存天然居群的遗传多样性。

(二)云南红豆杉人工居群和天然居群遗传分化大

在异地建立人工居群的主要目的是希望所培植的人工居群的遗传多样性和天然居群相近。因此,当用人工居群与其当初培植时种子来源的天然居群构建系统树时,通常人工居群会和天然居群聚在一起(Stefenon et al.,2008)。然而,现实中,一些物种异地人工居群建立的目的不是为了保存天然居群的遗传多样性,而是为了增加个体数或者增加物种分布范围(Li et al.,2005b)。人工居群和天然居群间遗传分化明显,在系统发育树上两者分为不同的两个支,这样的例子在许多植物中都存在,如智利藤(*Berberidopsis corallina*)(Etisham-Ul-Haq et al.,2001)、水杉(*Metasequoia glyptostroboides*)(Li et al.,2005b)、印度黄檀(*Dalbergia sissoo*)(Pandey et al.,2004),大豆(Lam et al.,2010)和黄雪轮(*Silene otites*)(Lauterbach et al.,2012)等。

云南红豆杉 9 个人工居群和 14 个天然居群间的聚类图(图 5-29)显示:9 个人工居群中只有居群 18 和 19 两个居群和天然居群的 Group3 中的 5 个天然居群构成姐妹群。这意味着用于建立人工居群 18 和 19 的种子可能来源于这 5 个天然居群。同时也说明天然居群中的 Group1 和 Group2 中的 9 个居群(居群 1~3、7~9 和 12~14)对 9 个人工居群的建立没有任何贡献。剩余的 7 个人工居群构成了一个独立的分支(Group5 和 Group6),说明这 7 个人工居群的种子未来源于 14 个天然居群中的任何一个。这种遗传差异是在构建人工居群的时候,缺乏天然居群遗传多样性地理分布的知识所导致。

云南红豆杉人工居群和天然居群由于遗传差异大,聚为不同分支的原因可能有如下3个。①不均匀取样。一个居群中只从极少数的几棵容易采集种子或盛产种子的树上收集种子,会导致所建立的人工居群从一开始就经历了基因瓶颈(genetic bottlenecks)和建立者效应(founder effects)(Burgarella et al.,2007;Guo et al.,2010;Miller and Schaal,2006),致使人工居群只能代表天然居群一小部分遗传组成,较少的遗传组成会对人工居群的生存能力带来有害影响(Enßlin et al.,2011)。②人工选择(artificial selection)也会窄化(narrow)人工居群中的遗传组成(Abbo et al.,2003;Tanksley and McCouch,1997)。云南红豆杉人工居群建立前一般会根据紫杉醇(taxol)、10-去乙酰巴卡亭Ⅲ(10-deacetylbaccatin Ⅲ)、巴卡亭Ⅲ(baccatin Ⅲ)、三尖杉宁碱(cephalomanine)、10-去乙酰-7-差向紫杉醇(10-deacety-7-epitaxol)、7-差向紫杉醇(7-epitaxo)6种紫杉烷类含量的高低进行优树的选择(王卫斌等,2007a)。这种为了商业利润进行的人为选择,必然使人工居群的基因只能代表天然居群中的极少基因。③属于Group5和Group6中的7个人工居群可能来源于其他天然居群。

(三)基于云南红豆杉天然居群和人工居群遗传多样性和遗传结构比较研究结果的保护策略

虽然云南红豆杉已被国家列为濒危物种进行保护,但是现存的云南红豆杉还在不断遭到人们的大肆采伐,致使每个居群个体数在急剧减少,居群与居群间片断化严重,毫无疑问,云南红豆杉极度濒危。为了恢复和保护如此稀有和濒危的物种,人工居群的遗传组成应几乎代表天然居群的全部遗传组成。然而,本研究结果证明:云南红豆杉人工居群和天然居群间遗传分化较大,并且各自都存在私有基因,这说明在构建人工居群的时候,缺乏对天然居群遗传背景的了解。植物保护中心(Center for Plant Conservation,CPC)指出"保护和恢复野生资源中一个重要的步骤就是:所栽培植物的基因组成应和野生植物的基因组成基本相近"(Allard,1988)http: //www. center. for plantconservation. org/about/mission/mission. Asp).此外,世界自然保护联盟(International Union for the Conservation of Nature and Natural Resources,IUCN)曾经宣布:"保护的目的是最大程度保护现有的遗传多样性;对所有物种的野生资源的居群进行繁殖;人工居群中存在的有害影响,如遗传多样性的丢失、人工选择、病菌转移及杂交要尽量最小化。"(IUCN,2002)因此,为了保护云南红豆杉天然居群遗传完整性(genetic integrity),应从云南红豆杉自然分布范围内,把各种基因型样本都引入人工居群中。

云南红豆杉的保护策略包括如下7点。①一个物种遗传背景的了解,使我们在建立人工居群的时候,能够清楚确定:采集哪些个体或哪些居群的种子所建立的人工居群的遗传信息能完整代表天然居群的遗传信息。本研究结果证明,云南红豆杉居群间遗传差异较大,居群间的遗传差异(F_{ST}=0.485,表5-23)几乎占总变异的50%,因此,丢失任何一个居群将会导致遗传多样性的丢失,如果资金允许,应对云南红豆杉14个天然居群和9个人工居群都进行原地保护。同时,遗传多样性和等位基因频率的分析结果证明应优先保护宁蒗(居群5)、丘北(居群19)和马关(居群20)这3个居群,这是因为宁蒗这个天然居群拥有最高的私有等位基因数(P_A=8个),而丘北和马关这两个人工居群拥有最高的等位基因丰富度(A_R=0.55 和 0.49)和专有等位基因数(E_A=2 和 12)。此外，人工居群中的23 个私有等位基因，由于在天然居群中检测不到(Honjo et al.，2008)，因此天然居群中有可能丢失了这 23 个宝贵的等位基因，应原地保护这 23 个私有等位基因样本，同时把它们再引入(reintroduction)天然居群中栽培。此外，除了天然居群中的 14 个私有等位基因和人工居群的 23 个私有等位基因样本(Li et al.，2002)需要进行异地保护外，常见等位基因样本也应进行异地保护，这是因为面对未来环境的变化，我们并不知道哪些基因具有更强的适应性；同时常见等位基因样本的异地保护能使人工居群最大化代表天然居群的遗传组成(Namoff et al.，2010)。②在建立人工居群时，种子繁殖方式要优于扦插繁殖方式。与扦插繁殖成的样本相比较，种子繁殖成的样本遗传多样性更高和私有等位基因更多(表 5-21)。虽然云南红豆杉的种子发芽率低主要是由于种子具有休眠特性造成(杨玲等，2011)，但在种子休眠机制及破除休眠方法方面，最近几年在云南红豆杉和其他红豆杉物种中都取得很大进展(吉前华等，2007；Tafreshi et al.，2011；向振勇等，2012；张雪梅等，2012)。③建立人工居群是要注重居群中雌雄数比例，一个物种性别比例的平衡对于其繁殖和可持续发展至关重要。李莲芳等(2005)发现云南红豆杉天然居群中存在性别比例严重失衡现象，34 株成年树中仅有一株是雌株，这是导致其濒危的一个主要因素。④人工居群的成功建立除了遗传信息的了解外，对其生境要求的了解也极其重要(Bottin et al.，2007)。Volis 和 Blecher(2010)曾指出：人工居群建立在一个自然或半自然的环境中将增加其存活概率，同时保护物种居群间基因交流需要的花粉和种子的传播者(disseminator)；相反，如果人工居群建立在与自然环境截然不同的环境中，一方面存活率会降低，另一方面不同种间会发生杂交，这会破坏物种遗传完整性(genetic integrity)，同时也会使适应性差的一些基因发生结合(maladaptive gene combinations)，这严重影响了物种对未来环境变化的适应能力(Zhang et al.，2010a)。云南红豆杉是一个喜阴、喜湿和喜肥的植物，王达明等(2004a)的研究证明：云南红豆杉最适合的气候是年平均降水量达 1500mm 以上，年平均湿度在 80%以上，土壤是肥沃沙壤或轻壤土，云南红豆杉种植在这样的环境中将有助于提高其存活概率，并有助于保护其遗传多样性。⑤云南红豆杉人工林在种植期间还应注重土壤害虫的防治。东方食植行军蚁(Dorylus orientalis)严重影响云南红豆杉人工幼苗的存活。这种害虫在南亚分布广泛，包括中国南部、缅甸、尼泊尔、印度、斯里兰卡、印尼和马来西亚(徐正会，1994)。在中国，这种蚂蚁主要分布在云南、贵州、湖南、江西和福建(姚本玉等，2008)。这种蚂蚁是一种杂食性害虫，对许多农作物造成危害(Niu et al.，2010；Roonwal，1975)。它一方面通过直接啃食瓜果对植物进行直接为害，另一方面通过啃食植物根韧皮部，破坏根输导组织，导致植物茎叶枯黄致死(姚本玉等，2008)。每年的 4~9 月，这种蚂蚁活动频繁，啃食人工培植的云南红豆杉幼苗的根和茎的韧皮部，导致幼苗枯萎凋零，最终死亡。研究显示，贵州 2007 年东方食植行军蚁导致植株受害率达 100%，死亡率达 75%(芦夕芹和胡维莲，2009)。由于这种蚂蚁对云南红豆杉幼苗为害严重，采取综合治理手段(物理、化学和生物)以消灭之显得尤为重要(姚本玉等，2008)。⑥不同等位基因(常见、私有和专有等位基因)种子应保存在种子库(seed banks)中。种子库是把种子放在一个冷而干燥的小环境中长期保存。保存种子于种子库由于所需费用较低，种子容易保存容易取，使保存物种的遗传多样性能够最大化等优良特性，种子库已经成为植物保护策略中的一个有效组成部分

(León-Lobos et al., 2012)。当然, 云南红豆杉诸多方面的知识, 如种子的收集、种子的表型特征、种子生物学、种子储存条件及如何维持种子长期储存生命力和发芽率等方面, 需要进一步深入研究(ENSCONET, 2009; Pérez-García et al., 2009; van Treuren et al., 2013)。⑦为了保持云南红豆杉遗传的完整性(genetic integrity)和遗传恢复(genetic recovery), 对云南红豆杉人工林遗传多样性的长期监测, 及带有某些特殊基因的样本回归自然(reintroduction)培植有效性的长期监测也非常重要(Schwartz et al., 2007)。

第六章 云南红豆杉的紫杉醇含量变异

第一节 云南红豆杉紫杉醇含量变异及其相关的分子标记

紫杉醇是最具抗癌活性的天然化合物(Cragg et al., 1993)，现已被 40 多个国家用于多种癌症的治疗。迄今为止，人工培育红豆杉属植物仍然是获取紫杉醇最为有效、可行的途径(王昌伟等，2006；苏建荣等，2005a)。因此，红豆杉属植物的良种选育研究一直深受重视。程广有等(2006)探讨了东北红豆杉树皮紫杉醇含量的变异规律；程克棣等(1998)对东北红豆杉 RAPD 扩增条带的比较研究发现，紫杉醇高含量植株与低含量植株存在着明显的条带差异；陈毓亨和白守梅(1999)利用 PAPD 技术对南方红豆杉的研究表明，高含量植株不同程度地从地区中分化出来，形成了自己的分子带谱特征。这些研究仅测定了树皮的紫杉醇含量，而收获枝叶对树体破坏轻，所以枝、叶紫杉醇含量变异的研究对于探究红豆杉属植物的栽培模式尤为重要。

云南红豆杉主要分布于我国的云南西部、云南西北部、云南西南部、云南中部、四川西部、西藏东南部等地的 13 个地(州、市)(苏建荣等，2005b)，因分布广、资源相对丰富(陈振峰等，2002)而成为紫杉醇生产的主要树种，广泛用于云南、四川、重庆、西藏等地的药用原料林基地建设。云南红豆杉药用原料林培育技术研究主要集中在种苗培育、采穗圃营建、人工林营建及紫杉醇含量分析等方面(王卫斌等，2007a，2007b)。在云南红豆杉药用成分含量变异方面，苏建荣等(2005a，2006)比较了 10 个龄级和 12 个地理种源的树皮、小枝和枝叶的紫杉醇含量；分析了紫杉醇、巴卡亭Ⅲ、10-去乙酰巴卡亭Ⅲ、三尖杉宁碱、10-去乙酰-7-表紫杉醇等药用成分的含量及其相互间的关系，但是因研究的样本数少而未能揭示紫杉醇含量变异的规律。关于与云南红豆杉紫杉醇含量变异及其相关联分子标记的研究尚未见报道。

云南红豆杉的世代周期长、杂合度高、树体高大，常规育种技术对紫杉醇含量的选育效果不显著、周期较长、成本较高(王达明等，2008)。由于能够缩短选育周期、降低选育成本、提高选育效率，分子标记辅助选择(MAS)的应用越来越广泛(黄永芳等，2006；张虎平等，2006；赵静等，2006；苏晓华和李金花，2000)。鉴于此，通过系统采样探讨云南红豆杉不同器官的紫杉醇含量的变异规律，通过 RAPD 标记与不同器官紫杉醇含量性状的关联分析，筛选与不同器官紫杉醇含量相关的 RAPD 分子标记，以期为云南红豆杉的优良单株和优良种源筛选积累基础资料、奠定理论基础，并开发快速、便捷、低成本、不毁坏和损伤植株的指示紫杉醇含量的标记奠定基础，从而推动云南红豆杉原料林培育的良种化进程，促进高产紫杉醇原料的发展。

一、材料与方法

(一)材料

1. 材料来源

试验材料于 2006 年 2 月采自云南、四川的 5 个云南红豆杉天然群体,取样地的地理位置和气候条件见表 6-1。

表6-1 取样群体的位置与气候条件

群体	简称	纬度/(°N)	经度/(°E)	海拔/m	年均温/℃	降水量/mm	年相对湿度/%
景东	JD	24°30′	100°42′	2600	18.4	1097.2	78
兰坪	LP	26°39′	99°36′	3000	11.3	1025.0	74
木里	ML	28°07′	101°07′	3315	11.5	823.1	57
宁蒗	LN	27°31′	100°42′	3203	12.8	925.3	69
香格里拉	XG	27°20′	99°42′	2900	9.4	624.8	70

2. 取样方法

云南红豆杉树皮、小枝和叶的紫杉醇含量差异显著,且受树龄和取样部分的影响很大(苏建荣,2005a)。故研究采用统一的取样标准,分树皮、小枝和针叶 3 个层次取样。云南红豆杉的胸径与年龄具有良好的相关性,采样时通过胸径控制树龄。采样时,从 5 个群体中各选取 10 株生长健壮、胸径 25cm 的样株,从每样株上采集树皮、3 年生小枝和 1 年生针叶样用于紫杉醇含量的测定。树皮样在主干上距离地面 1.2m 处剥取,大小为 20cm×30cm;在树冠中部向阳面采摘 3 年生小枝和 1 年生针叶各 500g。鲜样置于室内干燥、通风处阴干后备用,阴干过程避免阳光照晒。同时,采集各样株的嫩叶用变色硅胶快速干燥,带回实验室保存,用于 RAPD 分析。

(二)试验方法

1. 紫杉醇测定

采用高效液相色谱(HPLC)测定树皮、小枝和针叶样品中的紫杉醇含量。测定方法参见苏建荣等(2005a)。

2. RAPD 分析

采用 CTAB 微量法(王关林和方宏筠,1998)提取基因组 DNA。从 90 条 10bp 的随机引物(上海博亚生物技术有限公司)中筛选出 23 条能获得清晰且可重复条带的引物用于扩增。在 PTC200 PCR 仪(MJR.公司,美国)上进行 RAPD-PCR 扩增。采用 20 μL 的反应体系,包含 1.75 mmol/L 的 $MgCl_2$、10buffer(100 mmol/L KCl,80 mmol/L $(NH_4)_2SO_4$,100 mmol/L Tris-HCl,pH 9.0,0.5% NP-40)2 μL、250 mmol/L 的 dNTP、引物 60 ng、*Taq* DNA 聚合酶 1U、模板 DNA 30 ng,*Taq* DNA 聚合酶、$MgCl_2$、10 buffer 和 dNTP 购自

上海 Promega 公司。扩增程序为 94℃ 5 min；94℃ 2 min、36℃ 1 min、72℃ 1 min，40 个循环；72℃ 7 min，4℃下保存。扩增产物用 1.5%的琼脂糖凝胶电泳检测，0.05%的溴化乙锭染色，GONGDS8000(UVP 公司)凝胶成像系统照相，用 100bp 的 DNA ladder 作为参照，估计 DNA 片段的分子质量大小。手工记录每个植株的 RAPD 指纹图谱，若出现条带记为 1，否则记为 0，构建(0，1)矩阵。

(三)紫杉醇含量变异的分析

使用 SAS9.0 软件对群体的树皮、3 年生小枝和 1 年生针叶的紫杉醇含量进行描述统计，采用方差分析检验紫杉醇含量的群体间差异，用巢式方差分析检验群体间紫杉醇含量的差异显著性，分析紫杉醇含量变异程度在群体间和群体内的分布(陈小兰等，2004)。

(四)RAPD 标记与紫杉醇含量的关联分析

根据(0，1)矩阵，按各位点依次把所有个体划分为有带和无带 2 个亚群体，应用 SPSS 13.0 软件中的单因素方差分析和相关分析程序，分析 RAPD 标记与树皮、小枝和叶紫杉醇含量变异的相关性。用组间方差与总方差的比值求得该标记产生的性状变异占性状总变异的比例，即位点对该性状变异的贡献率(苏晓华和李金花，2000)。

(五)与紫杉醇含量相关的特异性 RAPD 带谱分析

以所有树皮样本中紫杉醇含量最大值的 20%为间距，将所有样株按其树皮紫杉醇含量由低到高划分成 5 类，记为 Pop1、Pop2、Pop3、Pop4 和 Pop5；结合(0，1)矩阵，采用 GenAlEx 6.1 软件(Peakall and Smouse, 2006)的 Frequency 程序进行特异性带谱的分析。采用相同的方法进行小枝和针叶的特异性带谱分析。

二、云南红豆杉的紫杉醇含量变异

由所有个体构成的总群体中，树皮、小枝和针叶的紫杉醇含量分别为 116.128μg/g、12.369 μg/g 和 38.778 μg/g(表 6-2)。方差分析和 Duncan 多重比较表明，树皮、小枝、针叶两两间的紫杉醇含量差异极显著($P<0.01$)。相关分析表明，树皮与小枝、针叶的紫杉醇含量相关不显著($P>0.05$)，小枝与叶的紫杉醇含量相关极显著($P<0.01$)。

表6-2　各群体紫杉醇含量变异参数

群体	树皮			小枝			针叶		
	平均值/(μg/g)	SD	CV/%	平均值/(μg/g)	SD	CV/%	平均值/(μg/g)	SD	CV/%
JD	74.492	67.120	90.103	8.249	3.546	42.989	12.633	10.177	80.558
LN	101.852	81.895	80.406	14.656	7.409	50.556	52.350	34.298	65.516
LP	191.361	78.084	40.805	19.243	14.347	74.559	58.640	17.881	30.493
ML	122.792	52.477	42.736	16.096	6.492	40.333	49.963	21.308	42.647
XG	90.141	62.104	68.896	3.599	3.372	93.701	20.304	15.241	75.063
总平均	116.128	90.566	77.988	12.369	9.630	77.859	38.778	27.796	71.681

由表 6-2 表明，树皮、小枝及针叶的紫杉醇含量在 5 个群体间存在差异。方差分析表明，树皮紫杉醇含量在群体间的差异性达显著水平($F_{树皮}$=2.935*)，小枝和针叶紫杉醇含量在群体间的差异极显著($F_{小枝}$=6.129**，$F_{针叶}$=9.452**)。

巢式方差分析也表明(表 6-3)，树皮紫杉醇含量的总变异中群体间的变异占 16.22%，个体间的变异占 83.78%；小枝紫杉醇含量群体间的变异占 33.90%，个体间的变异占 66.10%；针叶紫杉醇含量群体间的变异占 45.81%，个体间的变异占 54.20%。云南红豆杉树皮和小枝紫杉醇含量的变异主要分布在群体间，而叶紫杉醇含量变异在群体间和个体间的分布基本接近。云南红豆杉和东北红豆杉树皮紫杉醇的变异具有相同的分布式样，东北红豆杉树皮紫杉醇含量变异在群体间和个体组成分别为 84.6%和 15.4%(程广有等，2006)。

表6-3 紫杉醇含量变异在群体间、群体内的分配

样品	方差分量		方差分量比例/%	
	群体间	群体内	群体间	群体内
树皮	1370.00	7083.00	16.22	83.78
小枝	33.50	65.40	33.90	66.10
针叶	386.50	457.20	45.81	54.20

三、RAPD 标记与树皮紫杉醇含量的关联分析

应用 23 条引物从 5 个群体 50 个植株中共扩增出 194 条多态条带。

方差分析表明，在 194 个 RAPD 标记位点中共检测出 11 个位点与云南红豆杉树皮紫杉醇含量相关联。它们与树皮紫杉醇含量的相关系数为 0.279~0.339，其中 7 个位点起正效应作用，4 个位点的影响是负效应。相关联位点的贡献率为 7.791%~11.509%，贡献率最大的位点是 S1-1(表 6-4)。

表6-4 云南红豆杉树皮紫杉醇含量与RAPD标记的方差分析

标记位点	P	相关系数	贡献率/%	标记位点	P	相关系数	贡献率/%
S1-1	0.015*	0.339	11.509	S39-5	0.027*	0.313	9.766
S4-1	0.034*	−0.300	9.016	S66-1	0.049*	0.279	7.791
S10-8	0.044*	−0.286	8.162	S67-1	0.042*	−0.288	8.293
S13-1	0.034*	−0.300	8.986	S83-3	0.045*	0.284	8.066
S31-8	0.032*	0.303	9.194	S85-5	0.038*	0.293	8.612
S32-6	0.027*	0.312	9.714				

*表示在 0.05 水平显著，本章余同。

(一)RAPD 标记与小枝紫杉醇含量的关联分析

从表 6-5 可知，共检测出 13 个与云南红豆杉小枝紫杉醇含量相关联的 RAPD 位点，其相关系数为 0.280~0.495。这些位点中 8 个起正效应，5 个起负效应。与小枝紫杉醇含

量相关联位点的贡献率为 7.853%~24.457%，其中 S8-6、S41-6 和 S77-1 位点的贡献率在 16.317%以上，并且以 S77-1 位点的贡献率最大。

表6-5　云南红豆杉小枝紫杉醇含量与RAPD标记的方差分析

标记位点	P	相关系数	贡献率/%	标记位点	P	相关系数	贡献率/%
S77-1	0.000**	0.495	24.457	S10-10	0.029*	0.308	9.500
S41-6	0.000**	0.462	21.358	S41-4	0.035*	−0.299	8.921
S8-6	0.003**	0.404	16.317	S85-9	0.035*	−0.299	8.921
S77-3	0.014*	0.342	11.713	S41-3	0.038*	0.294	8.615
S13-7	0.015*	0.342	11.692	S67-8	0.045*	−0.284	8.064
S67-3	0.018*	−0.332	11.045	S31-1	0.048*	0.280	7.853
S41-5	0.021*	−0.324	10.482				

**表示在 0.01 水平显著，本章余同。

(二)RAPD 标记与针叶紫杉醇含量的关联分析

与云南红豆杉树皮和小枝相比，与叶紫杉醇含量关联的 RAPD 标记位点明显增多。在 194 个位点中，共检测出 59 个位点与叶紫杉醇含量关联，其中 39 个达到极显著水平($P<0.001$)。相关联位点中，有 36 个位点表现出正效应，23 个位点呈负效应。

结果表明，与叶紫杉醇含量关联位点的贡献率在 7.858%~26.729%，其中 22 个位点的贡献率大于 20%(表 6-6)，贡献率在 10%~20%的位点共 26 个，另外 10 个位点的贡献率在 10%以下。位点 S4-1、S10-8、S13-1 和 S66-1 同时控制着树皮紫杉醇含量的变异；位点 S31-1、S41-5、S41-6、S77-1 和 S77-3 同时控制着小枝紫杉醇含量的变异，且位点 S41-6 和 S77-1 对小枝和叶紫杉醇含量变异的贡献率均达到 20%以上。

表6-6　云南红豆杉针叶紫杉醇含量与RAPD标记的方差分析

标记位点	P	相关系数	贡献率/%	标记位点	P	相关系数	贡献率/%
S11-4	0.000**	−0.517	26.729	S11-2	0.000**	−0.475	22.567
S41-6	0.000**	0.515	26.498	S11-8	0.000**	0.475	22.567
S77-10	0.000**	−0.504	25.425	S31-7	0.000**	0.475	22.567
S52-11	0.000**	0.490	24.048	S52-4	0.006**	0.475	22.567
S41-2	0.000**	0.477	22.767	S52-9	0.000**	−0.475	22.567
S41-5	0.000**	−0.476	22.650	S55-1	0.000**	0.475	22.567
S1-2	0.000**	−0.475	22.567	S55-6	0.000**	0.475	22.567
S1-3	0.000**	0.475	22.567	S66-5	0.000**	0.475	22.567
S8-4	0.000**	0.475	22.567	S83-4	0.000**	0.475	22.567
S10-7	0.000**	0.475	22.567	S66-4	0.000**	0.470	22.110
S11-1	0.000**	0.475	22.567	S77-1	0.000**	0.468	21.907

四、与紫杉醇含量相关的特异性 RAPD 标记

本研究共筛选出指示树皮紫杉醇低含量的 RAPD 特异性条带 4 条、指示小枝紫杉醇低含量的特异性条带 2 条和指示针叶紫杉醇低含量的特异性条带 5 条；指示树皮和针叶紫杉醇次低含量的特异性条带各 1 条(表 6-7)。与陈毓亨和白守梅(1999)的研究结果不同，本研究未筛选出指示紫杉醇高含量的特异性 RAPD 标记，有待进一步研究。

表6-7　云南红豆杉与紫杉醇含量相关的特异性条带数

器官	类群				
	Pop1	Pop2	Pop3	Pop4	Pop5
树皮	4	1	0	0	0
小枝	2	0	0	0	0
针叶	5	1	0	0	0

五、小结与讨论

云南红豆杉的资源多、分布广，遗传变异和育种资源十分丰富(王卫斌和王达明，2006)。地理种源变异和个体变异样式在林木遗传改良中具有重要的意义，云南红豆杉的遗传改良策略应根据不同器官紫杉醇含量的变异分布特点结合培育目标制订。本研究表明，云南红豆杉不同器官紫杉醇含量变异分布式样差异很大，树皮、小枝和针叶中紫杉醇含量在个体间的变异分别占总变异的 83.78%、66.10%和 54.20%。因此，云南红豆杉良种选育研究中应分树皮、枝、叶 3 个层次进行，以满足不同生产目的的需要。以获取树皮为目标的选育应侧重优良个体的选择；以收获小枝、叶为目标的选育则应在种源选择的基础开展优良个体的筛选。

研究分别筛选出了与云南红豆杉树皮、小枝和针叶紫杉醇含量相关联的位点 11 个、13 个和 59 个，调控树皮、小枝和针叶紫杉醇含量的基因数量递增。采用免疫细胞化学定位技术研究表明，紫杉醇在针叶中合成，经小枝输送到树皮和根皮中储存(Russin et al.，1995)，针叶和树皮分别是紫杉醇代谢的"源"和"库"。"源"、"库"关系可能是云南红豆杉不同器官中调控紫杉醇含量的基因数量产生差异的原因。紫杉醇的生物合成较复杂，需要大量的关键酶和基因参与合成调控(Eisenreich et al.，1996)。由于基因数量越多越易受到环境的影响(阎秀峰等，2007)，所以可以推测环境条件对针叶、小枝和树皮的影响程度可能依次减小。在药用原料林的资源培育研究中应注意是否有该现象发生，以便采取适宜栽培措施以提高药用原料林的目标器官的紫杉醇含量。

筛选出的与云南红豆杉树皮、小枝和针叶紫杉醇含量相关联位点的贡献率分别为 7.791%~11.509%、7.853%~24.457%和 7.858%~26.729%。部分位点同时控制着不同器官的紫杉醇含量，如 S41-6 和 S77-1 同时控制着针叶和小枝中的紫杉醇含量，且贡献率均在 20%以上。可见，既有稳定表达的共同基因，也有各自特有的基因参与调控不

同器官的紫杉醇含量，表明控制同一性状的同类基因具有不同的时空表达。另外一方面，部分位点的贡献率较大，如 S1-1 对树皮紫杉醇含量的贡献率达 11.509%；S77-1、S41-6 对小枝紫杉醇含量的贡献率高达 20%以上；S11-4、S41-6、S77-10 对针叶紫杉醇含量的贡献率大于 24%。在遗传育种中，如果合理利用同时调控多个器官紫杉醇含量和对各器官紫杉醇含量贡献率较大的位点，对提高树皮、小枝和针叶的紫杉醇含量具有一定的作用。研究还筛选出了多条指示低含量紫杉醇的特异性 RAPD 带谱，利用它们可缩小高含量紫杉醇植株的筛选范围，减少筛选成本和工作量，具有一定的生产意义。在今后的研究中，应加强筛选与紫杉醇含量相关的位点，尤其是获得与云南红豆杉紫杉醇高含量相关联的特异性位点。

第二节 树龄、种源对云南红豆杉紫杉醇含量的影响

紫杉醇是最具抗癌活性的天然化合物(Cragg et al., 1993)，现已被 40 多个国家用于卵巢癌、转移性乳腺癌、非小细胞肺癌及卡波氏肉瘤等多种癌症的治疗。据统计，仅中国的紫杉醇年需求量就在 200kg 以上(吴彦等，2002)。紫杉醇的可能获取来源共有 4 条途径，即从人工红豆杉植物中提取、从野生红豆杉植物中提取、以巴可亭Ⅲ或 10-脱乙酰基巴可亭Ⅲ为前体人工半合成和红豆杉悬浮细胞培养。由于人工半合成法所需前体依赖红豆杉植物供给，而且成本极高(Denis et al., 1988)；悬浮细胞培养法技术不成熟，产量低而不稳定(Takeya, 2003)；直接利用野生红豆杉植物不但缺乏法律基础，而且导致资源枯竭，所以人工栽培红豆杉植物是紫杉醇最主要的来源。

云南红豆杉因分布广、资源相对丰富(陈振峰等，2002)而成为我国紫杉醇生产的主要树种，广泛用于云南、四川、重庆等省(市)的紫杉醇原料基地建设(苏建荣等，2005b)。高含量紫杉醇云南红豆杉种源是培育优质、高产紫杉醇原料林的基础。但是，关于云南红豆杉紫杉醇含量的说法不一，差异很大，相关研究较少，至今尚无系统取样分析资料出现(王达明等，2004b)。生产上，主要以就近或就地采集插穗的方式培育扦插苗营造原料林。紫杉醇含量的高低已成为原料基地建设关注的焦点。

在系统取样的基础上，检测不同树龄与不同分布区内云南红豆杉树皮、小枝和叶的紫杉醇含量，探讨不同树龄、不同地理种源和不同部位云南红豆杉紫杉醇含量的变化规律，为云南红豆杉优良种源筛选提供依据，为紫杉醇原料林的标准化和目标化种植奠定基础，促进云南红豆杉药用原料林的发展。

一、材料及方法

(一)材料来源

分析样品采自云南、四川两省云南红豆杉自然分布区的 12 个天然居群，其所在地点与位置如表 6-8 所示。采样地的气候条件如表 6-9 所示。气候数据用来源于国家气象局气象台站 1951~1980 年的记录资料(北京气象中心资料室，1984)，按海拔每升高 100m

气温降低0.5℃,即气温直减率0.5℃/100m换算而成。

表6-8 取样种群的地理位置

编号	地点	纬度/(°N)	经度/(°E)	海拔/m
1	新平县水塘村	24°11′	101°22′	2700
2	景东县利月村	24°30′	100°42′	2600
3	双江县清平村	23°22′	99°58′	2540
4	腾冲市自治村	25°43′	98°34′	2600
5	隆阳区百花岭	25°17′	98°48′	2700
6	泸水县坡西村	26°07′	98°34′	1580
7	兰坪县富和村	26°27′	99°14′	3000
8	鹤庆县马厂村	26°25′	100°04′	3040
9	香格里拉市吉仁电站	27°48′	99°29′	2420
10	木里县阿比甸林场	28°07′	101°7′	3315
11	宁蒗县石门村	27°30′	100°42′	3203
12	大姚县坝口村	26°03′	101°04′	2800

表6-9 采样地气候条件

地点	1月平均气温/℃	7月平均气温/℃	年平均气温/℃	≥10℃年积温/℃	年日照时数/h	年平均降水量/mm	年相对湿度/%
新平	10.5	21.6	17.4	5722.8	2252.4	952.7	75
景东	11.0	23.3	18.4	6443.4	2108.0	1097.2	78
双江	12.6	23.8	19.6	7108.5	2226.9	1020.9	76
腾冲	7.6	19.6	14.9	4665.0	2143.6	1451.9	79
隆阳	8.1	20.9	15.6	4929.4	2379.6	974.2	75
泸水	9.1	19.3	15.1	4737.6	2049.9	1203.5	71
兰坪	3.4	17.9	11.3	3172.5	2008.7	1025.0	74
鹤庆	6.4	19.2	13.6	4004.4	2314.3	984.0	66
香格里拉	−3.9	13.2	5.4	1387.8	2203.1	624.8	70
木里	4.2	17.0	11.5	3177.0	2287.7	823.1	57
宁蒗	4.2	19.4	12.8	3782.3	2298.0	925.3	69
大姚	8.9	20.6	15.7	4875.2	2534.0	796.3	65

云南红豆杉是国家一级保护植物,濒危程度高,种群数量少。研究表明,其胸径与年龄存在 $Y=1.02116X^{0.69857}$ ($r=0.93118$, $X<300$, $N=119$)的回归关系(包晴忠和邹光启,2005)。因此,取样时采用径级结构代替年龄结构,以免破坏野生资源。另外一方面,由于云南红豆杉树皮和枝叶的紫杉醇含量与植株性别不相关(项伟和阮德春,1996),故采样时不考虑性别因素。样品于2004年10月采集,同时在各居群边界内,随机取土壤表面以下30cm处土样5个,均匀混合成混合样。土样由云南省农业科学院植保土肥研究所测试分析中心检测,测定方法为pH用电位法;有机质按GB9838—1988规定方法;

全氮用硫酸-双氧水消化，蒸馏滴定法；全磷用硫酸-双氧水消化，钒钼黄比色法；全钾用硫酸-双氧水消化，原子吸收法；水解氮用碱解扩散法；有效磷用 NaHCO$_3$ 法；有效钾用乙酸铵浸提，原子吸收法；有效锌用 DTPA 液提取，原子吸收法；有效硼用热水浸提，亚甲胺比色法。土壤基本理化性质如表 6-10 所示。

表6-10 采样土壤基本理化性质

地点	全氮/%	全磷/%	全钾/%	有机质/%	水解氮/(mg/kg)	有效磷/(mg/kg)	有效钾/(mg/kg)	有效锌/(mg/kg)	有效硼/(mg/kg)	pH
新平	0.556	0.072	0.538	14.01	218.94	6.89	203.07	0.17	0.88	4.61
景东	0.274	0.077	1.867	6.64	242.83	9.07	182.87	1.32	0.81	4.60
双江	0.554	0.061	1.030	12.46	324.24	0.11	265.68	1.55	1.44	4.86
腾冲	0.914	0.141	2.073	21.92	669.44	4.05	378.02	0.85	2.19	4.44
隆阳	0.514	0.060	1.565	13.74	361.76	痕量	244.96	1.78	0.76	5.40
泸水	0.412	0.097	1.394	12.09	251.01	痕量	166.31	0.40	0.62	5.31
兰坪	0.135	0.047	0.992	3.37	104.37	痕量	82.19	0.58	0.57	5.27
鹤庆	1.008	0.305	0.394	29.69	615.66	痕量	265.08	0.37	0.75	4.82
香格里拉	0.305	0.047	0.193	5.83	211.96	痕量	91.14	8.07	0.88	8.04
木里	0.529	0.090	1.700	14.37	354.72	0.02	118.11	3.47	1.17	5.30
宁蒗	0.404	0.109	2.085	8.58	317.47	痕量	209.99	3.73	2.37	4.84
大姚	0.161	0.046	2.474	2.75	118.48	22.21	195.04	1.06	0.37	5.92

不同地理种源紫杉醇含量变化研究中，在各点选择生长健壮、胸径为 25cm 的植株，于距地 1.2m 主干处剥取大小为 20cm×30cm 的树皮，然后在树冠中部向阳面取 500g 的 3 年生小枝，同时从当年生枝条上采摘 500g 当年生叶。树皮、3 年生小枝条和当年生叶置于干燥、通风处阴干后备用，阴干过程免阳光照晒。

不同树龄紫杉醇含量变化研究中，在四川木里县阿比甸林场云南红豆杉居群中选取径级分别为 5cm、10cm、15cm、20cm、25cm、30cm、35cm、40cm、45cm、50cm 的样株，按前述取样和预处理方法采样，并对样品进行预处理。

(二)高效液相(HPLC)测定

(1) 样品制备：粉碎阴干样品，干燥处理至恒重后称重。样品在索式提取器中以乙醚为溶剂提取回流 6h，提取液浓缩后用甲醇定容。

(2) 仪器：美国惠普公司出产，HP1100。

(3) 试剂：重蒸甲醇、乙腈、二次重蒸水。

(4) 色谱柱：美国 VARIAN 公司出产；规格：MICROSRB-MVTM4.6×250.0mm C18 100A。

(5) 色谱条件：检测波长为 227nm；流动相：甲醇：乙腈：水=20：41：39；流速 0.6mL/min，进样体积 10μL。

(6) 标准样品：云南汉德生物技术有限公司自制。

(7) 样品测定：用甲醇定容，10μL 进样量，采用面积外标法计算样品的含量。样品由获美国 FDA 认证的云南汉德生物技术有限公司测定。

(三)数据分析

应用 SPSS 软件进行云南红豆杉不同部位紫杉醇含量与树龄的回归分析，并建立回归方程；影响紫杉醇含量变化的主成分分析(PCA)和不同部位紫杉醇含量的方差分析与相关分析。

二、不同组织的紫杉醇含量

本次所测云南红豆杉当年生叶、3 年生小枝和树皮的紫杉醇平均含量分别为 0.0048%、0.0040%和 0.0151%。树皮的紫杉醇含量分别是当年生叶和 3 年生小枝的 3.1 倍和 3.8 倍。方差分析(表 6-11)表明，云南红豆杉树皮、3 年生小枝和当年生叶的紫杉醇含量差异达到极显著水平($P<0.001$)。经 Duncan 多重比较检验(表 6-12)表明，当年生叶和 3 年生小枝紫杉醇含量的差异不显著，而树皮紫杉醇含量与叶、3 年生小枝紫杉醇含量差异达到极显著水平($P<0.001$)。

表 6-11 不同部位紫杉醇含量的方差分析

来源	SS	df	s^2	F	P
组间	0.002	2	0.001	19.890	0.000
组内	0.002	60	0.000		
总体	0.004	62			

表 6-12 不同部位紫杉醇含量的多重比较

部位	叶	小枝	树皮
含量/%	0.0048a	0.0040a	0.0151b

注：表中数据为平均值。通过 Duncan 多重比较检验，具有不同字母的处理差异性显著($P<0.001$)。

相关分析表明，云南红豆杉当年生叶的含量与 3 年生小枝的含量显著相关($r=0.608$, $P<0.05$)，而树皮的含量则与前两者的相关性不显著。

三、不同树龄云南红豆杉的紫杉醇含量

不同树龄云南红豆杉当年生叶、3 年生小枝和树皮紫杉醇的含量如表 6-13 所示。

不同树龄植株当年生叶的紫杉醇含量在 0.0034%~0.0110%变化，变异系数为 36.809%。144 年生植株当年生叶的紫杉醇含量最高，223 年生植株当年生叶的含量最低，两者相差 3.2 倍。72 年生植株当年生叶的紫杉醇含量 0.0082%，为次高含量。72 年树龄以下植株当年生叶的紫杉醇含量随着树龄的增加而递增，树龄超过 144 年后其含量趋于减少。

表6-13 不同树龄植株的紫杉醇含量

胸径/cm	树龄/年	含量/%		
		叶	小枝	树皮
5	13	0.0039	0.0027	0.0154
10	30	0.0048	0.0038	0.0189
15	50	0.0066	0.0064	0.0269
20	72	0.0082	0.0134	0.0417
25	95	0.0052	0.0044	0.0244
30	119	0.0058	0.0052	0.0132
35	144	0.0110	0.0032	0.0111
40	169	0.0055	0.0050	0.0116
45	196	0.0056	0.0042	0.0120
50	223	0.0034	0.0009	0.0037
变异系数 CV/%		36.809	67.844	60.128

不同树龄 3 年生小枝的紫杉醇含量在 0.0009%~0.0134%变化，变异系数为 67.844%。72 年生植株 3 年生小枝的紫杉醇含量最高，223 年生植株 3 年生小枝的紫杉醇含量最低，两者相差 14.9 倍。树龄在 72 年之前，3 年生小枝的紫杉醇含量随着树龄的增加而递增，树龄超过 72 年后，3 年生小枝的紫杉醇含量呈减少趋势。

不同树龄植株树皮的紫杉醇含量在 0.0037%~0.0417%变化，变异系数为 60.128%。72 年生植株树皮的紫杉醇含量最高；223 年生植株树皮的紫杉醇含量最小，两者相差 11.3 倍。树龄在 72 年之前，树皮的紫杉醇含量随着树龄的增加而递增，树龄超过 72 年后，树皮的紫杉醇含量呈减少趋势。

回归分析表明，3 年生小枝和当年生叶的紫杉醇含量与树龄不相关；树皮的紫杉醇含量与年龄的相关性好，回归方程：

$$Y=0.0316e^{-0.0067x} \quad (r=0.529, P=0.017)$$

四、不同种源云南红豆杉的紫杉醇含量

不同地理种源云南红豆杉当年生叶、3 年生小枝和树皮紫杉醇的含量如表 6-14 所示。

不同地理种源云南红豆杉当年生叶的紫杉醇含量在 0.0002%~0.0098%变化，其中以新平种源的最高，香格里拉种源的最低，两者相差 49 倍。新平、宁蒗、木里和泸水种源的含量均高于 0.0050%；兰坪、鹤庆和景东种源的含量居中，在 0.0029%~0.0046%；双江、大姚、腾冲、隆阳和香格里拉种源的含量在 0.0002%~0.0017%。

不同地理种源云南红豆杉 3 年生小枝紫杉醇含量在 0.0006%~0.0076%变化，其中以兰坪种源的含量最高，泸水种源的含量最低，两者相差 12.7 倍。兰坪、宁蒗和新平种源的含量都高于 0.0050%，木里、鹤庆、景东、大姚和隆阳种源的含量居中，在 0.0020%~0.0044%；双江、腾冲、香格里拉和泸水种源的含量都低于 0.0020%。

表6-14 不同地理种源植株的紫杉醇含量

产地	含量/%		
	叶	小枝	树皮
新平	0.0098	0.0059	0.0140
景东	0.0029	0.0029	0.0331
双江	0.0017	0.0014	0.0049
腾冲	0.0011	0.0008	0.0046
隆阳	0.0006	0.0020	0.0073
泸水	0.0077	0.0006	0.0175
兰坪	0.0046	0.0076	0.0060
鹤庆	0.0033	0.0033	0.0144
香格里拉	0.0002	0.0008	0.0030
木里	0.0052	0.0044	0.0244
宁蒗	0.0085	0.0070	0.0243
大姚	0.0012	0.0025	0.0098
变异系数CV/%	84.275	75.000	70.356

不同地理种源云南红豆杉树皮的紫杉醇含量在0.0030%~0.0331%变化，其中以景东种源的含量最高、香格里拉种源的含量最低，两者相差11.2倍。景东、木里和宁蒗种源的含量皆高于0.0200%；泸水、鹤庆和新平种源的含量居中，在0.0140%~0.0175%；大姚、隆阳、兰坪、双江、腾冲和香格里拉种源的含量均低于0.0100%。

不同地理种源云南红豆杉当年生叶、3年生小枝和树皮紫杉醇含量的变异系数分别为84.275%、75.000%和70.356%。当年生叶紫杉醇含量的变异程度最大，3年生小枝含量的变异次之，而树皮含量的变异相对较小。

五、紫杉醇含量与环境因子的关系

以采样地的基本气候和土壤理化指标进行影响紫杉醇含量的因子分析表明，前6个主成分的积累贡献率达93.493%，已能反映各因子对含量变化影响的主要信息，故选前6个主成分进行分析。表6-15是前6个主成分的指标因子负荷量。

根据主成分中各指标因子负荷量的大小进行指标因子分类。第1主成分中负荷量较大的变量是反映热量条件的年平均气温、7月平均气温、≥10℃年积温、1月平均气温和纬度，将其认为是"温度因子"。第2主成分中土壤有机质含量、全氮含量、全磷含量和水解氮含量等变量的负荷量较大，它们是云南红豆杉生长发育必需的营养生长物质，可将其定义为"营养因子"。第3主成分中负荷量较大的变量是年日照时数，它与该成分呈正相关，可将其认为是"光照因子"。海拔是第4主成分中负荷量较大的变量，其他变量的负荷量则很小，可将其确认为"海拔因子"。第5、第6成分中，土壤中的全钾含量和有效硼含量等变量的负荷量较大，可分别称为"K因子"和"B因子"。第1~

第 6 个主成分的贡献率分别是 34.148%、23.541%、10.983%、9.111%、7.920%和 7.790%，前 3 个主成分的贡献率较高，合计达 68.671%，说明这 3 个因子对云南红豆杉紫杉醇含量的影响最大，按影响大小的排序为温度因子＞营养因子＞光照因子。

表6-15　旋转矩阵中前6个主成分因子指标负荷量

指标	主成分					
	1	2	3	4	5	6
经度	0.286	−0.293	0.501	0.603	−0.230	−0.102
纬度	−0.923	0.031	−0.044	0.287	0.154	−0.120
海拔	−0.167	0.121	0.162	0.854	0.085	0.188
1月平均气温	0.953	0.099	0.073	−0.046	0.155	−0.111
7月平均气温	0.970	0.006	0.086	0.058	0.083	0.064
年平均气温	0.973	0.065	0.085	−0.013	0.119	−0.008
≥10℃年积温	0.969	0.008	0.084	−0.072	0.027	0.057
年日照时数	−0.017	0.127	0.915	0.240	0.107	0.007
年平均降水量	0.507	0.393	−0.521	−0.325	0.407	0.131
年相对湿度	0.562	−0.106	−0.328	−0.472	−0.180	0.387
pH	−0.745	−0.362	0.314	−0.348	−0.289	−0.059
有机质	0.103	0.979	−0.063	0.019	−0.113	−0.011
全氮	0.115	0.964	−0.023	−0.016	−0.104	0.163
全磷	−0.031	0.894	−0.050	0.194	−0.047	−0.184
全钾	0.214	−0.166	0.198	0.064	0.908	0.196
水解氮	0.018	0.935	−0.063	−0.062	0.115	0.289
有效磷	0.324	−0.310	0.657	−0.020	0.355	−0.235
有效钾	0.500	0.666	0.171	−0.220	0.211	0.407
有效锌	−0.761	−0.259	0.195	−0.048	−0.265	0.414
有效硼	−0.014	0.287	−0.168	0.178	0.238	0.856
特征值	7.576	4.609	2.732	1.612	1.105	1.065
信息量/%	34.148	23.541	10.983	9.111	7.920	7.790
积累信息量/%	34.148	57.688	68.671	77.782	85.702	93.493

不同地理种源云南红豆杉紫杉醇含量研究中，香格里拉种源地的年平均气温、7月平均气温、≥10℃年积温、1月平均气温都很低；土壤有机质含量、全氮含量、全磷含量和水解氮含量又都很低。表 6-15 表明，这些指标与紫杉醇的含量正相关。这可能是导致香格里拉种源当年生叶、3 年生小枝和树皮紫杉醇含量均比其他种源紫杉醇含量低的原因之一。当然，还需要结合遗传、生理生态等进一步深入研究才能得出准确的结论。

六、小结与讨论

(1) 云南红豆杉当年生叶、3 年生小枝和树皮的紫杉醇平均含量分别为 0.0048%、0.0040%和 0.0151%。树皮紫杉醇含量与叶、3 年生小枝紫杉醇含量差异达到极显著水平,而 3 年生枝和当年生叶的紫杉醇含量相近,差异不显著。

(2) 云南红豆杉树皮的紫杉醇含量与年龄存在着 $Y=0.0316e^{-0.0067x}$ 的回归关系。3 年生小枝和当年生叶的紫杉醇含量与树龄不相关,但树龄在 72 年之前含量随树龄增加而递增;树龄超过 72 年和 114 年生后,植株 3 年生小枝和当年生叶的紫杉醇含量呈减少趋势。

(3) 在 12 个云南红豆杉地理种源中,新平、宁蒗和泸水种源当年生叶的紫杉醇含量高,在 0.0077%~0.0098%;兰坪、宁蒗和新平种源 3 年生小枝的紫杉醇含量高,在 0.0059%~0.0076%;景东、木里和宁蒗种源树皮的紫杉醇含量高,在 0.0243%~0.0331%。主成分分析表明,温度因子、营养因子和光照因子对云南红豆杉紫杉醇含量的影响最大。

(4) 有关研究以紫杉醇含量的高低为指标比较、评价云南红豆杉、南方红豆杉和东北红豆杉的开发、利用价值,得出了一系列不一致的结论(郑德勇,2003;苏应娟和史志强,2001;项伟等,1997;项伟和阮德春,1996;罗士德等,1994)。本研究表明,不同树龄、产地和部位的云南红豆杉紫杉醇含量差异变化很大。因此,以紫杉醇为目标的优良种源筛选、资源评价研究应注意取样的系统性和分析结果的可比性,以便得出全面、可靠的结论。取样设计时,应注意消除个体、地域、立地、树冠部位、年龄、采样时间等差异因素的干扰(董娟娥和梁宗锁,2004)。目前,在红豆杉植物的紫杉醇等有效物质含量研究工作中,迫切需要研究制定系统的采样规范,以保证不同研究结果有可比性,推动紫杉醇次生代谢物合成积累规律的研究。

参 考 文 献

安树青, 王峥峰, 朱学雷, 等. 1997. 土壤因子对次生森林群落物种多样性的影响. 植物科学学报: 15(2): 143-150.

白玲晓, 王勇, 于金丹. 2011. 青藏高原对亚洲季风影响研究综述. 内蒙古林业科技, 37(1): 50-53.

柏广新, 吴榜华. 2002. 中国东北红豆杉研究. 北京: 中国林业出版社.

包晴忠, 邹光启. 2005. 云南省红豆杉树种生态特性的比较研究. 林业调查规划, 30(3): 94-99.

北京气象中心资料室. 1984. 中国地面气候资料. 北京: 气象出版社.

毕晓丽, 洪伟, 吴承祯, 等. 2002. 黄山松种群统计分析. 林业科学, 38(1): 61-67.

陈波, 达良俊. 2003. 栲树不同生长发育阶段的枝系特征分析. 武汉植物学研究, 21(3): 226-231.

陈波, 宋永昌, 达良俊. 2002. 木本植物的构型及其在植物生态学研究的进展. 生态学杂志, 21(3): 52-56.

陈登雄, 刘兴添. 1998. 南方红豆杉种子催芽研究初探. 福建林学院学报, 18(3): 267-269.

陈辉. 1998. 南方红豆杉林下幼苗空间分布型的研究. 经济林研究, 16(4): 5-8.

陈辉, 陈福甫. 1999. 南方红豆杉扦插基质配方优化的研究. 福建林学院学报, 19(4): 292-295.

陈沐, 曹敏, 林露湘. 2007. 木本植物萌生更新研究进展. 生态学杂志, 26(7): 1114-1118.

陈嵘. 1957. 西南红豆杉(*Taxus wallichiana* Zuccarini). 见: 陈嵘. 中国树木分类学. 上海: 上海科学技术出版社: 6-7

陈少瑜, 李江文, 吴丽圆. 2000. 昆明树木园云南红豆杉人工林等位酶遗传变异的研究. 云南林业科技, (1): 27-29.

陈少瑜, 吴丽圆, 李江文, 等. 2001. 云南红豆杉天然种群遗传多样性研究. 林业科学, 37(5): 41-48.

陈小兰, 虞泓, 黄瑞复, 等. 2004. 昆明地区滇韭形态及染色体多态性研究. 云南植物研究, 28(5): 529-536.

陈晓德. 1998. 植物种群与群落结构动态量化分析方法研究. 生态学报, 18(2): 214-217.

陈毓亨, 白守梅. 1999. 南方红豆杉紫杉烷高含量植株系 RAPD 初步研究. 植物学报: 英文版, 41(8): 829-832.

陈振峰, 张成文, 寇玉锋, 等. 2002. 我国红豆杉资源及可持续利用对策. 世界科学技术, 4(1): 106-109.

程广有, 高峰, 葛春华, 等. 2006. 中国境内东北红豆杉天然群体紫杉醇含量变异规律. 北京林业大学学报, 27(4): 7-11.

程广有, 沈熙环. 2001. 东北红豆杉开花结实的规律. 东北林业大学学报, 29(3): 44-46.

程广有, 唐晓杰, 高红兵, 等. 2004. 东北红豆杉种子休眠机理与解除技术探讨. 北京林业大学学报, 26(1): 5-9.

程克棣, 孙新, 李吉学, 等. 1998. 东北红豆杉紫杉醇含量和 RAPD 分析的初步研究. 中国学术期刊文摘(科技期刊),(9): 21-26.

崔启武, Lawson G. 1982. 一个新的种群增长数学模型——对经典的 logistic 方程和指数方程的扩充. 生态学报, 2(4): 403-415.

邓正苗, 陈心胜, 谢永宏. 2010. 植物芽库的研究进展. 生态学杂志, 29(9): 1812-1819.

丁岩钦. 1994. 昆虫数学生态学. 北京: 科学出版社.

丁颖. 1961. 中国水稻栽培学. 北京: 农业出版社.

董娟娥, 梁宗锁. 2004. 植物次生代谢物积累影响因素分析. 西北植物学报, 24(10): 1979-1983.

董鸣. 1986. 缙云山马尾种群数量动态初步研究. 植物生态学与地植物学学报, 10(4): 283-293.

董鸣. 1987. 缙云山马尾种群年龄结构初步研究. 植物生态与地植物学学报, 11(1): 50-58.

董鸣, 于飞海. 2007. 克隆植物生态学术语和概念. 植物生态学报, 31: 689-694.

范繁荣, 潘标志, 马祥庆, 等. 2008. 白桂木的种群结构和空间分布格局研究. 林业科学研究, 21(2): 176-181.

参 考 文 献

范兆飞, 徐化成, 于汝元. 1992. 大兴安岭北部兴安落叶松种群年龄结构及其与自然干扰关系的研究. 林业科学, 28(1): 2-11.
方精云, 唐艳鸿, 林俊达. 2002. 全球生态学: 气候变化与生态响应. 北京: 高等教育出版社.
费永俊, 龚秀红. 2001. 南方红豆杉表型多样性及变异. 湖北农学院学报, 21(4): 310-313.
付婷婷, 程红焱, 宋松泉. 2009. 种子休眠的研究进展. 植物学报(5): 629-641.
高红兵, 吴榜华. 1998. 东北红豆杉种子层积过程中内源生长素和脱落酸含量的变化. 吉林林学院学报, 14(4): 187-189.
高俊香, 鲁小珍, 马力, 等. 2010. 凤阳山常绿阔叶林乔木层优势种群生态位分析. 南京林业大学学报(自然科学版), 34(4): 157-160.
高强, 国振杰, 王普昶, 等. 2008. 大青山4种根茎禾草种群生物量生殖分配研究. 中国农学通报, 24(5): 22-25.
高婷, 张金屯. 2007. 北京西部山区胡枝子种群研究: 个体和构件生物量. 植物学通报, 24(5): 581-589.
戈峰. 2002. 现代生态学. 北京: 科学出版社.
顾大形, 陈双林, 郭子武, 等. 2011. 四季竹立竹地上现存生物量分配及其与构件因子关系. 林业科学研究, 24: 495-499.
管中天. 1983. 红豆杉科(Taxaceae). 见: 四川植物志编辑委员会. 四川植物志第二卷. 成都: 四川人民出版社. 211-217.
郭泉水, 包奋强, 王祥福, 等. 2008. 三尖杉所属群落优势乔木树种间关系. 林业科学研究, 21(5): 662-668.
郭祥泉, 李玉蕾. 2000. 南方红豆杉实生容器苗施肥效果探讨. 福建林学院学报, 20(2): 175-177.
郭祥泉, 方兴添, 李玉蕾, 等. 2000. 南方红豆杉实生容器苗施肥效果探讨. 福建林学院学报, 20(2): 175-177.
国家标准总局. 2000. 林木种子检验规程(GB 2772—1999). 北京: 中国标准出版社.
郝朝运, 张小平, 李文良, 等. 2008. 不同类型群落中濒危植物永瓣藤(*Monimopetalum chinense*)种群的空间分布格局. 生态学报, 28(6): 2900-2908.
郝景胜. 1951. 紫杉科(Taxaceae). 见: 郝景胜. 中国裸子植物志. 北京: 人民出版社: 18.
何丙辉, 钟章成. 2005. 不同光强与干旱胁迫对银杏枝叶构件生长的影响. 广西师范大学学报(自然科学版), 23(3): 66-69.
何明珠, 张景光, 王辉. 2006. 荒漠植物枝系构型影响因素分析. 中国沙漠, 26(4): 625-630.
何维明, 董鸣. 2002. 异质光环境中旱柳的光截取和利用反应. 林业科学, 38(3): 7-13.
何永涛, 曹敏, 唐勇, 等. 2000. 云南省哀牢山中山湿性常绿阔叶林萌生现象的初步研究. 武汉植物学研究, 18(6): 523-527.
何正文, 刘运生, 陈立华, 等. 1998. 正交设计直观分析法优化PCR条件. 湖南医科大学学报, 23(4): 403-404.
洪伟, 罗顺跃, 陈顺利. 1992. 油茶主要病虫害空间生态分布规律的研究. 应用生态学报, 3(4): 308-312.
胡理乐, 李新, 江明喜, 等. 2003. 宣恩七姊妹山珙桐群落种间联结分析. 武汉植物研究, 21(3): 203-208.
胡玉佳, 王寿松. 1988. 海南岛热带雨林优势种——青梅增长的矩阵模型. 生态学报, 8(2): 104-110.
胡正华, 钱海源, 于明坚. 2009. 古田山国家级自然保护区甜槠林优势种群生态位. 生态学报, 29(7): 3670-3677.
黄汲清. 1977. 中国大地构造基本轮廓. 地质学报, (2): 117-143.
黄儒珠, 方兴添, 郭详泉, 等. 2002. 南方红豆杉种子的化学成分分析. 应用与环境生物学报, 8(4): 392-394.
黄儒珠, 郭祥泉, 方兴添, 等. 2006. 变温层积处理对南方红豆杉种子生理生化特性的影响. 福建师范大学学报: 自然科学版, 22(2): 95-98.
黄永芳, 陈锡沐, 庄雪影, 等. 2006. 油茶种质资源遗传多样性分析. 林业科学, 42(4): 38-43.
黄玉清, 李先琨. 2000. 元宝山南方红豆杉种群结构——Ⅱ. 高度结构. 广西植物, 20(2): 126-130.

黄玉清, 李先琨, 苏宗明. 1998. 元宝山南方红豆杉构件种群结构研究—Ⅰ. 大小结构. 广西植物, 18(4): 385-389.
吉前华, 郭雁君, 李少琼, 等. 2007. 不同处理对南方红豆杉种子萌发的影响. 安徽农业科学, 35(31): 9858-9860.
贾程, 何飞, 樊华, 等. 2010. 植物种群构件研究进展及其展望. 四川林业科技, 31(3): 43-50.
贾悦, 李秀珍, 唐莹莹, 等. 2011. 不同采收方式对富养化河道浮床空心菜生物产出的影响. 生态学杂志, 30(6): 1091-1099.
江洪. 1992. 云杉种群生态学. 北京: 中国林业出版社.
江洪, 林鸿荣. 1983. 云南松同化器官数量垂直分布的规律. 生态学报, 3(2): 111-118.
姜汉侨, 段昌群, 杨树华, 等. 2004. 植物生态学. 北京: 高等教育出版社.
蒋国梅, 孙国, 张光富, 等. 2010. 濒危植物宝华玉兰种内与种间竞争. 生态学杂志, 29(2): 201-206.
蒋有绪. 1982. 川西亚高山森林植被的区系、种间关联和群落排序的生态分析. 植物生态学与地植物学丛刊, 6(4): 281-301.
蒋志刚, 马克平, 韩兴国. 1997. 保护生物学: 杭州: 浙江科学技术出版社.
金国庆, 余启国, 焦月玲, 等. 2007. 配比施肥对南方红豆杉幼林生长的影响. 林业科学研究 20(2): 251-256.
金则新, 朱小燕, 林恒琴. 2004. 浙江天台山甜槠种内与种间竞争研究. 生态学杂志, 23(2): 22-25.
景跃波. 2007. 云南红豆杉研究综述. 林业调查规划, 32(2): 49-53.
康冰, 刘世荣, 温远光, 等. 2006. 广西大青山南亚热带次生林演替过程的种群动态. 植物生态学报, 30(6): 931-940.
康华靖, 陈子林, 刘鹏, 等. 2007. 大盘山自然保护区香果树种群结构与分布格局. 生态学报, 27(1): 389-396.
拉琼, 张勇群, 扎西次仁. 2013. 青藏高原特有植物分子谱系地理学研究现状. 西藏大学学报, 28(1): 12-15.
乐天宇. 1965. 植物生态型学. 北京: 科学出版社.
黎云祥, 陈利, 杜道林. 1998. 四川大头茶的分枝率和顶芽动态. 生态学报, 18(3): 311-314.
黎云祥, 刘玉成, 钟章成. 1997. 缙云山四川大头茶叶种群的结构及其动态. 植物生态学报, 21(1): 67-76.
李昂, 王可青, 葛颂. 2000. 不同采样策略对细距堇菜遗传多样性估算的影响. 植物学报, 42(10): 1069-1074.
李博, 董慧琴, 陈建忠, 等译. 2003. 简明植物种群生物学(第四版). 北京: 高等教育出版社.
李枫, 邹定辉, 刘兆普, 等. 2009. 氮磷水平对龙须菜生长和光合特性的影响. 植物生态学报, 33(6): 1140-1147.
李海峰, 赵志莲, 杨永寿, 等. 2008. 高效液相色谱法测定云南红豆杉细胞培养物中 10-脱乙酰巴卡亭Ⅲ的含量. 大理学院学报: 综合版, 7(2): 3-4.
李海生, 陈桂珠. 2004. 红树植物海桑简单重复序列区间(ISSR)条件的优化. 广东教育学院学报, 24(2): 80-83.
李宏, 余子哈. 1998. 云南红豆杉扦插育苗技术. 林业科技开发, 3: 41.
李吉均. 1999. 青藏高原的地貌演化与亚洲季风. 海洋地质与第四纪地质, 19(1): 1-11.
李吉均. 2013. 青藏高原隆升与晚新生代环境变化. 兰州大学学报, 49(2): 154-159.
李吉均, 方小敏. 1996. 晚新生代黄河上游地貌演化与青藏高原隆起. 中国科学, 26(4): 316-322.
李吉均, 方小敏. 1998. 青藏高原隆起与环境变化研究. 科学通报, 43(15): 1569-1574.
李吉均, 方小敏, 潘保田, 等. 2001. 新生代晚期青藏高原强烈隆起及其对周边环境的影响. 第四纪研究, 21(5): 381-391.
李菁, 骆有庆, 石娟, 等. 2011. 阿尔山地区兴安落叶松林下植物种群生态位. 林业科学研究, 24(5): 651-658.

李俊清, 李景文, 崔国发. 2002. 保护生物学: 北京: 中国林业出版社.
李俊清, 臧润国, 蒋有绪. 2001. 欧洲水青冈(*Fagus sylvatical*)构筑型与形态多样性研究. 生态学报, 21(1): 151-155.
李立, 陈建华, 任海保, 等. 2010. 古田山常绿阔叶林优势树种甜槠和木荷的空间格局分析. 植物生态学报, 34(3): 241-252.
李莲芳, 王达明, 杨军. 1999. 云南红豆杉山地大批量扦插育苗技术研究. 西南林学院学报, 19(4): 201-207.
李莲芳, 杨军. 2000. 红豆杉采穗圃营建技术. 广西植物, 20(1): 75-82.
李莲芳, 周云, 王达明. 2005. 云南红豆杉的濒危成因剖析. 西部林业科学, 34(3): 30-34.
李林, 魏识广, 黄忠良, 等. 2012. 猫儿山两种孑遗植物的更新状况和空间分布格局分析. 植物生态学报, 36(2): 144-150.
李乃伟, 彭峰, 冯煦, 等. 2008. 不同施肥处理对曼地亚红豆杉'Hicksii'生长和紫杉醇含量的影响. 植物资源与环境学报, 17(2): 28-33.
李守玉. 2005. 云南红豆杉扦插育苗试验结果分析. 林业调查规划, 30(1): 27-31.
李帅锋, 刘万德, 苏建荣, 等. 2011. 季风常绿阔叶林不同恢复阶段乔木优势种群生态位和种间联结. 生态学杂志, 30(3): 508-515.
李双明, 孙蕊, 骆浩, 等. 2007. 紫外辐射对东北红豆杉鲜叶中紫杉醇及三尖杉宁碱含量的影响. 植物研究, 27(4): 500-503.
李廷栋. 1995. 青藏高原隆升的过程和机制. 地球学报,(1): 1-9.
李文良, 张小平, 郝朝运, 等. 2009. 湘鄂皖连香树种群的年龄结构和点格局分析. 生态学报, 29(6): 3221-3230.
李霞, 阎秀峰, 刘剑. 2005. 氮素形态对黄檗幼苗三种生物碱含量的影响. 生态学报, 25(9): 2159-2164.
李先琨, 黄玉清, 苏宗明. 1999. 南方红豆杉群落主要树木种间联结关系初步研究. 生态学杂志, 18(3): 10-14.
李先琨, 黄玉清. 2000. 元宝山南方红豆杉种群分布格局及动态. 应用生态学报, 11(2): 169-172.
李先琨, 苏宗明. 2001. 元宝山南方红豆杉的群落及种群结构特征. 南京林业大学学报: 自然科学版, 25(2): 23-28.
李先琨, 向悟生, 苏宗明. 2004. 南方红豆杉无性系种群结构和动态研究. 应用生态学报, 15(2): 177-180.
李小双, 刘文耀, 陈军文, 等. 2009. 哀牢山湿性常绿阔叶林及不同类型次生植被的幼苗更新特征. 生态学杂志, 28(10): 1921-1927.
李晓靖, 周本智, 曹永慧, 等. 2011. 南方冰雪灾害后受害木荷萌枝光合生理特性. 生态学杂志, 30(12): 2753-2760.
李延群. 2005. 根外追肥对南方红豆杉一年生苗木生长的影响. 福建林业科技, 32(4): 95-96.
李尤, 苏智先, 张素兰, 等. 2006. 珙桐群落种内与种间竞争研究. 云南植物研究, 28(6): 625-630.
李芸, 杨德军, 徐玉梅, 等. 2010. 不同培育措施对云南红豆杉人工幼林生长量的影响. 林业调查规划, 35(5): 135-139.
廖国华. 2009. 南方红豆杉短周期药用林高产栽培技术研究. 福建农业学报, 24(1): 75-81.
廖文波, 苏志尧, 崔大方, 等. 2002a. 粤北南方红豆杉植物群落的研究. 云南植物研究, 24(3): 295-306.
廖文波, 张志权, 陈志明, 等. 2002b. 粤北南方红豆杉的群落类型及物候与繁殖生物学特性. 应用生态学报, 13(7): 795-801.
廖文波, 张志权, 苏志尧. 1996. 抗癌植物南方红豆杉保护生物学价值的评价. 生态科学, 15(2): 17-20.
林英. 1983. 亚热带森林植被研究方法. 江西大学学报: 理科版,(1): 129-139.
刘春生, 刘鹏, 张志祥, 等. 2009. 九龙山濒危植物南方铁杉的生态位研究. 武汉植物学研究, 27(1): 55-61.
刘方炎, 李昆, 廖声熙, 等. 2010. 濒危植物翠柏的个体生长动态及种群结构与种内竞争. 林业科学,

46(10): 23-28.
刘金福, 洪伟. 2004. 格氏栲种群数量动态的谱分析研究. 生物数学学报, 18(3): 357-363.
刘军, 陈益泰, 孙宗修, 等. 2008. 基于空间自相关分析研究毛红椿天然居群的空间遗传结构. 林业科学, 44(6): 45-52.
刘淑珍, 柴宗新, 陈继良. 1986. 横断山北段第四纪冰川作用, 横断山考察专辑(二). 北京: 北京科技出版社: 280-287.
刘棠瑞, 陈建初. 1960. *Taxus mairei*(Lemée & H. Léveillé)S. Y. Hu ex T. S. Liu. 见: 刘棠瑞, 陈建初. 台湾木本植物图志. 台北: 台湾大学农学院. 1: 16.
刘彤, 李云灵, 周志强, 等. 2007. 天然东北红豆杉(*Taxus cuspidata*)种内和种间竞争. 生态学报, 27(3): 924-929.
刘晓东. 1999. 青藏高原隆升对亚洲季风形成和全球气候与环境变化的影响. 高原气象, 18(3): 321-332.
刘棠瑞, 陈建铸. 1962. 台湾木本植物图志. 台北: 国立台湾大学农学院.
芦夕芹, 胡维莲. 2009. 东方食植行军蚁在红豆杉上的为害与防治. 农技服务, 26(7): 62.
陆阳. 1982. 鼎湖山森林群落数量分析-厚壳桂群落乔木优势种分布格局的初步探讨. 生态科学,(1): 74-80.
陆阳. 1986. 南亚热带森林种群分布格局取样技术研究. 植物生态学与地植物学学报, 10(4): 272-281.
陆阳. 1987. 鼎湖山森林植物种群分布格局分析与联结分析. 武汉植物学研究(04): 47-59.
罗士德, 宁冰梅, 阮德春, 等. 1994. 红豆杉及其近缘植物中紫杉醇与同系物的高效液相色谱分析. 植物资源与环境, 3(2): 31-33.
马小军, 陈震. 1993. 东北红豆杉无性繁殖方法的初步研究. 中草药, 24(4): 209-210.
毛伟, 李玉霖, 张铜会, 等. 2012. 不同尺度生态学中植物叶性状研究概述. 中国沙漠, 32(1): 33-41.
美国农业部林务局. 1984. 美国木本植物种子手册. 李霆, 陈幼生, 译: 北京: 中国林业出版社.
孟令彬, 包维楷, 庞学勇, 等. 2006. 萌蘖调控对辽东栎留存萌生株生长与结实的影响. 应用生态学报, 17(10): 1771-1776.
孟猛, 倪健, 张治国. 2004. 地理生态学的干燥度指数及其应用评述. 植物生态学报, 28(6): 853-861.
缪迎春, 苏建荣, 张志钧. 2007. 云南红豆杉简并锚定微卫星-PCR 反应体系优化研究. 林业科学研究, 20(6): 739-743.
南京林学院树木学教研组. 1961. 云南红豆杉(*Taxus yunnanensis* W. C. Cheng & L. K. Fu). 见: 南京林学院树木学教研组. 树木学(上). 北京: 农业科学出版社: 124-125
潘保田, 李吉均. 1996. 青藏高原: 全球气候变化的驱动机与放大器Ⅲ. 青藏高原隆起对气候变化的影响. 兰州大学学报, 32(1): 108-115.
潘标志. 2005. 南方红豆杉不同育苗方式苗木质量的比较研究. 福建林业科技, 32(2): 39-42.
潘标志. 2009. 三尖杉短周期药用林高产栽培技术研究. 林业科学研究, 22(5): 641-646.
彭少麟, 王伯荪. 1987. 南亚热带常绿阔叶林种间联结测定技术研究, Ⅱ. 取样技术. 热带亚热带森林生态系统研究, 3: 25-31.
彭少麟, 周厚诚, 陈天杏, 等. 1989. 广东森林群落的组成结构数量特征. 植物生态学与地植物学学报, 13(1): 10-17.
邱德有, 李如玉. 1998. 东北红豆杉细胞克隆技术的研究. 中国中药杂志, 23(5): 265-267.
曲仲湘, 文振旺, 朱可贵. 1952. 南京灵谷寺森林现状分析. 植物学报(1): 18-49.
阮成江, 何祯祥, 周长芳. 2005. 植物分子生态学. 北京: 化学工业出版社.
尚旭岚, 徐锡增, 方升佐. 2011. 青钱柳种子休眠机制. 林业科学, 47(3): 68-74.
沈红香, 沈漫, 程继鸿, 等. 2007. 不同光质补光处理对郁金香生长和开花的影响. 北京农学院学报, 22(1): 16-18.
盛士骏, 肖笃宁. 1965. 怒山山脉的土壤垂直分布规律及主要森林土壤的发生特性. 土壤通报, 5: 31-36.
施雅风, 汤懋苍, 马玉贞. 1998. 青藏高原二期隆升与亚洲季风孕育关系探讨. 中国科学, 28(3): 263-271.

史作民, 程瑞梅, 刘世荣. 1999. 宝天曼落叶阔叶林种群生态位特征. 应用生态学报, 10(3): 265-269.
史作民, 刘世荣, 程瑞梅, 等. 2001. 宝天曼落叶阔叶林种间联结性研究. 林业科学, 37(2): 29-35.
宋会兴, 黎云祥, 苏智先. 2001. 马尾松苗木分枝率研究. 四川师范学院学报, 22(2): 158-160.
宋松泉, 程红炎, 龙春林. 2005. 种子生物学研究指南. 北京: 科学出版社.
苏建荣, 缪迎春, 张志钧. 2009. 云南红豆杉紫杉醇含量变异及其相关的 RAPD 分子标记. 林业科学, 45(7): 16-20.
苏建荣, 张志钧, 陈智勇. 2006. 藏东南云南红豆杉的药用成分含量研究. 林业科学研究, 19(1): 15-20.
苏建荣, 张志钧, 邓疆. 2005a. 不同树龄, 不同地理种源云南红豆杉紫杉醇含量变化的研究. 林业科学研究, 18(4): 369-374.
苏建荣, 张志钧, 邓疆, 等. 2005b. 云南红豆杉的地理分布与气候关系. 林业科学研究, 18(5): 510-515.
苏建荣, 张志钧, 邓疆, 等. 2005c. 云南红豆杉种群结构与生命表分析. 林业科学研究, 18(6): 651-656.
苏磊, 苏建荣, 刘万德, 等. 2013. 云南红豆杉人工林萌枝特性. 生态学报, 33(22): 7300-7308.
苏晓华, 奎金, 陈伯望, 等. 2000. 杨树叶片数量性状相关联标记及其图谱定位研究. 林业科学, 36(1): 33-40.
苏应娟, 史志强. 2001. 南方红豆杉不同部位紫杉醇含量的分析. 天然产物研究与开发, 13(2): 19-20.
苏志尧, 吴大荣, 陈北光. 2003. 粤北天然林优势种群生态位研究. 应用生态学报, 24(1): 25-29.
苏宗明, 黄玉清. 2000. 广西元宝山南方红豆杉群落特征的研究. 广西植物, 20(1): 1-10.
孙鸿烈. 1996. 青藏高原的形成演化. 上海: 上海科学技术出版社: 1-369.
孙鸿雁, 王娟, 杜凡. 2006. 3 种干扰方式下滇西北天然侧柏林植物多样性比较. 西南林学院学报, 26(2): 1-5.
孙嘉男, 王孝安, 郭华, 等. 2010. 黄土高原柴松群落优势乔木树种的竞争关系. 生态学杂志, 29(11): 2162-2167.
孙澜, 苏智先, 张素兰, 等. 2008. 马尾松-川灰木人工混交林种内、种间竞争强度. 生态学杂志, 27(8): 1274-1278.
孙濡泳, 李博, 诸葛阳. 1993. 普通生态学: 北京: 高等教育出版社.
孙世芹. 2005. 喜树幼苗氮代谢和喜树碱代谢对不同氮素营养的响应. 东北林业大学博士学位论文.
孙书存, 陈灵芝. 1998. 东灵山地区辽东栎的叶群体统计. 植物生态学报, 22: 538-544.
孙书存, 陈灵芝. 1999a. 不同生境中辽东栎的构型差异. 生态学报, 19(3): 358-364.
孙书存, 陈灵芝. 1999b. 辽东栎植冠的构型分析. 植物生态学报, 23(5): 433-440.
孙书存, 陈灵芝. 2000. 东灵山地区辽东栎叶的生长及其光合作用. 生态学报, 20(2): 212-217.
孙书存, 陈灵芝. 2001. 辽东栎芽库统计: 芽的命运. 生态学报, 21: 385-390.
谭一凡. 1991. 南方红豆杉种子后熟生理的研究. 中南林学院学报, 11(2): 200-206.
汤飞燕, 李守淳, 陈媛媛, 等. 2009. 极濒危植物中华水韭安徽居群遗传结构的空间自相关分析. 江西师范大学学报, 33(4): 445-451.
汤景明, 翟明普. 2005. 影响天然林树种更新因素的研究进展. 福建林学院学报, 25(4): 379-383.
唐丽霞, 喻理飞. 2009. 圆果化香叶构件种群动态生命表. 贵州农业科学, 37: 169-173.
滕吉文, 张中杰, 王光杰, 等. 1999. 喜马拉雅碰撞造山带的深层动力过程与陆-陆碰撞新模型. 地球物理学报, 42(4): 481-493.
铁军, 张晶, 彭林鹏, 等. 2009. 神农架川金丝猴栖息地优势树种生态位及食源植物. 植物生态学报, 33(3): 482-491.
王兵益, 苏建荣, 张志钧. 2009. 云南红豆杉种子贮藏过程中胚的变化. 林业科学研究, 22(1): 26-28.
王伯荪, 李鸣光, 彭少麟. 1995. 植物种群学. 广州: 广东高等教育出版社.
王伯荪, 马曼杰. 1982. 鼎湖山自然保护区森林群落的演变. 热带亚热带森林生态系统研究, 1: 142-156.
王伯荪, 彭少麟. 1983. 鼎湖山森林群落分析——Ⅱ. 物种联结性. 中山大学学报(自然科学版), 4: 27-35.
王伯荪, 彭少麟. 1985. 南亚热带常绿阔叶林种间联结测定技术研究——Ⅰ. 种间联结测式的探讨与修正. 植物生态学与地植物学丛刊, 9(4): 274-285.
王伯荪, 彭少麟. 1987a. 鼎湖山森林优势种群数量动态. 生态学报, 7(3): 214-221.
王伯荪, 彭少麟. 1987b. 数学理论和方法在植物生态学研究中的应用. 自然杂志, 10(8): 385-387.
王昌伟, 彭少麟, 李鸣光, 等. 2006. 红豆杉中紫杉醇及其衍生物含量影响因子研究进展. 生态学报, 26(5): 1583-1590.
王崇云, 欧晓昆, 和兆荣. 2006. 云南西北部制备多样性特征分析. 生态学杂志, 20(s): 4-12.
王达明, 李莲芳, 周云, 等. 2004a. 云南红豆杉人工药用原料林的经营技术. 西部林业科学, 33(1): 8-14.
王达明, 李莲芳, 周云. 2005. 滇之云南红豆杉种植区划. 西部林业科学, 33(4): 1-6.
王达明, 杨德军. 2002. 云南红豆杉短穗条扦插育苗试验. 云南林业科技(2): 15-19.
王达明, 周云, 李莲芳. 2004b. 云南红豆杉抗癌药用成分的含量. 西部林业科学, 33(3): 12-17.
王达明, 周云, 张裕农, 等. 2008. 云南红豆杉优树选择研究. 西部林业科学, 36(4): 1-10.
王关林, 方宏筠. 1998. 植物基因工程原理与技术. 北京: 科学出版社.
王佳, 梁国华, 缪旻珉, 等. 2006. 正交设计优化黄瓜 ISSR 体系. 分子植物育种, 4(3): 439-442.
王磊, 孙启武, 郝朝运, 等. 2010. 皖南山区南方红豆杉种群不同龄级立木的点格局分析. 应用生态学报, 21(2): 272-278.
王乃江, 张文辉, 陆元昌, 等. 2010. 陕西子午岭森林植物群落种间联结性. 生态学报, 30(1): 67-78.
王仁忠, 刘晓强, 马克平. 2003. 中国植物生态学研究进展近十年来中国植物种群生态学研究. 植物学报, 45(增刊): 64-69.
王卫斌, 郭华, 王达明, 等. 2007a. 我国的云南红豆杉资源及其药用原料林培育技术的研究进展. 西部林业科学, 36(2): 122-128.
王卫斌, 姜远标, 王达明, 等. 2006. 云南红豆杉的生物学与生态学特性. 西部林业科学, 35(4): 33-39.
王卫斌, 姜远标, 王达明, 等. 2007b. 我国云南红豆杉药用原料林培育技术开发进展. 福建林业科技, 34(2): 169-173.
王卫斌, 王达明. 2006. 云南红豆杉. 昆明: 云南大学出版社.
王祥福, 郭泉水, 巴哈尔古丽, 等. 2008. 崖柏群落优势乔木种群生态位. 林业科学 44(4): 6-13.
王孝安. 1984. 马衔山林区优势植物种群竞争的初步研究. 植物生态学与地植物学丛刊, 8(1): 36-40.
王孝安, 赵相健. 2004. 太白红杉顶芽与分枝格局的适应性分析. 生态学报: 2616-2620.
王彦华, 候喜林, 徐明宇. 2004. 正交设计优化不结球白菜 ISSR 反应体系研究. 西北植物学报, 24(5): 899-902.
王洋, 尚辛亥, 阎秀峰, 等. 2003. 氮素营养水平对高山红景天生长和红景天苷含量的影响. 植物生理与分子生物学学报, 29(4): 357-359.
王英, 康明, 黄宏文. 2006. 用分子标记揭示植物随机大居群中亚居群的遗传结构 —— 茅栗自然居群空间遗传结构的 SSR 分析. 植物生态学报, 30(1): 147-156.
王跃, 李森. 1996. 试论青藏高原隆升对中国沙漠形成演化的影响. 干旱区研究, 13(2): 20-24.
王喆之, 白荣华, 王农, 等. 1997. 南方红豆杉温室扦插育苗试验研究. 中草药, 11: 017.
王峥峰, 彭少麟. 2003. 植物保护遗传学. 生态学报, 23(1): 158-172.
魏新增, 黄汉东, 江明喜, 等. 2008. 神农架地区河岸带中领春木种群数量特征与空间分布格局. 植物生态学报, 32(4): 825-837.
魏媛, 喻理飞. 2009. 构树枝构件种群生态特征研究. 浙江林业科技, 29(5): 34-37.
魏媛, 喻理飞. 2010. 构树芽构件种群结构初步研究. 贵州农业科学, 38(6): 168-170.
文陇英. 2006. 生境片断化对遗传多样性的影响. 科学. 经济. 社会, 24(102): 70-72.
吴榜华, 杜凤国. 1995. 紫杉种子形态解剖的初步研究. 北京林业大学学报, 17(2): 52-55.
吴榜华, 戚继忠. 1995. 东北红豆杉植物地理学研究. 应用与环境生物学报, 1(3): 219-225.
吴榜华, 臧润田, 张启昌, 等. 1993a. 东北红豆杉种群结构与空间分布型的分析. 吉林林学院学报, 9(2): 1-6.
吴榜华, 张启昌. 1995. 东北红豆杉生长与气象因子关系的初步调查. 吉林林学院学报, 11(4): 193-199.

吴榜华, 张启昌. 1996. 东北红豆杉生长及营林技术的研究. 吉林林学院学报, 12(3): 125-129.
吴榜华, 张启昌, 李德志, 等. 1993b. 东北红豆杉资源状况及生长规律的初步调查. 吉林林学院学报, 9(2): 11-15.
吴承祯, 洪伟, 吴继林, 等. 2000. 长苞铁杉群落种间竞争的研究. 西北植物学报, 21(1): 154-158.
吴承祯, 吴继林. 2000. 珍稀濒危植物长苞铁杉种群生命表分析. 应用生态学报, 11(3): 333-336.
吴丽圆, 陈少瑜. 2001. 云南红豆杉天然群体的遗传多样性和群体分化. 中国林学院学报, 21(3): 37-40.
吴丽圆, 陈少瑜, 项伟. 2001. 云南红豆杉天然群体内同工酶遗传变异的研究. 遗传, 23(3): 237-242.
吴明作, 刘玉萃. 2000. 栓皮栎种群数量动态的谱分析与稳定性. 生态学杂志, 19(4): 23-26.
吴琴, 胡启武, 郑林, 等. 2010. 青海云杉叶寿命与比叶重随海拔变化特征. 西北植物学报, 30: 1689-1694.
吴啸峰. 1985. 红豆杉种子抑制物质的初步研究. 植物生理学通讯, 4: 23-26.
吴彦, 刘庆, 胡科, 等. 2002. 我国红豆杉资源现状和紫杉醇产业化对策. 长江流域资源与环境, 11(6): 515-520.
吴征镒, 王荷生. 1983. 中国自然地理-植物地理(上册). 北京: 科学出版社: 9-13.
吴征镒, 朱彦丞, 姜汉桥. 1987. 云南植被. 北京: 科学出版社.
伍业钢, 韩进轩. 1988. 阔叶红松林红松种群动态的谱分析. 生态学杂志, 7(1): 19-23.
西南林学院, 云南省林业厅. 1988. 红豆杉科(Taxaceae). 见: 徐永椿. 云南树木图志(上). 昆明: 云南科学技术出版社: 147-150.
西南林学院, 云南省林业厅. 1988. 云南树木图志(上). 昆明: 云南科学技术出版社.
向振勇, 杨文忠, 周云. 2012. 红豆杉种子休眠原因及提高萌发率方法的研究进展. 贵州农业科学, 40(1): 54-57.
项伟, 阮德春. 1996. 不同产地云南红豆杉紫杉醇的含量分析. 云南林业科技, (2): 74-76.
项伟, 张宏杰, 阮德春, 等. 1997. 云南红豆杉中紫杉醇和四种紫杉烷类化合物含量. 植物资源与环境, 6(1): 56-57.
谢运海, 夏德安, 姜静, 等. 2005. 利用正交设计优化水曲柳ISSR-PCR反应体系. 分子植物育种, 3(3): 445-450.
邢军会. 2003. 氮素营养对喜树幼苗生长及其叶片喜树碱含量的影响. 东北林业大学.
徐德应, 郭泉水, 阎洪. 1997. 气候变化对中国森林影响研究. 北京: 中国科学技术出版社.
徐仁, 陶君容, 孙湘君, 等. 1973. 希夏邦马峰高山栎化石层的发现及其在植物学和地质学上的意义. 植物学报, 15(1): 103-119.
徐文铎. 1985. 吉良的热量指数及其在中国植被中的应用. 生态学杂志, 3(3): 215-222.
徐正会. 1994. 中国行军蚁亚科分类研究(膜翅目蚁科). 西南林学院学报, 14(2): 115-122.
许志琴, 杨经绥, 李海兵, 等. 2011. 印度-亚洲碰撞大地构造. 地质学报, 85(1): 1-33.
严昌荣, 韩兴国, 陈灵芝. 2000. 北京山区落叶阔叶林优势种叶片特点及其生理生态特性. 生态学报, 20(1): 53-60.
阎家麒, 刘虹. 1994. 东北红豆杉原料中紫杉醇的提取及测定. 中国医药工业杂志, 25(10): 433-436.
阎秀峰, 王洋, 李一蒙. 2007. 植物次生代谢及其与环境的关系. 生态学报, 27(6): 2547-2553.
杨彪. 2001. 云南省红豆杉资源与可持续利用对策. 四川林勘设计, (2): 17-19.
杨持. 2003. 生态学实验与实习. 北京: 高等教育出版社.
杨持, 郝敦元, 杨在中. 1984. 羊草草原群落水平格局研究Ⅱ. 二维网函数插值法. 生态学报, 4(4): 345-353.
杨持, 王迎春, 刘强. 2002. 四合木保护生物学. 北京: 科学出版社.
杨逢建, 庞海河, 张学科, 等. 2007. 光胁迫对南方红豆杉叶片中叶绿体色素和紫杉醇含量的影响. 植物研究, 27(5): 556-558.
杨立新, 李莲芳. 1999. 云南省红豆杉资源的分布、利用现状与保护和可持续利用. 植物资源与环境, 8(3): 39-43.

杨玲, 陈虎庚, 牛祖林, 等. 2011. 浸种催芽对打破云南红豆杉种子休眠的初步研究. 湖北农业科学, 50(10): 2057-2059.
杨小林, 周进. 2000. 吲哚丁酸处理云南红豆杉插条的对比试验. 林业科技, 25(6): 4-5.
杨一平, 王述礼, 尹瑞雪. 1989. 红松群体内和群体间同功酶变异的研究. 林业科学, 25(3): 201-207.
杨一平, 尹瑞雪, 张军丽. 1993. 红皮云杉自然群体遗传多样性及遗传分化的研究. 植物学报, 35(6): 458-465.
杨允菲, 祝廷成. 1991. 松嫩平原大针茅群落种子雨动态的研究. 植物生态学与地植物学学报, 15(1): 46-55.
杨在中, 郝敦元, 杨持. 1984. 植物群落种群分布格局研究的新方法. 生态学报, 4(3): 237-247.
姚本玉, 张远自, 刘小铁, 等. 2008. 东方行军蚁生物学特性及防治技术研究进展. 现代农业科技, 4: 64-69.
叶万辉. 1999. 三大硬阔树体动态结构的研究Ⅱ. 叶的生长与死亡过程. 应用生态学报, 10(4): 392-394.
易朝路, 崔之久, 熊黑钢. 2005. 中国第四纪冰期数值年表初步划分. 第四纪研究, 25(5): 609-619.
殷宏章, 雷宏俶, 王天铎. 1961. 稻麦群体研究论文集. 上海: 上海科学技术出版社.
于海彬, 张镱锂. 2013. 青藏高原及其周边地区高山植物谱系地理学研究进展. 西北植物学报, 33(6): 1268-1278.
原嫄. 2012. 青藏高原抬升对我国区域气候的影响研究回顾. 安徽农业科学, 40(18): 9815-9818.
袁春明, 孟广涛, 方向京, 等. 2012. 珍稀濒危植物长蕊木兰种群的年龄结构与空间分布. 生态学报, 32(12): 3866-3872.
袁志忠, 包维楷, 何丙辉. 2004. 川西地区岷江柏种群生命表与生存分析. 云南植物研究, 26(4): 373-381.
臧传富, 苏建荣, 张志钧. 2010. 云南红豆杉扦插苗和实生苗的生长及光合特性. 林业科学研究, 23(3): 411-416.
臧润国, 董大方, 李淑兰. 1995. 刺五加种群构件的数量统计(Ⅰ): 刺五加种群地上部分构件的数量统计. 吉林林学院学报, 11(1): 6-10.
臧新, 吕晓辉, 杨冬之, 等. 2006. 2种红豆杉的离体胚培养. 郑州大学学报: 理学版, 38(2): 107-109.
曾融生, 丁志峰, 吴庆举. 1998. 喜马拉雅-祁连山地壳构造与大陆—大陆碰撞过程. 地球物理学报, 41(1): 49-60.
占峰, 杨冬梅. 2012. 光照条件、植株冠层结构和枝条寿命的关系——以桂花和水杉为例. 生态学报, 32(3): 984-992.
张大勇. 2004. 植物生活史进化与繁殖生态学. 北京: 科学出版社.
张发起, 高庆波, 段义忠, 等. 2012. 横断山区高山绣线菊的谱系地理学研究. 广西植物, 32(5): 617-623.
张宏达, 王伯荪, 张超常, 等. 1955. 广东高要鼎湖山植物群落之研究. 中山大学学报(自然科学版), 3: 159-225.
张虎平, 虎海防, 牛建新, 等. 2006. 新疆核桃早实特性及 RAPD 分析. 西北植物学报, 25(11): 2157-2162.
张焕良, 曹长青. 1997. 东北红豆杉扦插试验. 吉林林业科技(4): 17-19.
张金屯. 1995. 数量生态学方法. 北京: 科学出版社.
张金屯, 孟东平. 2004. 芦芽山华北落叶松林不同龄级立木的点格局分析. 生态学报, 24(1): 35-40.
张劲峰, 宋洪涛, 耿云芬. 2008. 滇西北亚高山不同退化林地植被与土壤养分特征. 生态学杂志, 27(7): 1064-1070.
张莉, 张小平, 陆畅, 等. 2012. 安徽琅琊山青檀种群空间格局. 林业科学, 48(2): 9-15.
张立莹, 刘丽萍. 1997. 东北红豆杉(*Taxus cuspidata*)细胞悬浮培养研究. 沈阳农业大学学报, 28(3): 180-195.
张茂钦, 左显东, 李达孝, 等. 1994. 云南红豆杉的发展与利用. 中国野生植物资源, 4: 6-10.
张清. 1998. 云南省天然红豆杉资源的分布特点. 云南林业调查规划设计, 23(4): 34-39.
张荣祖, 郑度, 杨勤业, 等. 1997a. 横断山区自然地理. 北京: 科学出版社: 10-13.

张荣祖, 郑度, 杨勤业, 等. 1997b. 横断山区自然地理. 北京: 科学出版社: 36-60.
张瑞华, 徐坤. 2008. 苗期遮光光质对生姜光合及生长的影响. 应用生态学报, 19(3): 499-504.
张松, 唐亚, 王静, 等. 2010. 凹叶木兰萌枝更新及其在物种保存中的意义. 西北植物学报, 30(4): 769-775.
张炜银, 王伯荪, 李鸣光, 等. 2002. 台湾相思林和芒草草丛中薇甘菊枝构件的分枝格局及其生物量. 植物生态学报, 26(3): 346-350.
张文辉. 1998. 裂叶沙参种群生态学研究. 哈尔滨: 东北林业大学出版社.
张文辉, 王延平, 康永祥, 等. 2005. 太白山太白红杉种群空间分布格局研究. 应用生态学报, 16(2): 207-212.
张文辉, 祖元刚, 刘国彬. 2002. 十种濒危植物的种群生态学特性及致危因素分析. 生态学报, 22(9): 1512-1520.
张新时. 1989a. 植被的 PE(可能蒸散)指标与植被-气候分类(二)——几种主要方法与 PEP 程序介绍. 植物生态学与地植物学学报, 13(3): 197-207.
张新时. 1989b. 植被的 PE(可能蒸散)指标与植被-气候分类(一)——几种主要方法与 PEP 程序介绍. 植物生态学与地植物学学报, 13(1): 1-9.
张新时, 杨奠安, 倪文革. 1993. 植被的 PE(可能蒸散)指标与植被-气候分类(三)——几种主要方法与 PEP 程序介绍. 植物生态学与地植物学学报, 17(2): 97-109.
张雪梅, 龙雯虹, 荣剑. 2012. 红豆杉种子休眠机理及休眠解除研究进展. 西南林业大学学报, 32(5): 92-95.
张艳杰, 高捍东, 鲁顺保. 2007. 南方红豆杉种子中发芽抑制物的研究. 南京林业大学学报: 自然科学版, 31(4): 51-56.
张艳杰, 申慧, 饶玮, 等. 2010. 南方红豆杉种子生物学特性研究. 安徽农业科学(1): 440-442.
张业成. 1993. 青藏高原隆起及其对中国地质自然环境影响的探讨. 地质灾害与环境保护, 4(1): 1-10.
张志权, 陈志明. 2000. 南方红豆杉种子萌发生物学研究. 林业科学研究, 13(3): 280-285.
张志勇, 陶德定, 李德铢. 2003. 五针白皮松在群落演替过程中的种间联结性分析. 生物多样性, 11(2): 125-131.
张宗勤, 董丽芬, 蒋明兵, 等. 2006. 根外追肥对红豆杉生长的影响. 西北林学院学报, 21(1): 90-92.
赵芳, 倪良. 1999. 南方红豆杉组织培养研究. 中草药, 30(3): 213-215.
赵静, 田义轲, 王彩虹, 等. 2006. 与苹果果皮红色性状相关的 RAPD 分子标记的筛选. 果树学报, 23(2): 165-168.
赵沛基, 沈月毛, 彭丽萍, 等. 2003. 云南红豆杉离体胚的培养. 植物生理学通讯, 39(4): 327-329.
赵睿, 周学峰, 徐娜娜, 等. 2009. 米心水青冈种群萌条更新与高度生长. 生态学报, 29(7): 3665-3669.
赵盛军. 1996. 云南红豆杉种子休眠原因的初步研究. 云南林业调查规划(1): 44-46.
赵学农, 曹敏, 和爱军. 1990. 望天树种群动态的初步研究. 云南植物研究, 12(4): 405-414.
赵友华. 1997. 遮阴条件下栲树幼苗枝、叶构件统计学研究. 渝州大学学报(自然科学版), 14(1): 28-31.
赵则海, 祖元刚, 杨逢建, 等. 2003. 东灵山辽东栎林木本植物种间联结取样技术的研究. 植物生态学报, 27(3): 396-403.
赵志军, 方晓敏, 李吉均. 2001. 祁连山北缘酒东盆地晚新生代磁性地层. 中国科学, 31: 195-201.
郑德勇. 2003. 我国 3 种红豆杉各部位紫杉醇含量的比较. 福建林学院学报, 23(2): 160-163.
郑德勇, 余分明. 1998. 福建南方红豆杉提取紫杉醇初探. 福建林学院学报, 18(2): 105-109.
郑天水. 1999. 云南省红豆杉资源保护及可持续利用对策. 云南林业调查规划设计, 24(4): 25-29.
郑万钧. 1961. 红豆杉科(Taxaceae). 见: 郑万钧. 中国树木学(第一分册). 南京: 江苏人民出版社: 279.
郑万钧. 1983. 红豆杉科(Taxaceae). 见: 郑万钧. 中国树木志(第一卷). 北京: 中国林业出版社: 386-391.
郑万钧, 傅立国, 诚静容. 1975. 中国裸子植物. 植物分类学报, 13(4): 86.
郑万钧, 傅立国, 赵奇增. 1978. 红豆杉科(Taxaceae). 见: 中国科学院中国植物志编辑委员会. 中国植物志. 北京: 科学出版社. 7: 436-448.
中国科学院昆明植物研究所. 1986. 红豆杉科(Taxaceae). 见: 吴征镒. 云南植物志(第四卷). 北京: 科学出版社: 116-120.
中国科学院青藏高原综合科学考察队. 1983. 红豆杉科(Taxaceae). 见: 吴征镒. 西藏植物志(第一卷). 北京: 科学出版社: 394-398.
中国科学院青藏高原综合科学考察队. 1993. 红豆杉科(Taxaceae). 见: 王文采. 横断山区维管植物(上册). 北京: 科学出版社: 214.
中国科学院植物研究所. 1972. 云南红豆杉(*Taxus yunnanensis* W. C. Cheng & L. K. Fu). 见: 中国科学院植物研究所. 中国高等植物图鉴(第一册). 北京: 科学出版社: 333.
钟章成. 2000. 植物种群生态适应机理研究. 北京: 科学出版社.
钟章成. 2001. 植物种群生态研究进展. 西南师范大学学报: 自然科学版: 230-236.
钟章成, 曾波. 2001. 植物种群生态研究进展. 西南师范大学学报: 自然科学版, 26(2): 230-236.
仲崇信, 卓荣宗. 1985. 大米草在我国的二十二年. 南京大学学报, 5: 31-34.
周洪英, 金平. 1998. 温度对南方红豆杉种子萌发的影响. 贵州科学, 16(2): 116-119.
周纪纶. 1982. 种群的基本特征和种群生物学的进展. 生态学杂志, 1(2): 33-39.
周纪纶, 郑师章, 杨持. 1992. 植物种群生态学. 北京: 高等教育出版社.
周云, 王达明, 李莲芳, 等. 2003. 云南红豆杉苗木生物量测定. 广西林业科学, 32(1): 32-39.
周云, 王卫斌, 张劲峰, 等. 2008. 云南红豆杉实生苗培育技术. 广西林业科学, 37(2): 96-97.
周志春, 余能健. 2010. 栽培措施对南方红豆杉紫杉醇含量的影响. 林业科学研究, 23(1): 120-124.
周志强, 刘彤, 李云灵. 2007. 立地条件差异对天然东北红豆杉(*Taxus cuspidata*)种间竞争的影响. 生态学报, 27(6): 2223-2229.
周志强, 刘彤, 袁继连. 2004. 黑龙江穆棱天然东北红豆杉种群资源特征研究. 植物生态学报, 28(4): 476-482.
周自宗, 袁莉, 王震洪. 2008. 贵阳市常绿树种叶子寿命的研究. 生态科学, 27: 148-153.
朱含德, 刘蔚秋. 1999. 影响南方红豆杉种子萌发因素的研究. 中山大学学报: 自然科学版, 38(2): 75-79.
朱蕾, 康明. 2012. 板栗和锥栗同域居群的空间遗传结构. 热带亚热带植物学报, 20(1): 1-7.
朱维岳, 周桃英, 钟明, 等. 2006. 基于遗传多样性和空间遗传结构的野生大豆居群采样策略. 复旦学报, 45(3): 321-326.
祝介东, 孟婷婷, 倪健, 等. 2011. 不同气候带间成熟林植物叶性状间异速生长关系随功能型的变异. 植物生态学报, 35(7): 687-698.
邹喻苹, 葛颂, 王晓东. 2001. 系统与进化植物学中的分子标记: 北京: 科学出版社.
祖元刚. 1999. 濒危植物种群结构和动态模型的研究简介. 植物生态学报, 23(1): 96.
祖元刚, 张文辉, 阎秀峰. 1999. 濒危植物裂叶沙参的保护生物学研究: 北京: 科学出版社.
Abbo S, Berger J, Turner N C. 2003. Viewpoint: Evolution of cultivated chickpea: four bottlenecks limit diversity and constrain adaptation. Functional Plant Biology, 30(10): 1081-1087.
AbdelGadir A H, Errebhi M A, Al-Sarhan H M, et al. 2003. The effect of different levels of additional potassium on yield and industrial qualities of potato(*Solanum tuberosum* L.)in an irrigated arid region. American Journal of Potato Research, 80(3): 219-222.
Ackerly D, Knight C, Weiss S, et al. 2002. Leaf size, specific leaf area and microhabitat distribution of chaparral woody plants: contrasting patterns in species level and community level analyses. Oecologia, 130(3): 449-457.
Aizen M A, Harder L D. 2007. Expanding the limits of the pollen-limitation concept: effects of pollen quantity and quality. Ecology, 88(2): 271-281.
Akamine H, Hossain M A, Ishimine Y, et al. 2007. Bud sprouting of torpedograss(*Panicum repens* L.)as influenced by the rhizome moisture content. Weed Biology and Management, 7(3): 188-191.
Allard R W. 1988. Genetic changes associated with the evolution of adaptedness in cultivated plants and their

wild progenitors. Journal of Heredity, 79(4): 225-238

Allison T D. 1990a. The influence of deer browsing on the reproductive biology of Canada yew(*Taxus canadensis* Marsh.). Oecologia, 83(4): 523-529.

Allison T D. 1990b. Pollen production and plant density affect pollination and seed production in *Taxus canadensis*. Ecology: 516-522.

Allison T D. 1991. Variation in sex expression in Canada yew(*Taxus canadensis*). American Journal of Botany: 569-578.

An Z S, Kutzbach J E, Prell W L, et al. 2001. Evolution of Asian monsoons and phased uplift of the Himalaya-Tibetan plateau since Late Miocene times. Nature, 411(6833): 62-66.

Archie J W. 1985. Statistical analysis of heterozygosity data: Independent sample comparisons. Evolution, 39(3): 623-637.

Asuka Y, Tomaru N, Nisimura N, et al. 2004. Heterogeneous genetic structure in a *Fagus crenata* population in an old-growth beech forest revealed by microsatellite markers. Molecular Ecology, 13(5): 1241-1250.

Avise J C. 1998. The history and purview of phylogeography: a personal reflection. Molecular Ecology, 7(4): 371-379.

Avise J C, Arnold J, Ball R M, et al. 1987. Intraspecific phylogeography: the mitochondrial DNA bridge between population genetics and systematics. Annual Review of Ecology and Systematics, 18: 489-522.

Bacilieri R, Labbe T, Kremer A. 1994. Intraspecific genetic structure in a mixed population of *Quercus petraea*(Matt.)Leibl and *Q. robur* L. Heredity, 73(2): 130-141.

Balvanera P, Pfisterer A B, Buchmann N, et al. 2006. Quantifying the evidence for biodiversity effects on ecosystem functioning and services. Ecology Letters, 9(10): 1146-1156.

Bartkowiak S. 1978. Seed dispersal by birds. In: Bialobok S. The yew—*Taxus baccata*. Warsaw.(Poland). Foreign Science Publications Department, National Center of Science and Technical Economy: 139-146.

Baskin J M, Baskin C C. 2004. A classification system for seed dormancy. Seed Science Research, 14(01): 1-16.

Baskin J M, Baskin C C. 2008. Some considerations for adoption of Nikolaeva's formula system into seed dormancy classification. Seed Science Research, 18(03): 131-137.

Bazzaz F A, Harper J L. 1977. Demographic analysis of the growth of *Linum usitatissimum*. New Phytologist, 78(1): 193-208.

Beck J, Chey V K. 2008. Explaining the elevational diversity pattern of geometrid moths from Borneo: a test of five hypotheses. Journal of Biogeography, 35(8): 1452-1464.

Beer C, Reichstein M, Tomelleri E, et al. 2010. Terrestrial gross carbon dioxide uptake: global distribution and covariation with climate. Science, 329(5993): 834-838.

Beland J D, Krakowski J, Ritland C E, et al. 2005. Genetic structure and mating system of northern *Arbutus menziesii*(Ericaceae)populations. Canadian Journal of Botany, 83(12): 1581-1589.

Bellingham P J, Sparrow A D. 2000. Resprouting as a life history strategy in woody plant communities. Oikos, 89(2): 409-416.

Berg E E, Hamrick J L. 1995. Fine-scale genetic structure of a turkey oak forest. Evolution, 49(1): 110-120.

Bizoux J P, Mahy G. 2007. Within-population genetic structure and clonal diversity of a threatened endemic metallophyte, *Viola calaminaria*(Violaceae). American Journal of Botany, 94(5): 887-895.

Blair M W, Panaud O, McCouch S R. 1999. Inter-simple sequence repeat(ISSR)amplification for analysis of microsatellite motif frequency and fingerprinting in rice(*Oryza sativa* L.). TAG Theoretical and Applied Genetics, 98(5): 780-792.

Bond W J, Midgley G F, Woodward F I. 2003. The importance of low atmospheric CO_2 and fire in promoting the spread of grasslands and savannas. Global Change Biology, 9(7): 973-982.

Bond W J, Midgley J J. 2001. Ecology of sprouting in woody plants: the persistence niche. Trends in Ecology and Evolution, 16(1): 45-51.

Bond W J, Midgley J J. 2003. The evolutionary ecology of sprouting in woody plants. International Journal of Plant Science, 164(3): 103-114.

Borchert R, Slade N A, Borchert R. 1981. Bifurcation ratios and the adaptive geometry of trees. Botanical Gazette, 142(3): 394-401.

Bottin L, Le Cadre S, Quilichini A, et al. 2007. Re-establishment trials in endangered plants: a review and the example of *Arenaria grandiflora*, a species on the brink of extinction in the Parisian region(France). Ecoscience, 14(4): 410-419.

Boulding E G, Hay T. 2001. Genetic and demographic parameters determining population persistence after a discrete change in the environment. Heredity, 86(3): 313-324.

Boyer W D. 1958. Longleaf pine seed dispersal in south Alabama. Journal of Forestry, 56(4): 265-268.

Breeze E, Harrison E, McHattie S, et al. 2011. High-resolution temporal profiling of transcripts during *Arabidopsis* leaf senescence reveals a distinct chronology of processes and regulation. Plant Cell, 23(3): 873-894.

Brook B W, Tonkyn D W, O'Grady J J, et al. 2002. Contribution of inbreeding to extinction risk in threatened species. Conservation Ecology, 6(1): 16.

Brookfield J F Y. 1996. A simple new method for estimating null allele frequency from heterozygote deficiency. Molecular Ecology, 5(3): 453-455.

Brownlow R J, Dawson D A, Horsburgh G J, et al. 2008. A method for genotype validation and primer assessment in heterozygote-deficient species, as demonstrated in the prosobranch mollusc *Hydrobia ulvae*. BMC Genetics, 9(1): 55.

Brütting C, Hensen I, Wesche K. 2013. *Ex situ* cultivation affects genetic structure and diversity in arable plants. Plant Biology, 15(3): 505-513.

Brzezińska E, Kozłowska M, Stachowiak J. 2006. Response of Three Conifer Species to Enhanced UV-B Radiation; Consequences for Photosynthesis. Polish Journal of Environmental Studies,(4): 531-536.

Burgarella C, Navascués M, Soto Á, et al. 2007. Narrow genetic base in forest restoration with holm oak(*Quercus ilex* L.)in Sicily. Annals of Forest Science, 64(7): 757-763.

Burke T, Seidler R, Smith H. 1992. Editorial. Molecular Ecology, 1:1.

Busing R T, Halpern C B, Spies T A. 1995. Ecology of Pacific yew(*Taxus brevifolia*)in western Oregon and Washington. Conservation Biology, 9(5): 1199-1207.

Callen D F, Thompson A D, Shen Y, et al. 1993. Incidence and origin of "null" alleles in the(AC)n microsatellite markers. American Journal of Human Genetics, 52(5): 922-927.

Castillo-Llanque F, Rapoport H F. 2011. Relationship between reproductive behavior and new shoot development in 5-year-old branches of olive trees(*Olea europaea* L.). Trees, 25(5): 823-832.

Cavalli-Sforza L L, Edwards A W F. 1967. Phylogenetic analysis. Models and estimation procedures. American Journal of Human Genetics, 19(3 Pt 1): 233-257.

Chadwick L C, Keen R A. 1976. A Study of the Genus *Taxus*. Ohio Agricultural Research and Development Center, Research Bulletin, 1086, 1-56.

Chagné D, Chaumeil P, Ramboer A, et al. 2004. Cross-species transferability and mapping of genomic and cDNA SSRs in pines. TAG Theoretical and Applied Genetics, 109(6): 1204-1214.

Chakraborty R, De Andrade M, Daiger S P, et al. 1992. Apparent heterozygote deficiencies observed in DNA typing data and their implications in forensic applications. Annals of Human Genetics, 56(1): 45-57.

Charlesworth D, Charlesworth B. 1987. Inbreeding depression and its evolutionary consequences. Annual Review of Ecology and Systematics, 18: 237-268.

Chenault N, Arnaud-Haond S, Juteau M, et al. 2011. SSR-based analysis of clonality, spatial genetic structure and introgression from the Lombardy poplar into a natural population of *Populus nigra* L. along the Loire River. Tree Genetics & Genomes, 7(6): 1249-1262.

Choo J, Juenger T E, Simpson B B. 2012. Consequences of frugivore-mediated seed dispersal for the spatial and genetic structures of a neotropical palm. Molecular Ecology, 21(4): 1019-1031.

Chung M G, Oh G S, Chung J M. 1999. Allozyme variation in Korean populations of *Taxus cuspidata*(Taxaceae). Scandinavian Journal of Forest Research, 14(2): 103-110.

Chung M Y. 2008. Variation in demographic and fine-scale genetic structure with population-history stage of *Hemerocallis taeanensis*(Liliaceae)across the landscape. Ecological Research, 23(1): 83-90.

Chung M Y, Epperson B K, Chung M G. 2003a. Genetic structure of age classes in *Camellia japonica*(Theaceae). Evolution, 57(1): 62-73.

Chung M Y, Nason J D, Chung M G. 2004. Spatial genetic structure in populations of the terrestrial orchid

Cephalanthera longibracteata(Orchidaceae). American Journal of Botany, 91(1): 52-57.

Chung M Y, Nason J D, Epperson B K, et al. 2003b. Temporal aspects of the fine-scale genetic structure in a population of *Cinnamomum insularimontanum*(Lauraceae). Heredity, 90(1): 98-106.

Chybicki I J, Oleksa A, Burczyk J. 2011. Increased inbreeding and strong kinship structure in *Taxus baccata* estimated from both AFLP and SSR data. Heredity, 107(6): 589-600.

Coates D J, Sokolowski R E S. 1992. The mating system and patterns of genetic variation in *Banksia cuneata* A. S. George(Proteaceae). Heredity, 69(1): 11-20.

Cochrane J A, Crawford A D, Monks L T. 2007. The significance of *ex situ* seed conservation to reintroduction of threatened plants. Australian Journal of Botany, 55(3): 356-361.

Coleman M, Hodges K. 1995. Evidence for Tibetan plateau uplift before 14 Myr ago from a new minimum age for east-west extension. Nature, 374(2): 49-52.

Collignon A M, Sype H V, Favre J M. 2002. Geographical variation in random amplified polymorphic DNA and quantitative traits in Norway spruce. Canadian Journal of Forest Research, 32(2): 266-282.

Condit R, Ashton P S, Baker P, et al. 2000a. Spatial patterns in the distribution of tropical tree species. Science, 288: 1414-1418.

Condit R, Watts K, Bohlman S A, et al. 2000b. Quantifying the deciduousness of tropical forest canopies under varying climates. Journal of Vegetation Science, 11(5): 649-658.

Cornelissen J H C. 2011. Global patterns of leaf mechanical properties. Ecology Letters, 14(3): 301-312.

Cornuet J M, Luikart G. 1996. Description and power analysis of two tests for detecting recent population bottlenecks from allele frequency data. Genetics, 144(4): 2001-2014.

Cortini F, Comeau P G. 2008. Evaluation of competitive effects of green alder, willow and other tall shrubs on white spruce and lodgepole pine in Northern Alberta. Forest Ecology and Management, 255: 82-91.

Cragg G M, Schepartz S A, Suffness M, et al. 1993. The taxol supply crisis. New NCI policies for handling the large-scale production of novel natural product anticancer and anti-HIV agents. Journal of Natural Products, 56(10): 1657-1668.

Culley T M, Wolfe A D. 2001. Population genetic structure of the cleistogamous plant species *Viola pubescens* Aiton(Violaceae), as indicated by allozyme and ISSR molecular markers. Heredity, 86(5): 545-556.

Cun Y Z, Wang X Q. 2010. Plant recolonization in the Himalaya from the southeastern Qinghai-Tibetan Plateau: Geographical isolation contributed to high population differentiation. Molecular Phylogenetics and Evolution, 56(3): 972-982.

Dalgleish H J, Hartnett D C. 2006. Below-ground bud banks increase along a precipitation gradient of the North American Great Plains: A test of the meristem limitation hypothesis. New Phytologist, 171(1): 81-89.

Dalgleish H J, Hartnett D C. 2009. The effects of fire frequency and grazing on tallgrass prairie productivity and plant composition are mediated through bud bank demography. Plant Ecology, 201(2): 411-420.

DeMauro M M. 1993. Relationship of breeding system to rarity in the lakeside daisy(*Hymenoxys acaulis* var. *glabra*). Conservation Biology, 7(3): 542-550.

Denis J N, Greene A E, Guenard D, et al. 1988. Highly efficient, practical approach to natural taxol. Journal of the American Chemical Society, 110(17): 5917-5919.

Dewey J F, Burke K C A. 1973. Tibetan, Variscan, and Precambrian basement reactivation: products of continental collision. The Journal of Geology, 81(6): 683-692.

DiFazio S, Vance N, Wilson M. 1997. Strobilus production and growth of Pacific yew under a range of over story conditions in western Oregon. Canadian Journal of Forest Research, 27(7): 986-993.

Dirzo R, Sarukhan J. 1984. Perspectives on plant population ecology. Sunderland: Sinauer Associates incorporated Publishers.

Dong M, Pierdominici M G. 1995. Morphology growth of stolons and rhizomes in three clonal grasses, as affected by different light supply. Vegetatio, 116(1): 25-32.

Druckenbrod D L, Shugart H H, Davies I. 2005. Spatial pattern and process in forest stands within the Virginia piedmont. Journal of Vegetation Science, 16(1): 37-48.

Dubreuil M, Riba M, González-Martínez S C, et al. 2010. Genetic effects of chronic habitat fragmentation revisited: Strong genetic structure in a temperate tree, *Taxus baccata*(Taxaceae), with great dispersal capability. American Journal of Botany, 97(2): 303-310.

Dubreuil M, Sebastiani F, Mayol M, et al. 2008. Isolation and characterization of polymorphic nuclear microsatellite loci in *Taxus baccata* L. Conservation Genetics, 9(6): 1665-1668.

Dyer R J, Sork V L. 2001. Pollen pool heterogeneity in shortleaf pine, *Pinus echinata* Mill. Molecular Ecology, 10(4): 859-866.

Eisenreich W, Menhard B, Hylands P J, et al. 1996. Studies on the biosynthesis of taxol: the taxane carbon skeleton is not of mevalonoid origin. Proceedings of the National Academy of Sciences, 93(13): 6431-6436.

El-Kassaby Y A, Jaquish B. 1996. Population density and mating pattern in western larch. Journal of Heredity, 87(6): 438-443.

El-Kassaby Y A, Yanchuk A D. 1994. Genetic diversity, differentiation, and inbreeding in Pacific yew from British Columbia. Journal of Heredity, 85(2): 112-117.

El-Kassaby Y, Yanchuk A. 1994. Genetic diversity, differentiation, and inbreeding in Pacific yew from British Columbia. Journal of Heredity, 85(2): 112-117.

ElSohly H N, Croom E M, El-Kashoury E, et al. 1994. Taxol content of stored fresh and dried Taxus clippings. Journal of Natural Products, 57(7): 1025-1028.

ElSohly H N, Croom E M, Kopycki W J, et al. 1997. Diurnal and seasonal effects on the taxane content of the clippings of certain *Taxus cultivars*. Phytochemical Analysis, 8(3): 124-129.

ElSohly H, Croom Jr E, ElSohly M, et al. 1995. Effect of drying *Taxus* needles on their taxol content: the impact of drying intact clippings. Planta Medica, 61(3): 290-291.

Ender A, Schwenk K, Städler T, et al. 1996. RAPD identification of microsatellites in Daphnia. Molecular Ecology, 5(3): 437-441.

ENSCONET. 2009. ENSCONET seed collecting manual for wild species. http: //www. plants2020. net/document/0183/ [2014-5-10].

Enßlin A, Sandner T M, Matthies D. 2011. Consequences of ex situ cultivation of plants: genetic diversity, fitness and adaptation of the monocarpic *Cynoglossum officinale* L. in botanic gardens. Biological Conservation, 144(1): 272-278.

Epperson B K, Alvarez-Buylla E R. 1997. Limited seed dispersal and genetic structure in life stages of *Cecropia obtusifolia*. Evolution, 51(1): 275-282.

Escudero A, Iriondo J M, Torrcs M E. 2003. Spatial analysis ofgenetic diversity as a tool for plant conservation. Biological Conservation Restoration and Sustainability, 113(3): 351-365.

Espelta J M, Retana J, Habrouk A. 2003. Resprouting patterns after fire and response to stool cleaning of two coexisting Mediterranean oaks with contrasting leaf habits on two different sites. Forest Ecology and Management, 179(1-3): 401–414.

Etisham-Ul-Haq M, Allnutt T R, Smith-Ramirez C, et al. 2001. Patterns of genetic variation in in and ex situ populations of the threatened Chilean Vine *Berberidopsis corallina*, detected using RAPD markers. Annals of Botany, 87(6): 813-821.

Ettouati L, Ahond A, Poupat C, et al. 1991. Revision structurale de la taxine B, alcaloide majoritaire des feuilles de l'if d'Europe, *Taxus baccata*. Journal of Natural Products, 54(5): 1455-1458.

Evanno G, Regnaut S, Goudet J. 2005. Detecting the number of clusters of individuals using the software STRUCTURE: a simulation study. Molecular Ecology, 14(8): 2611-2620.

Excoffier L, Laval G, Schneider S. 2005. Arlequin(version 3.0): an integrated software package for population genetics data analysis. Evolutionary bioinformatics online, 1: 47-50.

Falster D S, Westoby M. 2005. Tradeoffs between height growth rate, stem persistence and maximum height among plant species in a post-fire succession. Oikos, 111(1): 57–66.

Feinsinger P, Spears E E, Poole R W. 1981. A simple measure of niche breadth. Ecology, 62(1): 27-32.

Fenster C B, Vekemans X, Hardy O J. 2003. Quantifying gene flow from spatial genetic structure data in a metapopulation of *Chamaecrista fasciculata*(Leguminosae). Evolution, 57(5): 995-1007.

Field A. 2009. Discovering statistics using SPSS. 3rd edition. London: Sage Publications.

Fike J A, Beasley J C, Rhodes Jr O E. 2009. Isolation of 21 polymorphic microsatellite markers for the

Virginia opossum(*Didelphis virginiana*). Molecular Ecology Resources, 9(4): 1200-1202.

Filipescu C N, Comeau P G. 2007. Competitive interactions between aspen and white spruce vary with stand age in boreal mixedwoods. Forest Ecology and Management, 247: 175-184.

Filotas E, Grant M, Parrott L, et al. 2010. The effect of positive interactions on community structure in a multi-species metacommunity model along an environmental gradient. Ecological Modelling, 221(6): 885-894.

Finch-Savage W E, Leubner-Metzger G. 2006. Seed dormancy and the control of germination. New Phytologist, 171(3): 501-523.

Fisher P J, Gardner R C, Richardson T E. 1996. Single locus microsatellites isolated using 5' anchored PCR. Nucleic Acids Research, 24(21): 4369-4371.

Florin R. 1948. *Taxus*. Acta Horti Bergiani: Meddelanden fran Kungl, Svenska vetenskapsakademiens Trädgard Bergielund, Utgivna av Bergianska stiftelsen. Trädgard Bergielund: Kungl, Svenska vetenskapsakademien, 14(8): 355.

Fournier E, Giraud T. 2008. Sympatric genetic differentiation of a generalist pathogenic fungus, *Botrytis cinerea*, on two different host plants, grapevine and bramble. Journal of Evolutionary Biology, 21(1): 122-132.

Franks S J, Sim S, Weis A E. 2007. Rapid evolution of flowering time by an annual plant in response to a climate fluctuation. Proceedings of the National Academy of Sciences, 104(4): 1278-1282.

Fu L G, Li N, Mill R R. 1999. Taxaceae. *In*: Wu Z Y, Raven P H. Flora of China. Vol 4. Beijing: Science Press et St. Louis: Missouri Botanical Garden Press: 89-96.

Gagneux P, Boesch C, Woodruff D S. 1997. Microsatellite scoring errors associated with noninvasive genotyping based on nuclear DNA amplified from shed hair. Molecular Ecology, 6(9): 861-868.

Gapare W J, Aitken S N. 2005. Strong spatial genetic structure in peripheral but not core populations of Sitka spruce [*Picea sitchensis*(Bong.)Carr.]. Molecular Ecology, 14(9): 2659-2667.

Geburek T. 1993. Are genes randomly distributed over space in mature populations of sugar maple(*Acer saccharum* Marsh.)? Annals of Botany, 71(3): 217-222.

Getzin S, Wiegand T, Wiegand K, et al. 2008. Heterogeneity influences spatial patterns and demographics in forest stands. Journal of Ecology, 96(4): 807-820.

Gilbert B, Lechowicz M J. 2004. Neutrality, niches, and dispersal in a temperate forest understory. Proceedings of the National Academy of Sciences of the United States of America, 101(20): 7651-7656.

Göçmen B, Kaya Z, Jermstad K, et al. 1996. Development of random amplified polymorphic DNA markers for genetic mapping in Pacific yew(*Taxus brevifolia*). Canadian Journal of Forest Research, 26(3): 497-503.

Golubov J, Mandujano M C, Montana C, et al. 2004. The demographic costs of nectar production in the desert perennial *Prosopis glandulosa*(Mimosoideae): a modular approach. Plant Ecology, 170(2): 267-275.

Gómez O J, Blair M W, Frankow-Lindberg B E, et al. 2005. Comparative study of common bean(*Phaseolus vulgaris* L.)landraces conserved ex situ in genebanks and in situ by farmers. Genetic Resources and Crop Evolution, 52(4): 371-380.

González-Martínez S C, Dubreuil M, Riba M, et al. 2010. Spatial genetic structure of *Taxus baccata* L. in the western Mediterranean Basin: Past and present limits to gene movement over a broad geographic scale. Molecular Phylogenetics and Evolution, 55(3): 805-815.

Goudet J. 1995. FSTAT(Version 1. 2): a computer program to calculate F-statistics. Journal of Heredity, 86(6): 485-486.

Gouin F R, Lin k C B. 1966. The effects of various levels of nitrogen, phosphorus, and potassium on the growth and chemical composition of *Taxus media* cv 'Hatfieldi. '. American Society for Horticultural Science, 89: 702-705.

Gracia M, Retana J. 2004. Effect of site quality and shading on sprouting patterns of holm oak coppices. Forest Ecology and Management, 188(1-3): 39-49.

Graff P, Aguiar M F, Chaneton E J. 2007. Shifts in positive and negative plant interactions along a grazing intensity gradient. Ecology, 88(1): 188-199.

Griffith W, ESQ, FLS, et al. 1854. *Taxus contortus*?. Itinerary Notes of Plants Collected in the Khasyah and Bootan Mountains. Calcutta: Charles A. Serrao. , 4: 28.

GriffithW, ESQ, FLS, et al. 1848. *Taxus* ?. Itinerary Notes of Plants Collected in the Khasyah and Bootan Mountains. Calcutta: Mr. JFBellamy, 2: 351.

Gu L Y, Liu Y, Que P J, et al. 2013. Quaternary climate and environmental changes have shaped genetic differentiation in a Chinese pheasant endemic to the eastern margin of the Qinghai-Tibetan Plateau. Molecular Phylogenetics and Evolution, 67(1): 129-139.

Gugerli F, Hilfiker K, Holderegger R, et al. 2004. Dynamics of genetic variation in Taxus baccata: local versus regional perspectives. Canadian Journal of Botany, 82(2): 219-227.

Guo J, Wang Y, Song C, et al. 2010. A single origin and moderate bottleneck during domestication of soybean(*Glycine max*): implications from microsatellites and nucleotide sequences. Annals of Botany, 106(3): 505-514.

Halle F. 1986. Modular growth in seed plants. Philosophical Transactions of the Royal Society of London. Series B, Biological Sciences, 313(1159): 77-87.

Hamilton M B. 1994. *Ex situ* conservation of wild plant species: time to reassess the genetic assumptions and implications of seed banks. Conservation Biology, 8(1): 39-49.

Handel S N. 1982. Dynamics of gene flow in an experimental population of *Cucumis melo*(Cucurbitaceae). American Journal of Botany, 69(10): 1538-1546.

Hansen R C, Cochran K D, Keener H M, et al. 1994. Taxus populations and clippings yields at commercial nurseries. HortTechnology, 4(4): 372-377.

Hardy O J, Charbonnel N, Fréville H, et al. 2003. Microsatellite allele sizes: a simple test to assess their significance on genetic differentiation. Genetics, 163(4): 1467-1482.

Hardy O J, Vekemans X. 1999. Isolation by distance in a continuous population: reconciliation between spatial autocorrelation analysis and population genetics models. Heredity, 83(2): 145-154.

Hardy O J, Vekemans X. 2002. SPAGeDi: a versatile computer program to analyse spatial genetic structure at the individual or population levels. Molecular Ecology Notes, 2(4): 618-620.

Harper J L. 1977. Population biology of plant. London and New york: Academic press.

Harper J L, White J. 1974. The demography of plants. Annual Review of Ecology Systematics: 419-463.

Harrison T M, Copeland P, Kidd W S F, et al. 1992. Raising tibet. Science, 255(5052): 1663-1670.

Hartnett D C, Setshogo M P, Dalgleish H J. 2006. Bud banks of perennial savanna grasses in Botswana. African Journal of Ecology, 44(2): 256-263.

He F, Legendre P, LaFrankie J V. 1997. Distribution patterns of tree species in a Malaysian tropical rain forest. Journal of Vegetation Science, 8(1): 105-114.

He J, Li X, Gao D, et al. 2013. Topographic effects on fine-scale spatial genetic structure in *Castanopsis chinensis* Hance(Fagaceae). Plant Species Biology, 28(1): 87-93.

He S L, Wang Y S, Volis S, et al. 2012. Genetic diversity and population structure: implications for conservation of wild soybean(*Glycine soja* Sieb. et Zucc)based on nuclear and chloroplast microsatellite variation. International Journal of Molecular Sciences, 13(10): 12608-12628.

Hedrick P W. 1986. Genetic polymorphism in heterogeneous environments: a decade later. Annual Review of Ecology and Systematics, 17: 535-566.

Henry A. 1906. The trees of Great Britain & Ireland. Edinburgh: Privately printed.

Hewitt G. 2000. The genetic legacy of the Quaternary ice ages. Nature, 405(6789): 907-913.

Hewitt G M. 2004. Genetic consequences of climatic oscillations in the Quaternary. Philosophical Transactions of the Royal Society of London. Series B: Biological Sciences, 359(1442): 183-195.

Hickerson M J, Carstens B C, Cavender-Bares J, et al. 2010. Phylogeography' past, present, and future: 10 years after Avise, 2000. Molecular Phylogenetics and Evolution, 54(1): 291-301.

Hoffmann W A, Bazzaz F A, Chatterton N J, et al. 2000. Elevated CO_2 enhances resprouting of a tropical savanna tree. Oecologia, 123(3): 312-317.

Holdridge L R. 1967. Life zone ecology. Costa Rica: Tropical Science Center.

Honjo M, Ueno S, Tsumura Y, et al. 2008. Tracing the origins of stocks of the endangered species *Primula sieboldii* using nuclear microsatellites and chloroplast DNA. Conservation Genetics, 9(5): 1139-1147.

Hou B W, Tian M, Luo J, et al. 2012. Genetic diversity assessment and ex situ conservation strategy of the endangered *Dendrobium officinale*(Orchidaceae)using new trinucleotide microsatellite markers. Plant Systematics and Evolution, 298(8): 1483-1491.

Hu S Y. 1964. Notes on the Flora of China IV. Taiwania, 10: 20-22.

Huang C C, Chiang T Y, Hsu T W. 2008. Isolation and characterization of microsatellite loci in *Taxus sumatrana*(Taxaceae)using PCR-based isolation of microsatellite arrays(PIMA). Conservation Genetics, 9(2): 471-473.

Hulme P E. 1996. Natural regeneration of yew(*Taxus baccata* L.): microsite, seed or herbivore limitation? Journal of Ecology, 84: 853-861.

Hurlbert S H. 1971. The nonconcept of species diversity: a critique and alternative parameters. Ecology, 52(4): 577-586.

Hutchison D W, Templeton A R. 1999. Correlation of pairwise genetic and geographic distance measures: inferring the relative influences of gene flow and drift on the distribution of genetic variability. Evolution, 53(6): 1898-1914.

IUCN. 2002. IUCN technical guidelines on the management of ex-situ populations for conservation. http://www. iucn. org/dbtw-wpd/edocs/Rep-2002-017. pdf. [2013-6-8].

Jacquemyn H, Brys R, Honnay O, et al. 2005. Local forest environment largely affects below-ground growth, clonal diversity and fine-scale spatial genetic structure in the temperate deciduous forest herb *Paris quadrifolia*. Molecular Ecology, 14(14): 4479-4488.

Jernvall J, Fortelius M. 2004. Maintenance of trophic structure in fossil mammal communities: site occupancy and taxon resilience. The American Naturalist, 164(5): 614–623.

Jin J, Cai D, Bi H, et al. 2013. Comparative pharmacokinetics of paclitaxel after oral administration of *Taxus yunnanensis* extract and pure paclitaxel to rats. Fitoterapia, 90: 1-9.

Jin Y, He T H, Lu B R. 2003. Fine scale genetic structure in a wild soybean(*Glycine soja*)population and the implications for conservation. New Phytologist, 159(2): 513-519.

Jin Y, He T H, Lu B R. 2006. Genetic spatial clustering: significant implications for conservation of wild soybean(*Glycine soja*: Fabaceae). Genetica, 128(1-3): 41-49.

Johansson T. 2008. Sprouting ability and biomass production of downy and silver birch stumps of different diameters. Biomass and Bioenergy, 32(10): 944–951.

Johnson C R, Reiling B A, Mislevy P, et al. 2001. Effects of nitrogen fertilization and harvest date on yield, digestibility, fiber, and protein fractions of tropical grasses. Journal of Animal Science, 79(9): 2439-2448.

Jonasson S. 1989. Implications of leaf longevity, leaf nutrient re-absorption and translocation for the resource economy of five evergreen plant species. Oikos, 56(2): 121-131.

Jones M, Harper J L. 1987a. The influence of neighbours on the growth of trees I: the demography of buds in *Betula pendula*. Proceedings of the Royal Society B: Biological Sciences, 232(1266): 1-18.

Jones M, Harper J L. 1987b. The influence of neighbours on the growth of trees: II. the fate of buds on long and short shoots in *Betula pendula*. Proceedings of the Royal Society of London. Series B, 232(1266): 19-33.

Joshi S P, Gupta V S, Aggarwal R K, et al. 2000. Genetic diversity and phylogenetic relationship as revealed by inter simple sequence repeat(ISSR)polymorphism in the genus *Oryza*. Theoretical and Applied Genetics, 100(8): 1311-1320.

Jump A S, Marchant R, Penuelas J. 2009. Environmental change and the option value of genetic diversity. Trends in Plant Science, 14(1): 51-58.

Jump A S, Penuelas J. 2005. Running to stand still: adaptation and the response of plants to rapid climate change. Ecology Letters, 8(9): 1010-1020.

Jump A S, Penuelas J. 2006. Genetic effects of chronic habitat fragmentation in a wind-pollinated tree. Proceedings of the National Academy of Sciences, 103(21): 8096-8100.

Jump A S, Rico L, Coll M, et al. 2012. Wide variation in spatial genetic structure between natural populations of the European beech(*Fagus sylvatica*)and its implications for SGS comparability. Heredity, 108(6): 633-639.

Kalisz S, Nason J D, Hanzawa F M, et al. 2001. Spatial population genetic structure in *Trillium grandiflorum*: the roles of dispersal, mating, history, and selection. Evolution, 55(8): 1560-1568.

Kaneko S, Isagi Y, Nobushima F. 2008. Genetic differentiation among populations of an oceanic island: The case of *Metrosideros boninensis*, an endangered endemic tree species in the Bonin Islands. Plant Species Biology, 23(2): 119-128.

Kauffman J B. 1991. Survival by sprouting following fire in tropical forest of the eastern Amazon. Biotropic, 23(3): 219-224.

Kershaw K A. 1970. An empirical approach to the estimation of pattern intensity from density and cover data. Ecology, 51: 729-734.

Kihachiro K. 1986. Leaf survival strategy of forest trees. Japanese Journal of Ecology, 36(3): 189-203.

Kikuzawa K, Ackerly D. 1999. Significance of leaf longevity in plants. Plant Species Biology, 14(1): 39-45.

Kikuzawa K. 1995. The basis for variation in leaf longevity of plants. Vegetatio, 121(1-2): 89-100.

King D A, Wright S J, Connell J H. 2006. The contribution of interspecific variation in maximum tree height to tropical and temperate diversity. Journal of Tropical Ecology, 22(1): 11-24.

Kingston D G, Newman D J. 2007. Taxoids: cancer-fighting compounds from nature. Current Opinion in Drug Discovery and Development, 10(2): 130-144.

Kira T. 1984. On the altitudinal arrangement of climatic zones in Japan. Kanti-Nogaku, 2: 143-173.

Klimešová J, Klimeš L. 2007. Bud banks and their role in vegetative regeneration——A literature review and proposal for simple classification and assessment. Perspectives in Plant Ecology, Evolution and Systematics, 8(3): 115-129.

Klimešová J, Klimeš L. 2008. Clonal growth diversity and bud banks of plants in the Czech flora: an evaluation using the CLO-PLA3 database. Preslia, 80: 255-275.

Kneitel J M, Chase J M. 2004. Trade-offs in community ecology: linking spatial scales and species coexistence. Ecology Letters, 7(1): 69-80.

Knowles P, Perry D J, Foster H A. 1992. Spatial genetic structure in two tamarack [*Larix laricina*(Du Roi)K. Koch] populations with differing establishment histories. Evolution, 46(2): 572-576.

KolesnikovBP. 1935. On the shrub by kind of the spiky yew(*Taxus cuspidata* Sieb. et Zucc.). USSR: Bulletin of Far East Branch of the USSR Academy of Sciences: 31-47.

Kramer A T, Havens K. 2009. Plant conservation genetics in a changing world. Trends in Plant Science, 14(11): 599-607.

Kubo M, Sakio H, Shimano K, et al. 2005. Age structure and dynamics of *Cercidiphyllum japonicum* sprouts based on growth ring analysis. Forest Ecology and Management, 213(1-3): 253-260.

Lam H M, Xu X, Liu X, et al. 2010. Resequencing of 31 wild and cultivated soybean genomes identifies patterns of genetic diversity and selection. Nature Genetics, 42(12): 1053-1059.

Laubenfels D J. 1978. The taxonomy of Philippine Coniferae and Taxaceae. Kalikasan, 7: 117-152

Lauterbach D, Burkart M, Gemeinholzer B. 2012. Rapid genetic differentiation between *ex situ* and their *in situ* source populations: an example of the endangered *Silene otites*(Caryophyllaceae). Botanical Journal of the Linnean Society, 168(1): 64-75.

Le Page-Degivry M-T. 1977. Non-acidic inhibitors and embryo dormancy in *Taxus baccata*. Physiologia Plantarum, 41(1): 85-88.

Leak W B. 1975. Age distribution in virgin red spruce and northern hardwoods. Ecology: 1451-1454.

Leberg P L. 2002. Estimating allelic richness: effects of sample size and bottlenecks. Molecular Ecology, 11(11): 2445-2449.

Lehmkuhl F, Haselein F. 2000. Quaternary paleoenvironmental change on the Tibetan Plateau and adjacent areas(Western China and Western Mongolia). Quaternary International, 65-66: 121-145.

Lehtila K, Tuomi J, Sulkinoja M. 1994. Bud demography of mowitain birth *Betula pubescens* spp. Tortuosa near tree line. Ecology, 75(4): 945-955.

Leimu R, Mutikainen P I A, Koricheva J, et al. 2006. How general are positive relationships between plant population size, fitness and genetic variation? Journal of Ecology, 94(5): 942-952.

Leonardi S, Menozzi P. 1996. Spatial structure of genetic variability in natural stands of *Fagus sylvatica* L.(beech)in Italy. Heredity, 77: 359-368.

Leonardi S, Raddi S, Borghetti M. 1996. Spatial autocorrelation of allozyme traits in a Norway spruce(*Picea abies*)population. Canadian Journal of Forest Research, 26(1): 63-71.

León-Lobos P, Way M, Aranda P D, et al. 2012. The role of *ex situ* seed banks in the conservation of plant diversity and in ecological restoration in Latin America. Plant Ecology & Diversity, 5(2): 245-258.

Léveillé H. 1914. *Tsuga mairei* Lemée & Léveillé. Le Monde des Plantes(sér. 2), 16(88): 20

Levin D A, Kerster H W. 1969. The dependence of bee-mediated pollen and gene dispersal upon plant density. Evolution, 23(4): 560-571.

Levine J M, HilleRisLambers J. 2009. The importance of niches for the maintenance of species diversity. Nature, 461(10): 254-258.

Levinson G, Gutman G A. 1987. Slipped-strand mispairing: a major mechanism for DNA sequence evolution. Molecular Biology and Evolution, 4(3): 203-221.

Lewandowski A, Burczyk J, Mejnartowicz L. 1992. Inheritance and linkage of some allozymes in *Taxus baccata* L. Silvae genetica, 41(6): 342-347.

Lewandowski A, Burczyk J, Mejnartowicz L. 1995. Genetic structure of English yew(*Taxus baccata* L.)in the Wierzchlas Reserve: implications for genetic conservation. Forest Ecology and Management, 73(1-3): 221-227.

Li H L. 1963. Woody flora of Taiwan. Pennsylvania: Livingston Publ. Co.

Li H L, Keng H. 1994. Taxaceae. *In*: Huang T C. Flora of Taiwan. 2nd ed. Taiwan: Flora of Taiwan Editorial Committee: 550-552

Li J. 1991. The environmental effects of the uplift of the Qinghai-Xizang Plateau. Quaternary Science Reviews, 10(6): 479-483.

Li L, Huang Z L, Ye W H, et al. 2009a. Spatial distributions of tree species in a subtropical forest of China. Oikos, 118: 495-502.

Li L, Wei S G, Huang Z L, et al. 2008. Spatial patterns and interspecific associations of three canopy species at different life stages in a subtropical forest, China. Journal of Integrative Plant Biology, 50(9): 1140-1150.

Li N, Fu L K. 1997. Notes on gymnosperms I. Taxonomic treatments of some Chinese conifers. Novon, 7: 261-264.

Li Q I, Ni G, Liu J U N, et al. 2009b. Identification and characterization of microsatellite markers from the starfish Asterina pectinifera expressed sequence tags. Molecular Ecology Resources, 9(1): 137-139.

Li Q M, He T H, Xu Z F. 2005a. Genetic evaluation of the efficacy of *in situ* and *ex situ* conservation of *Parashorea chinensis*(Dipterocarpaceae)in southwestern China. Biochemical Genetics, 43(7-8): 387-406.

Li Y Y, Chen X Y, Zhang X, et al. 2005b. Genetic differences between wild and artificial populations of *Metasequoia glyptostroboides*: implications for species recovery. Conservation Biology, 19(1): 224-231.

Li Q M, Xu Z F, He T H. 2002. *Ex situ* genetic conservation of endangered *Vatica guangxiensis*(Dipterocarpaceae)in China. Biological Conservation, 106(2): 151-156.

Li S H, Zhang H J, Yao P, et al. 2000a. Rearranged Taxanes from the Bark of *Taxus yunnanensis*. Journal of Natural Products, 63(11): 1488-1491.

Li Y C, Röder M S, Fahima T, et al. 2000b. Natural selection causing microsatellite divergence in wild emmer wheat at the ecologically variable microsite at Ammiad, Israel. Theoretical and Applied Genetics, 100(7): 985-999.

Li Y, Zhai S N, Qiu Y X, et al. 2011. Glacial survival east and west of the 'Mekong-Salween-Divide' in the Himalaya-Hengduan Mountains region as revealed by AFLP and cpDNA sequence variation in *Sinopodophyllum hexandrum*(Berberidaceae). Molecular Phylogenetics and Evolution, 59(2): 412-424.

Lian C, Zhou Z, Hogetsu T. 2001. A simple method for developing microsatellite markers using amplified fragments of inter-simple sequence repeat(ISSR). Journal of Plant Research, 114(3): 381-385.

Liao X, Shao C W, Tian Y S, et al. 2007. Polymorphic dinucleotide microsatellites in tongue sole(*Cynoglossus semilaevis*). Molecular Ecology Notes, 7(6): 1147-1149.

Lin Y C, Chang L W, Yang K C, et al. 2011. Point patterns of tree distribution determined by habitat heterogeneity and dispersal limitation. Oecologia, 165(1): 175-184.

Linhart Y B, Grant M C. 1996. Evolutionary significance of local genetic differentiation in plants. Annual Review of Ecology and Systematics, 27: 237-277.

Linnaeus C. 1753. *Taxus baccata* L. Species Plantarum. Stockholm: Laurentii Salvii: 1040

Liu W, Zhang Q, Liu G. 2009. Seed banks of a river–reservoir wetland system and their implications for vegetation development. Aquatic Botany, 90(1): 7–12.

Liu Y G, Bao B L, Liu L X, et al. 2008. Isolation and characterization of polymorphic microsatellite loci from RAPD product in half smooth tongue sole(*Cynoglossus semilaevis*)and a test of cross species amplification. Molecular Ecology Resources, 8(1): 202-204.

Liu Y, Zhan X J, Wang N, et al. 2010. Effect of geological vicariance on mitochondrial DNA differentiation in Common Pheasant populations of the Loess Plateau and eastern China. Molecular Phylogenetics and Evolution, 55(2): 409-417.

Loehle C. 2000. Strategy space and the disturbance spectrum: a life-history model for tree species coexistence. American Naturalist, 156(1): 14-33.

Loeppky H A, Coulman B E. 2002. Crop residue removal and nitrogen fertilization affects seed production in meadow bromegrass. Agronomy Journal, 94(3): 450-454.

Loiselle B A, Sork V L, Nason J, et al. 1995. Spatial genetic structure of a tropical understory shrub, *Psychotria officinalis*(Rubiaceae). American Journal of Botany, 82(11): 1420-1425.

Loreau M, Naeem S, Inchausti P, et al. 2001. Biodiversity and ecosystem functioning: current knowledge and future challenges. Science, 294(5543): 804-808.

Lu E Y, Tsai C H, Lin J J, et al. 2012. Leaf emergence, shedding, and lifespan of dominant hardwood species in Chitou, central Taiwan. Botanical Studies, 53(2): 255-264.

Luikart G, Cornuet J M, Allendorf F W. 1999. Temporal changes in allele frequencies provide estimates of population bottleneck size. Conservation Biology, 13(3): 523-530.

Lunt D H, Hutchinson W F, Carvalho G R. 1999. An efficient method for PCR-based isolation of microsatellite arrays(PIMA). Molecular Ecology, 8(5): 891-894.

Maillette L. 1982. Needle demography and growth pattern of Corsican pine. Canadian Journal of Botany, 60(2): 105-116.

Maillette L. 1990. The value of meristem states, as estimated by a discrete-time Markov chain. Oikos, 59(2): 235-240.

Maillette L. 1992. Plasticity of modular reiteration in Potentilla anserina. Journal of Ecology, 80(2): 231-239.

Maki M, Yahara T. 1997. Spatial structure of genetic variation in a population of the endangered plant *Cerastium fischerianum* var. *molle*(Caryophyllaceae). Genes & Genetic Systems, 72(4): 239-242.

Mannouris C, Byers D. 2013. The impact of habitat fragmentation on fitness-related traits in a native prairie plant, *Chamaecrista fasciculata*(Fabaceae). Biological Journal of the Linnean Society, 108(1): 55-67.

Marquardt P E, Epperson B K. 2004. Spatial and population genetic structure of microsatellites in white pine. Molecular Ecology, 13(11): 3305-3315.

McGraw J, Garbutt K. 1990. Demographic growth analysis. Ecology, 71(3): 1199-1204.

McMahon T A, Kronauer R E. 1976. Tree structures: deducing the principle of mechanical design. Journal of Theoretical Biology, 59(2): 443-466.

McNeill J, Barrie F R, Burdet H M, et al. 2006. International Code of Botanical Nomenclature(Vienna Code). Ruggell: A. R. G. Gantner Verlag

Métivier F, Gaudemer Y, Tapponnier P, et al. 1998. Northeastward growth of the Tibet plateau deduced from balanced reconstruction of two depositional areas: The Qaidam and Hexi Corridor basins, China. Tectonics, 17(6): 823-842.

Meyer M M, Tukey H. 1967. Influence of root temperature and nutrient applications on root growth and mineral content of Taxus and Forsythia plants during the dormant season. Proceedings of the American Society for Horticultural Science: 440-446.

Miao Y C, Lang X D, Li S F, et al. 2012. Characterization of 15 Polymorphic Microsatellite Loci for *Cephalotaxus oliveri*(Cephalotaxaceae), a Conifer of Medicinal Importance. International Journal of Molecular Sciences, 13(9): 11165-11172.

Miao Y C, Lang X D, Zhang Z Z, et al. 2014. Phylogeography and genetic effects of habitat fragmentation on endangered *Taxus yunnanensis* in southwest China as revealed by microsatellite data. Plant Biology, 16(2): 365-374.

Miao Y C, Su J R, Zhang Z J, et al. 2008. Isolation and characterization of microsatellite markers for the endangered *Taxus yunnanensis*. Conservation Genetics, 9(6): 1683-1685.

Miao Y C, Su J R, Zhang Z J, et al. 2015. Microsatellite markers indicate genetic differences between cultivated and natural populations of endangered *Taxus yunnanensis*. Botanical Journal of the Linnean Society, 177(3): 450-461.

Midgley J J. 1996. Why the world's vegetation is not totally dominated by resprouting plants: because resprouters are shorter than reseeders. Ecography, 19(1): 92-95.

Miller A J, Schaal B A. 2006. Domestication and the distribution of genetic variation in wild and cultivated populations of the Mesoamerican fruit tree *Spondias purpurea* L.(Anacardiaceae). Molecular Ecology, 15(6): 1467-1480.

Miller P M, Kauffman J B. 1998. Seedling and sprout response to slash-and-burn agriculture in a tropical deciduous forest. Biotropica, 30(4): 538-546.

Miquel F A W. 1856. *Cephalotaxus* Sieb. et Zucc. Flora Nederlandsch Indiê. Leipzig: Fried Fleischer, 2: 1076

Mitchell F. 1990. The history and vegetation dynamics of a yew wood(*Taxus baccata* L.)in SW Ireland. New Phytologist, 115(3): 573-577.

Möeller M, Gao L M, Mill R R, et al. 2007. Morphometric analysis of the *Taxus wallichiana* complex(Taxaceae)based on herbarium material. Botanical Journal of the Linnean Society, 155(3): 307-335.

Molles C M. 2001. Ecology: concepts and applications: WCB/McGraw-Hill Dubuque, IA.

Molnar P, England P, Martinod J. 1993. Mantle dynamics, uplift of the Tibetan Plateau, and the Indian monsoon. Reviews of Geophysics, 31(4): 357-396.

Motoie G, Ferreira G E M, Cupolillo E, et al. 2013. Spatial distribution and Population genetics of *Leishmania infantum* genotypes in São Paulo State, Brazil, employing Multilocus Microsatellite Typing directly in dog infected tissues. Infection, Genetics and Evolution, 18: 48-59.

Murat C, Rubini A, Riccioni C, et al. 2013. Fine-scale spatial genetic structure of the black truffle(*Tuber melanosporum*)investigated with neutral microsatellites and functional mating type genes. New Phytologist, 199(1): 176-187.

Musoli P, Cubry P, Aluka P, et al. 2009. Genetic differentiation of wild and cultivated populations: diversity of *Coffea canephora* Pierre in Uganda. Genome, 52(7): 634-646.

Myers N, Mittermeier R A, Mittermeier C G, et al. 2000. Biodiversity hotspots for conservation priorities. Nature, 403(6772): 853-858.

Myking T, Vakkari P, Skrøppa T. 2009. Genetic variation in northern marginal *Taxus baccata* L. populations. Implications for conservation. Forestry, 82(5): 529-539.

Nakai T. 1938. Indigenous species of conifers and taxads of Korea and Manchuria, and their distribution. Chôsen Sanrin Kaihô(J. Kor. For. Soc.), 158: 19-40.

Namoff S, Husby C E, Francisco-Ortega J, et al. 2010. How well does a botanical garden collection of a rare palm capture the genetic variation in a wild population? . Biological Conservation, 143(5): 1110-1117.

Nathan R. 2006. Long-distance dispersal of plants. Science, 313(5788): 786-788.

Negri V, Tiranti B. 2010. Effectiveness of in situ and ex situ conservation of crop diversity. What a *Phaseolus vulgaris* L. landrace case study can tell us. Genetica, 138(9-10): 985-998.

Nei M, Tajima F, Tateno Y. 1983. Accuracy of estimated phylogenetic trees from molecular data. Journal of Molecular Evolution, 19(2): 153-170.

Neophytou C, Aravanopoulos F A, Fink S, et al. 2010. Detecting interspecific and geographic differentiation patterns in two interfertile oak species(*Quercus petraea*(Matt.)Liebl. and *Q. robur* L.)using small sets of microsatellite markers. Forest Ecology and Management, 259(10): 2026-2035.

Niu Y F, Feng Y L, Xie J L, et al. 2010. Noxious invasive *Eupatorium adenophorum* may be a moving target: Implications of the finding of a native natural enemy, *Dorylus orientalis*. Chinese Science Bulletin, 55(33): 3743-3745.

Novoplansky A. 2003. Ecological implications of the determination of branch hierarchies. New Phytologist, 160(1): 111–118.

Odum E P. 1983. Basic ecology Pennsylvania: Philadelphia Saunders College Publishing.

O'Grady J J, Brook B W, Reed D H, et al. 2006. Realistic levels of inbreeding depression strongly affect extinction risk in wild populations. Biological Conservation, 133(1): 42-51.

Ohsako T. 2010. Clonal and spatial genetic structure within populations of a coastal plant, *Carex kobomugi*(Cyperaceae) American Journal of Botany, 97(3): 458-470.

Oldfield S F. 2009. Botanic gardens and the conservation of tree species. Trends in Plant Science, 14(11): 581-583.

Osborne M, Sharp A, Monzingo J, et al. 2012. Genetic analysis suggests high conservation value of peripheral populations of Chihuahau chub(*Gila nigrescens*). Conservation Genetics, 13(5): 1317-1328.

Ouborg N J. 2010. Integrating population genetics and conservation biology in the era of genomics. Biology Letters, 6: 3-6.

Owen L A, Caffee M W, Finkel R C, et al. 2008. Quaternary glaciation of the Himalayan-Tibetan orogen. Journal of Quaternary Science, 23(6-7): 513-531.

Pandey M, Gailing O, Hattemer H H, et al. 2012. Fine-scale spatial genetic structure of sycamore maple(*Acer pseudoplatanus* L.). European Journal of Forest Research, 131(3): 739-746.

Pandey M, Gailing O, Leinemann L, et al. 2004. Molecular markers provide evidence for long-distance planting material transfer during plantation establishment of *Dalbergia sissoo* Roxb. in Nepal. Annals of Forest Science, 61(6): 603-606.

Parrish J A D, Bazzaz F A. 1982. Competitive interactions in plant communities of different successional ages. Ecology, 63(2): 314-320.

Paton A, Lughadha E N. 2011. The irresistible target meets the unachievable objective: what have 8 years of GSPC implementation taught us about target setting and achievable objectives? Botanical Journal of the Linnean Society, 166(3): 250-260.

Peakall R O D, Smouse P E. 2006. GENALEX 6: genetic analysis in Excel. Population genetic software for teaching and research. Molecular Ecology Notes, 6(1): 288-295.

Peakall R, Beattie A J. 1996. Ecological and genetic consequences of pollination by sexual deception in the orchid *Caladenia tentactulata*. Evolution, 50(6): 2207-2220.

Peakall R, Smouse P E. 2006. GENALEX 6: genetic analysis in Excel. Population genetic software for teaching and research. Molecular Ecology Notes, 6(1): 288-295.

Penman H L. 1956. Estimating evaporation. Eos, Transactions American Geophysical Union, 37(1): 43-50.

Pérez-García F, Gómez-Campo C, Ellis R H. 2009. Successful long-term ultra dry storage of seed of 15 species of Brassicaceae in a genebank: variation in ability to germinate over 40 years and dormancy. Seed Science and Technology, 37(3): 640-649.

Perry G M L, King T L, Cyr J S T, et al. 2005. Isolation and cross-familial amplification of 41 microsatellites for the brook charr(*Salvelinus fontinalis*). Molecular Ecology Notes, 5(2): 346-351.

Pickles R S A, Groombridge J J, Rojas V D Z, et al. 2009. Cross species characterisation of polymorphic microsatellite loci in the giant otter(*Pteronura brasiliensis*). Molecular Ecology Resources, 9(1): 415-417.

Pilger R. 1903a. Das Pflanzenreich(heft. 18). Leipzig: Wilhelm Engelmann.

Pilger R. 1903b. Taxaceae. *In*: Engler A. Das Pflanzenreich(heft. 18). Leipzig: Wilhelm Engelmann: 99-105.

Plotkin J B, Muller-Landau H. 2002. Sampling the species composition of a landscape. Ecology, 83(12): 3344-3356.

Potvin C, Gotelli N J. 2008. Biodiversity enhances individual performance but does not affect survivorship in tropical trees. Ecology Letters, 11(3): 380-388.

Prell W L, Kutzbach J E. 1992. Sensitivity of the Indian monsoon to forcing parameters and implications for its evolution. Nature, 360(6405): 647-652.

Pritchard D J, Fa J E, Oldfield S, et al. 2012. Bring the captive closer to the wild: redefining the role of *ex situ* conservation. Oryx, 46(1): 18-23.

Pritchard J K, Stephens M, Donnelly P. 2000. Inference of population structure using multilocus genotype data. Genetics, 155(2): 945-959.

Puri S, Swamy S L. 2001. Growth and biomass production in Azadirachta indica seedlings in response to nutrients(N and P)and moisture stress. Agroforestry Systems, 51(1): 57-68.

Rasmussen H N, Soerensen S, Andersen L. 2003. Bud set in *Abies nordmanniana* Spach. influenced by bud and branch manipulations. Trees - Structure and Function, 17(6): 510-514.

Ratnaparkhe M B, Santra D K, Tullu A, et al. 1998. Inheritance of inter-simple-sequence-repeat polymorphisms and linkage with a fusarium wilt resistance gene in chickpea. TAG Theoretical and Applied Genetics, 96(3): 348-353.

Reed D H, Frankham R. 2003. Correlation between fitness and genetic diversity. Conservation Biology, 17(1): 230-237.

Raymond M, Rousset F. 1995. GENEPOP(version 1.2): Population genetics software for exact tests and ecumenicism. Journal of Heredity, 86(3): 248-249.

Rehder A. 1919. New species, varieties and combinations from the Herbarium and collections of the Arnold Arboretcm. Journal of the Arnold Arboretum Harvard University, 1: 51.

Rendon-Carmona H, Martinez-Yrizar A, Balvanera P, et al. 2009. Selective cutting of woody species in a Mexican tropical dry forest: Incompatibility between use and conservation. Forest Ecology and Management, 257(2): 567-579.

Rice E B, Smith M E, Mitchell S E, et al. 2006. Conservation and change: a comparison of *in situ* and *ex situ* conservation of Jala maize germplasm. Crop Science, 46(1): 428-436.

Rice W R. 1989. Analyzing tables of statistical tests. Evolution, 43(1): 223-225.

Richer R A. 2008. Shading delays bud break in *Brachsyegia spiciformis*. African Journal of Ecology, 46(4): 556-564.

Ricklefs R E. 2001. 生态学. 第五版. 北京: 科学出版社.

Ritland K. 2002. Extensions of models for the estimation of mating systems using n independent loci. Heredity, 88: 221-228.

Robledo-Arnuncio J J. 2011. Wind pollination over mesoscale distances: an investigation with Scots pine. New Phytologist, 190(1): 222-233.

Robledo-Arnuncio J J, Alia R, Gil L. 2004. Increased selfing and correlated paternity in a small population of a predominantly outcrossing conifer, *Pinus sylvestris*. Molecular Ecology, 13(9): 2567-2577.

Roonwal M L. 1975. Plant pest status of root eating ant *Dorylus orientalis* with notes on taxonomy, distribution and habits(Insecta: Hymenoptera). Journal of the Bombay Natural Historical Society, 72: 305-313.

Rousselle Y, Thomas M, Galic N, et al. 2011. Inbreeding depression and low between-population heterosis in recently diverged experimental populations of a selfing species. Heredity, 106(2): 289-299.

Rousset F. 2008. GenePop'007: a complete re-implementation of the GenePop software for Windows and Linux. Molecular Ecology Resources, 8(1): 103-106.

Royden L H, Burchfiel B C, van der Hilst R D. 2008. The geological evolution of the Tibetan Plateau. Science, 321(5892): 1054-1058.

Rucińska A, Puchalski J. 2011. Comparative molecular studies on the genetic diversity of an *ex situ* garden collection and its source population of the critically endangered Polish endemic plant *Cochlearia polonica* E. Fröhlich. Biodiversity and Conservation, 20: 401-413.

Runemark A, Gabirot M, Bensch S, et al. 2008. Cross species testing of 27 pre existing microsatellites in *Podarcis gaigeae* and *Podarcis hispanica*(Squamata: Lacertidae). Molecular Ecology Resources, 8(6): 1367-1370.

Russin W A, Ellis D D, Gottwald J R, et al. 1995. Immunocytochemical localization of Taxol in *Taxus cuspidata*. International Journal of Plant Sciences: 668-678.

Sachs T, Hassidim M. 1996. Mutual support and selection between branches of damaged plants. Vegetatio, 127(1): 25-30.

Saikia D, Khanuja S, Shasany A, et al. 2000. Assessment of diversity among Taxus wallichiana accessions from northeast India using RAPD analysis. Plant Genetic Resources Newsletter: 27-31.

Sánchez-González A, López-Mata L. 2005. Plant species richness and diversity along an altitudinal gradient

in the Sierra Nevada, Mexico. Diversity and Distributions, 11(6): 567-575.
Sankar A A, Moore G A. 2001. Evaluation of inter-simple sequence repeat analysis for mapping in Citrus and extension of the genetic linkage map. TAG Theoretical and Applied Genetics, 102(2): 206-214.
Schiff P B, Fant J, Horwitz S B. 1979. Promotion of microtubule assembly *in vitro* by taxol. Nature, 277(5698): 665-667.
Schmidt K, Jensen K. 2000. Genetic structure and AFLP variation of remnant populations in the rare plant *Pedicularis palustris*(Scrophulariaceae)and its relation to population size and reproductive components. American Journal of Botany, 87(5): 678-689.
Schwartz M K, Luikart G, Waples R S. 2007. Genetic monitoring as a promising tool for conservation and management. Trends in Ecology and Evolution, 22(1): 25-33.
Seguin P, Craig C. Sheaffer, Ehlke N J, et al. 2001. Nitrogen fertilization and rhizobial inoculation effects on kura clover growth. Agronomy Journal, 93(6): 1262-1268.
Seidler T G, Plotkin J B. 2006. Seed dispersal and spatial pattern in tropical trees. Plos Biology, 4(11): 2132-2137.
Senneville S, Beaulieu J, Daoust G, et al. 2001. Evidence for low genetic diversity and metapopulation structure in Canada yew(*Taxus canadensis*): considerations for conservation. Canadian Journal of Forest Research, 31(1): 110-116.
Shi Q W, Oritani T, Sugiyama T, et al. 1999. Two new taxane diterpenoids from the seeds of the Chinese yew, *Taxus yunnanensis*. Journal of Asian Natural Products Research, 2(1): 71-79.
Shi Y F, Ren B H, Wang J T, et al. 1986. Quaternary glaciation in China. Quaternary Science Reviews, 5: 503-507.
Shirai Y, Ikeda S, Tajima S. 2009. Isolation and characterization of new microsatellite markers for rose bitterlings, Rhodeus ocellatus. Molecular Ecology Resources, 9(3): 1031-1033.
Siebold P F, Zuccarini J G. 1843. *Taxus wallichiana* Zuccarini. Abhandlungen der Mathematisch-Physikalischen Klasse der Koniglich Bayerischen Akademie der Wissenschaften. München: Koniglich Bayerische Akademie der Wissenschaften, 3: 803
Siebold P F, Zuccarini J G. 1846a. Taxiaeae. Florae Japonicae Familiae Naturales: Adjectis Generum et Specierum Exemplis Selectis. München: Akademie der Wissenschaften: 108.
Siebold P F, Zuccarini J G. 1846b. *Taxus cuspidata* Siebold & Zuccarini. *In*: Wagner A. Abhandlungen der Mathematisch-Physikalischen Klasse der Koniglich Bayerischen Akademie der Wissenschaften. München: Koniglich Bayerische Akademie der Wissenschaften: 232
Siebold P F, Zuccarini J G. 1870. Flora Japonica(volume secundum). Lugduni Batavorum: In horto sieboldiano acclimatationis dicto: 61-62
Silvertown J W, 祝宁. 1982. 植物种群生态学导论. 哈尔滨: 东北林业大学出版社.
Silvertown J, Antonovies J. 2001. Intergrating ecology and evolution in a spatial context. Oxford: Blackwell.
Silvertown J, Charlesworth D. 2001. Introduction to Plant population Biology. Fourth Edition. Oxford: Blackwell.
Silvertown J, Charlesworth D. 2003. 简明植物种群生物学. 第四版. 李博, 董慧琴, 陆建忠译. 北京: 高等教育出版社.
Sjögren P, Wyöni P. 1994. Conservation genetics and detection of rare alleles in finite populations. Conservation Biology, 8(1): 267-270.
Slatkin M. 1985. Gene flow in natural populations. Annual Review of Ecology and Systematics, 16: 393-430.
Slatkin M, Barton N H. 1989. A comparison of three indirect methods for estimating average levels of gene flow. Evolution, 43(7): 1349-1368.
Sokal R R, Oden N L. 1978. Spatial autocorrelation in biology: 1. Methodology. Biological Journal of the Linnean Society, 10(2): 199-228.
Solbring D T. 1980. Demography and evolution in plant populations. Berkeley: University of California Press.
Sousa V A, Hattemer H H. 2003. Pollen dispersal and gene flow by pollen in Araucaria angustifolia. Australian Journal of Botany, 51(3): 309-317.
Spencer C C, Neigel J E, Leberg P L. 2000. Experimental evaluation of the usefulness of microsatellite DNA

for detecting demographic bottlenecks. Molecular Ecology, 9(10): 1517-1528.

Spicer R A, Harris N B W, Widdowson M, et al. 2003. Constant elevation of southern Tibet over the past 15 million years. Nature, 421: 622-624.

Spjut R W. 2007. Taxonomy and nomenclature of *Taxus*(Taxaceae). Journal of the Botanical Research Institute of Texas, 1(1): 203-289.

Spjut R. 2010. Nomenclatural and Taxonomic review of three species and two varieties of *Taxus*(Taxaceae)in Asia. http: //www. worldbotanical. com/Taxus%20review%203% 20Asian%20species.htm. [2011-10-05]

State Forestry Bureau. 1999. A list of key wild plants under state protection. http: //www. gov. cn/gongbao/content/2000/ content_60072. htm. [2013-08-06]

Stefenon V M, Gailing O, Finkeldey R. 2007. Genetic structure of *Araucaria angustifolia*(Araucariaceae)populations in Brazil: implications for the *in situ* conservation of genetic resources. Plant Biology, 9(4): 516-525.

Stefenon V M, Gailing O, Finkeldey R. 2008. Genetic structure of plantations and the conservation of genetic resources of Brazilian pine(*Araucaria angustifolia*). Forest Ecology and Management, 255(7): 2718-2725.

Steimel J, Engelbrecht C J B, Harrington T C. 2004. Development and characterization of microsatellite markers for the fungus *Ceratocystis fimbriata*. Molecular Ecology Notes, 4(2): 215-218.

Strobel G, Stierle A, Hess W. 1994. The stimulation of taxol production in Taxus brevifolia by various growth retardants. Plant Science, 101(2): 115-124.

Sullivan G, Callaway J C, Zedler J B. 2007. Plant assemblage composition explains and predicts how biodiversity affects salt marsh functioning. Ecological Monographs, 77(4): 569-590.

Sun J-C, Cao G-L, Ma J, et al. 2012. Comparative genetic structure within single-origin pairs of rice(*Oryza sativa* L.)landraces from *in situ* and *ex situ* conservation programs in Yunnan of China using microsatellite markers. Genetic Resources and Crop Evolution, 59(8): 1611-1623.

Suzuki M, Hiura T. 2000. Allometric differences between current-year shoots and large branches of deciduous broad-leaved tree species. Tree Physiology, 20(3): 203-209.

Svenning J-C, Magård E. 1999. Population ecology and conservation status of the last natural population of English yew *Taxus baccata* in Denmark. Biological Conservation, 88(2): 173-182.

Svensson B M, Callaghan T V. 1998. Apical dominance and the simulation of metapopulation dynamics in lycopodium annotinum. Oikos, 51(3): 331-342.

Tafreshi S A H, Shariati M, Mofid M R, et al. 2011. Rapid germination and development of *Taxus baccata* L. by *in vitro* embryo culture and hydroponic growth of seedlings. *In Vitro* Cellular & Developmental Biology-Plant, 47(5): 561-568.

Takeya K. 2003. Plant tissue culture of taxoids. London and New York: Taylor & Francis.

Tang S J, Li S F, Cai W Q. 2009. Development of microsatellite markers for blunt snout bream Megalobrama amblycephala using 5'-anchored PCR. Molecular Ecology Resources, 9(3): 971-974.

Tanksley S D, McCouch S R. 1997. Seed banks and molecular maps: unlocking genetic potential from the wild. Science, 277(5329): 1063-1066.

Tapponnier P, Molnar P. 1976. Slip-line field theory and large-scale continental tectonics. Nature, 264(5584): 319-324.

Tarouca S. 1913. Unsere Freiland-Nadelhölzer: Anzucht, Pflege und Verwendung aller bekannten in Mitteleuropa im Freien kulturfähigen Nadelhölzer mit Einschluß von Ginkgo und Ephedra. Wien: F. Tempsky: 276

Thoma S. 1995. Genetic differences between four relict yew(*Taxus baccata*)stands. Forst und Holz, 50: 19-24.

Thornthwaite C W. 1948. An approach toward a rational classification of climate. Geographical Review: 55-94.

Tittensor R M. 1980. Ecological history of yew *Taxus baccata* L. in southern England. Biological Conservation, 17(4): 243-265.

Trautvetter E R. 1859. *Taxus baccata* L. var. *microcarpa* Trautvetter. Mémoires Présentés a l'Académie

Impériale des Sciences de St. -Pétersbourg par Divers Savans et lus dans ses Assemblées. St. Petersburg: Académie impériale des sciences, 9: 259.

Turner S, Hawkesworth C, Liu J, et al. 1993. Timing of Tibetan uplift constrained by analysis of volcanic rocks. Nature, 364: 50-54.

Twyford A D, Kidner C A, Harrison N, et al. 2013. Population history and seed dispersal in widespread Central American *Begonia* species(Begoniaceae)inferred from plastome-derived microsatellite markers. Botanical Journal of the Linnean Society, 171(1): 260-276.

Ueno S, Tsumura Y. 2009. Development of microsatellite and amplicon length polymorphism markers for *Camellia japonica* L. from tea plant(*Camellia sinensis*)expressed sequence tags. Molecular Ecology Resources, 9(3): 814-816.

Uyenoyama M K. 1986. Inbreeding and the cost of meiosis: the evolution of selfing in populations practicing biparental inbreeding. Evolution, 40(2): 388-404.

van den Eede P, van der Auwera G, Delgado C, et al. 2010. Research Multilocus genotyping reveals high heterogeneity and strong local population structure of the *Plasmodium vivax* population in the Peruvian Amazon. Malaria Journal, 9: 151.

van der Graaf A J, Stahl J, Bakker J P. 2005. Compensatory growth of Festuca rubra after grazing: can migratory herbivores increase their own harvest during staging? Functional Ecology, volume 19(6): 961-969.

van der Nest M A, Steenkamp E T, Wingfield B D, et al. 2000. Development of simple sequence repeat(SSR)markers in *Eucalyptus* from amplified inter-simple sequence repeats(ISSR). Plant Breeding, 119(5): 433-436.

van Oosterhout C, Hutchinson W F, Wills D P M, et al. 2004. MICRO-CHECKER: software for identifying and correcting genotyping errors in microsatellite data. Molecular Ecology Notes, 4(3): 535-538.

van Oosterhout C, Weetman D, Hutchinson W F. 2006. Estimation and adjustment of microsatellite null alleles in nonequilibrium populations. Molecular Ecology Notes, 6(1): 255-256.

van Treuren R, Bijlsma R, Van Delden W, et al. 1991. The significance of genetic erosion in the process of extinction. I: Genetic differentiation in *Salvia pratensis* and *Scabiosa columbaria* in relation to population size. Heredity, 66: 181-189.

van Treuren R, de Groot E C, van Hintum T J L. 2013. Preservation of seed viability during 25 years of storage under standard genebank conditions. Genetic Resources and Crop Evolution, 60(4): 1407-1421.

Vekemans X, Hardy O J. 2004. New insights from fine-scale spatial genetic structure analyses in plant populations. Molecular Ecology, 13(4): 921-935.

Vendramini F. 2002. Leaf traits as indicators of resource-use strategy in floras with succulent species. New Phytologist, volume 154(1): 147-157(11).

Vidya T N C, Sukumar R, Melnick D J. 2009. Range-wide mtDNA phylogeography yields insights into the origins of Asian elephants. Proceedings of the Royal Society B: Biological Sciences, 276(1658): 893-902.

Vieira D L M, Scariot A. 2006. Effects of logging, liana tangles and pasture on seed fate of dry forest tree species in Central Brazil. Forest Ecology and Management, 230(1-3): 197-205.

Volis S, Blecher M. 2010. Quasi in situ: a bridge between *ex situ* and *in situ* conservation of plants. Biodiversity and Conservation, 19(9): 2441-2454.

Volis S, Zaretsky M, Shulgina I. 2010. Fine-scale spatial genetic structure in a predominantly selfing plant: role of seed and pollen dispersal. Heredity, 105(4): 384-393.

Wagenius S. 2006. Scale dependence of reproductive failure in fragmented *Echinacea* populations. Ecology, 87(4): 931-941.

Wang C, Zhao X, Liu Z, et al. 2008. Constraints on the early uplift history of the Tibetan Plateau. Proceedings of the National Academy of Sciences, 105(13): 4987-4992.

Wang L Y, Abbott R J, Zheng W, et al. 2009. History and evolution of alpine plants endemic to the Qinghai-Tibetan Plateau: *Aconitum gymnandrum*(Ranunculaceae). Molecular Ecology, 18(4): 709-721.

Wang X W, Kaga A, Tomooka N, et al. 2004. The development of SSR markers by a new method in plants and their application to gene flow studies in azuki bean [*Vigna angularis(*Willd.)Ohwi & Ohashi].

Theoretical and Applied Genetics, 109(2): 352-360.

Wani M C H L T, Wall M E. 1971. Plant antitumor agents. VI. The isolation and structure of taxol, a novel antileukemic and antitumor agent from Taxus brevifolia. Journal of the American Chemical Society, 93: 2325-2327.

Warburg O. 1900. Taxeae. Monsunia i: Beiträge zur Ken-ntnis der Vegetation des süd und ostasiatischen Mon-sungebietes. Leipzig: Wilhelm Engelmann: 194.

Wattier R, Engel C R, Saumitou-Laprade P, et al. 1998. Short allele dominance as a source of heterozygote deficiency at microsatellite loci: experimental evidence at the dinucleotide locus Gv1CT in *Gracilaria gracilis*(Rhodophyta). Molecular Ecology, 7(11): 1569-1573.

Weigelt A, Jolliffe P. 2003. Indices of plant competition. Journal of Ecology, 91: 707-720.

Weiher E, van der Werf A, Thompson K, et al. 1999. Challenging theophrastus: A common core list of plant traits for functional ecology. Journal of Vegetation Science, 10(5): 609-620.

Weiner J. 1990. Asymmetric competition in plant population. Trends in Ecology and Evolution, 5(11): 360-364.

Weising K, Atkinson R G, Gardner R C. 1995. Genomic fingerprinting by microsatellite-primed PCR: a critical evaluation. PCR Methods and Applications, 4: 249-255.

Wesołowski T, Rowiński P. 2006. Timing of bud burst and tree-leaf development in a multispecies temperate forest. Forest Ecology and Management, 237(1-3): 387-393.

Wheeler N C, Jech K S, Masters S A, et al. 1995. Genetic variation and parameter estimates in *Taxus brevifolia*(Pacific yew). Canadian Journal of Forest Research, 25(12): 1913-1927.

Wheeler N C, Jech K, Masters S, et al. 1992. Effects of genetic, epigenetic, and environmental factors on taxol content in Taxus brevifolia and related species. Journal of Natural Products, 55(4): 432-440.

White J. 1979. The plant as a metapopulation. Annual Review of Ecology and Systematics, 10(1): 109-145.

Wiegand T, Moloney K A. 2004. Rings, circles and null-models for point pattern analysis in ecology. Oikos, 104: 209-229.

Williams C F. 2007. Effects of floral display size and biparental inbreeding on outcrossing rates in *Delphinium barbeyi*(Ranunculaceae). American Journal of Botany, 94(10): 1696-1705.

Williams K. 1989. Relationships among leaf construction cost, leaf longevity, and light environment in rain-forest plants of the genus *Piper*. American Naturalist, 133(2): 198-211.

Wilson P, Buonopane M, Allison T D. 1996. Reproductive biology of the monoecious clonal shrub *Taxus canadensis*. Bulletin of the Torrey Botanical Club, 123(1): 7-15.

Witherup K M, Look S A, Stasko M W, et al. 1990. *Taxus* spp. needles contain amounts of taxol comparable to the bark of *Taxus brevifolia*: analysis and isolation. Journal of Natural Products, 53(5): 1249-1255.

Wright I J, Reich P B, Westoby M, et al. 2004. The worldwide leaf economics spectrum. Nature, 428(6985): 821-827.

Wright S. 1965. The interpretation of population structure by F-statistics with special regard to systems of mating. Evolution, 19(3): 395-420.

Wu J C, Yang J, Gu Z J, et al. 2010. Isolation and characterization of twenty polymorphic microsatellite loci for *Moringa oleifera*(Moringaceae). Hortscience, 45(4): 690-692.

Xie C Y, Knowles P. 1991. Spatial genetic substructure within natural populations of jack pine(*Pinus banksiana*). Canadian Journal of Botany, 69(3): 547-551.

Xu T T, Abbott R J, Milne R I, et al. 2010. Phylogeography and allopatric divergence of cypress species(*Cupressus* L.)in the Qinghai-Tibetan Plateau and adjacent regions. BMC Evolutionary Biology, 10(1): 194.

Yakovlev I A, Asante D K A, Fossdal C G, et al. 2008. Dehydrins expression related to timing of bud burst in Norway spruce. Planta, 228(3): 459-472.

Yáñez J M, Gonález R, Angulo J, et al. 2008. Characterization of new microsatellite markers derived from sequence databases for the emu(*Dromaius novaehollandiae*). Molecular Ecology Resources, 8(6): 1442-1444.

Yang F S, Qin A L, Li Y F, et al. 2012. Great genetic differentiation among populations of *Meconopsis integrifolia* and its implication for plant speciation in the Qinghai-Tibetan Plateau. PloS one, 7(5):

e37196.

Yeoh S H, Bell J C, Foley W J, et al. 2012. Estimating population boundaries using regional and local-scale spatial genetic structure: an example in *Eucalyptus globulus*. Tree Genetics & Genomes, 8(4): 695-708.

Yin Y, Yu R M, Yang W, et al. 2010. Structural characterization and anti-tumor activity of a novel heteropolysaccharide isolated from *Taxus yunnanensis*. Carbohydrate Polymers, 82(3): 543-548.

Young A, Boyle T, Brown T. 1996. The population genetic consequences of habitat fragmentation for plants. Trends in Ecology and Evolution, 11(10): 413-418.

Zane L, Bargelloni L, Patarnello T. 2002. Strategies for microsatellite isolation: a review. Molecular Ecology, 11(1): 1-16.

Zanella C M, Bruxel M, Paggi G M, et al. 2011. Genetic structure and phenotypic variation in wild populations of the medicinal tetraploid species *Bromelia antiacantha*(Bromeliaceae). American Journal of Botany, 98(9): 1511-1519.

Zhan A, Fu J. 2008. Microsatellite DNA markers for the Chinese wood frog(*Rana chensinensis*)and tests for their cross utility in 15 ranid frog species. Molecular Ecology Resources, 8(5): 1126-1129.

Zhang B, Li Z, Tong J, et al. 2006. Isolation and characterization of 18 polymorphic microsatellite markers in Chinese mandarin fish *Siniperca chuatsi*(Basilewsky). Molecular Ecology Notes, 6(4): 1216-1218.

Zhang D, Martínez W J, Johnson E S, et al. 2012. Genetic diversity and spatial structure in a new distinct *Theobroma cacao* L. population in Bolivia. Genetic Resources and Crop Evolution, 59(2): 239-252.

Zhang J J, Ye Q G, Yao X H, et al. 2010a. Spontaneous interspecific hybridization and patterns of pollen dispersal in *ex situ* populations of a tree species(*Sinojackia xylocarpa*)that is extinct in the wild. Conservation Biology, 24(1): 246-255.

Zhang T, Sun H. 2011. Phylogeographic structure of *Terminalia franchetii*(Combretaceae)in southwest China and its implications for drainage geological history. Journal of Plant Research, 124(1): 63-73.

Zhang X, Yue B, Feng J, et al. 2008. Isolation and characterization of nine polymorphic microsatellite loci in the rock carp, *Procypris rabaudi*(Tchang). Molecular Ecology Resources, 8(1): 123-125.

Zhang Y H, Volis S, Sun H. 2010b. Chloroplast phylogeny and phylogeography of *Stellera chamaejasme* on the Qinghai-Tibet Plateau and in adjacent regions. Molecular Phylogenetics and Evolution, 57(3): 1162-1172.

Zhao C M, Chen W L, Tian Z Q, et al. 2005. Altitudinal pattern of plant species diversity in Shennongjia Mountains, Central China. Journal of Integrative Plant Biology, 47(12): 1431-1449.

Zhao R, Xia H B, Lu B R. 2009a. Fine-scale genetic structure enhances biparental inbreeding by promoting mating events between more related individuals in wild soybean(*Glycine soja*; Fabaceae)populations. American Journal of Botany, 96(6): 1138-1147.

Zhao W, Chen S-P, Lin G-H. 2008. Compensatory growth responses to clipping defoliation in *Leymus Chinensis*(Poaceae)under nutrient addition and water deficiency conditions. Plant Ecology, 196(1): 85-99.

Zhao W, Morgan W J. 1985. Uplift of Tibetan plateau. Tectonics, 4(4): 359-369.

Zhao X F, Sun W B, Yang J B, et al. 2009b. Isolation and characterization of 12 microsatellite loci for *Michelia coriacea*(Magnoliaceae), a critically endangered endemic to Southeast Yunnan, China. Conservation Genetics, 10(5): 1583-1585.

Zhao Y, Chen C B, Rong J, et al. 2012. Population clonal diversity and fine-scale genetic structure in *Oryza officinalis*(Poaceae)from China, implications for *in situ* conservation. Genetic Resources and Crop Evolution, 59(1): 113-124.

Zheng B, Rutter N. 1998. On the problem of Quaternary glaciations, and the extent and patterns of Pleistocene ice cover in the Qinghai-Xizang(Tibet)Plateau. Quaternary International, 45-46: 109-122.

Zietkiewicz E, Rafalski A, Labuda D. 1994. Genome fingerprinting by simple sequence repeat(SSR)-anchored polymerase chain reaction amplification. Genomics, 20(2): 176-183.

彩 图

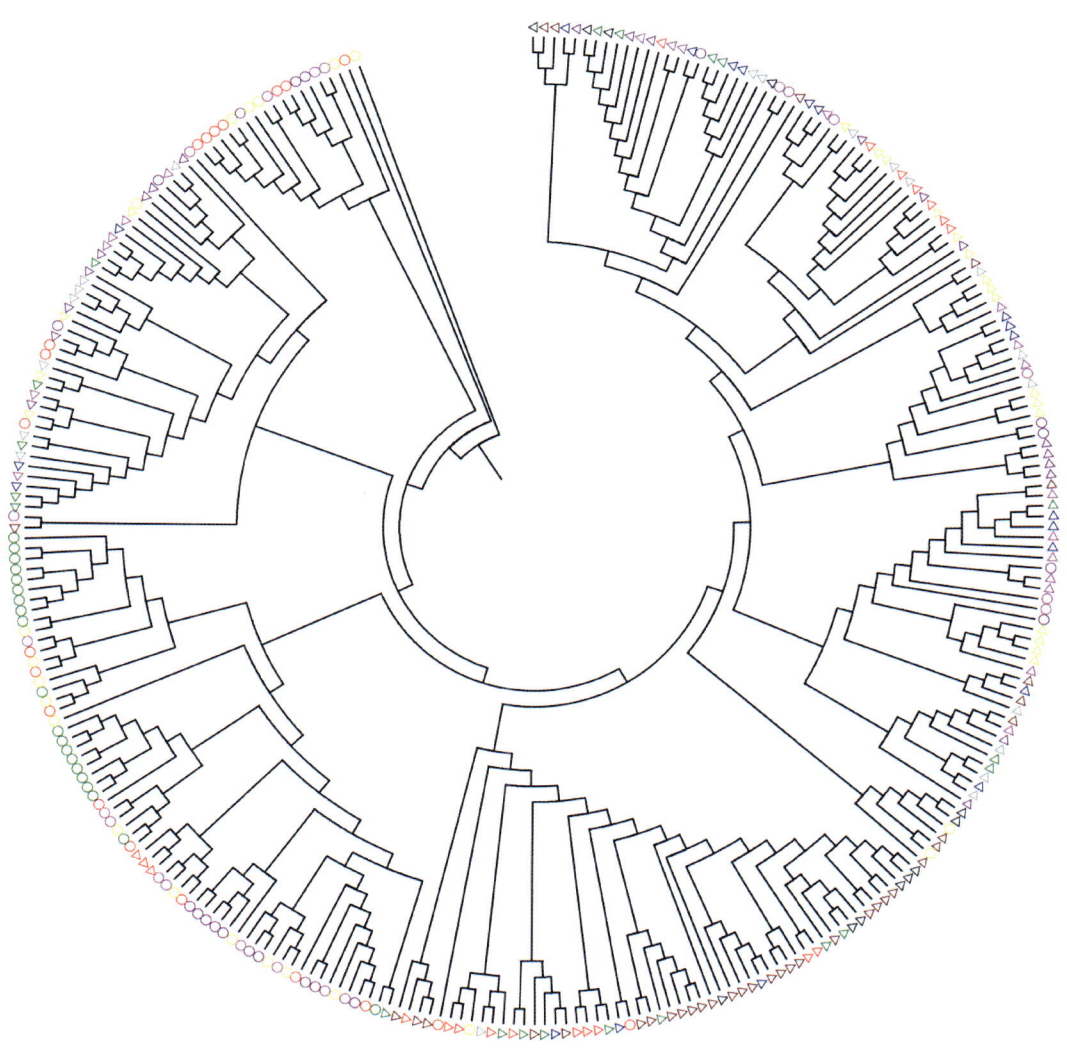

图 5-12 288 个样本个体聚类树

三角形:黑色 = 林芝(居群 1),褐色 = 波密(居群 2),绿色 = 察隅(居群 3),蓝色 = 大姚(居群 7),紫色 = 隆阳(居群 8),红色 = 腾冲(居群 9),黄色 = 双江(居群 12),粉红色 = 景东(居群 13),灰色 = 新平(居群 14);圆形:红色 = 木里(居群 4),黄色 = 宁蒗(居群 5),绿色 = 鹤庆(居群 6),紫色 = 兰坪(居群 10),粉红色 = 香格里拉(居群 11)

图 5-20 云南红豆杉野外种子成熟季节落地情况

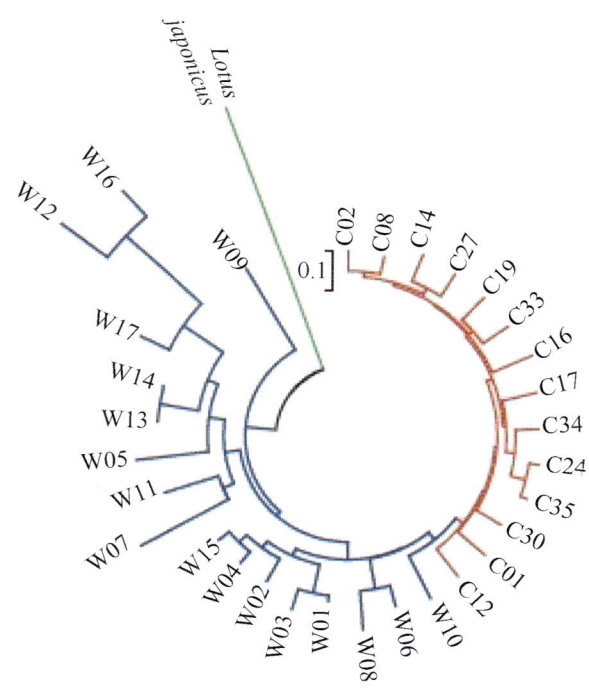

图 5-26 基于 SNP 数据构建人工和天然大豆的 NJ 系统树（Lam et al., 2010）